W0260642

M. F. Ashby · D. R. H. Jones

Ingenieurwerkstoffe

Einführung in ihre Eigenschaften und Anwendungen

Deutsche Übersetzung von P. P. Schepp

Mit 219 Abbildungen

Springer-Verlag
Berlin Heidelberg New York Tokyo 1986

Michael F. Ashby und David R. H. Jones
Engineering Department
Cambridge University, Cambridge/England

Dr. Peter P. Schepp
Laboratoire de Métallurgie Mécanique
Département des Matériaux
Ecole Polytechnique Fédérale de Lausanne/Schweiz

Wissenschaftliche Beratung:
Dr. rer. nat. Bernhard Ilschner
Professor, Laboratoire de Métallurgie Mécanique
Département des Matériaux
Ecole Polytechnique Fédérale de Lausanne/Schweiz

Die englischsprachige Originalausgabe erschien 1980 als Band 34 der Buchreihe »Materials Science and Technology« im Verlag Pergamon Press, Oxford, England. Das Copyright dieser Ausgabe liegt bei den Autoren.

ISBN-13: 978-3-540-15419-8 e-ISBN-13: 978-3-642-93292-2
DOI: 10.1007/978-3-642-93292-2

CIP-Kurztitelaufnahme der Deutschen Bibliothek
Ashby, Michael F.:
Ingenieurwerkstoffe: Einf. in ihre Eigenschaften u. Anwendungen/
M. F. Ashby; D. R. H. Jones. Dt. Übers. von P. P. Schepp. -
Berlin; Heidelberg; New York; Tokyo: Springer, 1986.
Einheitssacht.: Engineering materials <dt.>
NE: Jones, David R. H.

2362/3020-543210

Geleitwort

Das nun in deutscher Übersetzung vorliegende Lehrbuch von Ashby und Jones ist ein Musterbeispiel angelsächsischer Pädagogik: Es hat nicht den Ehrgeiz, zu deuten, "was die Welt im Innersten zusammenhält", sondern es geht nüchtern daran, dem studentischen Leser zu zeigen, wie praktische Werkstoffprobleme der konstruktiven Technik fachgerecht gelöst werden. Die Autoren bewerkstelligen dies mit einem leicht lesbaren (im wörtlichen Sinne "ansprechenden"), flüssig geschriebenen Text, mit sehr guten Zeichnungen zum Lehrstoff und originellen Photos praktischer Anwendungen, mit sehr nützlichen Datenzusammenstellungen in Tabellen und Diagrammen, dies alles mit einem Minimum an mathematischem Aufwand.

Welcher deutsche Hochschulprofessor mit einem in der Grundlagenforschung erworbenen Weltruf würde wohl auf Seite 1 seines Lehrbuches ausgerechnet den Kunststoffgriff eines gewöhnlichen Schraubendrehers behandeln ? In diesem Buch ordnet sich ein solches Beispiel zwanglos und logisch in die Folge der sehr gut ausgewählten und erläuterten Fallstudien ein, die - wiederum aus angelsächsischer Tradition - einen Schwerpunkt der Stoffdarbietung bilden.

Insoweit will das vorliegende Werk kein allgemeines Lehrbuch der Werkstoffwissenschaften sein. Es ist vielmehr konzipiert als begleitendes Buch zu einer Anfängervorlesung für Maschinenbauer oder Bauingenieure, die sonst noch keine Ausbildung in Werkstofftechnik erhalten haben. So besteht auch im deutschsprachigen Raum die wichtigste Zielgruppe aus Studenten anderer Ingenieurfächer als der Werkstoffwissenschaften. Aber auch letztere können zweifellos von dem Buch profitieren, da es ihnen veranschaulicht, wie sie mit ihren in der Grundausbildung vermittelten Kenntnissen konkrete technische Fragestellungen angehen können.

Ashby und Jones bringen eine durchaus moderne Werkstoffkunde, die sich nicht auf traditionelle Werkstoffe für traditionelle Aufgaben beschränkt. Immer wieder werden niedriglegierte, hochlegierte und auch mikrolegierte Baustähle anderen Alternativen gegenübergestellt und kritisch bewertet: Leichtmetalle, Hochleistungskeramik, faserverstärkte Kunststoffe, aber auch Holz. Dass bei der Werkstoffauswahl die Frage der Kosten eine grosse Rolle spielt, klingt immer wieder an - deutlicher und präziser als in irgendeinem anderen derzeit angebotenen Anfängerlehrbuch.

Wenn, wie schon begründet, dieses Buch kein allgemeines Lehrbuch darstellen will, so will es auch kein enzyklopädisches Handbuch sein : viele Stichworte, insbesondere zur Verfahrenstechnik der Herstellung und Verarbeitung von Werkstoffen, wird man nicht im Register finden. Das Buch von Ashby und Jones sucht eine ganz spezifische Aufgabe in der Beschreibung und Interpretation von Beispielen, welche typische Probleme der Werkstoffauswahl und der Vermeidung werkstoffbedingter Schadensfälle wiedergeben. Dies ist eine neue Idee, die Beachtung verdient.

Aus den genannten Gründen war es kein schwerer Entschluss, dem Springer-Verlag die Übersetzung dieses wichtigen, ungewöhnlichen Buches zu empfehlen. Es ist zu hoffen, dass der nun vorliegende Band in die Hände recht vieler junger Ingenieure auch des deutschen Sprachgebietes gelangt und ihnen hilft, sich in dieser praktischen, aber doch wissenschaftlich fundierten Weise mit den bei Konstruktionen aller Grössenordnungen auftretenden Werkstoffproblemen produktiv auseinanderzusetzen.

Für die Übersetzung und, wo erforderlich, Anpassung des Textes an den deutschsprachigen Leserkreis ist Herrn Dr.-Ing. Peter Schepp vielmals zu danken. Er hat mit grossem Einfühlungsvermögen einen deutschen Stil gefunden, der dem besonderen sprachlichen Ausdruck in der Originalausgabe entspricht, mit welchem die Autoren ihr Anliegen an den Leser herantragen.

Lausanne, im Herbst 1985

Bernhard Ilschner

Anmerkungen zur Übersetzung

Das vorliegende Lehrbuch von Ashby und Jones ist der Konzeption nach ein Vorlesungsskriptum. Seine Diktion trägt noch weitgehend Züge einer gesprochenen Darbietung. Die deutsche Übersetzung bewahrt diesen besonderen Charakter des englischsprachigen Originals.

In zahlreichen praktischen Beispielen und Illustrationen beziehen sich die Autoren - im Hinblick auf die studentische Hörerschaft in Cambridge verständlich - auf lokale Begebenheiten in Mittelengland. In der Übersetzung sind diese Angaben stark verkürzt wiedergegeben. Aus ähnlichen Gründen sind die vorwiegend englischen Literaturempfehlungen durch deutschsprachige oder im deutschsprachigen Raum geläufigere Titel ergänzt bzw. ersetzt worden.

Im Anhang der Originalausgabe sind für Unterrichtszwecke zu jedem Kapitel Hinweise für Bild- und Anschauungsmaterial angeführt. Diese sind nicht in die Übersetzung übernommen worden. Ebenso sind ausgearbeitete Lösungsvorschläge zu den Übungen nur in englischer Form - beim Herausgeber der Originalausgabe - erhältlich.

Die Währungsangaben UK£ und US$ sind nicht in DM, SFr. und ÖS übertragen worden. Seit 1980, dem Erscheinungsjahr des Originaltitels, hat sich die Bewertung der einzelnen Währungen sehr wesentlich geändert. Eine Aktualisierung der verwendeten Preise und Rohstofftabellen im Text hätte aber einen nicht unerheblichen Zusatzaufwand zur Folge gehabt, der dem Anliegen, beim technisch orientierten Leser ein Bewusstsein für Preise und Märkte zu schaffen, grundsätzlich keinen neuen Aspekt verliehen hätte.

Lausanne, im April 1985 Peter Paul Schepp

Inhaltsverzeichnis

Einleitung

Für den Studenten

Innovation bedeutet im Ingenieurwesen sehr oft die Einführung eines neuen Werkstoffs. - Neu ist der Werkstoff meist nur in Bezug auf eine bestimmte Anwendung, neu im Sinne von "neu entwickelt" muss er nicht immer notwendigerweise sein. - Büroklammern aus Plastik oder Turbinenschaufeln aus Keramik stehen beispielhaft für das Bemühen, Produkte, für deren Ausführung sich schon seit jeher Metalle bewährt hatten, nun durch Verwendung von neuen Werkstoffen - Kunststoffe bzw. Keramik - noch leistungsfähiger zu gestalten. Andererseits verleitet die zunehmende Vielfalt an Auswahlmöglichkeiten nicht selten auch zu Fehlkonstruktionen: Wenn sich ein Plastiklöffel beim Kaffeeumrühren verbiegt oder wenn ein Flugzeugtyp aus dem Verkehr gezogen werden muss, weil an der Höhenflosse Risse aufgetreten sind, dann hat der verantwortliche Ingenieur bei der Werkstoffauswahl offensichtlich etwas falsch gemacht. Der Ingenieur oder Konstrukteur sollte also die Eigenschaften und Einsatzgrenzen der Werkstoffe kennen, damit er den Anforderungen seiner Konstruktion bei der Werkstoffauswahl in jeder Hinsicht Rechnung tragen kann; das gilt für die Festigkeit und Haltbarkeit ebenso wie hinsichtlich wirtschaftlicher und ästhetischer Gesichtspunkte.

Das vorliegende Buch ist eine breite Einführung in die Werkstoffeigenschaften. Es macht aus dem jungen Ingenieur noch keinen Werkstofffachmann, aber es hilft ihm vielleicht, überlegter an die Werkstoffauswahl heranzugehen, aus den Fehlern und Fehlkonstruktionen der Vergangenheit zu lernen und schliesslich Zugang zu weiterführender detailbezogener Information zu finden.

Aus dem Inhaltsverzeichnis ist bereits ersichtlich, dass die Kapitel des Buches in Sachgruppen zusammengeschlossen sind, wobei jede Gruppe sich auf eine bestimmte Werkstoffeigenschaft bezieht: Elastizitätsmodul, Bruchzähigkeit, Korrosionbeständigkeit und so weiter. Jede Gruppe beginnt mit einer Definition der betreffenden Eigenschaft ausgehend von einer Beschreibung der Messmethoden und der Angabe von solchen Werkstoffdaten, die man gewöhnlich für die Werkstoffauswahl benötigt. Im Anschluss daran werden die physikalischen Grundlagen dieser Eigenschaft besprochen und Vorschläge für die Entwicklung neuer Werkstoffe ausgearbeitet. Die Gruppe wird abgeschlossen mit Fallstudien, in denen die theoretischen Grundlagen zusammen mit den entsprechenden Werkstoffdaten zur Lösung von praktischen Problemen herangezogen werden. Der Anhang enthält zudem für jedes Kapitel eine einschlägige Liste mit weiterführender Literatur.

Am Ende des Buches finden sich eine Reihe von Beispielen, die als Übung zur Anwendung des Lehrstoffs oder auch zu seiner Vertiefung gedacht sind. Es ist empfehlenswert, die Übungsaufgaben unmittelbar im Anschluss an die Lektüre eines Kapitels zu bearbeiten.

Der Ingenieur wird sicherlich keine Tabellen und Werkstoffwerte auswendig lernen. Er sollte aber ein Gefühl für die Grössenordnung von wichtigen Werkstoffdaten bekommen. Jeder Lebensmittelhändler weiss, dass ein Kilogramm Äpfel etwa 10 Äpfel ausmacht; er wiegt sie zwar dennoch jedesmal ab, aber seine Erfahrung bewahrt ihn vor dummen, kostspieligen Fehlern. In gleicher Weise sollte der Ingenieur wissen, dass die meisten E-Moduln zwischen 1 und 10^3 GN/m^2 liegen, und dass Metalle dabei im Bereich von 10^2 GN/m^2 rangieren. Für die Berechnung einer Konstruktion schaut er den genauen Wert in den Herstellerspezifikationen nach, aber die Kenntnis der Grössenordnung erlaubt ihm bereits eine überschlägige Prüfung seiner Rechnung und bewahrt ihn schliesslich vor verhängnisvollen Fehlern. Am Ende des Buches ist in Form eines Anhanges ein Überblick über die wichtigsten Definitionen und Formeln gegeben; daneben sind die Grössenordnungen der wichtigsten Werkstoffeigenschaften in einer Tabelle zusammengefasst.

Für den Unterrichtenden

Dieses Buch ist aus einer Vorlesung über Werkstofftechnik hervorgegangen, die für Maschinenbaustudenten ohne Vorkenntnisse in Werkstoffwissenschaften konzipiert ist. Sie soll anknüpfen an die Grundvorlesung in Konstruktionslehre und Maschinenelemente und ihrerseits als Einführungsvorlesung die Bedürfnisse des Maschinenbaustudenten der 80er Jahre decken, wobei sie sich überwiegend an praktischen Anwendungsfällen orientiert.

Der Text ist bewusst knapp gehalten. Jedes Kapitel ist als 50-minütige Vorlesungsstunde gedacht, insgesamt 27 Kapitel, und lässt genügend Zeit für Demonstrationen und begleitende Diapositive. Die Fallstudien in den Kapiteln 7, 12, 16, 20, 22, 24, 26 und 27 behandeln den vorangegangenen Vorlesungsstoff. Am Ende des Buches finden sich ferner Übungen zu jedem Themenkomplex.

Wir haben uns bemüht, den mathematischen Aufwand so gering wie möglich zu halten. Auch Näherungslösungen erscheinen uns, insbesondere im Hinblick auf grössere Anwendungsnähe, didaktisch sinnvoll und wichtig. Gleichzeitig glauben wir, den phyiskalischen Gehalt dadurch nicht eingeschränkt zu haben. Hingegen haben wir reine Beschreibungen weitgehend vermieden; die Bearbeitung der Fallstudien erfordert eine analytische Durchdringung des Stoffes sowie eine sachverständige Verwendung von Werkstofftabellen wie sie im Niveau etwa den Anforderungen bei der Werkstoffauswahl im Vorstadium einer Konstruktionsberechnung entsprechen. Dem Studenten sollte aber dabei klar sein, dass als nächster Schritt auf eine solche Vorstudie eine detaillierte Analyse folgt, in die genauere mechanische Berechnungen (etwa wie in den Literaturempfehlungen) und Werkstoffdaten des Herstellers oder der Wareneingangsprüfung eingehen müssen. Werkstoffdaten sind einem ständigen Wandel unterworfen. Tabellen mit näherungsweisen Angaben, wie diejenigen in diesem Buch, sollten, wenn sie auch zum Verständnis nützlich sind, für endgültige Konstruktionsberechnungen nicht herangezogen werden.

1 Werkstoffanforderungen im Überblick

Für die Auslegung von Bauteilen kann der Ingenieur heute auf ein breites Spektrum von Werkstoffen zurückgreifen. Wie geht er bei der Werkstoffauswahl vor bzw. welche Werkstoffe kann er sinnvoll kombinieren?

Fehler bei der Werkstoffauswahl können grosse Schäden verursachen. Eine spektakuläre Fehlkonstruktion waren z.B. jene Handelsschiffe aus den frühen 40er Jahren, deren Rumpf bei Beanspruchung auf hoher See in zwei Hälften auseinanderbrach. Die Bruchlinie verlief entlang der Schweissnähte rings um das Schiff: Das Material versagte, weil es an dieser Stelle eine zu geringe Bruchzähigkeit aufwies. In Tabelle 1.1 ist diese Kenngrösse, die eine mechanische Eigenschaft des Werkstoffvolumens angibt, zusammen mit anderen Kenngrössen aus verschiedenen Gruppen von Eigenschaften aufgelistet.

Mit vielen Kenngrössen, auf die sich der Konstrukteur bei der Werkstoffauswahl bezieht, ist der Studienanfänger im allgemeinen wenig vertraut. Sie bilden die Grundlage des vorliegenden Lehrbuchs. In diesem ersten Kapitel gehen wir allerdings nur kurz in Form von Beispielen auf sie ein. Im weiteren Verlauf des Buches werden wir aber auch - insbesondere bei der Besprechung verschiedener Anwendungsfälle - eine Klassifizierung nach Werkstoffen (entsprechend Tabelle 1.2) vornehmen.

Wir skizzieren hier also zunächst einmal in groben Zügen anhand von Beispielen, wie der Ingenieur bei der Werkstoffauswahl vorgeht. Im ersten Beispiel suchen wir Werkstoffe für die Herstellung eines Schraubendrehers aus. Ein typischer Schraubendreher hat einen Schaft und eine Klinge. Schaft und Klinge bestehen üblicherweise aus hochkohlenstoffhaltigem Stahl, aus einem Metall also. Stahl eignet sich

Tabelle 1.1

Gruppen von Werkstoffeigenschaften

- Preis und Verfügbarkeit	Wirtschaftliche Eigenschaften
- Dichte - Elastizitätsmodul und Dämpfungsverhalten - Fliessgrenze, Zugfestigkeit, Härte - Mechanische und thermische Wechselfestigkeit - Kriechfestigkeit	Mechanische Volumeneigenschaften
- Thermisches Verhalten - Optische Eigenschaften - Magnetische Eigenschaften - Elektrische Eigenschaften	Nicht-mechanische Volumeneigenschaften
- Oxidation und Korrosion - Reibung, Abrieb und Verschleiss	Oberflächeneigenschaften
- Gewinnung und Aufbereitung - Verarbeitbarkeit, Eignung für Füge- und Endbearbeitungsverfahren	Herstellungseigenschaften
- Aussehen und Struktur	Ästhetische Eigenschaften

wegen seines hohen Elastizitätsmoduls gut dafür. Der E-Modul ist ein Mass für den Widerstand des Materials gegen elastische Verformung oder Verbiegung. Fertigte man stattdessen den Schaft z.B. aus Kunststoff, würde er sich viel zu stark verwinden. Die Kenngrösse E-Modul ist also in diesem Anwendungsfall für die Werkstoffauswahl ein wichtiges Kriterium. Das Material für den Schaft muss aber auch eine hohe Streckgrenze haben. Wenn nicht, verbiegt er sich bei starker Beanspruchung (schlechte Schraubendreher tun das). Ausserdem muss die Klinge eine grössere Härte als das Schraubenmaterial aufweisen; andernfalls ist der Klingenansatz schnell verdorben. Schliesslich sol-

Tabelle 1.2

Werkstoffgruppen

Metalle und Legierungen

Eisen und Stahl
Aluminium und Aluminiumlegierungen
Kupfer und Kupferlegierungen
Nickel und Nickellegierungen
Titan und Titanlegierungen

Kunststoffe

Polyäthylen (PE)
Polymethylmethacrylat (PMMA)
Nylon
Polystyrene (PS)
Polyuräthan (PU)
Polyvinylchlorid (PVC)
Gummi

Keramik und Gläser*

Aluminiumoxid (Al_2O_3, Saphir)
Magnesiumoxid (MgO)
Siliziumoxid (SiO_2), Gläser und Silikate
Siliziumkarbid (SiC)
Siliziumnitrid (Si_3N_4)
Zement und Beton

Verbundwerkstoffe

Holz
Fiberglas (GFK)
Kohlefaserverstärkte Kunststoffe (KFK)

Cermets

---

* Keramische Werkstoffe sind kristalline, anorganische, nichtmetallische Stoffe.
Gläser sind nicht-kristalline (auch amorph genannte) Festkörper. Die meisten Gläser sind nicht-metallisch; seit kurzem gibt es allerdings sogenannte Metallgläser (bzw. amorphe Metalle) mit sehr interessanten Eigenschaften.

len Schaft und Klinge nicht nur formänderungsbeständig sein, sie dürfen auch nicht leicht abbrechen. Glas zum Beispiel besitzt einen hohen E-Modul, Streckgrenze und Härte, jedoch wäre Glas für unseren Anwendungsfall offensichtlich ungeeignet, weil es zu spröde ist. Genauer ausgedrückt: es hat eine zu niedrige Bruchzähigkeit. Diejenige von Stahl ist hoch; das bedeutet, dass Stahl vor dem Bruch plastisch nachgibt.

Der Schraubendrehergriff kann aus Kunststoff sein, z.B. Polymethylmethacrylat (PMMA), geläufiger unter dem Namen Plexiglas. Er ist wesentlich dicker als der Schaft. Daher spielt Verwindung und somit der E-Modul eine eher untergeordnete Rolle. Aus Gummi könnte man den Griff freilich nicht machen; dessen E-Modul wäre entschieden zu niedrig. Jedoch käme eine ganze Reihe hochpolymerer Werkstoffe dafür in Frage. Schon seit alters her werden Werkzeuggriffe aus einem ziemlich kompliziert aufgebauten Polymer hergestellt - aus Holz. Holz ist, gemessen am Weltjahresverbrauch, das bei weitem bedeutendste Polymer, das dem Ingenieur zur Verfügung steht. PMMA lässt sich aber zweifellos leichter in die endgültige Form bringen: Es wird weich bei Erhitzen und kann rasch vergossen werden. Die einfache Formgebung lässt es uns in unserem Angwendungsfall dem Holz vorziehen. Aber auch ästhetische Gründe sprechen für die Wahl: PMMA sieht hübsch aus und fühlt sich gut an. Ausserdem hat PMMA eine geringe Dichte, so dass der Schraubendreher beim Halten nicht unnötig schwer wird. Schliesslich ist PMMA nicht teuer; PMMA-Teile können also zu vertretbaren Preisen gefertigt werden.

Die nächste Fallstudie führt uns von diesen noch recht einfachen Technologiefragen hin zu anspruchsvolleren Werkstoffaufgaben im Bereich des Turbinenbaues. Als Beispiel wählen wir die Rolls-Royce RB211-Flugzeugturbine, die üblicherweise den "Jumbo" antreibt. Bei dieser Turbine wird Luft von einem Frontgebläse (Fan) angesaugt, das gleichzeitig auch bereits eine gewisse Schubwirkung entlang des Turbinengehäuses erzeugt. Die Luft wird danach von Verdichterschaufeln weiter komprimiert und dann in der Brennkammer mit Brennstoff vermischt und verbrannt. Durch die Ausdehnung der ausströmenden Gase wird die Turbine angetrieben, die ihrerseits das Gebläse und den Verdichter am Laufen hält. Schliesslich verlassen die Gase das Triebwerk und verleihen ihm damit die eigentliche Schubkraft.

Die Bläserschaufeln bestehen aus einer Titanlegierung. Diese weist hinreichend hohe Werte für E-Modul, Streckgrenze und Bruchzähigkeit auf. Darüberhinaus muss sie ermüdungsfest (wegen häufig wechselnder Belastungen), verschleissarm (z.B. gegenüber mit Höchstgeschwindigkeit aufprallenden Wassertropfen) sowie korrosionsbeständig (vor allem beim Überfliegen von Meeresgewässern) sein. Dass die Dichte beim Werkstoffeinsatz im Flugzeug eine vorrangige Rolle spielt, ist offensichtlich: Titanlegierungen gehören zu den leichtesten überhaupt. Im Bemühen um grössere Gewichtseinsparung sind auch schon Schaufeln aus kohlefaserverstärkten Kunststoffen (KFK) ausprobiert worden. Aber KFK ist für Frontgebläseschaufeln nicht zäh genug; schon ein Vogel würde Schaufeln aus KFK beim Auftreffen schlagartig zerstören.

Für die Werkstoffe der Laufschaufeln müssen noch weitere Anforderungen erfüllt sein. Aus wirtschaftlichen Gründen sollte der Brennstoff bei höchstmöglichen Temperaturen verbrannt werden. Die erste Laufschaufelstufe (Hochdruckschaufeln) erfährt heute im Betrieb Gastemperaturen von etwa 950^0C. Zu dem obigen Katalog von Anforderungen kommen also noch Kriechfestigkeit und Oxidationsbeständigkeit hinzu. Komplex aufgebaute Nickelbasislegierungen genügen diesen aussergewöhnlich strengen Anwendungskriterien in den meisten Fällen. Sie zählen damit zu den Eckpfeilern moderner Werkstofftechnologie.

Etwas andere Anforderungen kommen bei der Auslegung der Brenndüsen einer Brennkammer ins Spiel. Die Funkenelektroden müssen thermische Wechselfestigkeit (wegen der sich rasch ändernden Temperaturen), geringen Verschleiss (gegenüber Funkenerosion) sowie ausserdem Oxidations- und Korrosionsbeständigkeit in einer im allgemeinen stark von Schwefel und Blei (als Antiklopfzusatz) verunreinigten Heissgasatmosphäre aufweisen. Hier haben sich Wolframlegierungen bewährt. Für die elektrische Isolierung der Elektroden empfiehlt sich ein nichtmetallischer keramischer Werkstoff - Aluminiumoxid in unserem Beispiel. Über seine Eigenschaften als elektrischer Isolierwerkstoff hinaus besitzt es auch gute thermische Wechselfestigkeit und ist beständig gegen Korrosion und Oxidation (ist es doch bereits ein Oxid!).

Die Anwendung von nichtmetallischen Werkstoffen ist am stärksten in der Gebrauchsgüterindustrie verbreitet. Gerade am folgenden Beispiel einer Segeljacht können wir sehen, in welch grossem Ausmass Polymere und künstliche Verbundwerkstoffe die "alten" Werkstoffe Stahl, Holz und Baumwolle verdrängt haben. Ein typisches Segelboot hat eine Schale aus GFK, die sich leicht im ganzen giessen lässt. Sie sieht gut aus und rostet nicht, wird auch nicht vom Holzwurm zerstört - im Gegensatz zu jeweils Stahl und Holz. Der Mast ist aus Aluminium; Holz wäre bei gleicher Festigkeit wesentlich schwerer. Neuerdings verstärkt man Aluminium-Masten auch mit Borwhiskern (ein künstlicher Verbund). Die Segel, ehedem aus "Segeltuch", sind heutzutage aus "Trevira" (der Spinnaker eher aus Nylon); und auch das Tauwerk besteht heute weitgehend aus Kunststoffasern. PVC nimmt man vorzugsweise für Dinge wie Fender, Bojen, Bootsabdeckungen und wasserdichte Kleidung.

Drei künstliche Verbundwerkstoffe sind bisher aufgetaucht: glasfaserverstärkte Kunststoffe (GFK), die wesentlich teureren kohlefaserverstärkten Kunststoffe (KFK) und die noch teureren borfaserverstärkten Kunststoffe (BFK). Die Reihe der Verbundwerkstoffe ist gross und wächst ständig (Abb. 1.1); in den nächsten zehn Jahren werden sie in zunehmendem Masse mit Stahl und Aluminium auf deren traditionellen Anwendungsgebieten konkurrieren.

Abb. 1.1. Die Stellung der Werkstoffgruppen zueinander.

Nun haben wir schon einigen Einblick in die mechanischen und physikalischen Eigenschaften von Werkstoffen gewonnen, aber einen sehr wichtigen, oft ausschlaggebenden Faktor haben wir noch nicht besprochen, nämlich **Preis** und **Verfügbarkeit** der Werkstoffe. Tabelle 1.3 gibt einen groben Überblick über Materialpreise. Werkstoffe, die in grossem Massstab auf dem Bausektor eingesetzt werden wie Holz, Beton und Baustähle, kosten zwischen £ 30 und £ 250 ($ 60 und $ 550) pro Tonne. Viele andere Werkstoffe - zum Beispiel Nickel oder Titan - weisen ebenso alle Eigenschaften auf, die man von einem Baustoff fordert, aber sie kommen aus Preisgründen nicht in Frage.

Weiterverarbeitung erhöht oft den Preis des Werkstoffs unverhältnismässig stark; das bedeutet in vielen Fällen, dass die Kostenfrage bei der Materialauswahl nicht so ernst genommen werden muss: Der deutlich höhere Anteil der Produktionskosten sind dann Arbeitskosten und zwar für Fertigung und Verarbeitung. Rostfreie Stähle, die meisten Aluminiumlegierungen und Kunststoffe kosten zwischen £ 250 und £ 2500 ($ 550 und $ 5500) pro Tonne. Auf diesem Markt ist der Wettbewerb ganz besonders intensiv. Gerade ist aber auch der Innovationsspielraum

Tabelle 1.3

		Preis pro Tonne	
Bau und Schwermaschinenbau	Holz, Beton, Baustahl	£ 30-250,	$ 60-550
Leichter bis mittlerer Maschinenbau	Metalle, Legierungen und Kunststoffe im Flugzeug- und Automobilbau und ähnlichen Anwendungen	£ 250-2500,	$ 550-5500
Spezial-Werkstoffe	Turbinenschaufelwerkstoffe, moderne Verbundwerkstoffe (GFK, KFK)	£ 2500-90'000,	$ 5500-200'000
Edelmetalle	Lager aus Saphir, Kontakte aus Silber, integrierte Schaltungen aus Gold	£ 90'000-1M.,	$ 200'00
Industriediamant	Schneid- und Polierwerkzeuge	£ 400M.,	$ 900M.

beim Konstruieren nirgends so gross. Hier konkurrieren Kunststoffe und Verbundwerkstoffe unmittelbar mit den Metallen; andererseits sind auf bestimmten Anwendungsgebieten einige neue keramische Werkstoffe (SiC und Si_3N_4) drauf und dran, beide Werkstoffgruppen aus dem Feld zu schlagen.

Kommen wir zu den Werkstoffen für höchste Beanspruchung oder für besondere Anwendungsfälle wie Nickelbasislegierungen (für Turbinenschaufeln), Wolfram (für Brenndüsen) und einige besondere Verbundwerkstoffe wie zum Beispiel KFK. Der Preis dieser Werkstoffe liegt im Bereich von £ 2500 und £ 90000 ($ 5500 und $ 200000) pro Tonne. In dieser Spitzenkategorie der Werkstofftechnologie stellt die Forschung ständig weitreichende Verbesserungen vor. Auch hier erwächst den traditionellen Werkstoffen eine starke Konkurrenz durch Neuentwicklungen.

Schliesslich sollten wir noch die sogenannten Edelmetalle und Halbedelsteine ansprechen: Gold für integrierte Schaltungen, Platin als Katalysator, Saphir als Lagerwerkstoff, Diamant als Schneidwerkzeug. Ihr Preis erreicht leicht Beträge von über £ 90000 ($ 200000) bis weit über £ 1 Million ($ 2.2 Millionen).

Wie Preis und Marktangebot die Materialauswahl in Einzelfällen beeinflussen können, sehen wir am Beispiel von Werkstoffen, die im Laufe der Jahrhunderte zum Brückenbau herangezogen worden sind. Wie Abbildung 1.2 zeigt, war bis vor etwa 150 Jahren Holz der übliche Werkstoff für den Brückenbau. Holz war billig, und hochwertige Balken aus natürlichem Baumbestand waren fast unbegrenzt verfügbar. Auch Natursteine waren, wie am Beispiel der Abbildung 1.3 zu sehen ist, in jener Zeit beim Brückenbau ein häufig eingesetzter Werkstoff. Im achtzehnten Jahrhundert führte die zunehmende Verfügbarkeit von Gusseisen in Verbindung mit vergleichsweise geringen Baukosten zu einer starken Verbreitung von Brückenarten wie in Abbildung 1.4 dargestellt. Mit fortschreitender Entwicklung auf dem Gebiet der Metallkunde setzten sich dann ab Ende des neunzehnten Jahrhunderts mehr und mehr Stahlbrückenkonstruktionen durch (Abb. 1.5). Schliesslich konnten mit Aufkommen der Stahlbetonarmierung preisgünstige, ästhetisch durchaus ansprechende Brückenkonstruktionen mit hoher Korrosionsbeständigkeit (Abb. 1.6) gebaut werden.

Dieser Gang der Werkstoffverwendung im Brückenbau gibt uns einen Begriff von der Werkstoffverfügbarkeit durch die Jahrhunderte. Heute sind Holz, Stahl und Beton wegen ihres geringen Preisunterschiedes fast beliebig gegeneinander austauschbar geworden. Welcher von den

Abb. 1.2. Eine Holzbrücke in Cambridge, England; sie wurde 1904 nach Plänen aus dem Jahr 1749 wiederaufgebaut.

Abb. 1.3. Cambridges älteste noch bestehende Brücke; sie stammt aus dem Jahr 1640.

Abb. 1.4. Diese Brücke aus dem Jahr 1823 ist aus gusseisernen Elementen zusammengesetzt; sie ist wesentlich tragfähiger als die Erbauer seinerzeit veranschlagten.

Abb. 1.5. Eine typische Stahlbrückenkonstruktion aus dem 20. Jahrhundert.

Abb. 1.6. Eine moderne Stahlbetonbrücke aus dem Jahr 1960.

drei Werkstoffen schliesslich eingesetzt wird, hängt sehr häufig vom komplizierten Zusammenspiel wirtschaftlicher Fakoren ab, die sich von Tag zu Tag ändern können.

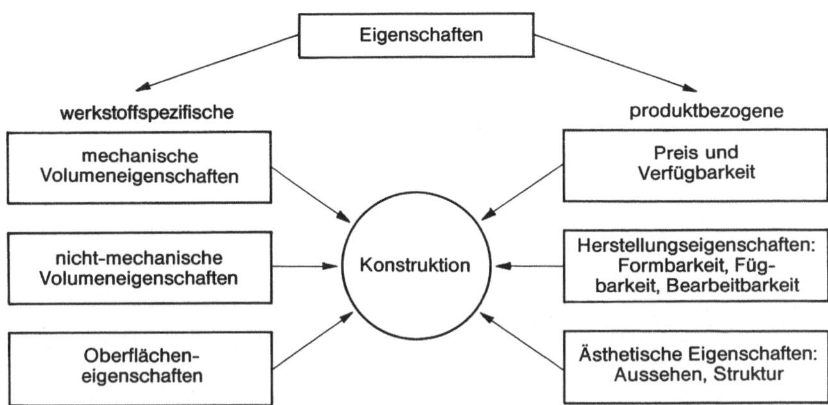

Abb. 1.7. Werkstoffeigenschaften und Faktoren, die auf die Produktgestaltung einwirken.

Alles in allem muss also der Ingenieur beim Konstruieren eine ganze Reihe von Punkten berücksichtigen (Bild 1.7). Die Materialauswahl beginnt mit der Forderung nach bestimmten Volumen- oder Oberflächeneigenschaften (z.B. Festigkeit bzw. Korrosionsbeständigkeit), die den Einsatzkriterien genügen müssen. Aber der Werkstoff muss auch geformt werden; er muss ferner wirtschaftlich mit anderen Werkstoffen konkurrieren können. Im nächsten Kapitel werden wir auf die wirtschaftlichen Gesichtspunkte eingehen. Auf die anderen Anforderungen kommen wir in späteren Kapiteln zurück.

A Werkstoffpreise und Marktsituation

2 Werkstoffpreise und Marktsituation

Einführung

Im ersten Kapitel haben wir uns mit einer Reihe von Anforderungen vertraut gemacht, wie sie heute der Konstrukteur an Werkstoffe stellt. Gleichzeitig haben wir an einigen Beispielen gesehen, über welche Werkstoffe er verfügt, um diesen Anforderungen zu entsprechen. Am Schluss des Kapitels sind wir dann bereits auf die Bedeutung von Kosten und Verfügbarkeit von Werkstoffen eingegangen, die oft zu ausschlaggebenden Faktoren bei der Werkstoffauswahl werden können. In diesem Kapitel wollen wir die wirtschaftlichen Faktoren etwas genauer analysieren.

Einiges über Werkstoffpreise

Angesichts der Bedeutung des Kostenfaktors bei jeglicher Art technischer Konstruktion beginnen wir mit einer Preistabelle für eine Reihe von Werkstoffen, geordnet nach abnehmenden Preisen entsprechend dem Stand von Januar 1980 (Tabelle 2.1). Die Tabelle ist übrigens lediglich eine ausführliche Version von Tabelle 1.31: Die Unterteilung der Werkstoffe in Preisgruppen, die wir in Kapitel 1 vorgenommen haben, findet sich hier wieder. Woher kommen solche Daten und wie können wir uns über laufende Veränderungen der Preissituation und deren Ursachen informieren?

Die grossen Wirtschaftszeitungen geben laufend die neuesten Preise bekannt. Ein typisches Blatt dieser Art ist "Procurement Weekly", das neben den aktuellen Preisen auch die Preise von sechs Monaten und einem Jahr zuvor aufführt (deutschsprachige Wirtschaftszeitungen sind

Tabelle 2.1

Werkstoffpreise pro Tonne $\bar{p}$ (Januar 1980)

Werkstoff	$\bar{p}$ £ Tonne^{-1}	$\bar{p}$ \$ Tonne^{-1}
Industriediamant	400'000'000	900'000'000
Platin	12'000'000	26'000'000
Gold	8'700'000	19'100'000
Silber	520'000	1'140'000
Bor-Epoxyd-Verbundwerkstoffe (Materialanteil 60%; Herstellungsanteil 40%)	150'000	330'000
KFK (Materialanteil 30%; Herstellungsanteil 60%)	90'000	200'000
Kobalt/Wolframkarbid Cermets	30'000	66'000
Wolfram	11'800	26'000
Kobalt	7800	17'200
Titanlegierungen	4630-5780	10'190-12'720
Polyimide	4600	10'100
Nickel	3196	7031
PMMA	2400	5300
Schnellarbeitsstahl	1816	3995
Nylon 66	1495	3289
GFK (Materialanteil 60%; Herstellungsanteil 40%)	1100-1500	2400-3300
Rostfreie Stähle	1100-1400	2400-3100
Kupfer, Halbzeug (Bleche, Rohre, Stangen)	1024-1360	2253-2990
Kupfer, Gussbarren	1024	2253
Polykarbonat	1160	2550
Aluminiumlegierungen, Halbzeug (Bleche, Stangen)	910-1110	2000-2440
Aluminium, Gussbarren	910	2000
Messing, Halbzeug (Bleche, Rohre, Stangen)	750-1062	1650-2336
Messing, Gussbarren	684	1505
Magnesiumoxid, MgO	950	1990
Aluminiumoxid, Al_2O_3	500-800	1100-1760
Zink, Halbzeug (Bleche, Rohre, Stangen)	430-791	950-1740
Zink, Gussbarren	333	733
Blei, Halbzeug (Stangen, Bleche, Rohre)	500-760	1100-1670
Blei, Gussbarren	437	961
Epoxydharze	750	1650
Glas	680	1500
Schaumstoffe	400-650	880-1430
Naturgummi	650	1430
Polypropylen	580	1280
Polyäthylen hoher Dichte	570	1250
Polystyren	605	1330
Harthölzer	590	1300
Polyäthylen niedriger Dichte	550	1210
Polyvinylchlorid	360	790
Siliziumkarbid	200-350	440-770
Sperrholz	340	750
Niedriglegierte Stähle	175-250	385-550
Baustähle, Halbzeug (Profile, Bleche, Stangen)	200-220	440-480
Gusseisen	120	260
Eisen, Gussbarren	108	238
Weichhölzer	196	431
Beton, armiert (Träger, Pfeiler, Platten)	125-135	275-297
Heizöl	90	200
Kohle	38	84
Zement	24	53

z.B. das "Handelsblatt", die "Frankfurter Allgemeine Zeitung" oder die "Neue Zürcher Zeitung"). In jedem Industrieunternehmen werden derartige Zeitungen wegen des guten Überblicks über Preise und Preistrends aufmerksam gelesen. Tabelle 2.2 gibt einen Auszug der Preistabelle aus "Procurement Weekly" vom 16. Januar 1980 wieder. Der Auszug behandelt die Nichteisenmetalle und enthält zwei wichtige Informationen: Erstens den aktuellen Preis; zum Beispiel beträgt an diesem Tag der Rohstoffpreis für Kupfer £ 1052 ($ 2314) bzw. für Blei £ 437 ($ 961) pro Tonne. Wenn man weiss, dass vor 20 Jahren Kupfer etwa £ 200 ($ 440) bzw. Blei £ 110 ($ 240) pro Tonne kosteten, kann man eine Langzeit-Aufwärtsentwicklung des Kupfer- bzw. Bleipreises von ungefähr 400% feststellen. Zweitens lassen sich aus der Tabelle Kurzzeit-Preisfluktuationen unmittelbar ablesen: Der Bleipreis ist in 6 Monaten um 30% gefallen, der Goldpreis hingegen in der gleichen Zeit um 140% gestiegen. Der Nickelpreis ist ebenfalls im Verlauf von 12 Monaten gestiegen, nämlich um 47%, während er, was allerdings dieser Tabelle nicht zu entnehmen ist, im Jahr zuvor um 40% gefallen ist. Für den Einkäufer stellen diese Veränderungen beträchtliche Spannen dar.

Tabelle 2.2

Auszug aus der Rohstoffpreisliste vom 16.1.1980

	16.1.1980	6 Monate davor	12 Monate davor
Chrom/£ ($)Tonne^{-1}	3500(7700)	3500(7700)	2900(6380)
Elektrolytkupfer/£ ($)Tonne^{-1}	1052(2314)	926(2037)	764(1680)
Gold/$ Feinunze^{-1}	610	251	222
Rohblei (Barren)/£ ($)Tonne^{-1}	437(961)	578(1270)	428(942)
Quecksilber/$ Flasche^{-1}	390	300	127
Nickel (fein)/£ ($)Tonne^{-1}	3196(7031)	2675(5885)	2169(4772)
Wolfram (Pulver)/£ ($)kg^{-1}	11.8(26.0)	12.8(28.2)	13.5(29.7)

Die kurzzeitigen Preisschwankungen haben mit echter Knappheit bzw. Überfluss wenig zu tun. Sie sind meist das Ergebnis von geringen Schwankungen der Marktlage, also von Angebot und Nachfrage. Oft werden sie durch spekulative Warentermingeschäfte hochgespielt. Die schnellebige Entwicklung auf den Warenterminmärkten kann schon im Zeitraum von wenigen Tagen zu dramatischen Preisänderungen führen - das ist auch genau der Grund, warum Spekulanten sich für dererlei Geschäfte interessieren. Der einzelne Ingenieur kann im allgemeinen wenig unternehmen, um diesen Kurzzeitschwankungen zu begegnen. Ebenso können auch politische Faktoren von erheblicher Bedeutung sein - die Kobaltverknappung im Jahre 1978 ist ziemlich eindeutig den kriegsartigen Verhältnissen in Zaïre, der Welt grösstem Kobaltproduzenten, zuzuschreiben.

Ganz anders verhält sich die Langzeitentwicklung. Preisschwankungen über längere Zeiträume spiegeln, wenigstens zum Teil, die wirklichen

Kosten (für Investitionen, Arbeit und Energie) wider, die bei der Rohstofferzeugung, beim Transport oder bei der Weiterverarbeitung aufgewendet werden müssen. Inflation und steigende Energiekosten treiben die Preise offensichtlich in die Höhe. Auch die Notwendigkeit, Stoffe aus zunehmend ärmeren Erzen zu gewinnen wie z.B. im Falle von Kupfer ist in diesem Zusammenhang anzuführen: je ärmer das Erz, desto mehr Aufwand an Maschinen und Energie ist erforderlich, um das Erz aufzubrechen und daraus das Metall zu reduzieren.

Auf lange Sicht müssen wir uns ausserdem fragen, welche Stoffe überreichlich vorhanden sein werden und welche mit grosser Wahrscheinlichkeit verknappen. Weiterhin sollten wir uns darüber im klaren sein, in welchem Ausmass wir jeweils von einzelnen Stoffen abhängen.

Werkstoffnutzung weltweit

Die Verwendung der einzelnen Werkstoffe ist in den Industrienationen nahezu einheitlich: Alle verwenden Stahl, Beton und Holz auf dem Bausektor, Stahl und Aluminium im allgemeinen Maschinenbau, Kupfer für elektrische Leiter, Kunststoffe im Geräte- und Anlagenbau, usw. Auch die Proportionen stimmen bei allen weitgehend überein.

Ungefähr 20% der Gesamtimportkosten eines Landes wie z.B. Grossbritannien werden für Werkstoffe ausgegeben. Tabelle 2.3 gibt an, wie sich diese Kosten auf die einzelnen Werkstoffe verteilen: Stahl und Eisen sowie die Rohstoffe zu ihrer Erzeugung machen ungefähr ein Viertel aus. Als nächstes kommt Holz, dessen Verwendung für Leichtkonstruktionen immer noch weit verbreitet ist. Mehr als ein Viertel des Importes kosten die Metalle Kupfer, Silber, Aluminium und Nikkel. Alle Kunststoffe zusammengenommen ergeben nur wenig mehr als 10%. Wenn wir dann noch die Metalle Zink, Blei, Zinn, Wolfram und Quecksilber hinzunehmen, beläuft sich die Liste schon auf 99% des Betrages, den Grossbritannien im Ausland für den Werkstoffeinkauf ausgibt. Den Anteil der Werkstoffe, die nicht in dieser Liste vorkommen, können wir dabei ohne weiteres vernachlässigen.

Werkstoffe, über die wir reichlich verfügen

Kommen wir von den Werkstoffen, die wir benötigen, zu denen, über die wir reichlich verfügen. Einige wenige Werkstoffe werden aus Verbin-

Tabelle 2.3

Anteiliger Prozentsatz der Rohstoff- bzw. Halbzeugkosten einzelner von Grossbritannien eingeführter Werkstoffe

Werkstoff	%
Eisen und Stahl	27
Holz und Bauholz	21
Kupfer	13
Kunststoffe	9.7
Silber und Platin	6.5
Aluminium	5.4
Kautschuk	5.1
Nickel	2.7
Zink	2.4
Blei	2.2
Zinn	1.6
Papier/Zellstoff	1.1
Glas	0.8
Wolfram	0.3
Quecksilber	0.2
Sonstige	1.0

dungen aufbereitet, die in den Weltmeeren oder in der Atmosphäre vorkommen: Magnesium ist ein Beispiel dafür. Aber weitaus die grösste Anzahl von Werkstoffen wird im Bergbau - aus der Erdkruste gewonnen. Dabei muss das Erz in mehreren Verfahrensschritten angereichert und schliesslich zum reinen Stoff verhüttet werden. Wie leicht können wir über Stoffe, die wir unbedingt benötigen, verfügen? Welche Mengen an Kupfer, Silber, Wolfram, Zinn und Quecksilber in abbauwürdigen Konzentrationen enthält die Erdkruste überhaupt? Die fünf sind im Grunde alle recht selten: die abbaufähigen Lager sind im allgemeinen ziemlich klein und zudem in hohem Masse auf einige Orte beschränkt, so dass viele Regierungen ihnen strategische Bedeutung beimessen und sie vorzugsweise horten.

Nicht alle Stoffe sind so selten. Tafel 2.4 zeigt das Vorkommen der "gängigeren" Elemente der Erdkruste. Die Erdkruste besteht zu 47 Gewichtsprozent aus Sauerstoff - oder, da das Sauerstoffatom gross ist - zu 96 Volumenprozent (die Geologen behaupten, dass in der Erdkruste neben Sauerstoff nur ein paar Verunreinigungen vorkommen). Die nächsthäufigeren Elemente sind Silizium und Aluminium; die bei weitem häufigsten Feststoffe sind nämlich Silikate and Aluminiumsilikate. Die Liste enthält zwar insgesamt eine Reihe von Metallen; aber nur

Tabelle 2.4

Vorkommen einzelner Elemente in Gewichtsprozent

Erdrinde		Meere		Atmosphäre	
Sauerstoff	47	Sauerstoff	85	Stickstoff	79
Silizium	27	Wasserstoff	10	Sauerstoff	19
Aluminium	8	Chlor	2	Argon	2
Eisen	5	Natrium	1	Kohlendioxid	0.04
Kalzium	4	Magnesium	0.1		
Natrium	3	Schwefel	0.1		
Kalium	3	Kalzium	0.04		
Magnesium	2	Kalium	0.04		
Titan	0.4	Brom	0.007		
Wasserstoff	0.1	Kohlenstoff	0.002		
Phosphor	0.1				
Mangan	0.1				
Fluor	0.06				
Barium	0.04				
Strontium	0.04				
Schwefel	0.03				
Kohlenstoff	0.02				

* Die Gesamtmasse der Erdrinde bis zu einer Tiefe von 1 km beträgt $3x10^{21}$ kg; die Masse der Meere 10^{20} kg; die Masse der Atmosphäre $5x10^{18}$ kg.

Eisen und Aluminium tauchen schliesslich auch in der Liste der Gebrauchsmetalle auf. In der Tabelle haben wir noch Kohlenstoff erwähnt, weil Kohlenstoff die Grundlage aller Polymere darstellt, Holz eingeschlossen. Die Meere und die Atmosphäre bieten im übrigen ein ähnliches Bild wie die Erdkruste.

Insgesamt können wir also festhalten : Überall sind Sauerstoff und seine Verbindungen reichlich vorhanden - in jeder Hinsicht sind wir von keramischen Rohstoffen oder ihren Derivaten umgeben. Einige Stoffe sind weitverbreitet, insbesondere Eisen und Aluminium; aber auch für diese ist die örtliche Konzentration fast immer äusserst gering, gewöhnlich zu klein, um abbauwürdig zu sein. Rohstoffe für die Polymererzeugung sind dagegen zur Zeit deutlich leichter verfügbar. Kohlenstoff kommt in immensen Mengen vor. Im Weltmassstab gesehen wird pro Monat mehr Kohlenstoff gewonnen als Eisen pro Jahr, aber alles, was wir im Augenblick damit machen ist, ihn schlicht zu verbrennen. Und schliesslich die zweitwichtigste Komponente der Polymere - Wasserstoff - ist ebenfalls eines der häufigsten Elemente.

Einige Stoffe, die wir in der Tabelle gar nicht aufgeführt haben, wie Quecksilber, Silber, Wolfram zum Beispiel, sind äusserst selten und zudem nur stark lokalisiert anzutreffen, so dass man davon ausgehen kann, dass sie bald zur Neige gehen.

Exponentiell zunehmender Verbrauch

Wie können wir abschätzen, wie lange bekannte Rohstoffvorräte wie z.B. Quecksilber noch reichen? Wie fast bei allen Stoffen steigt der Verbrauch an Quecksilber exponentiell mit der Zeit an (Abb. 2.1).

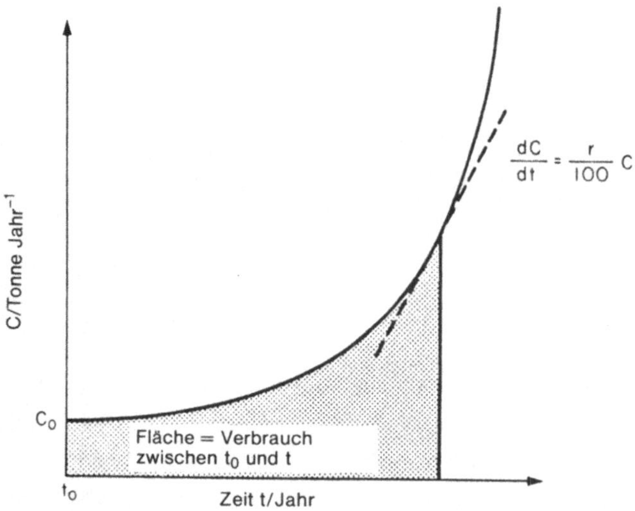

Abb. 2.1. Exponentiell ansteigende Werkstoff-Verbrauchskurve.

Ist der laufende Verbrauch in Tonnen pro Jahr gleich C, dann beschreibt man exponentielles Wachstum durch den Ansatz

$$dC/dt = rC/100. \qquad (2.1)$$

Dabei bedeutet r die relative jährliche Zunahme in Prozent. Integriert ergibt das

$$C = C_0 \exp(r(t-t_0)/100). \qquad (2.2)$$

C_0 gibt den Verbrauch zur Zeit $t = t_0$ an. Die Verdopplungszeit des Verbrauchs t_D errechnet sich zu

$$t_D = 100/r \cdot \log 2 \approx 70/r, \qquad (2.3)$$

wobei $C/C_0 = 2$ gesetzt wird, Der Stahlverbrauch wächst 3.4% pro Jahr - er verdoppelt sich also grob alle 20 Jahre. Der Aluminiumverbrauch steigt sogar um 8% pro Jahr und verdoppelt sich damit schon nach 9 Jahren. Die Polymererzeugung in den USA nahm während der letzten Jahre um 18% jährlich zu, verdoppelte sich also alle 4 Jahre.

Verfügbarkeit von Rohstoffen

Die Verfügbarkeit von Rohstoffen hängt wesentlich davon ab, ob und in welchem Masse die Rohstoffvorkommen in einzelnen Ländern lokalisiert sind (wodurch natürlich mehr oder weniger die Gefahr von willkürlicher Produktionssteuerung und Kartellabsprachen gegeben ist). Ferner spielt der Umfang der Rohstoffvorräte, oder besser gesagt der Rohstoffvorkommen eine wichtige Rolle; und schliesslich muss man den Energiebedarf zur Förderung und Aufbereitung der Rohstoffe anführen. Der Einfluss der beiden letzten, Umfang der Vorräte und Energieaufwand ist in gewissen Grenzen vorhersagbar.

Bei der Bestimmung der Rohstoffmengen ist es wichtig, zwischen Rohstoffvorräten und Rohstoffvorkommen zu unterscheiden. Rohstoffvorräte sind immer die derzeit - mit heutiger Technologie zu heutigen Preisen - abbauwürdigen Lagerstätten. Sie haben i.a. nichts mit dem wahren Umfang der Rohstoffvorkommen zu tun; die beiden sind nicht einmal annähernd proportional.

Die Rohstoffvorkommen enthalten die derzeitigen Vorräte. Sie enthalten ferner vorsichtig geschätzte Angaben über die bekannten und unbekannten, heute noch nicht abbauwürdigen Lagerstättenbestände, die in Zukunft bei höherem Preisniveau, verbessertem Technologiestand und fortschrittlicheren Transportmöglichkeiten noch verfügbar werden könnten (Abb. 2.2). Die Vorräte sind wie Geld, das man auf der Bank hat - man weiss, dass man es hat. Dagegen sind die Vorkommen eher anzusehen wie die Lebensverdienstmenge - sie ist wesentlich grösser als das Gesparte, aber i.a. weniger garantiert. Unter Umständen muss man

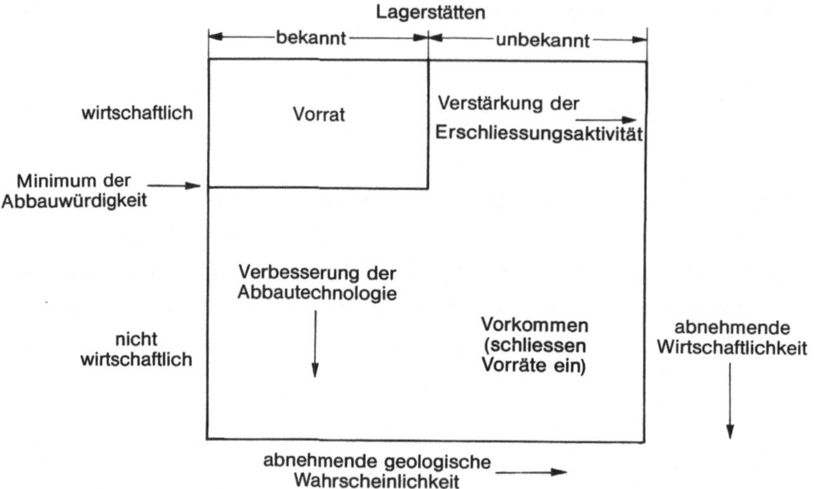

Abb. 2.2. Das sogenannte McElvey Diagramm.

hart dafür arbeiten. Darüberhinausgehende Angaben über Rohstoffvorkommen kann man schlechterdings nicht machen.

Die Vorkommen sind fast immer bedeutend grösser als die Vorräte. Da wir jedoch nur über relativ spärliche geophysikalische Daten und wirtschaftliche Vorausberechnungen verfügen, ist die Bestimmung der Rohstoffvorkommen im allgemeinen ziemlich ungewiss. Gleichwohl sind solche Schätzungen von grosser Bedeutung für die Beurteilung der Versorgungslage.

Der Verfügungszeitraum für die Ölvorräte wird, wenn man heutige Bedarfszahlen zugrundelegt, auf 25 Jahre geschätzt. Im Falle von Erdgas geht die Frist nur wenig weiter. Wenn man nun annimmt, dass die Nachfrage weiterhin exponentiell ansteigt, kann man mit Hilfe der Exponentialgleichung die "Halbwertszeit" der bekannten Bestände ausrechnen. (Für dieses Stadium kann man ein so starkes Anziehen der Preise erwarten, dass die Ölversorgung voraussichtlich zu einem ernsten Problem würde). Für eine Reihe von bedeutenden Stoffen betreffen diese Halbwertszeiten die jetzige Generation: für Silber, Zinn, Wolfram, Zink, Blei und Quecksilber beispielsweise beträgt die Halbwertszeit zwischen 50 und 80 Jahre. Dagegen sind die Vorräte von einigen anderen Rohstoffen - vornehmlich Eisen, Aluminium - und die Rohstoffe, auf denen die Keramik- und Glasproduktion aufbaut, immens und reichen wohl für Hunderte von Jahren, auch noch, wenn man eine exponentielle Verbrauchsrate einrechnet.

Hier geht aber der Energiekostenfaktor entscheidend ein. Für die Aufbereitung von Stoffen benötigt man Energie (Tabelle 2.5). Sobald ein Stoff seltener wird - Kupfer ist ein gutes Beispiel dafür - müssen wir ihn aus immer ärmeren Erzen gewinnen. Abbau, Zerkleinerung und Anreicherung des Erzes kosten mehr und mehr Energie pro Mengeneinheit Kupfer. Der Energieaufwand kann sehr schnell kostenbestimmend werden. Aus Tabelle 2.5 wird ersichtlich, dass die reicheren Kupfererze heute bereits aufgebraucht sein dürften.

Tabelle 2.5

Energieinhalt einzelner Stoffe in GJ pro Tonne

Stoff	GJ pro Tonne
Aluminium	300
Kunststoffe	100
Kupfer	100 - 500
Zink	70
Stahl	50
Glas	20
Zement	8
Ziegelstein	4
Holz	2
Kies	0.1
Öl	44
Kohle	29

Langfristige Alternativen

Welche Lösungswege können wir in Zukunft gehen, um der offensichtlichen Werkstoffverknappung zu begegnen? Eine Möglichkeit ist zum Beispiel Werkstoffgerechtes Konstruieren. Viele unserer heutigen Maschinen und Bauwerke wenden weit mehr Material als nötig auf bzw. sind aus Werkstoffen gefertigt, deren Vorräte als begrenzt gelten, wo andere, reichlich vorhandene Stoffe i.a. den gleichen Zweck erfüllen würden. In vielen Fällen wird z.B. eine besondere Oberflächeneigenschaft (geringe Reibung, Korrosionsbeständigkeit, usw.) gefordert - dann könnte eine dünne Schicht auf der Oberfläche eines billigen, nahezu unbegrenzt verfügbaren Trägermaterials die Verwendung eines knapp verfügbaren Stoffes als Vollmaterial vermeiden.

Eine weitere Möglichkeit, dem Problem der Materialverknappung zu begegnen, ist die Substitution. In fast allen Fällen verlangt der Verbraucher eine bestimmte Eigenschaft eines Produktes, nicht den eigentlichen Werkstoff selbst. Oft könnte ersatzweise ein "gängigerer" Werkstoff verwendet werden, wenn man die Einführungskosten nicht scheute (neue Verfahrens- und Verbindungstechniken, usw.). Beispiele für Substitution sind die Ablösung von Stein und Holz durch Stahl und Beton, wie wir schon im ersten Kapitel gesehen haben, der Ersatz von Kupfer durch Polyäthylen bei Sanitärinstallation, der Wechsel von Holz und Stahl hin zu Kunststoffen bei Haushaltwaren sowie von Kupfer zu Aluminium für elektrische Leiter. Der Substitution sind jedoch technische Grenzen gesetzt. Nicht alle Stoffe können auf einfache Weise durch andere ersetzt werden. Für Platin als Katalysator, für Helium als Kühlmittel und (derzeit noch) für Silber in der Photographie gibt es keinen Ersatz. Andere Stoffe wiederum - z.B. die Substitution von Wolfram als Glühlampendraht - würden die Entwicklung einer vollkommen neuen Technologie bedingen, die sich über Jahre hinziehen würde. Schliesslich steigert Substitution die Nachfrage nach dem Ersatzmaterial, das dann seinerseits knapp werden könnte. Der heutige massive Trend, Kunststoffe auf breiter Front als Ersatzwerkstoffe zu verwenden (mit einer Wachstumsrate von 15% pro Jahr) vergrössert nur den Ölverbrauch um so mehr.

Eine dritte Massnahme gewinnt daher immer mehr an Bedeutung, das Recycling. Die Methode ist an sich nicht neu: Baustoffe von Gebäuden sind schon von alters her wiederverwendet worden. Immerhin seit Jahrzehnten gibt es die Altmetallverwertung; sie hat sich inzwischen zu einem eigenständigen Industriezweig entwickelt. Recycling ist arbeitsintensiv, man braucht i.a. nicht viel Kapital und nur begrenzten Energieaufwand dazu. Während der letzten 30 Jahre haben daher die steigenden Arbeitslöhne die Entwicklung kontrolliert. Da jedoch Energie und Kapital ihrerseits allmählich teurer werden, wird Recycling wieder attraktiver und der Anreiz, beim Konstruieren bereits auf die Erfordernisse des Recycling Rücksicht zu nehmen, grösser.

Zusammenfassung

Das Problem der Rohstoffverknappung ist nicht so kritisch wie die Tatsache, dass Energie nur begrenzt verfügbar ist. Einige Rohstoffe kommen in enormen Mengen vor - zum Glück sind darunter die Hauptkonstruktionswerkstoffe. Bei anderen Werkstoffen sind die Vorkommen sehr begrenzt, allerdings werden diese oft auch nur in kleinen Mengen verwendet, so dass, selbst wenn der Rohstoffpreis noch stark ansteigen sollte, der Preis eines Produktes nicht dramatisch beeinflusst werden würde. Für einige Werkstoffe gibt es bereits Ersatzstoffe. Aber die Entwicklung von Substitutionsmassnahmen kann bis zu 25 Jahre dauern, wenn neue Technologien und Kapital benötigt werden. Steigende Energiekosten plus steigende Materialkosten - in dem Masse wie die Dritte Welt ihre Schlüsselstellung als Lieferant begreift - bedeuten, dass sich das Kostengefüge der Werkstoffe in den nächsten 20 Jahren immerwieder schnell ändern kann. Ein guter Konstrukteur muss diese Entwicklung ständig im Auge behalten und nach neuen Möglichkeiten Ausschau halten, um gegebenenfalls einen knappen Werkstoff durch einen anderen, leichter verfügbaren zu ersetzen.

B Die elastischen Moduln

3 Die elastischen Moduln

Einführung

Die nächste Werkstoffeigenschaft, die wir untersuchen, ist der Elastizitätsmodul (kurz: E-Modul). Der E-Modul ist ein Mass für den Widerstand eines Materials gegenüber elastischer Verformung. Werkstoffe mit kleinem E-Modul haben eine geringe Steifigkeit; wenn sie belastet werden, geben sie stark nach. Manchmal sollen sie das ja: z.B. Federn, Polstermaterial, Sportgeräte wie der Stabhochsprungstab. Bei diesen Gebrauchsgegenständen ist die Nachgiebigkeit Hauptkonstruktionsmerkmal, und deshalb wählt man Werkstoffe mit niedrigem E-Modul. Bei der Mehrzahl technischer Anwendungen ist Nachgiebigkeit jedoch unerwünscht. Der Ingenieur muss folglich einen Werkstoff mit hohem E-Modul aussuchen. Wenn beispielsweise Stäbe aus Stahl, Silizium, Holz und Nylon mit identischem Querschnitt in gleicher Weise belastet werden, so biegen sie sich elastisch sehr unterschiedlich durch. Der E-Modul spiegelt sich auch in der Eigenfrequenz eines Bauteils wider. Ein Balken mit niedrigem E-Modul hat eine geringere Eigenfrequenz als einer mit hohem E-Modul (allerdings geht auch die Dichte hier ein). Hierauf muss neben der Nachgiebigkeit bei manchen Konstruktionsaufgaben ebenso geachtet werden.

Bevor wir den E-Modul aber im Detail besprechen, müssen wir zunächst Spannung und Dehnung definieren.

Spannung

Stellen wir uns einen Quader vor, auf den wir eine Kraft F wirken lassen (Abb. 3.1(a)). Die Kraft greift durch den Quader hindurch.Sie erfährt eine Gegenkraft, die die Unterlage auf den Quader ausübt (andernfalls würde sich der Quader bewegen). Der Unterseite können wir also eine gleich grosse, entgegengerichtete Kraft zuschreiben. F wirkt auf alle Querschnitte des Quaders, die parallel zur Oberfläche liegen: der gesamte Quader befindet sich im sogenannten Spannungszustand. Die Spannung σ wird angegeben durch die Kraft F geteilt durch die Querschnittsfläche S_0 des Quaders

$$\sigma = F/S_0 . \tag{3.1}$$

In unserem Beispiel wird die Spannung durch eine Zugkraft senkrecht zur Oberfläche hervorgerufen; wir nennen sie Zugspannung.

Nehmen wir nun an, dass die Kraft nicht normal zur Oberfläche zieht, sondern in einen bestimmten Winkel dazu, wie in Abbildung 3.1(b) gezeigt. Dann können wir die Kraft in zwei Komponenten zerlegen, in eine normal zur Oberfläche und in eine parallel dazu. Die Normalkomponente bewirkt eine reine Zugbeanspruchung. Ihre Grösse ist, wie oben, F_t/S_0.

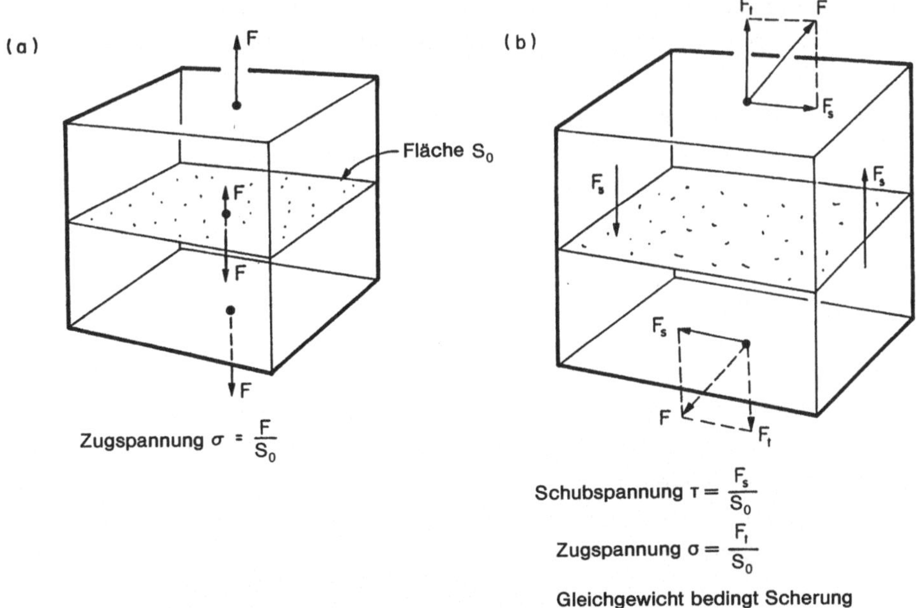

Abb. 3.1. Definition der Spannungsgrössen σ, τ.

Die andere Kraftkomponente F_S belastet den Quader ebenfalls, jedoch in Form von Scherung. Die durch Scherung erzeugte Spannung parallel zu F_S heisst Schubspannung τ und ist gegeben durch

$$\tau = F_S/S_0. \tag{3.2}$$

Ein wichtiger Gesichtspunkt bei unserer Betrachtung ist, dass die Grösse der Spannung immer gleich ist der Kraft geteilt durch die Fläche, auf die diese wirkt. Kräfte werden in Newton gemessen, also werden Spannungen in Newton pro Quadratmeter (N/m^2) angegeben. In vielen Anwendungsfällen ist diese Einheit sehr klein. Die gebräuchlichere Einheit ist daher Mega-Newton pro Quadratmeter oder auch Mega-Pascal (MN/m^2 oder MPa).

Man unterscheidet gewöhnlich vier Spannungszustände; sie sind in Abbildung 3.2 illustriert. Der einfachste ist sicherlich reiner Zug oder reiner Druck (wie in einer Zugvorrichtung bzw. in einer Säule unter Druckbelastung). Die Spannung errechnet sich als Kraft geteilt durch die Querschnittsfläche. Der zweite Spannungszustand ist der unter zweiachsigem Zug. Wenn eine kugelförmige Hülle (z.B. ein Ballon) von innen mit Gasdruck beaufschlagt wird, wird die Hüllenwand in zwei Richtungen gleichermassen beansprucht (Abb. 3.2). (Es gibt auch zweiachsige Spannungszustände, in denen die beiden Zugspannungen unterschiedlich sind). Der dritte Spannungszustand ist der hydrostatische Druck. Hydrostatischer Druck tritt tief im Erdinnern auf oder in grossen Ozeantiefen, wo ein Festkörper von allen Seiten gleich stark zusammengedrückt wird. Nach einer Konvention werden Spannungen positiv angegeben, wenn es sich um Zugspannungen handelt. Drucke in Druckrichtung sind allerdings ebenfalls positiv anzugeben, so dass sich Druck und Druckspannungen in ihren Vorzeichen unterscheiden. Ansonsten ist der Druck ebenso wie die Druckspannung als Kraft geteilt durch Fläche definiert. Der vierte Spannungszustand ergibt sich bei reiner Scherbeanspruchung. Wenn man ein dünnwandiges Rohr verdreht, dann sind die Wandelemente reiner Scherung unterworfen (Abb. 3.2). Die Schubspannung ist einfach die Scherkraft geteilt durch die Fläche auf die sie wirkt. Umgekehrt ist klar, dass, wenn man eine Spannung kennt, man die Kraft auf einen bestimmten Querschnitt berechnen kann als Spannung mal Fläche.

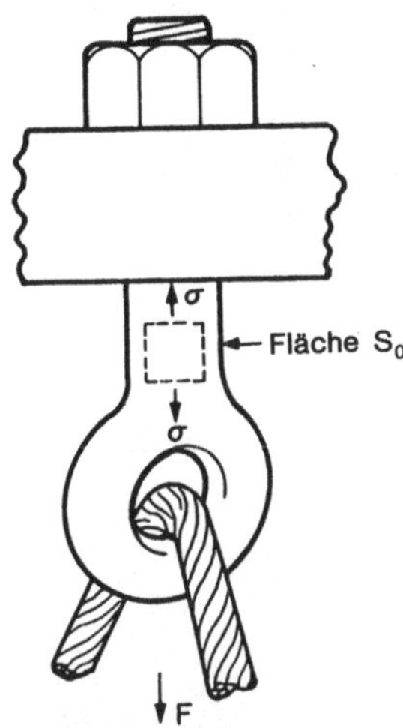

Einachsiger Zug, $\sigma = \frac{F}{S_0}$

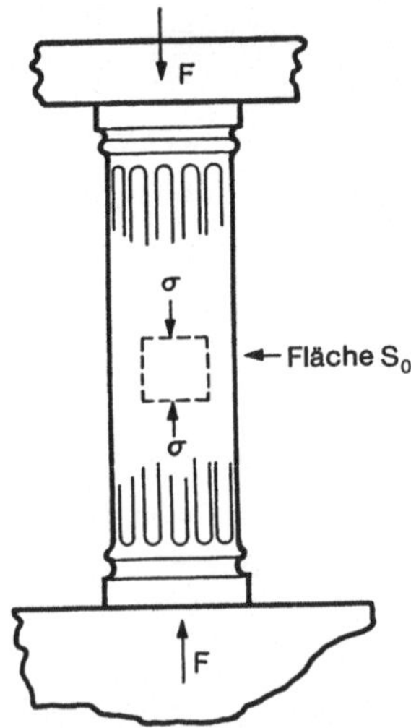

Einachsiger Druck, $\sigma = \frac{F}{S_0}$

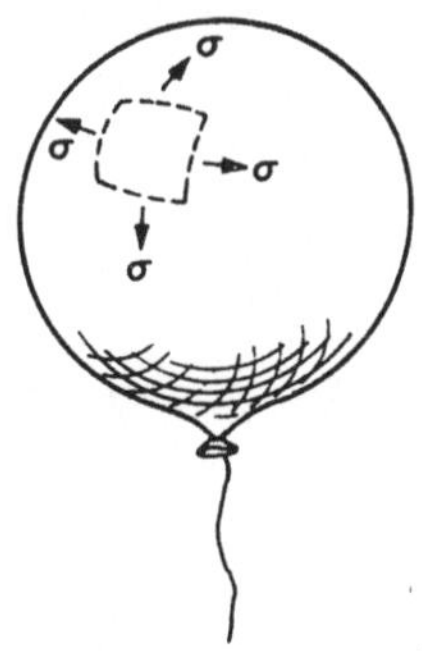

Zweiachsiger Zug, $\sigma = \frac{F}{S_0}$

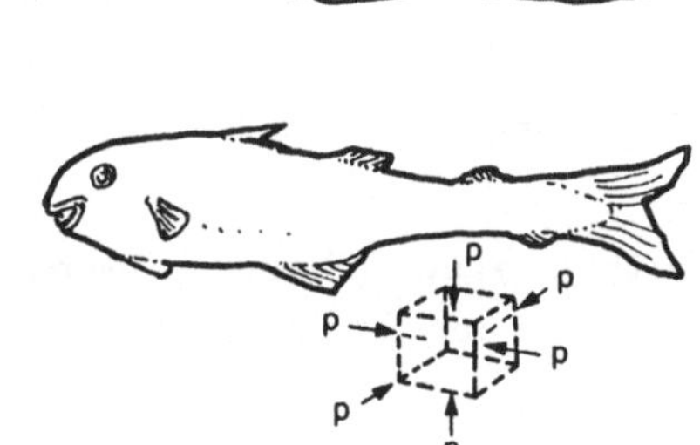

Hydrostatischer Druck, $p = -\frac{F}{S_0}$

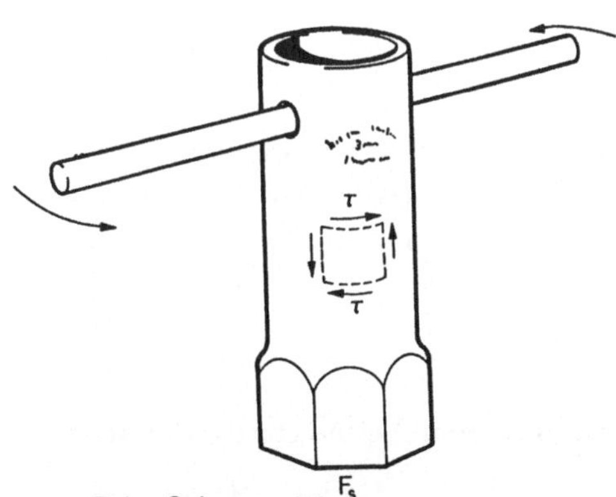

Reine Scherung, $\tau = \frac{F_s}{S_0}$

Abb. 3.2. Spannungszustände.

Dehnung

Werkstoffe, auf die eine Spannung wirkt, dehnen sich. Steife Werkstoffe (wie Stahl) dehnen sich nur wenig, nachgiebige Werkstoffe (wie Polyäthylen) mehr. Dieser Sachverhalt drückt sich im E-Modul aus. Aber bevor wir diesen angeben können, definieren wir zunächst, was Dehnung ist.

Eine Zugspannung ruft eine Dehnung in Zugrichtung hervor. Wenn ein zugbeanspruchter Würfel mit Ausgangskantenlänge ℓ (Abb. 3.3) sich um den Betrag u parallel zur Zugrichtung verlängert, definieren wir die zugehörige Dehnung als

$$\varepsilon_n = u/\ell. \qquad (3.3)$$

Dabei wird der Würfel gewöhnlich auch dünner. Das Verhältnis, um das er sich zusammenzieht heisst Poissonzahl oder Querkontraktionszahl ν; ν gibt das negative Verhältnis von Querschnittsverminderung zu Längsdehnung an:

$$\nu = \text{Querkontraktion/Längsdehnung}.$$

Eine Schubspannung bewirkt eine Scherung. Wenn ein Würfel um den Betrag w geschert wird, definiert sich die Scherung als

$$\gamma = w/\ell = \tan\theta, \qquad (3.4)$$

wobei θ der Scherwinkel ist (Abb. 3.3). Da elastische Dehnungen i.a. sehr klein sind, können wir in guter Näherung auch schreiben

$$\gamma = \theta.$$

Hydrostatischer Druck führt zu einer Volumenänderung, die auch Kompression genannt wird. Bei einer Volumenänderung ΔV eines Würfels mit Volumen V ist die Kompression definiert als

$$\Delta = -\Delta V/V.$$

Dehnungen sind dimensionslos, da sie ein Verhältnis angeben.

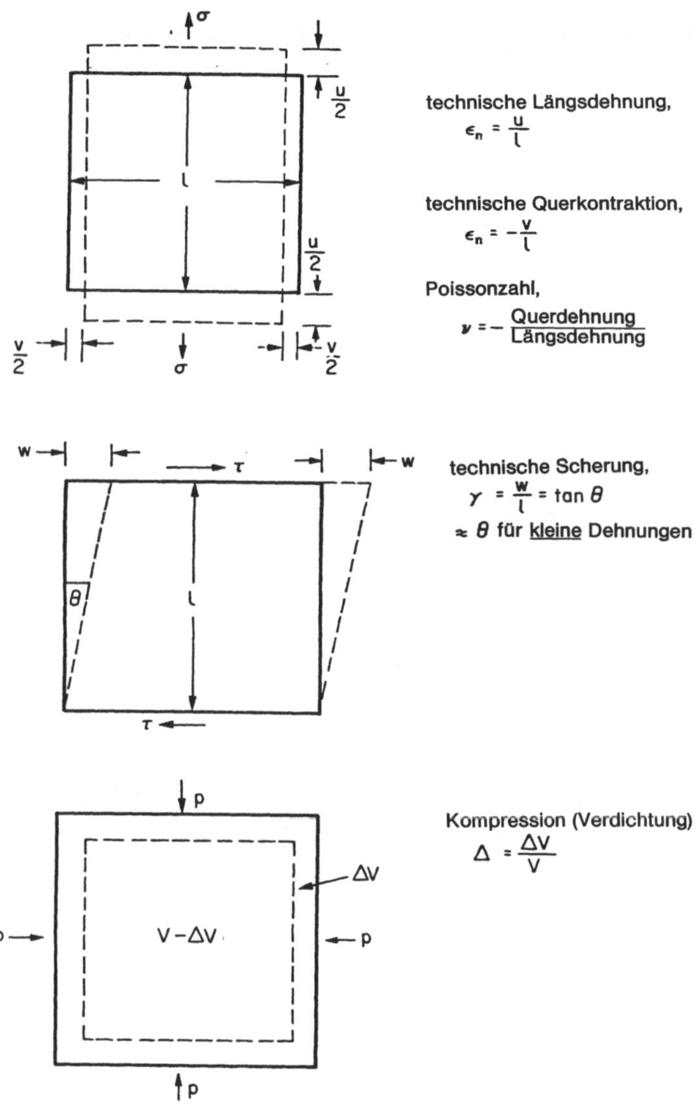

Abb. 3.3. Definition der Dehnungsgrössen: ε_n, γ, Δ.

Das Hooksche Gesetz

Mit diesen Definitionen sind wir in der Lage, den E-Modul zu definieren, und zwar in Form des sogenannten Hookschen Gesetzes. Das Hooksche Gesetz stellt zunächst eine Beschreibung einer experimentellen Beobachtung dar, nämlich, dass für kleine Dehnungen die Dehnung der angelegten Spannung mit sehr guter Näherung proportional ist. So ist z.B. die Dehnung nominal zur Zugrichtung der angelegten Zugspannung proportional

$$\sigma = E\varepsilon_n, \qquad (3.6)$$

wobei E der E-Modul ist. Die gleiche Beziehung gilt natürlich auch für Spannung und Dehnung in Druckrichtung.

Auch die Scherung ist proportional zur Schubspannung

$$\tau = G\gamma \qquad (3.7)$$

mit G als Schubmodul.

Und schliesslich ist die Kompression Δ proportional zum Druck

$$p = K\Delta; \qquad (3.8)$$

K heisst Kompressionsmodul.

Da die Dehnung dimensionslos ist, müssen die Moduln die gleiche Dimension wie die Spannung haben: Kraft pro Fläche (N/m^2). In Praxi ist man übereingekommen, die Moduln in Einheiten von Giga-Newton pro Quadratmeter anzugeben (GN/m^2 oder GPa). Ein Giga-Newton sind 10^9 Newton.

Mit der linearen Beziehung zwischen Spannung und Dehnung lässt sich die Reaktion eines Festkörpers auf eine angelegte Spannung im linear-elastischen Bereich auf einfache Weise berechnen. Jedoch muss man sich im klaren darüber sein, dass die meisten Festkörper nur bis zu sehr kleinen Dehnungen elastisch reagieren: bis etwa 0.1%. Bei höheren Dehnungen verformen sich die meisten Werkstoffe plastisch, andere wiederum brechen spröde. Aber davon soll noch in späteren Kapiteln die Rede sein. Einige wenige Festkörper, wie etwa Gummi, sind noch bei Dehnungen von mehreren 100% elastisch. Jedoch hören sie schon nach etwa 1% auf, linear-elastisch zu sein, d.h. die Spannung ist dann der Dehnung nicht mehr direkt proportional.

Zum Abschluss noch eine Bemerkung. Wir haben die Poissonzahl als das negative Verhältnis von Querkontraktion und Längsdehnung definiert. Sie ist eine dimensionslose elastische Konstante; insgesamt verfügen wir also über vier elastische Konstanten: E, G, K und ν. Wir wollen im folgenden nur noch Daten für den E-Modul diskutieren. Es ist aber nützlich zu wissen, dass für zahlreiche Metalle gilt

$$K \approx E, \quad G \approx 3/8\ E, \quad \nu \approx 0.33. \qquad (3.9)$$

Gleichwohl können für viele Stoffe diese Beziehungen ungleich komplizierter ausfallen.

Messung des E-Moduls

Wie misst man den E-Modul eines Materials? Man kann z.B. einfach einen Block dieses Materials mit einer bestimmten Kraft zusammendrücken und die resultierende Dehnung (Stauchung) messen. Der E-Modul ist dann gegeben durch die Beziehung $E = \sigma/\varepsilon_n$.

Im allgemeinen ist dieses Verfahren jedoch ungenügend. Zum einen ist bei sehr grossem E-Modul die Längenänderung unter Umständen zu klein, um mit hinreichender Genauigkeit gemessen zu werden. Auf der anderen Seite kann der Wert auch durch andere Beiträge verfälscht sein, etwa durch Kriechvorgänge (auf die wir in einem späteren Kapitel noch zu sprechen kommen).

Eine wesentlich bessere Methode beruht auf der Messung der Eigenschwingungsfrequenz eines Stabes, der an seinen Enden auf zwei Lagern aufliegt (Abb. 3.4) und in der Mitte von einem Gewicht M in Schwingung versetzt wird, welches gross sein muss im Verhältnis zum Eigengewicht des Stabes. Die Schwingungsfrequenz f eines Stabes der Länge ℓ und des Querschnitts d^2 ergibt sich (in Schwingungen pro Sekunde (Hertz)) als

$$f = (1/2\pi)(3\pi E d^4/4\ell^3 M)^{1/2}. \qquad (3.10)$$

Der E-Modul betimmt sich also zu

$$E = 16\pi M\ell^3 f^2/3d^4. \qquad (3.11)$$

Durch den Gebrauch eines Stroboskopes sowie sehr sorgfältig konstruierter Aufbauten führt diese Methode schon zu recht genauen Ergebnissen.

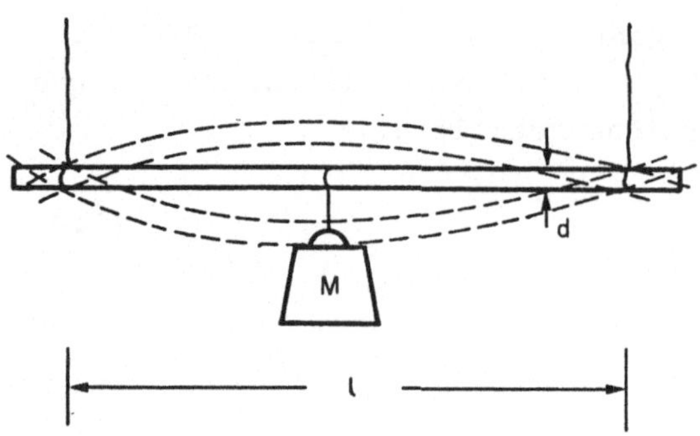

Abb. 3.4.

Die beste Methode zur Messung von E erfolgt zweifellos über die Messung der Schallgeschwindigkeit in einem Material. Die Geschwindigkeit v_ℓ von Longitudinalwellen hängt vom E-Modul und der Dichte ρ in folgender Form ab:

$$v_\ell = (E/\rho)^{1/2}. \tag{3.12}$$

v_ℓ wird gemessen, indem man einen Stab an einem Ende "anstösst" (durch Anlegen einer Ladungsdifferenz zwischen einem auf das Stabende geklebten Piezokristall und dem Stabende selbst) und die Zeit misst, die der Schall benötigt, um am anderen Ende anzukommen (ebenfalls über einen Piezokristall).

Einige E-Modul-Werte

In Tabelle 3.1 sind die E-Modul-Werte zahlreicher Stoffe aufgelistet. Solche Tabellen können bei der Auslegung von Bauteilen, für die man ein spezielles Material aussuchen möchte, sehr nützlich sein. Ganz oben in der Liste steht der Diamant mit einem E-Modul von rund 10^3 GN/M^2; am unteren Ende der Liste finden wir Weichgummi und aufgeschäumte Kunststoffe mit Werten bis herunter zu 10^{-3} GN/m^2. Man kann zwar Stoffe herstellen, deren E-Modul noch kleiner ist - Marmelade z.B. hat einen E-Modul von 10^{-6} GN/m^2. Werkstoffe liegen aber üblicherweise im Bereich zwischen 10^{-3} bis 10^{+3} GN/m^2.

Einen guten Überblick über die E-Modul-Werte gibt in dieser Hinsicht das Diagramm in Abbildung 3.5; keramische Werkstoffe und Metalle -

Tabelle 3.1
Elastizitätsmodul verschiedener Werkstoffe

Werkstoff	$E/GN\ m^{-2}$	Werkstoff	$E/GN\ m^{-2}$
Diamant	1000	Niob und Legierungen	80-110
Wolframkarbid, WC	450-650	Silizium	107
Osmium	551	Zirkon und Legierungen	96
Kobalt/Wolframkarbid Cermets	400-530	Quarzglas, SiO_2	94
Boride des Ti, Zr, Hf	500	Zink und Legierungen	43-96
Siliziumkarbide, SiC	450	Gold	82
Bor	441	Marmor, Kalkstein	81
Wolfram	406	Aluminium	69
Aluminiumoxid, Al_2O_3	390	Aluminium und Legierungen	69-79
Berylliumoxid, BeO	380	Silber	67
Titankarbid, TiC	379	Fensterglas	69
Molybdän und Legierungen	320-365	Alkalihalogenide (NaCl, LiF, etc.)	15-68
Tantalkarbid		Granit	62
Niobkarbid, NbC		Zinn und Legierungen	41-53
Siliziumnitrid, Si_3N_4		Beton, Zement	45-50
Chrom	289	Fiberglas (Fiberglas/Epoxyd)	35-45
Beryllium und Legierungen	200-289	Magnesium und Legierungen	41-45
Magnesiumoxid, MgO	250	GFK	7-45
Kobalt und Legierungen	200-248	Marmor, Kalkstein	31
Zirkonoxid, ZrO	160-241	Graphit	27
Nickel	214	Alkyde	20
Nickellegierungen	130-234	Ölschiefer	18
KFK	70-200	Holz, ‖ zur Faser	9-16
Eisen	196	Blei und Legierungen	14
Eisenbasis-Superlegierungen	193-214	Eis, H_2O	9.1
Ferritische Stähle, niedriglegiert	200-207	Melamine	6-7
Rostfreie austenitische Stähle	190-200	Polyimide	3-5
Baustähle	196	Polyester	1-5
Gusseisen	170-190	Acryl	1.6-3.4
Tantal und Legierungen	150-186	Nylon	2-4
Platin	172	PMMA	3-4
Uran	172	Polystyren	3-3.4
Bor/Epoxyd Verbundwerkstoffe	125	Polykarbonat	2.6
Kupfer	124	Epoxydharze	3
Kupferlegierungen	120-150	Holz ⊥ zur Faser	0.6-1.0
Mullit	145	Polypropylen	0.9
Zirkondioxid, ZrO_2	145	Polyäthylen hoher Dichte	0.7
Vanadium	130	Aufgeschäumtes Polyuräthan	0.01-0.06
Titan	116	Polyäthylen geringer Dichte	0.2
Titanlegierungen	80-130	Gummi	0.01-0.1
Palladium	124	PVC	0.003-0.1
Messing und Bronze	103-124	Schaumstoff	0.001-0.1

selbst die nachgiebigsten, wie z.B. Blei - liegen ganz oben. Polymere dagegen sind wesentlich weniger steif; die gängigsten (Polyäthylen, Polyvinylchlorid und Polypropylen) rangieren bis zu einigen Grössenordnungen tiefer.

Um den Ursprung des E-Moduls zu verstehen, warum er diesen oder jenen Wert annimmt, warum Polymere wesentlich weniger steif als Metalle sind, müssen wir mehr wissen über die Stoffstruktur und die Art der Kräfte, die die Atome zusammenhalten. In den nächsten Kapiteln werden wir diese Zusammenhänge zu durchleuchten versuchen und dann - mit besserem Verständnis - auf Diagramm 3.5 zurückkommen.

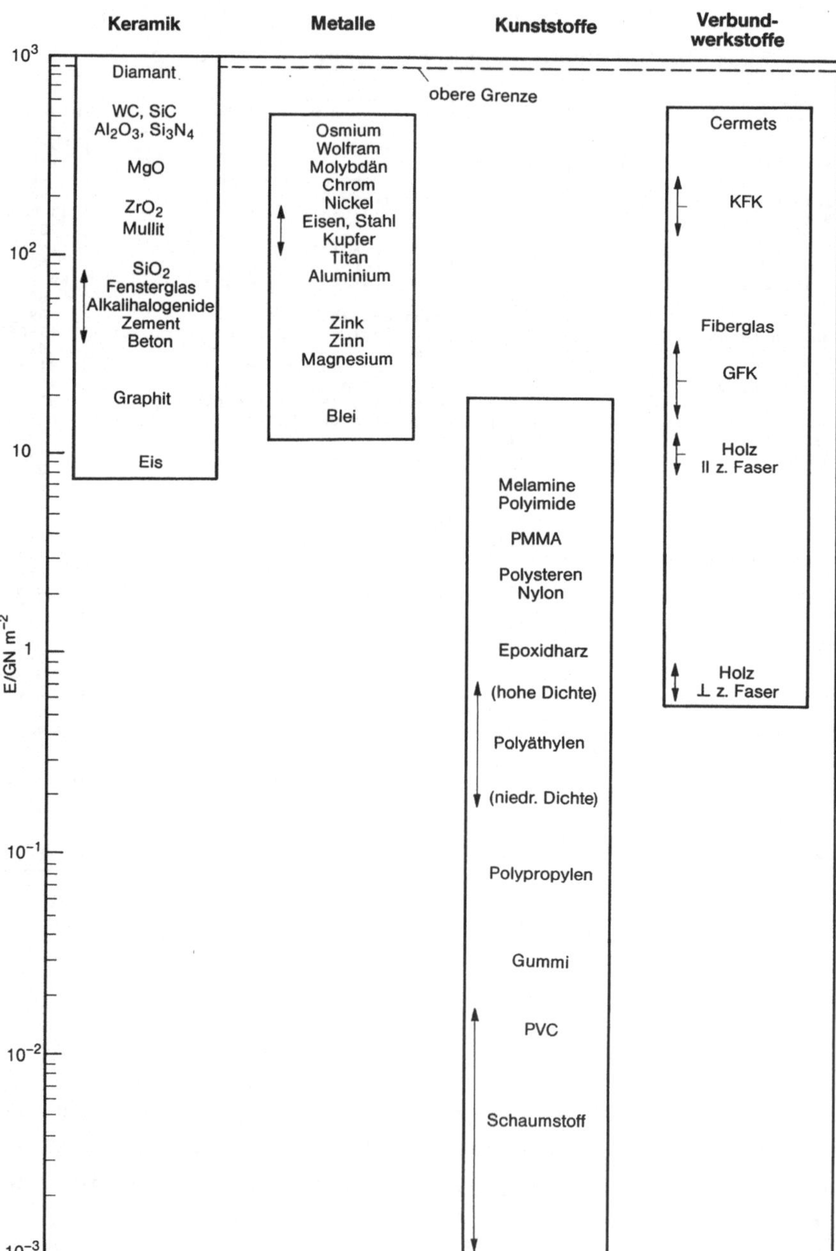

Abb. 3.5. Der E-Modul nach Werkstoffgruppen.

4 Atombindung

Einführung

Um Materialeigenschaften wie den Elastizitätsmodul besser verstehen zu können, müssen wir mit unserem Verständnis auf atomarem Niveau ansetzen. Zwei Dinge sind dabei von besonderer Bedeutung:

(1) **Die atomaren Bindungskräfte**, d.h. die Kräfte, die zwischen benachbarten Atomen im Festkörper wie kleine Federn wirken (Abb. 4.1)

(2) **Die Atompackung**, d.h. die Art und Weise, wie Atomschichten aufeinanderliegen; mit der Atompackung gibt man an, wieviel Federchen pro Einheitsvolumen vorkommen und unter welchem Winkel diese beansprucht werden (Abb. 4.2). In diesem Kapitel besprechen wir die Bindungskräfte, im nächsten dann, welche Anordnung die Atome jeweils einnehmen können.

Abb. 4.1.

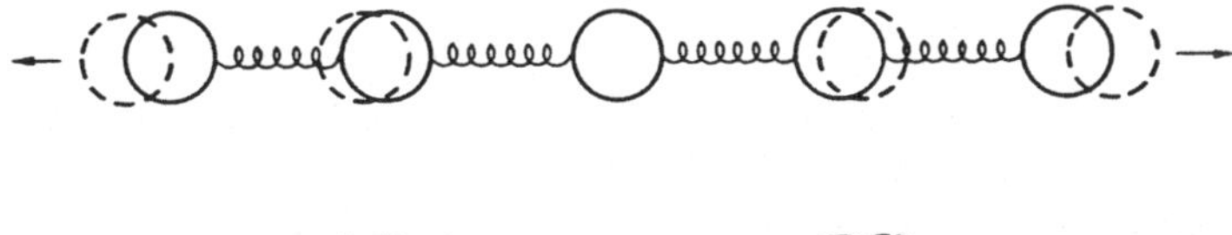

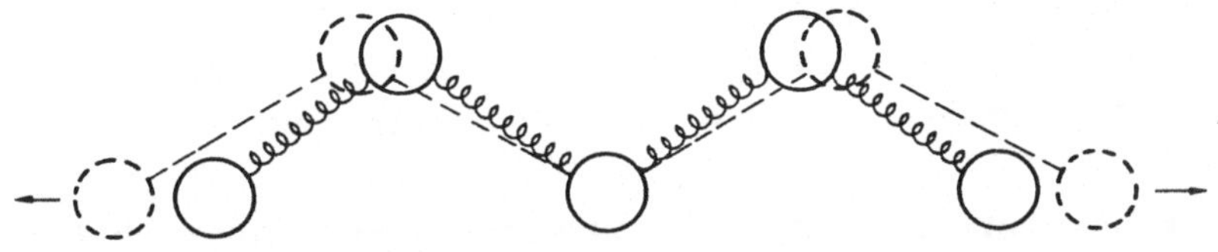

Abb. 4.2.

Atombindungen kann man unterteilen in:

(1) Primärbindungen: Die ionische, kovalente und metallische Bindung, die als relativ stark anzusehen sind (sie schmelzen im allgemeinen nicht unter 1000 bis 5000 K), sowie
(2) Sekundärbindungen: Die Van-der-Waals- und Wasserstoffbrückenbindung, die beide als relativ schwach gelten (sie schmelzen zwischen 100 und 500 K).

Wenn wir nun darangehen, eine Liste der verschiedenen Atombindungsarten aufzustellen, sollten wir jedoch beachten, dass die Bindungen selten in reiner Form auftreten, sondern dass es sich meist um Mischtypen handelt.

Primärbindungen

Keramische Werkstoffe und Metalle werden vollkommen von Primärbindungen zusammengehalten, und zwar von Ionenbindung und kovalenter Bindung bei Keramik, von Metallbindung und kovalenter Bindung bei Metallen. Diese starken Bindungsarten bewirken grosse Elastizitätsmoduln.

Ein typisches Beispiel für die Ionenbindung ist das Natriumchlorid. Die anderen Alkalihalogenide (wie z.B. Lithiumfluorid), Oxide (Magnesium- oder Aluminiumoxid), sowie bestimmte Zementbestandteile (Karbonate und Oxide) haben ganz oder teilweise Ionenbindungscharakter.

Beginnen wir mit dem Natriumatom. Sein Kern besteht aus 11 Protonen (und 11 Neutronen), die von 11 Elektronen umgeben sind (Abb. 4.3). Die Elektronen werden durch elektrostatische Kräfte vom Kern angezogen, haben also negative Energien. Aber nicht alle Elektronen haben die gleiche Energie. Die entfernteren haben die höchste (geringste negative) Energie. Das Elektron, das am leichtesten vom Natriumatom entfernt werden kann, ist demnach das am weitesten aussen gelegene. Zu seiner Entfernung benötigt man eine Arbeit von 5.14 eV. Wenn wir dieses Elektron dann einem Chloratom zuführen, gewinnen wir 4.02 eV zurück. Wir können also Na^+- bzw. Cl^--Ionen isolieren, indem wir eine Arbeit U_i von 5.14 eV - 4.02 eV = 1.12 eV verrichten.

Zur Ionenbildung müssen wir also Energie aufwenden: kein guter Start, könnte man meinen. Andererseits ziehen sich das positive und negative

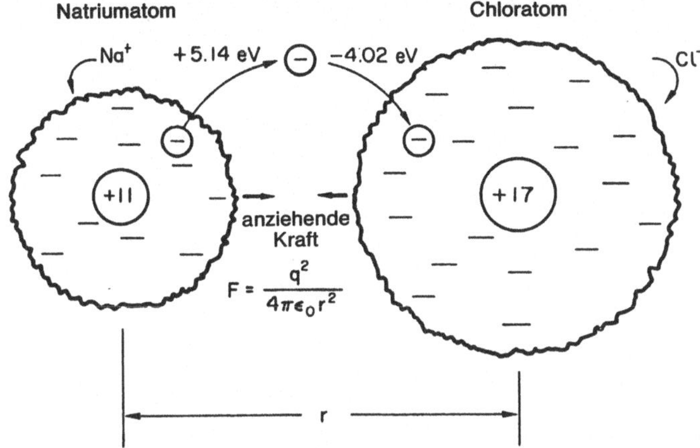

Abb. 4.3. Die Ionenbildung - hier zwischen einem Natrium- und einem Chloratom unter Bildung von Natriumchlorid.

Ion gegenseitig an. Wenn wir sie zusammenbringen, gewinnen wir Arbeit durch die Anziehungskraft, die den Kräften zwischen Punkt-Ladungen entspricht:

$$F = q^2/e\pi\varepsilon_0 r^2, \qquad (4.1)$$

q ist dabei die Ladung der Ionen, ε_0 die Dielektrizitätskonstante im Vakuum und r der Ionenabstand. Die gewonnene Arbeit bei Annäherung der Ionen (aus dem Unendlichen) ist mithin

$$U = {}_r\int^\infty F dr = q^2/4\pi\varepsilon_0 r. \qquad (4.2)$$

Abbildung 4.4 zeigt, wie der Arbeitsgewinn mit abnehmendem r zunimmt, bis bei ungefähr r = 1 nm - und das ist für Ionenbindungen ein typischer Wert - der Energieaufwand für die Ionenbildung von 1.12 eV wieder wettgemacht ist. Unterhalb von r = 1 nm können wir nur noch gewinnen, d.h., dass die Bindungsstärke mehr und mehr zunimmt. Warum kann nun aber r nicht unendlich abnehmen und immer mehr Energie freisetzen, ein Vorgang, der dann erst mit der Verschmelzung der beiden Kerne aufhörte? Nun, wenn die Ionen sich immer mehr annähern, würden sich irgendwann die Verteilungsfelder ihrer elektrischen Ladungen überlappen, was zu einer starken Abstossung führen würde. Abbildung 4.4 zeigt den Anstieg der potentiellen Energie, der damit verbunden ist. Offenbar hat die Ionenbindung ihre grösste Stabilität im Minimum der U(r)-Funktion. Den Verlauf der Kurve kann man näherungsweise angeben mit

$$U = U_i - q^2/4\pi\varepsilon_0 r \quad + \quad B/r^n. \tag{4.3}$$

anziehend abstossend

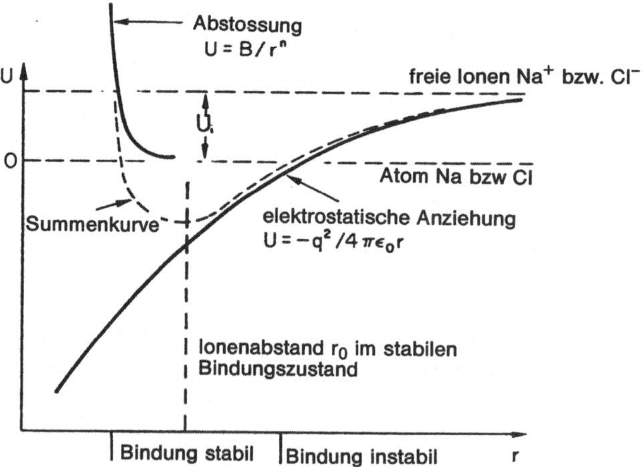

Abb. 4.4. Energiebilanz bei der Ionenbindung.

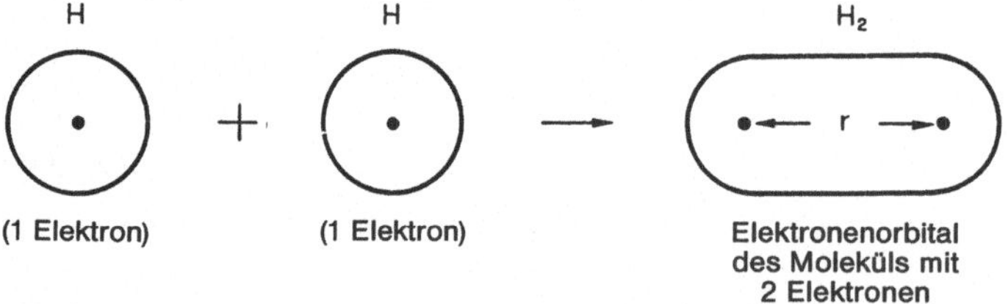

Abb. 4.5. Kovalente Bindung - hier zwischen zwei Wasserstoffatomen unter Bildung eines Wasserstoffmoleküls.

Was kann man über die Ausrichtung der Bindungskräfte sagen? Die Elektronenverteilungen jedes der beiden Ionen sind kompliziert geformte räumliche Gebilde (Orbitale) um den Atomkern herum. In erster Näherung können wir die Ionen aber als Kugeln ansehen. Von daher lassen sich die Ionen beliebig anordnen, wodurch zum Ausdruck kommt, dass die ionische Bindung nicht gerichtet ist. Gleichwohl müssen Ionenpackungen unterschiedlichen Vorzeichens so zueinander angeordnet sein, dass sich positive und negative Ladungen zu Null kompensieren.

Der kovalente Bindungstyp liegt in reiner Form beim Diamant, bei Silizium und Germanium vor, die allesamt sehr grosse Elastizitätsmoduln aufweisen (derjenige von Diamant ist der höchste überhaupt). Ferner überwiegt dieser Bindungstyp bei allen Silikatkeramiken und Gläsern (Gestein, Tonwaren, Ziegelsteinen, alle gewöhnlichen Gläser, einige Zementbestandteile). Er trägt ausserdem in nennenswertem Masse zur Bindung hochschmelzender Metalle bei (wie Wolfram, Molybdän, Tantal usw.). Schliesslich findet man kovalente Bindungsanteile auch in Polymeren, wo Kohlenstoffatome zu langen Ketten verbunden sind. Da aber in Polymeren auch andere, deutlich schwächere Bindungstypen vorkommen, wird man im allgemeinen eher kleine Elastizitätsmoduln erwarten.

Der einfachste Fall kovalenter Bindung ist der des Wasserstoffmoleküls. Durch die enge Nachbarschaft der beiden Atomkerne entsteht ein gemeinsames Elektronenorbital. Der Energiegewinn, der dadurch hervorgerufen wird, ist Ursache einer stabilen Bindung, wie Abbildung 4.6 zeigt. Die Energie der kovalenten Bindung lässt sich empirisch angeben als:

$$U = -\underbrace{A/r^m}_{\text{anziehend}} + \underbrace{B/r^n}_{\text{abstossend}} \quad (m<n) \qquad (4.4)$$

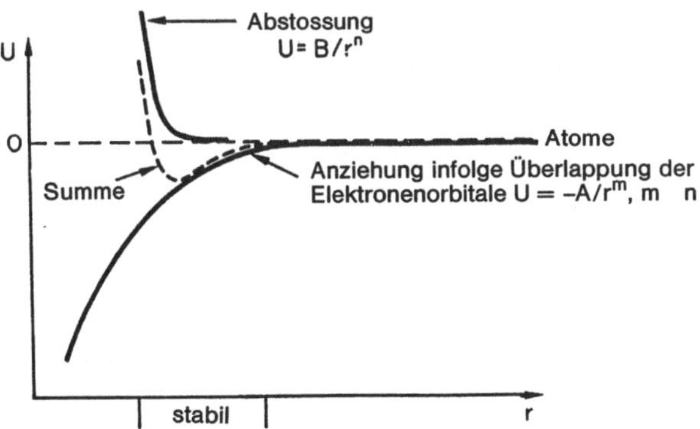

Abb. 4.6. Energiebilanz bei der kovalenten Bindung.

Wasserstoff kann man sicher nicht als Werkstoff betrachten. Ein relevanteres Beispiel kovalenter Bindung stellt der Diamant dar. Der Diamant ist lediglich eine extrem harte Kohlenstoffmodifikation, die z.B. zum Bohren von Felsgestein eingesetzt wird. Im Falle des Diamanten besetzen die gemeinsamen Elektronen die Ecken eines Tetraeders, wie aus Abbildung 4.7(a) hervorgeht. Die ausgesprochen symmetrische Form dieser Orbitale führt beim Diamant zu einer stark gerichteten Bindung. Je nach Orbitalmuster weisen auch andere kovalente Bindungstypen eine starke Ausrichtung auf, die dann ihrerseits Einfluss auf die Atompackung im Kristall hat (Kapitel 5).

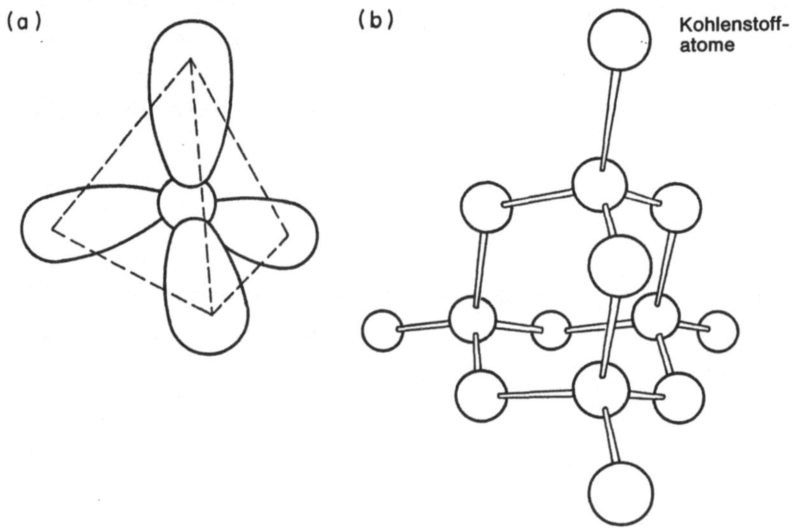

Abb. 4.7. Gerichtete kovalente Bindung bei der Diamantstruktur.

Die metallische Bindung ist, wie der Name schon sagt, (wenn auch nicht ausschliesslich) die vorherrschende Bindungsart in Metallen und Metallegierungen. In festen (oder auch flüssigen) Metallen geben die Atome ihre äusseren Elektronen ab (wobei Ionen entstehen), die dann einen "See" freibeweglicher Ladungsträger bilden (Abb. 4.8). Die zugehörige Energiekurve ist derjenigen der kovalenten Bindung sehr ähnlich und damit durch Gleichung (4.4) hinreichend definiert.

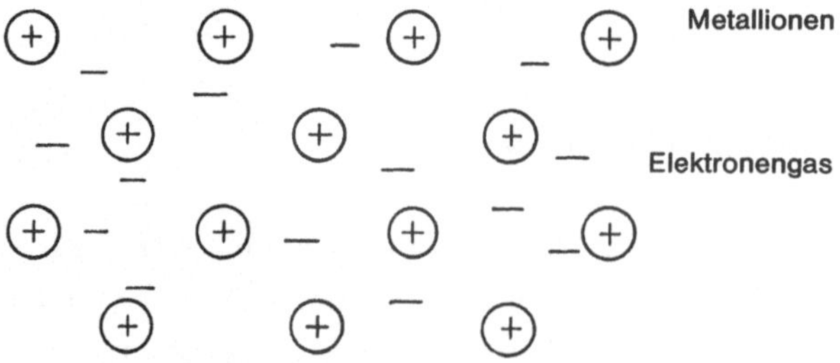

Metallionen

Elektronengas

Abb. 4.8. Metallische Bindung.

Das hohe Mass an Beweglichkeit der Elektronen ist Ursache für die sehr gute elektrischen Leitfähigkeit der Metalle. Die metallische Bindung ist in keiner Weise gerichtet, so dass sich die Metallionen zu sehr dichten Strukturen zusammenlagern können, etwa wie kleine Stahlkugeln, die man in einer Schachtel so lange schüttelt, bis sie ein Minimum an Raum einnehmen.

Sekundärbindungen

Sekundärbindungen sind ungleich schwächer als Primärbindungen. Trotzdem sind sie sehr wichtig. Sie stellen z.B. die Verbindung zwischen Makromolekülen in Polyäthylen und anderen Kunststoffen her, wodurch diese erst zu Festkörpern werden. Ohne diese Bindungen würde Wasser bei -80^0C kochen, und Leben würde auf der Erde nicht existieren.

Die Van-der-Waals-Bindung beschreibt eine Dipolanziehung zwischen an sich ungeladenen Atomen. Die zu jedem Zeitpunkt in Bezug auf den Atomkern unsymmetrische Ladungsverteilung bewirkt ein Dipolmoment (obwohl sie im zeitlichen Mittel natürlich symmetrisch ist). Das Moment erzeugt bei einem benachbarten Atom ein ebensolches, so dass sich beide anziehen können (Abb. 4.9). Die Energie der Anziehung nimmt mit r^6 ab. Die Gesamtenergie der Van-der-Waals-Bindung lässt sich angeben als

$$U = \underbrace{-A/r^6}_{\text{anziehend}} + \underbrace{B/r^n}_{\text{abstossend}} \quad (n \sim 12) \qquad (4.5)$$

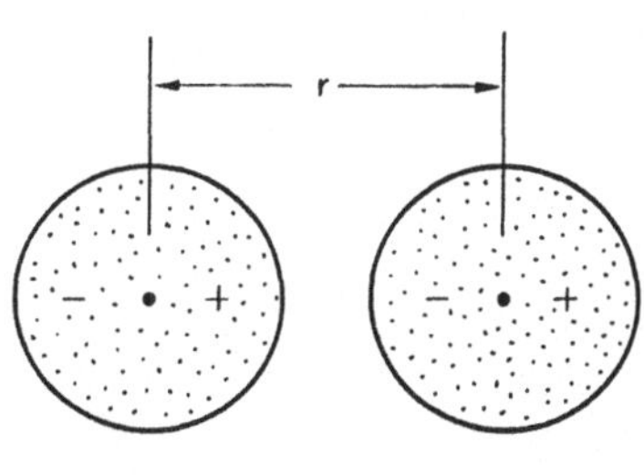

Abb. 4.9. Van-der-Waals-Bindung.

Als gutes Beispiel lässt sich flüssiger Stickstoff anführen, der bei -198^0C von Van-der-Waals-Kräften, die die kovalent gebundenen N_2-Moleküle aufeinander ausüben, in flüssigem Zustand gehalten wird. Dabei reicht die Wärmebewegung bei Raumtemperatur schon aus, um die schwachen Van-der-Waals-Bindungen aufzubrechen. Andererseits würden sich ohne diese Bindungen viele Gase nicht verflüssigen lassen, d.h. wir wären auch kaum in der Lage, Industriegase aus der Atmosphäre zu gewinnen.

Durch die Wasserstoffbrückenbindung bleibt Wasser bei Raumtemperatur flüssig, und manche polymeren Molekülketten verbinden sich zu Festkörpern. Auch die Bindung von Eis ist von diesem Typ (Abb. 4.10). Die Bindung entsteht, wenn jedes Wasserstoffatom seine Ladung an ein unmittelbar benachbartes Sauerstoffatom abgibt (das dann negativ geladen ist). Das positiv geladene H-Atom (das ja in Wirklichkeit ein Proton darstellt) wirkt dabei als eine Brücke zwischen benachbarten O-Ionen. Die Ladungsumverteilung resultiert schliesslich in einem Dipolmoment für jedes H_2O-Molekül (das dadurch andere H_2O-Moleküle anziehen kann).

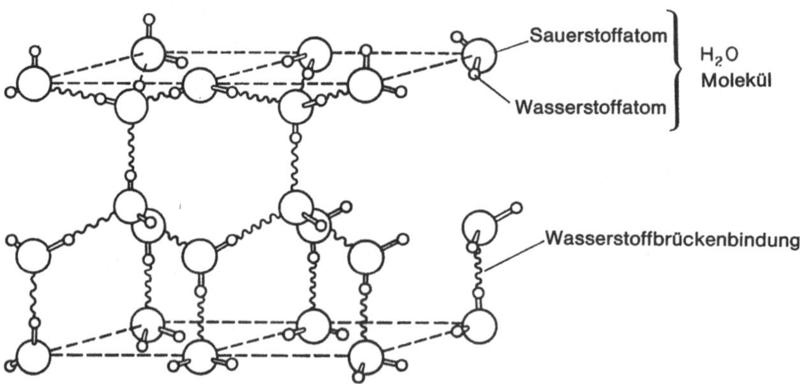

Abb. 4.10. Die Anordnung von H_2O-Molekülen in Eis. Die Wasserstoffbindungen halten die Moleküle auf Abstand; daher hat Eis eine geringere Dichte als Wasser.

Kondensierte Phasen

Primär- und Sekundärbindungen sind die Ursache für die Ausbildung kondensierter Phasen. Man unterscheidet fünf Arten der Kondensation entsprechend ihrer Struktur und Bindungsform (Tabelle 4.1). Die Bindungen in gewöhnlichen Flüssigkeiten sind geschmolzen. Daher lassen sich Flüssigkeiten nicht zusammenpressen, wohingegen Scherkräfte leicht auszuüben sind. D.h. der Kompressionsmodul ist gross (im Vergleich zum gasförmigen Zustand), aber der Schubmodul praktisch Null. Die anderen Zustandsformen, die in Tabelle 4.1 aufgelistet sind, lassen sich in Bindungs- (flüssig-fest) und Strukturkategorien (kristallin, nichtkristallin) einteilen. Wie aus Tabelle 4.1 hervorgeht, ist aber auch eine Einteilung nach Kompressions- bzw. Schubmodul möglich.

Tabelle 4.1

Kondensierte Phasen

Zustand	Bindung		Elastische Moduln	
	geschmolzen	fest	K	G und E
1. Flüssigkeiten	*		gross	null
2. Flüssigkristalle	*		gross	einige nicht null aber sehr klein
3. Gummi	*	*	gross	klein ($E \ll K$)
4. Gläser		*	gross	gross ($E \approx K$)
5. Kristalle		*	gross	gross ($E \approx K$)

Atomare Bindungskräfte

Nachdem wir nun die verschiedenen Bindungstypen und ihre Potentiale behandelt haben, sind wir in der Lage, die Kräfte zwischen den Atomen abzuschätzen. Wenn wir von der U(r)-Kurve ausgehen, so errechnet sich die Kraft F, die erforderlich ist, um zwei Atome in einen Abstand r zu bringen durch

$$F = dU/dr. \qquad (4.6)$$

In Abbildung 4.11 können wir diesen Sachverhalt graphisch darstellen:

(1) F ist Null im Gleichgewichtsabstand r_0; wenn jedoch Atome um eine Strecke $(r-r_0)$ verrückt werden sollen, so ist dazu eine bestimmte Kraft erforderlich. Bei kleinen Beträgen ist für alle Stoffe die Kraft dem Abstand nahezu proportional, und zwar unter Zug- als auch unter Druckbeanspruchung.

(2) Die Steifigkeit S der Bindung ergibt sich aus

$$S = dF/dr = d^2U/dr^2. \tag{4.7}$$

Ist die Auslenkung klein, so bleibt S konstant und zwar ist dann

$$S_0 = (d^2U/dr^2)_{r=r_0}, \tag{4.8}$$

d.h. die Bindung verhält sich elastisch. Wir werden in Kapitel 6 sehen, dass sich von dieser Beziehung das Hooksche Gesetz ableitet.

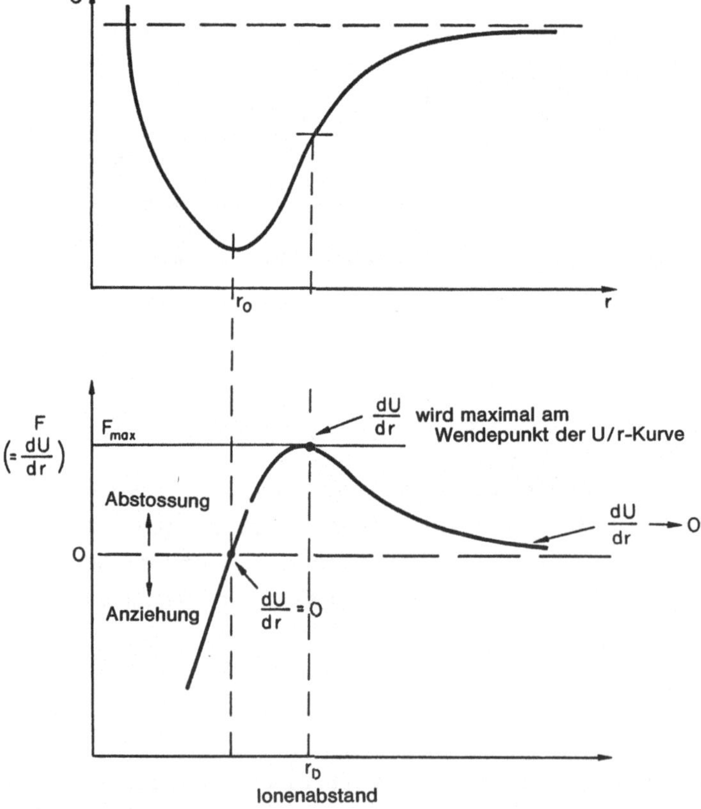

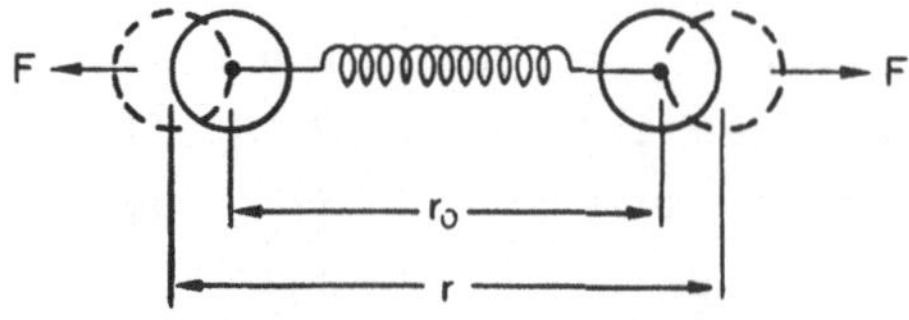

Abb. 4.11.

Abschliessend können wir also sagen, dass uns das Konzept der Bindungssteifigkeit im Zusammenhang mit den Energiekurven der einzelnen Bindungstypen im Verständnis des Elastizitätsmoduls ein gutes Stück weitergebracht hat. Um aber einige experimentelle Befunde wirklich vollständig erklären zu können, brauchen wir noch weitere Kenntnisse über die Atompackungen. Wie wir gesehen haben, wird die Atompackung durch die einzelnen Bindungstypen beeinflusst. Die Atompackung wollen wir im nächsten Kapitel besprechen.

5 Atompackung im Festkörper

Einführung

Im letzten Kapitel haben wir als ersten Schritt zum Verständnis der Steifigkeit von Festkörpern die Bindungskräfte zwischen Atomen untersucht. Um schliesslich Aussagen über die Ursache des mechanischen Verhaltens von Werkstoffen machen zu können, benötigen wir jedoch noch Angaben darüber, wie die Atome zusammengepackt sind.

Atompackung in Kristallen

Viele Werkstoffe (fast alle Metalle und keramische Werkstoffe) sind aus kleinen Kristallen zusammengefügt, in denen Atome nach einem regelmässigen Muster dreidimensional angeordnet sind. Bei den einfachgebauten Kristallsorten kann man sich die Atome wie aufeinandergeschichtete harte Kugeln vorstellen (bei dieser Vorstellung handelt es sich, wie wir aus den Ausführungen des vorangegangenen Kapitels wissen, um eine starke, allerdings sehr gebräuchliche Vereinfachung). Um das Bild noch mehr zu vereinfachen, wollen wir zunächst von einem Reinmaterial ausgehen - mit einer einheitlichen "Kugel"grösse - sowie von Bindungen ohne besondere Ausrichtung, so dass die Anordnung der Kugeln nur rein geometrischen Randbedingungen unterliegt. Reinkupfer ist ein gutes Beispiel.

Um ein dreidimensionales Packungsmuster zu entwerfen, bietet es sich an,

(i) zunächst mit einer zweidimensionalen Atomanordnung in Form von Atomebenen zu beginnen,

(ii) und dann diese Ebenen zu Kristallen übereinanderzuschichten.

Dichtgepackte Kristall-Strukturen und ihre Energie

Zur Veranschaulichung einer ebenen Atompackung (Abbildung 5.1) stellen wir uns die Atome als Billiardkugeln in einer Anordnung vor, wie sie zu Spielbeginn auf dem Tisch liegen. Die Kugeln sind dabei gewöhnlich in einem Dreiecksrahmen so zusammengefasst, dass sie auf dem Tisch den geringstmöglichen Platz einnehmen. Diese Anordnung nennen wir deshalb dichtgepackte Ebene. Bei der Anordnung sind drei besondere - dichtgepackte - Richtungen zu unterscheiden. Das Bild zeigt natürlich nur einen kleinen Teil einer Ebene. Dennoch können wir daran erkennen, dass sich die Kugelanordnung regelmässig in einem zweidimensionalen Muster wiederholt.

Wie sollen wir nun eine zweite Atomschicht über die erste - dichtgepackte - legen? Wie Abbildung 5.1 zeigt, sind die Vertiefungen in der Ebene an den Stellen, an denen sich die Atome berühren, ideale Plätze für Atome der darüberliegenden Schicht. Durch diese Anordnung ist diese Schicht dann automatisch wieder dichtgepackt. Weitere Schichten

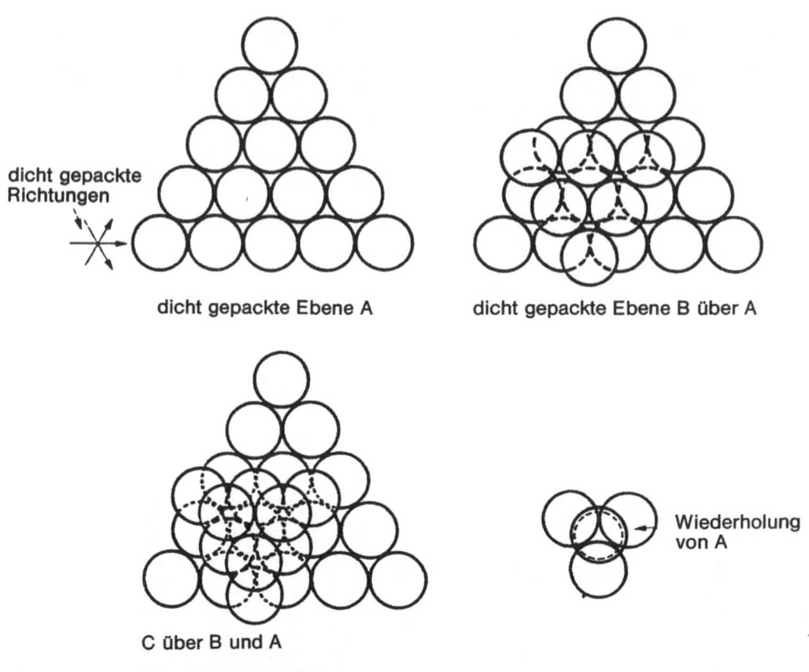

Abb. 5.1. Dichte Packung von "harten" Kugeln.

kommen dazu, bis wir von einem kompakten Kristall sprechen können, der dann eine regelmässige Struktur in drei Dimensionen hat. Die so aufgebaute Struktur weist ein Minimum an Volumen auf und gehört deshalb zu den sogenannten dichtestgepackten Strukturen. In vielen Metallen folgt die Atompackung diesem Muster.

Ein Problem taucht allerdings bei diesem stark vereinfachten Bild auf. Es gibt nämlich zwei verschiedene Möglichkeiten, eine Atomschicht auf eine darunterliegende zu stapeln. Wenn wir bei der Pakkungsfolge in Abbildung 5.1 die Atomplätze genau betrachten, stellen wir fest, dass Atome der vierten Ebene wieder genau über denen der ersten Ebene zu liegen kommen. Bei Fortsetzung dieser Schrittfolge erhalten wir also ein Muster ABCABC... . In Abbildung 5.2 sehen wir eine andere Möglichkeit der Schichtfolge, in der bereits Atome der dritten Schicht wieder genau über denen der ersten angeordnet sind. Das ergibt dann eine Folge ABAB... . Die beiden Packungsarten führen zu unterschiedlichen dreidimensionalen Strukturen - zur kubischflächenzentrierten (kfz) bzw. hexagonaldichtestgepackt (hdp) Struktur. Viele gebräuchlichen Metalle (z.B. Al, Cu, Ni) haben kfz-Struktur, und nicht wenige (z.B. Mg, Zn, Ti) weisen hdp-Struktur auf.

Warum gehört Al zur kfz-Struktur und Mg zur hdp-Struktur? Die Antwort hängt damit zusammen, dass jede Elementart die Struktur mit der geringsten Energie annehmen möchte und das im allgemeinen auch tut. Dabei muss die Struktur mit der geringsten Energie nicht notwendigerweise dichtestgepackt oder geometrisch einfach aufgebaut sein (gleichwohl muss ein irgendwie regelmässig geartetes dreidimensionales Muster vorliegen).

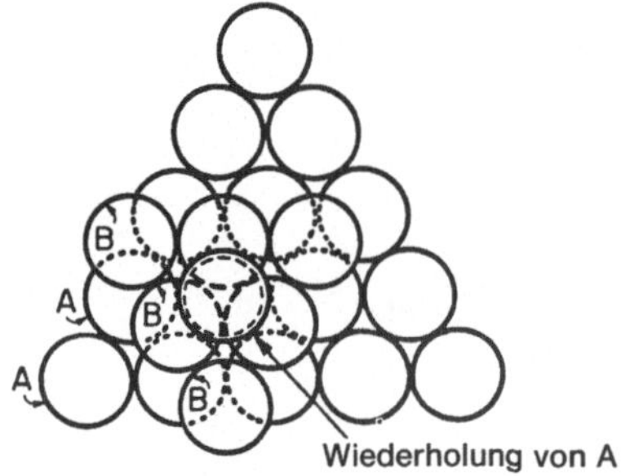

Abb. 5.2. Alternative Möglichkeit der dichten Packung von harten Kugeln.

Der Unterschied in der Energie ist für alternative Strukturtypen oft nur gering. Da sich der Zustand geringster Energie mit der Temperatur ändern kann, wechselt oft auch die Struktur eines Stoffes temperaturabhängig. Wenn man z.B. Zinn hinreichend abkühlt, versprödet es schlagartig (damit können wir uns auch denken, warum bei Napoleons Armee während des kalten russischen Winters die zinnhaltigen Mantelknöpfe regelmässig abgefallen sind und auch, warum die weichgelöteten Paraffinlampen auf Scotts Südpol-Expedition plötzlich mit solch verheerenden Folgen zu lecken angefangen haben). Kobalt wechselt die Struktur bei 450^{0}C von hdp zu kfz. Von grösserer Bedeutung gerade für die Stahlherstellung ist jedoch, dass Reineisen bei 911^{0}C seine krz-Struktur verliert (die Erklärung erfolgt später), um dann kfz-Struktur anzunehmen.

Kristallographie

Wir haben noch nicht erklärt, warum eine ABCABC-Schichtfolge kfz-Struktur und eine ABAB-Folge hdp-Struktur heisst. Auch haben wir noch in keiner Weise versucht, den Aufbau von beliebigen komplexen Kristallstrukturen mit den gerade entwickelten Termen der dichtestgepackten Strukturen systematisch zu beschreiben. Dafür benötigen wir eine passende Nomenklatur. Die Kristallographie gibt uns eine "Kurzschrift" an die Hand, mit der wir Kristallstrukturen beschreiben können.

Wie sieht danach die Kristallstruktur im Fall einer kfz-Packung aus? In Abbildung 5.3 ist gezeigt, wie wir uns die Atomzentren bei kfz-Kristallen in den Ecken und Seitenmitten eines Würfels angeordnet vorstellen müssen. Die Konstruktion eines Würfels dient dabei nur der Veranschaulichung; der Würfel hat keine physikalische Bedeutung. Das Gebilde nennen wir nun Einheitszelle. Die Atomanordnung in Abbildung 5.3 entspricht einem Schnitt der Einheitszelle entlang der Raumdiagonalen. Von da aus bedarf es dann nur noch eines kleinen Schrittes, um das Muster der dichtestgepackten Ebene mit der ABCABC-Folge wiederzuerkennen. Nach diesem Bild können wir uns schliesslich den ganzen kfz-Kristall aus lauter Einheitszellen so zusammengebaut vorstellen, wie Kinder ihre Bausteine aufeinanderstellen. In der Einheitszelle finden wir übrigens auch Ebenen, die nicht dichtestgepackt sind. Auf den Würfelflächen liegen die Atome zwar in quadratischer Anordnung, aber entlang der Raumdiagonalen in parallelen, deutlich voneinander

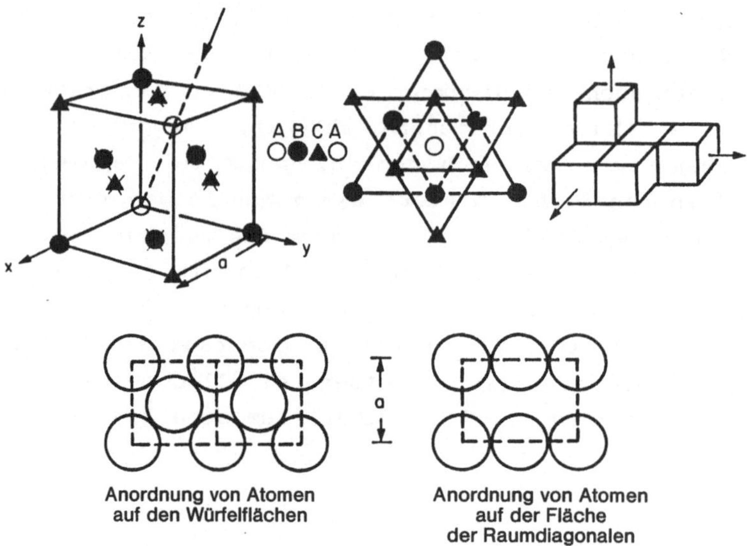

Abb. 5.3. Die kubischflächenzentrierte (kfz) Struktur.

getrennten Reihen (Abb. 5.3). Es ist einleuchtend, dass Materialeigenschaften wie etwa der Schubmodul daher für die verschiedenen Ebenen unterschiedlich sein können. Daran ersehen wir, wie wichtig eine systematische Beschreibung der Atomanordnung ist.

Schauen wir uns jetzt noch die hdp-Einheitszelle an (Abb. 5.4). Sie weist die dichteste Packung in Ebenen senkrecht zur Hauptachse auf. Wir bauen auch hier den Kristall aus lauter hexagonalen Einheitszellen zusammen und können mit dem "Einheitszellen-Konzept" dann die verschiedenen Atomlagen charakterisieren.

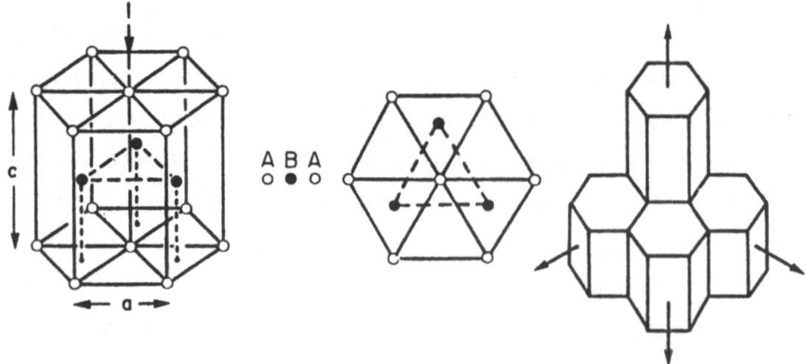

Abb. 5.4. Die hexagonal dichtgepackte (hdp) Struktur.

Die Millerschen Indizes

Zur Darstellung der vielfältigen Ebenen der Einheitszelle könnten wir massstabgerechte Zeichnungen anfertigen. Es gibt aber auch die Möglichkeit, die **Einheitszelle** mit den sogenannten **Millerschen Indizes zu beschreiben**. Wie in den beiden Beispielen in Abbildung 5.5 lassen sich damit alle in einer kubischen Einheitszelle vorkommenden Ebenen angeben. Die (Ebenen-)Indizes stellen die Kehrwerte der Achsenabschnitte einer Ebene im orthogonalen dreidimensionalen Achsenkreuz dar, und zwar als kleinste ganze Zahlen geschrieben. So heissen z.B. die Würfelflächen (100), (010), (001). Man fasst diesen Ebenentyp unter der Bezeichnung {100} zusammen (geschweifte Klammern). Entsprechend heissen die sechs Diagonalflächen (110), ($1\bar{1}0$), (101), ($\bar{1}01$), (011), ($0\bar{1}\bar{1}$), zusammengefasst {110} ($\bar{1}$ bedeutet einen negati-

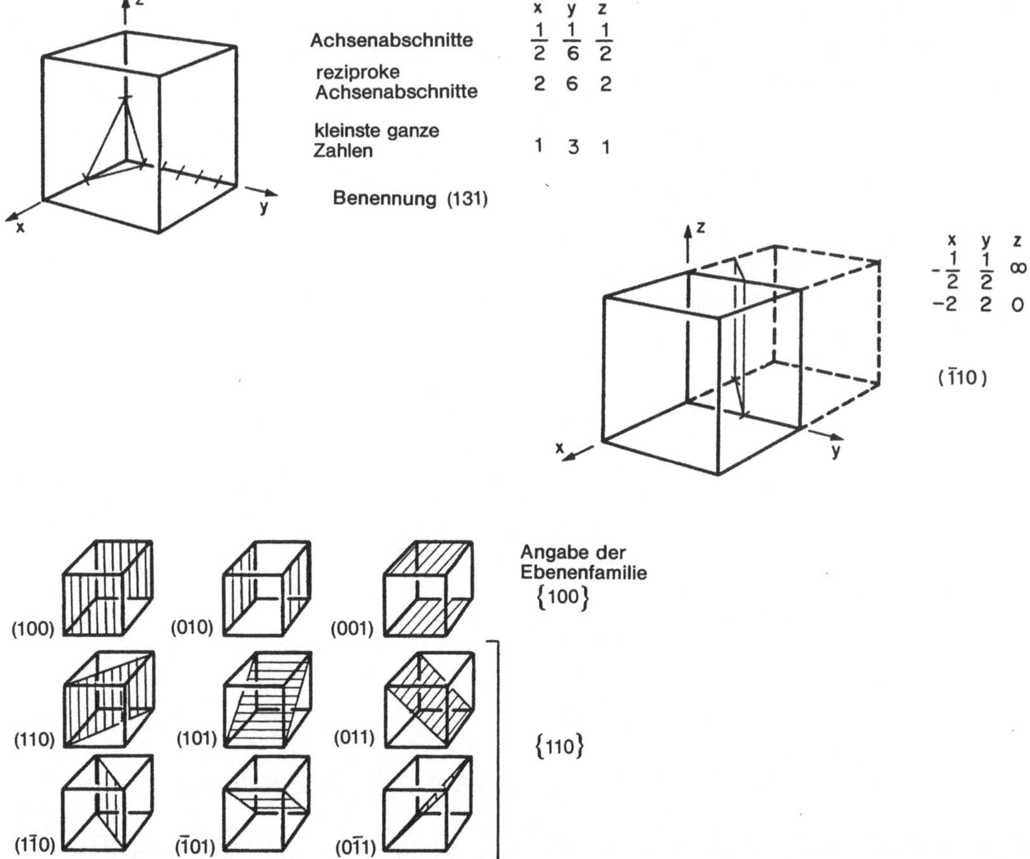

Abb. 5.5. Millersche Indizes für Kristallebenen.

tiven Einheits-Achsenabschnitt). Die dichtestgepackte Ebene entlang der Raumdiagonalen ist schliesslich vom Typ {111}. Es ist offensichtlich, dass die Bezeichnungsweise "{111} kfz" eine wesentlich praktischere Angabe ist als z.B. die Zeichnung von dichtgepackten Billiardkugeln.

Für hexagonale Zellen werden andere Indizes verwendet (die vollständige Beschreibung eines hdp-Kristalls erfordert vier Indizes). In diesem Buch gehen wir aber nicht näher darauf ein.

Um neben den Ebenen auch Richtungen angeben zu können (z.B. der E-Modul ist richtungsabhängig), hat man eigene Richtungsindizes eingeführt. Abbildung 5.6 zeigt das Benennungsverfahren und illustriert einige typische Richtungen. Die Richtungsindizes entsprechen den Komponenten eines Ursprungsvektors (und nicht den Kehrwerten!) und stellen ebenfalls kleinste gemeinschaftliche Vielfache dar. Sie werden durch gerade Klammern, z.B. [111], von den Ebenenindizes unterschieden; für Richtungsfamilien verwendet man spitze Klammern, z.B. <111>.

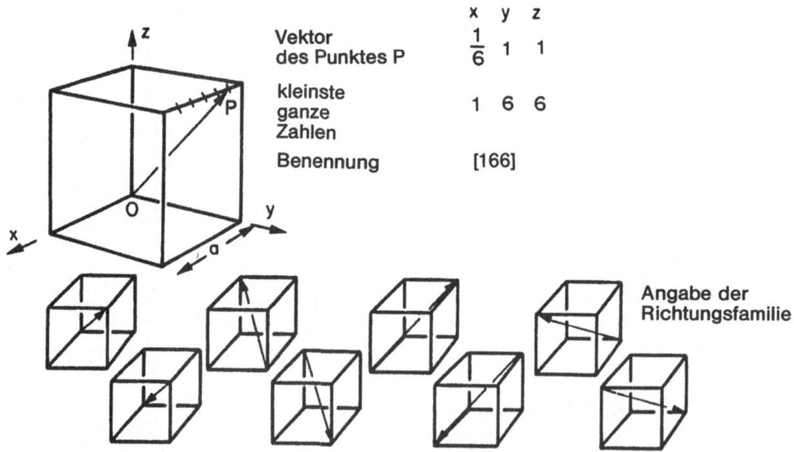

Abb. 5.6. Millersche Indizes für Kristallrichtungen.

Einfache nicht-dichtgepackte Kristallstrukturen

Beginnen wir mit einem sehr wichtigen Beispiel : Der kubischraumzentrierten (krz) Struktur (Abbildung 5.7). Bei dieser Struktur sind die <111>-Richtungen dichtgepackt; dichtgepackte Ebenen gibt es dagegen

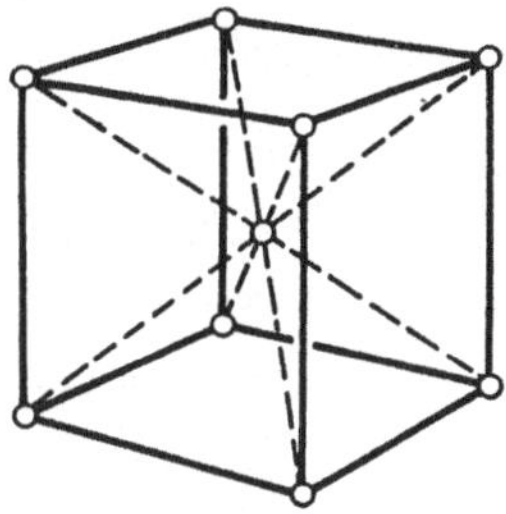

Abb. 5.7. Die kubischraumzentrierte (krz) Struktur.

nicht. Folglich ist die krz-Atompackung weniger dicht als die kfz- oder die hdp-Struktur. Z.B. Wolfram und Chrom sind Vertreter dieser Struktur, aber auch Eisen unterhalb 911 ^{0}C.

Viele Kristalle, die aus zwei oder mehr Atomsorten aufgebaut sind, können dennoch eine einfache Struktur aufweisen. Z.B. bilden die keramischen Verbindungen NaCl, KCl oder MgO kubische Strukturen (Abb. 5.8). Wenn allerdings die Atomsorten nicht im Verhältnis 1:1 vorliegen, wie etwa bei der (keramischen) Kernbrennstoff-Verbindung UO_2, wird die Struktur komplexer (Abb. 5.8b).

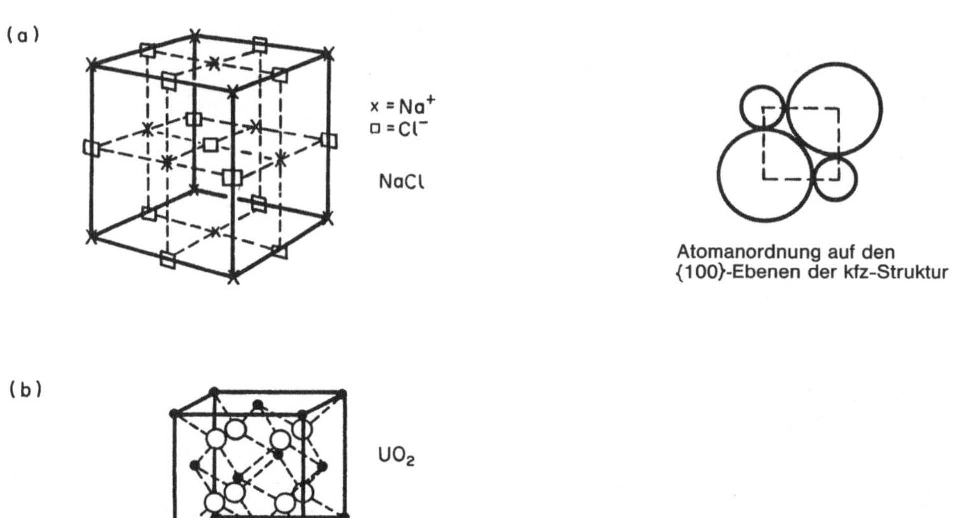

Abb. 5.8. (a) Packung der beiden ungleich grossen Atome Na und Cl in Natriumchlorid nach dem Muster der kfz-Struktur; auch in KCl und MgO sind die Atome so angeordnet. (b) Packung der Atome in Urandioxid; hier ist das Packungsmuster komplizierter als in NaCl, da die U- bzw. O-Ionen nicht im Verhältnis 1:1 vorliegen.

Atomanordnung in Polymeren

Schon im ersten Kapitel haben wir die wachsende Bedeutung der Polymere als Werkstoffe angesprochen. Ihre Struktur ist wesentlich komplexer als die der Metalle. Die Vielfalt der strukturellen Erscheinungsformen spiegelt sich ja auch in den unterschiedlichsten mechanischen Eigenschaften wider. Am einen Ende der Skala mag die ausserordentlich grosse Elastizität von Gummi stehen, auf der anderen Seite kann man etwa die gute Formbarkeit von Polyäthylen anführen.

Polymere sind kettenartige Moleküle, deren Atome durch kovalente Kräfte aneinandergebunden sind. Der Hauptstrang wird meist aus Kohlenstoffatomen gebildet (es gibt auch Ketten aus Siliziumatomen). Ein typisches Hochpolymer ("hoch" bedeutet hier "mit grossem Molekulargewicht") ist Polyäthylen. Seine Herstellung erfolgt über katalytische Polymerisation von Äthylen.

```
H H     H H H H H H
| |     | | | | | |
C=C → —C—C—C—C—C—C— usw.
| |     | | | | | |
H H     H H H H H H
```

Ähnlich wird Polystyren aus Styren polymerisiert.

```
H C6H5   H C6H5   H H      H C6H5
| |      | |      | |      | |
C=C → —C—C—     C—C—     C—C— usw.
| |      | |      | |      | |
H H      H H      H C6H5   H H
```

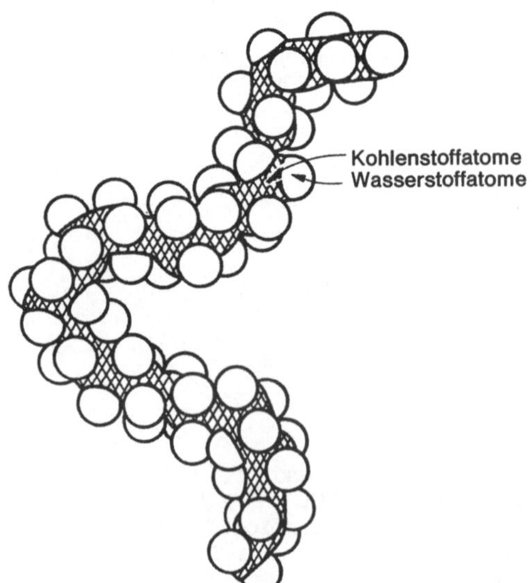

Abb. 5.9. Dreidimensionale Ansicht eines kleinen Ausschnitts aus einem Polyäthylen-Molekül.

Ein Ko-Polymer besteht aus zwei polymerisierten Monomeren, die entweder regellos oder nach einer bestimmten Ordnung (Block-Ko-Polymere) zusammengebaut sind. Als Beispiel geben wir hier das Styren-Butadien (SBR), eine Kautschukart, an.

$$
\begin{array}{c}
\begin{matrix} H & C_6H_5 \\ | & | \\ C & = & C \\ | & | \\ H & H \end{matrix}
\end{array}
+
\begin{array}{c}
\begin{matrix} H & H & H & H \\ | & | & | & | \\ C= & C- & C= & C \\ | & & & | \\ H & & & H \end{matrix}
\end{array}
\rightarrow
\begin{array}{c}
\begin{matrix} H & C_6H_5 \\ | & | \\ -C- & C- \\ | & | \\ H & H \end{matrix}
\end{array}
\quad
\begin{array}{c}
\begin{matrix} H & H & H & H \\ | & | & | & | \\ C- & C= & C- & C- \\ | & & & | \\ H & & & H \end{matrix}
\end{array}
\quad \text{usw.}
$$

Alle diese Moleküle bestehen aus langen flexiblen spaghettiartigen Ketten (Abb. 5.9). In Abbildung 5.10 können wir sehen, wie sich aus

a) Gummi oberhalb der Glasübergangstemperatur; die Struktur ist vollkommen amorph; die Ketten bilden ein Knäuel mit gelegentlich auftretenden kovalenten Bindungen

(b) Gummi unterhalb der Glasübergangstemperatur; zusätzlich zu den gelegentliche kovalenten Bindungen liegen hier auch Van-der Waals-Bindungen vor, die die Kette eng aneinander binden

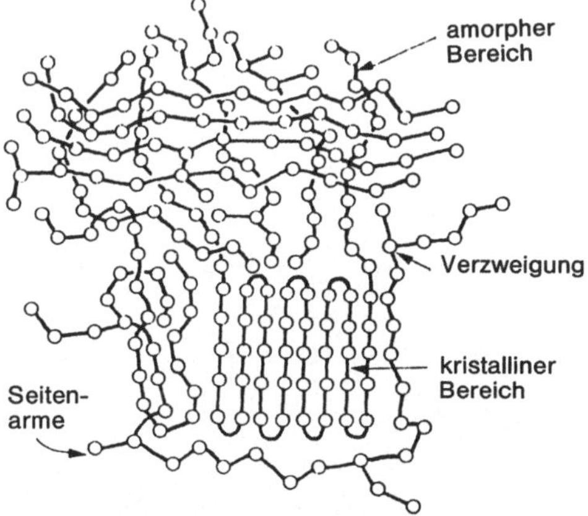

(c) Polyäthylen geringer Dichte mit amorphen und kristallinen Bereichen

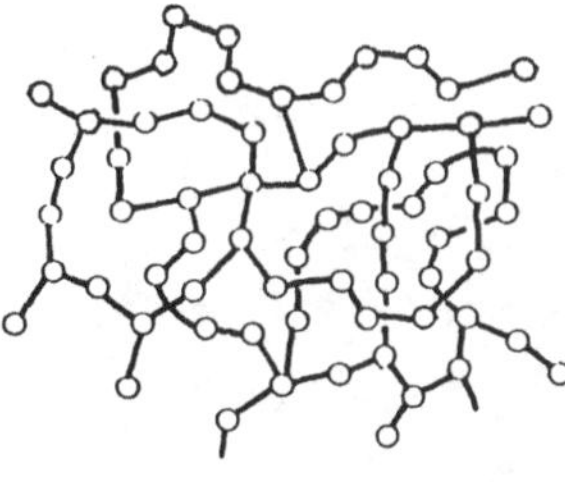

(d) Ein Polymer (z.B. Epoxidharz), bei dem die Ketten durch häufige kovalente Bindungen relativ fest aneinander gebunden sind

Abb. 5.10. Molekülformationen in Polymeren.

den Ketten ein kompaktes Material aufbaut. Der wesentliche Punkt dabei ist, dass sich die Ketten regellos zusammenlagern, d.h. nicht nach regelmässigen dreidimensionalen Mustern. Solche Polymere nennt man demnach nichtkristallin oder amorph. Es gibt aber auch Polymere, deren Ketten etwa wie in einem Knallfrosch zu parallelen Windungen gefaltet sind. Die regelmässige parallele Anordnung der Kettenfalten ist bereits eine kristalline Erscheinungsform, so dass man auch von kristallinen Polymeren sprechen kann. Es können aber durchaus im gleichen Polymer kristalline neben amorphen Bereichen vorliegen, wie Abbildung 5.10 schematisch zeigt.

Die Molekulararchitektur ist mittlerweile zu einer eigenen Wissenschaft geworden, die es sich zur Aufgabe macht, Molekularketten und Kettenkomponenten zu entwerfen und zusammenzufügen, um daraus ganz bestimmte Werkstoffeigenschaften zu erzielen. Als Folge davon gibt es heute schon tausende verschiedene Polymere, alle mit unterschiedlichen Eigenschaften, und es kommen täglich neue hinzu.

Atomanordnung in anorganischen Gläsern

Gläser bestehen gewöhnlich aus Oxiden (z.B. SiO_2), bei denen die Atome nichtkristallin angeordnet sind. Abbildung 5.11a zeigt die Struktur von Silikatglas, das dank der starken kovalenten Bindungskräfte zwischen den Si- und O-Atomen bis über 1000^{0}C fest bleibt. Na_2O-Zusätze brechen diese Struktur auf und senken die Glasübergangstemperatur (bei der Glas geformt werden kann) auf etwa 700^{0}C ab. Aus diesem Glastyp (Abb. 5.11b) werden i.a. Milchflaschen und Fensterscheiben hergestellt.

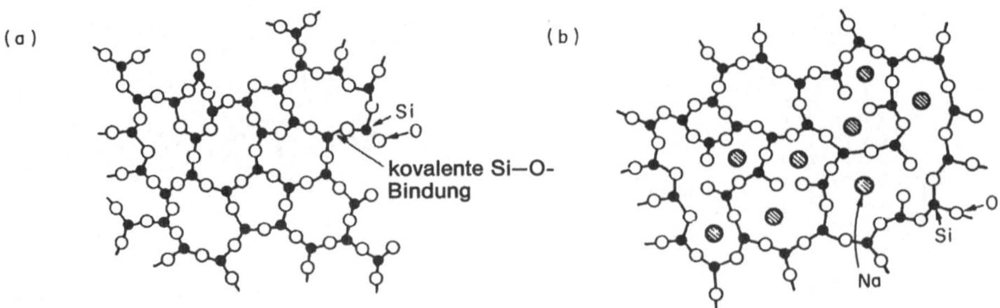

Abb. 5.11. (a) Atombindung in amorphem (glasartigem) Siliziumoxid (b) Aufbrechen der Bindungen in amorphem Siliziumoxid durch Natrium unter Bildung von Fensterglas.

Tabelle 5.1

Dichtewerte verschiedener Werkstoffe

Werkstoff	ρ/Mg m^{-3}	Werkstoff	ρ/Mg m^{-3}
Osmium	22.7	Siliziumkarbid, SiC	2.5-3.2
Platin	21.4	Siliziumnitrid, Si_3N_4	3.2
Wolfram und Legierungen	13.4-19.6	Mullit	3.2
Gold	19.3	Berylliumoxid, BeO	3.0
Uranium	18.9	Felsstein	2.2-3.0
Wolframkarbid, WC	14.0-17.0	Marmor, Kalkstein	2.7
Tantal und Legierungen	16.6-16.9	Aluminium	2.7
Molybdän und Legierungen	10.0-13.7	Aluminiumlegierungen	2.6-2.9
Kobalt/Wolframkarbid Cermets	11.0-12.5	Quarzglas, SiO_2	2.6
Blei und Legierungen	10.7-11.3	Fensterglas	2.5
Silber	10.5	Beton, Zement	2.4-2.5
Niob und Legierungen	7.9-10.5	GFK	1.4-2.2
Nickel	8.9	Kohlenfasern	2.2
Nickellegierungen	7.8-9.2	PTFE	2.3
Kobalt und Legierungen	8.1-9.1	Borfasern/Epoxyd	2.0
Kupfer	8.9	Beryllium und Legierungen	1.8-2.1
Kupferlegierungen	7.5-9.0	Graphit, high strength?	1.8
Messing und Bronze	7.2-8.9	Fiberglas (GFK/Polyester)	1.8
Eisen	7.9	PVC	1.3-1.6
Eisenbasis-Superlegierungen	7.8-8.3	KFK	1.5-1.6
Rostfreie austenitische Stähle	7.5-8.1	Polyester	1.1-1.5
Zinn und Legierungen	7.3-8.0	Polyimide	1.4
Niedriglegierte Stähle	7.8	Epoxyde	1.1-1.4
Baustähle	7.8	Polyurethan	1.1-1.3
Rostfreier ferritischer Stahl	7.5-7.7	Polycarbonat	1.2-1.3
Gusseisen	6.9-7.8	PMMA	1.2
Titankarbid, TiC	7.2	Nylon	1.1-1.2
Zink und Legierungen	5.2-7.2	Polystyren	1.0-1.1
Chrom	7.2	Polyäthylen hoher Dichte	0.94-0.97
Zirkonkarbid, ZrC	6.6	Eis, H_2O	0.92
Zirkon und Legierungen	6.6	Naturgummi	0.83-0.91
Titan	4.5	Polyäthylen niedriger Dichte	0.91
Titanlegierungen	4.3-5.1	Polypropylen	0.88-0.91
Aluminiumoxid, Al_2O_3	3.9	Holz	0.4-0.8
Alkalihalogenide	3.1-3.6	Aufgeschäumte Kunststoffe	0.01-0.6
Magnesiumoxid, MgO	3.5	Aufgeschäumtes Polyuräthan	0.06-0.2

Die Dichte von Festkörpern

Die Dichte der gebräuchlichsten Werkstoffe ist in Tabelle 5.1 aufgelistet und in Abbildung 5.12 nach Werkstoffgruppen geordnet. In der Dichte schlagen sich Atommasse und Atomradius nieder, vor allem aber auch der Platzbedarf für eine gegebene Packungsfolge. Die meisten Metalle haben hohe Dichten, da ihre Atome schwer und dichtgepackt sind. Die Atome von Polymeren und vielen keramischen Stoffen sind dagegen leicht (C, H, O) und in relativ lockeren Strukturmustern angeordnet; ihre Dichte ist daher deutlich geringer.

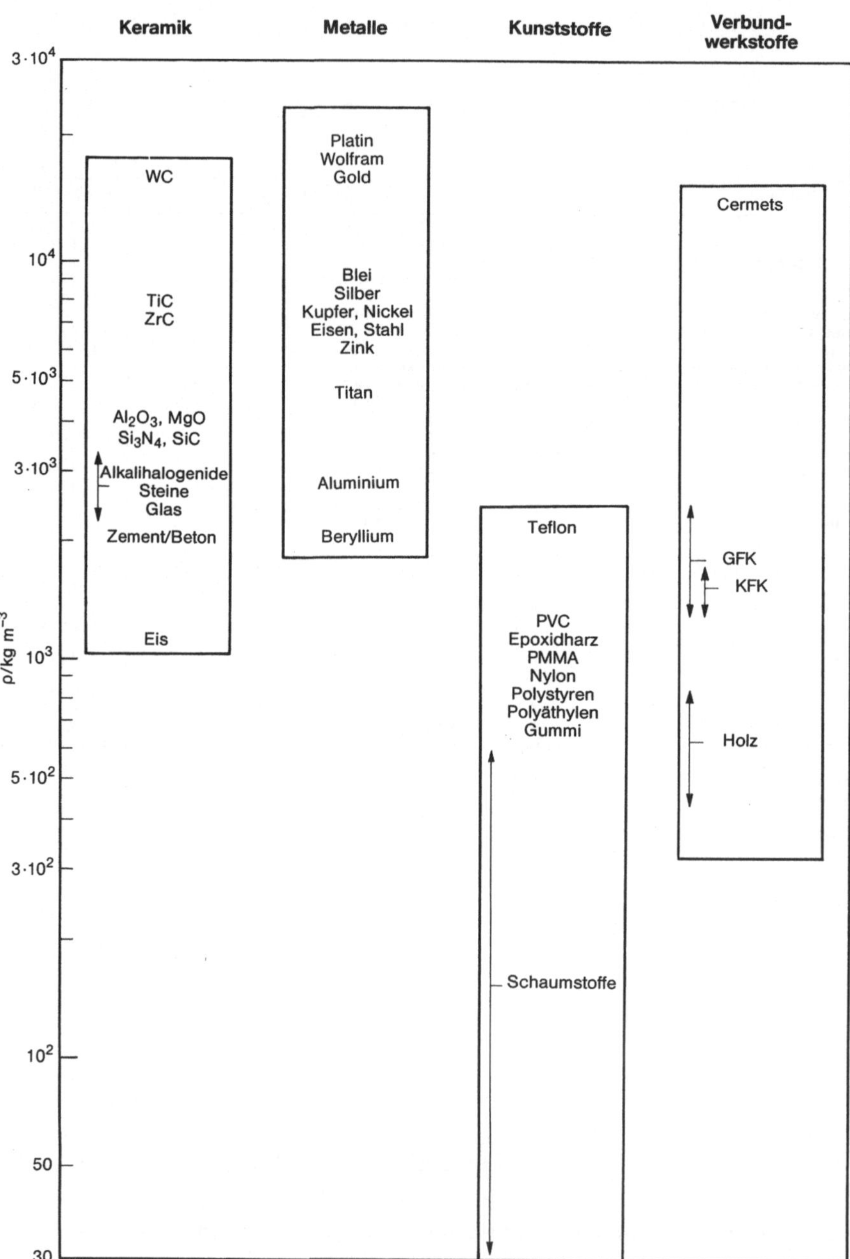

Abb. 5.12. Die Dichte nach Werkstoffgruppen.

6 Die physikalische Ursache des E-Moduls

Einführung

In den vorangegangenen Kapiteln haben wir nun genügend Informationen für die physikalische Herleitung des Elastizitätsmoduls zusammengetragen. Gehen wir zunächst nochmal zurück zu Abbildung 3.5, die einen Überblick über die Modulwerte der vier Werkstoffkategorien gibt. Die meisten keramischen Werkstoffe und die Metalle weisen Moduln in einem vergleichsweise engen Wertebereich auf: 30 - 300 GN/m^2. Zement und Beton rangieren dabei mit 45 GN/m^2 an der unteren Grenze. Aluminium liegt mit 69 GN/m^2 schon höher, und Stähle erreichen mit 200 GN/m^2 fast die Obergrenze dieses Feldes. Einige Stoffe liegen freilich ausserhalb des Bereiches - Diamant und Wolfram haben Werte zwischen 500 und 1000 GN/m^2. Eis und Blei hingegen unterschreiten die Bereichsuntergenze geringfügig. Die meisten kristallinen Stoffe liegen also recht nahe beieinander. Dagegen haben Polymere allesamt deutlich kleinere Werte, einige davon sind um mehrere Grössenordnungen kleiner. Aus welchem Grund wohl? Wodurch wird der Wert des E-Moduls von Festkörpern bestimmt? Vor allem, lassen sich steifere Polymere herstellen? Wir wollen nun sehen, wie der Modul eines Stoffes mit seiner Struktur zusammenhängt.

Der Elastizitätsmodul von Kristallen

Wie in Kapitel 4 ausgeführt werden die Atome in Kristallen von elektrischen Bindungskräften zusammengehalten, die wie kleine Federn wirken. Die Steifigkeit ist definiert als

$$S_0 = (d^2U/dr^2)_{r=r_0}. \qquad (6.1)$$

Bei kleinen Auslenkungen bleibt S_0 konstant (S_0 entspricht der Federkonstanten der Bindung). Das heisst, dass die Kraft zwischen zwei Atomen, die voneinander um eine Strecke r entfernt werden (wobei $r \sim r_0$),

$$F = S_0(r-r_0) \tag{6.2}$$

beträgt. Stellen wir uns einen Festkörper vor, der von solchen Federchen zusammengehalten ist. Abbildung 6.1 zeigt sie als Verbindungsglieder zwischen den beiden Hälften eines "aufgeschnittenen" Festkörpers. Eigentlich müssten wir, um korrekt zu sein, die Atome entsprechend der Kristallstruktur eines ganz bestimmten Stoffes zeichnen. Der Einfachheit halber beschränken wir uns jedoch darauf, die Atome an den Ecken eines Würfels mit Kantenlänge r_0 anzuordnen. Zwar folgen nur wenige Stoffe dieser einfachen Struktur; jedoch liegen wir mit unseren vereinfachenden Annahmen so weit ja nicht von der Wirklichkeit entfernt - und das Zeichnen wird uns erheblich erleichtert.

Die Gesamtkraft, die durch die Fläche hindurchgreift, wenn die beiden Seiten auseinandergezogen werden, ist dann definiert als die Spannung

$$\sigma = NS_0(r-r_0), \tag{6.3}$$

wobei N die Zahl der Bindungen pro Einheitsfläche darstellt, also gleich $1/r_0{}^2$ ist ($r_0{}^2$ als mittlere Fläche pro Atom). Rechnen wir die

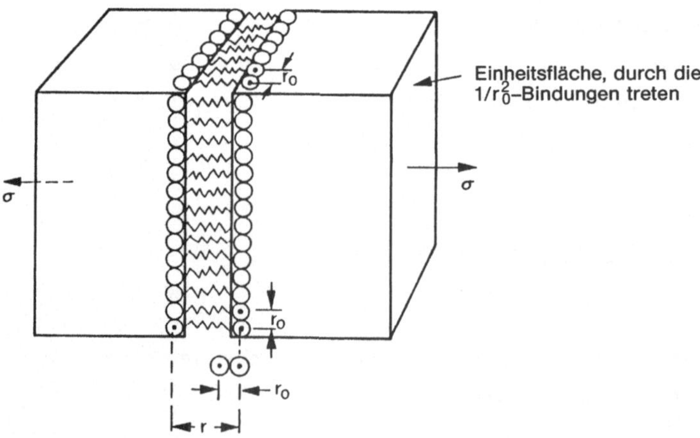

Abb. 6.1. Abschätzung des Elastizitätsmoduls aus der Steifigkeit einzelner Atombindungen.

Auslenkung $(r-r_0)$ in eine Dehnung ε_n um, indem wir durch den Ausgangsabstand r_0 dividieren, so ergibt sich

$$\sigma = S_0/r_0 \cdot \varepsilon_n. \tag{6.4}$$

Der E-Modul ist dann

$$E = S_0/r_0. \tag{6.5}$$

S_0 lässt sich aus den theoretisch hergeleiteten Kurven U(r) berechnen. Eigentlich ist das die Aufgabe von Festkörperphysikern und Quantenchemikern; wir wollen aber ein Beispiel näher anschauen, nämlich die Ionenbindung, für die U(r) durch Gleichung (4.3) gegeben ist. Durch Differenzierung dieser Gleichung nach r erhält man die Kraft zwischen den Atomen. Bei $r=r_0$ muss sie Null sein. Aus dieser Bedingung erhalten wir die Konstante

$$B = q^2 r_0^{n-1}/4\pi n\varepsilon_0. \tag{6.6}$$

S_0 können wir dann angeben als

$$S_0 = \alpha q^2/4\pi\varepsilon_0 r_0{}^3 \tag{6.7}$$

mit $\alpha=(n-1)$. Die Coulomb-Anziehung ist langreichweitig (sie hängt von $1/r$ ab; eine kurzreichweitige Wechselwirkung wäre z.B. proportional $1/r^{10}$). Daher steht ein bestimmtes Na^+-Ion nicht nur mit seinen 6 nächsten Cl^--Ionen in (anziehender) Wechselwirkung, sondern erfährt darüberhinaus eine abstossende Kraft von seinen 12 übernächsten, etwas weiter entfernten Na^+-Nachbarn. Auch die nächsten 8 Cl^--Ionen und die übernächsten 6 Na^+-Ionen spürt es noch. Um also S_0 genau zu berechnen, müssen wir alle diese Bindungskräfte, anziehende und abstossende, addieren. Das Ergebnis ist Gleichung (6.7) mit $\alpha = 0.58$.

Aus einer Tabelle für physikalische Konstanten können wir Werte für q und ε_0 ablesen. r_0, der Atomabstand, liegt bei etwa $2.5 \cdot 10^{-10}$ m. Setzen wir die Werte in (6.7) ein, so ergibt sich

$$S_0 = 9.5 \text{ Nm}^{-1}.$$

Die Steifigkeit anderer Bindungstypen errechnet sich in ähnlicher

Weise (i.a. sind die Wechselwirkungen kurzreichweitiger; dadurch wird obige Summenbildung vereinfacht). Einen Überblick der Bindungssteifigkeiten gibt Tabelle 6.1.

Tabelle 6.1

Bindungsart	S_0/N m^{-1}	E angenähert aus (S_0/r_0)GN m^{-2}
Kovalent, C-C	180	1000
Rein ionisch, z.B. Na-Cl	9-21	30-70
Rein metallisch, z.B. Cu-Cu	15-40	30-150
H-Bindung, z.B. H_2O-H_2O	2	8
Van-der-Waals (Wachse; viele Polymere)	1	2

Wenn wir die berechneten E-Modulwerte mit den gemessenen Werten in Abbildung 3.5 vergleichen, stellen wir fest, dass die Übereinstimmung bei Metallen und keramischen Werkstoffen durchaus akzeptabel ist. Die Vorstellung einer Federauslenkung beschreibt also die Steifigkeit in diesen Stoffen ganz gut. Aber eine Unstimmigkeit bleibt doch: eine ganze Reihe von Polymeren und Gummiarten haben Moduln, die bis zu 100 mal kleiner als der kleinste sind, den wir ausgerechnet haben. Wie ist das möglich? Was bestimmt den Modul der Polymere, wenn nicht die Federkräfte zwischen den Atomen?

Gummi und die Glasübergangstemperatur

Alle Polymere sollten, solange sie fest sind, Moduln oberhalb der untersten errechneten Grenze von 2 GN/m^2 haben. Ein gewöhnliches Gummirohr (ein Polymer), in flüssigen Stickstoff getaucht, wird steif; sein Modul steigt ziemlich schnell von ungefähr 10^{-2} GN/m^2 auf einen "ordentlichen" Wert von 4 GN/m^2. Wenn es aber erwärmt wird, fällt der Modul wieder auf den alten Wert ab.

Das Phänomen hängt damit zusammen, dass Gummi, wie viele weitere Polymere, aus langen spaghettiähnlichen Kohlenstoffketten zusammengesetzt ist (so wie in Kapitel 5 gezeigt). Gerade bei Gummi liegen die Ketten ausserdem kreuzweise übereinander (Abb. 5.10). Die Kreuzverbindungen sind wie auch die Bindungen entlang der Ketten kovalente, also sehr steife Bindungen. Sie tragen jedoch zur Gesamtsteifigkeit nur wenig bei; vielmehr sind es ja die viel weicheren Van-der-Waals-Bindungen, die sich dehnen, wenn die Struktur belastet wird; der Gesamtmodul kommt also in der Hauptsache von den Van-der-Waals-Bindungen und nicht von den kovalenten Bindungen.

Bei tiefen Temperaturen entsprechen die beobachteten Moduln durchaus dem für diese Bindungsart berechneten Wert von knapp über 1 GN/m^2. Sowie sich Gummi auf Raumtemperatur erwärmt, schmelzen die Van-der-Waals-Bindungen. (Tatsächlich ist die Bindungssteifigkeit eines Stoffes proportional zu seinem Schmelzpunkt; aus diesem Grund hat auch Diamant gleichermassen den höchsten Schmelzpunkt und den höchsten E-Modul). Gummi bleibt aber dennoch fest auf Grund der Kreuzverbindungen zwischen den Ketten, die eine Art Skelett bilden. Wenn man es jedoch belastet, können die Ketten ausweichen in Bereiche, in denen Kreuzverbindungen nicht vorkommen. Diese Nachgiebigkeit erhöht die Dehnung, so dass der Quotient σ/ε_n stark absinkt.

Viele der weicheren Polymere sind bei Raumtemperatur bereits "halb geschmolzen". Die Temperatur, bei der dieser Zustand eintritt, heisst die Glastemperatur T_g eines Polymers. Einige Polymere, die keine Kreuzverbindungen zwischen den Ketten aufweisen, schmelzen bei T_g ganz auf, wobei sie zu viskosen Flüssigkeiten werden. Andere wiederum, die Kreuzverbindungen enthalten, werden leder- oder gummiartig (wie z.B. Polystyren-Butadien). Typische Werte für T_g sind: PMMA 100^0C, Polystyren 90^0C, Polyäthylen -20^0C, Naturkautschuk -40^0C. Nochmals, oberhalb T_g ist ein Polymer gummiartig oder geschmolzen; unterhalb T_g ist es fest und hat einen Modul von über 1 GN/m^2. Dieses Verhalten ist in Abbildung 6.2 graphisch dargestellt. Aus der Auftragung geht ausserdem hervor, wie die Steifigkeit mit zunehmendem kovalenten Bindungsanteil ansteigt bis hin zu Diamant, den man sich auch einfach als Polymer mit hundertprozentigem Anteil an Kreuzverbindungen vorstellen kann (Abb. 4.7). So sind denn auch steife Polymere denkbar; die steifsten zur Zeit verfügbaren rangieren mit ihrem E-Modul in der Nähe von Aluminium.

Verbundwerkstoffe

Wie könnte man aber Polymere steifer machen, als die Van-der-Waals-Bindungen zulassen? Die Antwort, wenngleich sie ein bisschen in eine andere Richtung geht, ist einfacher als die Frage zunächst vermu-

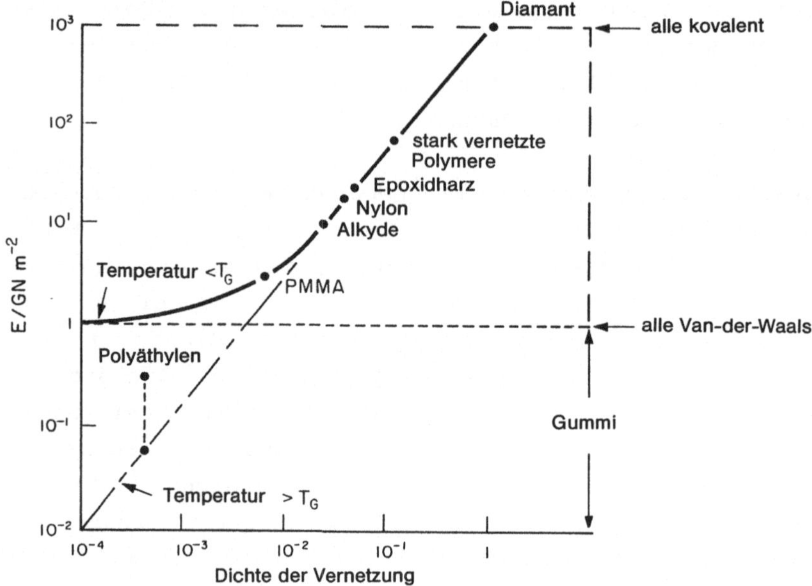

Abb. 6.2. Anstieg des E-Moduls in Polymeren mit zunehmender Dichte an kovalenten Bindungen (Gummi oberhalb von T_g. Unterhalb T_g steigt der E-Modul von Gummi an infolge des zunehmenden Van-der-Waals-Bindungsanteils.)

ten lässt. Wir brauchen lediglich dem eigentlichen Polymeren in geeigneter Weise ein steiferes Material beizugeben. Beispiele für solche Werkstoffe haben wir bereits in den ersten Kapiteln angesprochen.

(a) GFK, glasfaserverstärkte Kunststoffe, bei denen das Polymer durch lange Fasern aus Fensterglas verstärkt ist

(b) KFK, kohlenfaserverstärkte Kunststoffe, bei denen die Versteifung durch Graphitfasern erfolgt.

(c) BFK, borfaserverstärkte Kunststoffe, deren Versteifung entsprechend auf Borfasern beruht.

(d) Polymere, deren Grundstoff mit feinem Glas- oder Silikatpulver vermengt ist.

(e) Holz, ein natürlicher Verbundwerkstoff aus Lignin (ein amorphes Polymer), der mittels Cellulosefasern verstärkt ist.

Die Auflistung der Moduln in Abbildung 3.5 zeigt, dass diese Verbundwerkstoffe weitaus höhere Moduln aufweisen als ihre polymere Matrix. Ausserdem wird klar, dass sich Verbundwerkstoffe mechanisch ausgesprochen anisotrop verhalten können. Zum Beispiel beträgt der E-Modul von Holz längs der Faser etwa 10 GN/m^2, quer dazu jedoch nur etwa 10% davon.

Zur Bestimmung des E-Moduls von faserverstärkten Verbundwerkstoffen gibt es eine einfache Methode. Nehmen wir an, wir beanspruchen einen Verbundwerkstoff, der einen Volumenanteil V_f an Fasern enthält, längs zur Faser (Abb. 6.3a). Dabei gehen wir davon aus, dass sich Fasern (f) und Matrix (m) gleichviel dehnen. Dann ist die Spannung, die dem Werkstoff aufgeprägt wird,

$$\sigma = V_f \sigma_f + (1-V_f)\sigma_m$$

$$= E_f V_f \varepsilon_n + (1-V_f)\varepsilon_n.$$

Da aber der Gesamtmodul $E_{Vwst} = \sigma/\varepsilon_n$ ist, können wir andererseits schreiben

$$E_{Vwst} = V_f E_f + (1-V_f)E_m. \tag{6.8}$$

Diese Beziehung stellt offenbar eine obere Grenze des E-Moduls unseres Faserverbundwerkstoffes dar. Grösser als dieser Wert kann E_{Vwst} nicht werden.

Kann er denn kleiner sein? Nehmen wir einmal an, wir hätten den Verbundwerkstoff quer zur Faser belastet (Abb. 6.3b). Wir sehen dann, dass es eigentlich sinnvoller gewesen wäre anzunehmen, dass die Spannungen in den beiden Komponenten gleich sind und nicht die Dehnungen. In diesem Fall ergibt sich dann die Gesamtdehnung als die mit dem Volumenanteil gewichtete Summe der Einzeldehnungen:

$$\varepsilon_n = V_f \varepsilon_{nf} + (1-V_f)\varepsilon_{nm}$$

$$= V_f \sigma/E_f + (1-V_f)\sigma/E_m.$$

Aus $E_{Vwst} = \sigma/\varepsilon_n$ berechnet sich ein Gesamtmodul von

$$E_{Vwst} = 1/(V_f/E_f + (1-V_f)/E_m). \tag{6.9}$$

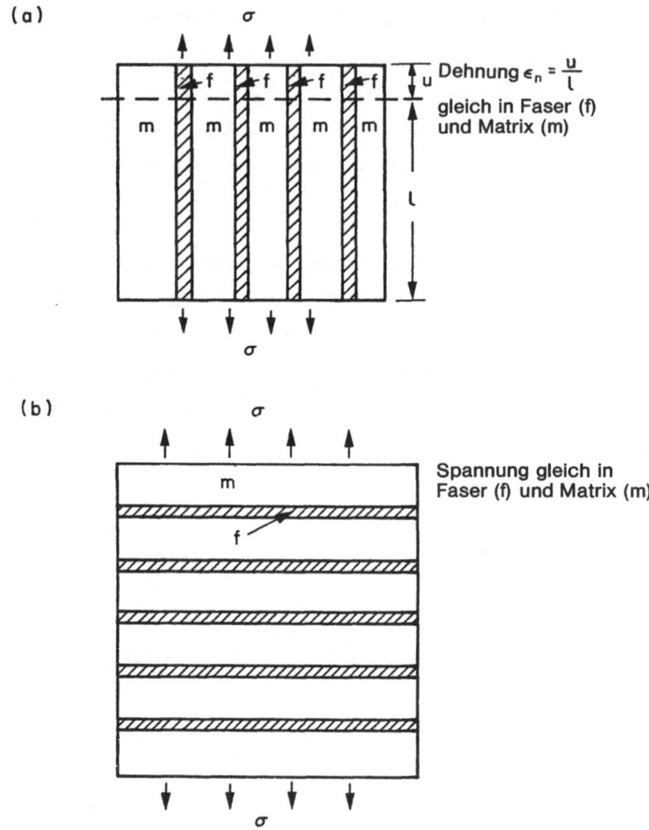

Abb. 6.3. Unterschiedliche Belastung eines faserverstärkten Verbundwerkstoffs zur Erzielung eines (a) maximalen E-Moduls (b) minimalen E-Moduls.

Obwohl man es nicht unmittelbar erkennt, gibt diese Beziehung die Untergrenze für den Gesamtmodul des Verbundwerkstoffes an.
Abbildung 6.4, die die beiden Beziehungen (6.8) und (6.9) in einer graphischen Darstellung gegenübergestellt, macht nochmals deutlich, dass faserverstärkte Werkstoffe ihren grössten Zuwachs an Steifigkeit haben, wenn man sie längs der Faser belastet. Quer zur Faser steigt der Gesamtmodul erst nennenswert an, wenn der Faseranteil schon relativ gross ist. Faserverbundwerkstoffe verhalten sich also in der Tat sehr anisotrop.

Abschliessend wollen wir noch den Modul von Verbundwerkstoffen abschätzen, deren zweite Komponente in Form von regellos verteilten kompakten Teilchen vorliegt. Die Theorie dazu ist recht komplex, so

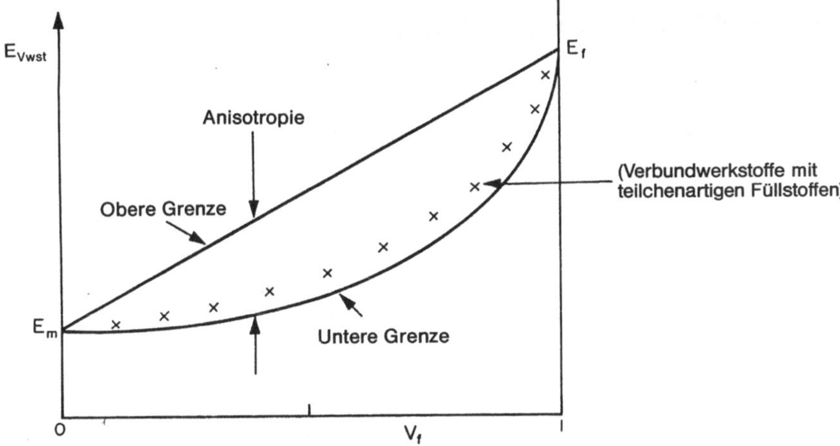

Abb. 6.4. E-Modul von Verbundwerkstoffen mit verschiedenen Volumenanteilen an Steifmachern.

dass wir sie hier nicht näher behandeln können. Man sollte aber wissen, dass der Modul dieser teilchenverstärkten Verbundwerkstoffe etwa gerade dem der nachgiebigsten Faserverbundwerkstoffe entspricht (Abb. 6.4). Nun ist es allerdings wesentlich billiger z.B. Sand in eine Polymermasse einzubringen als dünne Glasfasern fein säuberlich darin auszurichten. Daher ist der Modulgewinn durch Teilchenzusätze wirtschaftlich durchaus lohnend. Ausserdem verhält sich der Werkstoff mechanisch isotrop, was von Vorteil sein kann. Zum Beispiel können diese teilchenverstärkten Polymere auch nach üblichen Verfahren geformt bzw. gegossen werden (im Gegensatz zu den faserverstärkten), so dass ihre Herstellung vergleichsweise billig ist. Man findet sie mehr und mehr in neueren Automodellen als Stossstangen, Kühlergrill oder als Auskleidung von verschleissbeanspruchten Oberflächen (üblicherweise wird hier teilchenverstärktes Polypropylen verwendet).

Zusammenfassung

Der E-Modul von Metallen, keramischen Werkstoffen und glasartigen Kunststoffen entspricht bei Temperaturen unterhalb T_g der Steifigkeit der Atombindungen. Gläser und glasartige Kunststoffe werden oberhalb T_g leder- oder gummiartig bzw. verwandeln sich in viskose Flüssigkeiten, wobei der Modul stark abnimmt. Die Moduln von Verbundwerkstoffen stellen ein gewichtetes Mittel der Moduln der einzelnen Komponenten dar.

7 Fallstudien: E-Modulorientiertes Konstruieren

1. Fallstudie: Materialauswahl für einen Teleskopspiegel;Auslegungskriterium ist die möglichst geringe Durchbiegung einer unter ihrem Eigengewicht belasteten Scheibe.

Einführung

Das grösste Teleskop der Welt steht auf dem Semivodrike, einem Berg in der Nähe von Zelenchukskaya im Kaukasusgebirge in der UDSSR. Der Spiegel hat einen Durchmesser von 6 m und ist damit um 1 m grösser als derjenige des grössten Teleskopes der westlichen Welt auf dem Mount Palomar. Der Spiegel (der aus Glas besteht) ist ungefähr 1 m dick und wiegt dabei 70 Tonnen. Diese Dicke benötigt er, um hinreichend steif zu sein.

Die Kosten für ein solches Teleskop sind, wie das Teleskop selber, astronomisch - ungefähr 80 Millionen £ (176 Millionen $). Man kann grob sagen, dass die Kosten dem Quadrat des Spiegelgewichtes proportional sind. Dabei macht der Spiegel selber nur 5% der Gesamtkosten aus. Der Mechanismus, der den Spiegel trägt, bewegt und in die richtige Position bringt (Abb. 7.1), muss so steif sein, dass er Spiegelbewegungen mit der Genauigkeit der Lichtwellenlänge ausführt. Auf den ersten Blick würde man für die doppelte Spiegelmasse M eigentlich den doppelten tragenden Querschnitt schätzen. Aber dann würde sich die ganze Konstruktion zu sehr unter ihrem Eigengewicht durchbiegen. In Wirklichkeit muss daher darauf geachtet werden, dass die Spiegelmasse proportional zu den linearen Dimensionen der Bauteile zunimmt. Damit steigt aber das Volumen (d.h. auch die Kosten) mit M^2. Das Haupthindernis, beliebig grosse Teleskope zu bauen, sind wahrlich die Kosten.

Abb. 7.1. Das britische Infrarot-Teleskop auf Mauna Kea, Hawai. Das Bild zeigt das Gehäuse des 3.8 m grossen Spiegels, den Stützrahmen sowie das Innere der Aluminiumkuppel mit Blick auf ein Schiebefenster. (c 1979 Photolabs, Royal Observatory, Edingburgh.)

Vor der Jahrhundertwende wurden Spiegel aus Metall gemacht. Dann allmählich ging man dazu über, sie aus Glas herzustellen und zwar aus Glas mit versilberter Oberfläche. Die optischen Glaseigenschaften haben dabei also keine Bedeutung. Das Glas ist nur wegen seiner mechanischen Eigenschaften interessant. Allerdings tragen 70 Tonnen Glas nur eine 100 nm dicke, d.h. 30 g schwere Silberschicht. Könnte man sich da nicht vorstellen, in einer gründlichen Revision der Spiegelbautechnik neue Wege zu finden, die den Bau noch grösserer Spiegel in vielleicht sogar leichterer Bauweise möglich machen?

Optimierung der elastischen Kennwerte der Spiegelscheibe

Schauen wir uns an, welche Werkstoffe für die Herstellung eines Spiegels, der auf einem 5-m-Teleskop montiert ist, in Frage kommen. Zunächst suchen wir ein Material mit minimaler Durchbiegung; der Spiegel soll ausserdem möglichst leicht sein. Vorläufig beschränken wir uns auf diese beiden Kriterien. Die Probleme, die mit der Herstellung einer optisch einwandfreien parabolisch geformten Spiegeloberfläche zu tun haben, lassen wir hier beiseite.

Im einfachsten Fall ist der Spiegel eine Scheibe mit Durchmesser 2a und Dicke t, die an ihrem Umfang gehalten wird. In horizontaler Lage wird sich die Scheibe unter ihrem Eigengewicht M durchbiegen; in vertikaler Lage ist die Durchbiegung unbedeutend. Da die Durchbiegung in jedem Fall eine Veränderung der Brennweite bewirkt und die Abbildungseigenschaften beeinträchtigt, müssen wir darauf achten, in unserer Konstruktion die Durchbiegung δ so klein wie möglich zu halten. Konkret heisst das, dass δ kleiner als die Lichtwellenlänge sein muss. Für unsere Fallstudie wollen wir verlangen, dass δ in der Scheibenmitte nicht grösser als 1 µm wird (Abb. 7.2). Ein Teil dieser übrigens sehr strengen Randbedingung können wir bereits konstruktiv auffangen. Man kann nämlich mit Gegengewichten oder hydraulischen He-

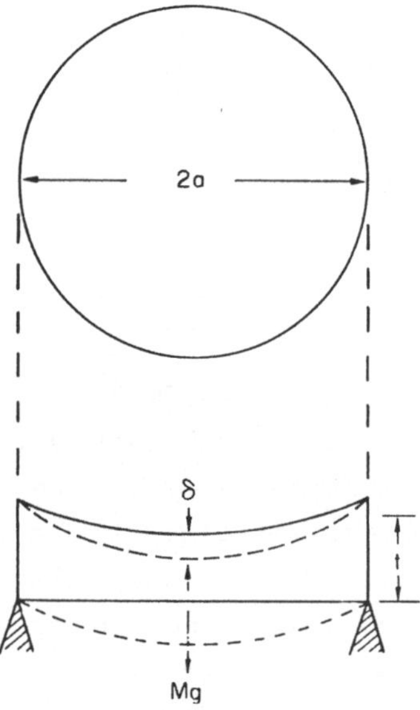

Abb. 7.2. Elastische Durchbiegung eines Teleskopspiegels unter seinem Eigengewicht.

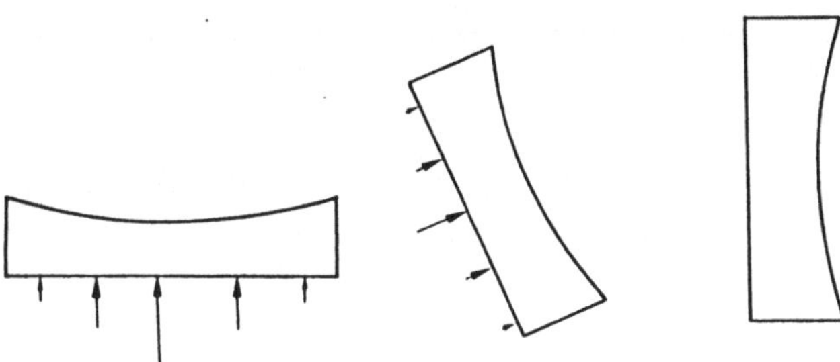

Abb. 7.3.

bern den Spiegel so auf der Rückseite unterstützen, dass deren Kräfte in jeder Spiegelstellung der Durchbiegung entgegenwirken (Abb. 7.3).

Trotz dieser konstruktiven Massnahmen muss der Spiegel aber immer noch so steif sein, dass δ (bei horizontaler Spiegellage) geringer als 10 µm ist.

Formeln für die elastische Durchbiegung von unter ihrem Eigengewicht belasteten Scheiben und Balken finden sich in jedem Standardhandbuch der Mechanik. Wir brauchen hier lediglich eine Formel, nämlich die Durchbiegung δ in der Mitte einer horizontalen Scheibe in Abhängigkeit der Scheibenmasse M:

$$\delta = 3Mga^2/4\pi Et^3; \qquad (7.1)$$

dabei gehen wir von einem Material mit einer Poissonzahl von etwa 0.33 aus. Die Grösse g ist die Gravitationsbeschleunigung. Unser Ziel ist die Minimierung der Masse M bei gegebenem Durchmesser 2a (5 m) und Durchbiegung δ (10 µm). Die Dicke t ist eine zusätzliche Variable, die sich aber durch

$$t = M/\pi a^2 \rho \qquad (7.2)$$

ausdrücken lässt, wobei ρ die Materialdichte angibt. Ersetzen wir nun t in Glg. (7.1), so erhalten wir

$$\delta = 3/4\pi \cdot Mga^2/E \cdot \pi^3 a^6 \rho^3/M^3. \qquad (7.3)$$

Schliesslich bringen wir M auf die linke Seite

$$M = (3g/4\delta)^{1/2} \pi a^4 (\rho^3/E)^{1/2}. \qquad (7.4)$$

Die einzigen freien Variablen auf der rechten Seite sind jetzt noch die Materialgrössen ρ und E. Um M zu minimieren, müssen wir also den kleinstmöglichen Wert für $(\rho^3/E)^{1/2}$ suchen.

Schauen wir uns die Werte für einige Stoffe an. Den E-Modul finden wir in Tabelle 3.1, die Dichte in Tabelle 5.1. In Tabelle 7.1 sind einige zusammengestellt.

Tabelle 7.1

Spiegelträger für ein 5-m-Teleskop

Werkstoff	E/GNm^{-2}	ρ/Mgm^{-3}	$(\rho^3/E)^{1/2}/Ns^3m^{-5}$	M/Tonne	t/m
Stahl	200	7.8	1.54	158	1.0
Beton	47	2.5	0.56	56	1.2
Aluminium	69	2.7	0.53	53	1.0
Glas	69	2.5	0.48	48	0.97
GFK	40	2.0	0.45	44	1.1
Holz	12	0.6	0.13	14	1.2
Aufgeschäumtes Polyurethan	0.06	0.1	0.13	13	6.6
KFK	270	1.5	0.11	11	0.38

Schlussfolgerung

Das bestgeeignete Material ist KFK. Das nächstbeste Polyuräthan-Schaum. Glas ist besser als Stahl, Aluminium oder Beton (deshalb werden Spiegel auch meist aus Glas hergestellt!), aber längst nicht so gut wie Holz.

Wir sollten bei der Auswahl aber weitere Gesichtspunkte bedenken. Die Spiegelmasse kann mit Glg. 7.4 für die verschiedenen Werkstoffe in Tabelle 7.1 berechnet werden. Es fällt auf, dass Spiegel aus Polyuräthanschaum und KFK nur ein fünftel des Glasspiegels wiegen und dass daher die Kosten für die Spiegelhalterung im Falle des KFK-Spiegels bis zu 25 mal billiger sein würden.

Ausserdem können wir anhand von Glg. (7.2) die Dicke t berechnen; t ist ebenfalls in Tabelle 7.1 aufgeführt. Glasspiegel müssen etwa 1 m dick sein (und das sind sie auch gewöhnlich). Der KFK-Spiegel benötigt lediglich eine Dicke von 0.38 m. Der Spiegel aus Polyuräthanschaum ist dagegen ausgesprochen dick; was spricht aber denn dagegen, den Spiegel aus einem 6 m dicken Schaumwürfel zu fertigen?

Einige der obigen Lösungsvorschläge - wie die Verwendung von Polyuräthanschaum - mögen auf den ersten Blick nicht sehr ernsthaft erscheinen. Jedoch wäre die Kosteneinsparung - Herstellungskosten von £ 3.2 Millionen ($ 7 Millionen) pro Teleskop gegenüber £ 80 Millionen ($ 176 Millionen) so immens, dass der Vorschlag verdient, geprüft zu werden. Es gibt bereits Verfahren, einen dünnen Film aus Silikonkautschuk oder Epoxydharz auf den Spiegelkörper aus Polyuräthanschaum eines KFK aufzubringen, so dass seine Oberfläche für eine anschliessende Versilberung hinreichend glatt würde. Das Haupthindernis ist aber die unzureichende Stabilität der Polymere - ihre Abmessungen verändern sich unter dem Einfluss von Feuchtigkeit und Temperatur. Jedoch lässt sich ja auch Glas verschäumen, so dass seine Dichte nicht viel grösser als diejenige von Polyuräthanschaum wäre mit der gleichen Stabilität gegenüber Umwelteinflüssen wie Fensterglas. Unsere Fallstudie zeigt also, wie durch eine unorthodoxe Materialwahl gänzlich neue Wege bei der Lösung von Konstruktionsproblemen beschritten werden können.

2. Fallstudie: Materialauswahl zur Minimierung des Gewichtes eines Balkens mit vorgegebener Steifigkeit.

Einführung

Viele Konstruktionen erfordern Komponenten, die sich unter Krafteinwirkung nur geringfügig durchbiegen. Wenn zudem die Komponente Teil einer Transporteinheit ist - bei einem Flugzeug, einer Rakete oder nur einem Eisenbahnzug - oder in irgend einer Form getragen oder bewegt werden muss - ein Rucksack zum Beispiel -, dann ist es ausserdem wünschenswert, das Gewicht gering zu halten.

Im folgenden betrachten wir einen einzelnen Balken mit quadratischem Querschnitt, für den wir ein Material so auswählen wollen, dass bei gegebener Steifigkeit das Gewicht minimal wird. Das Problem ist sehr allgemein, so dass das Ergebnis auf beliebige Balken quadratischen Querschnitts angewendet und in leicht abgewandelter Form auf Balken anderer Querschnitte übertragen werden kann.

Analyse

Der quadratische Vierkantbalken der Länge ℓ (gegeben) und Dicke t (variabel) ist an einem Ende fest eingespannt, während auf das andere Ende eine Kraft F drückt (Abb. 7.4). Die elastische Durchbiegung ist daher

$$\delta = 4\ell^3 F/Et^4, \tag{7.5}$$

wobei das Eigengewicht des Balkens nicht berücksichtigt ist. Die Masse ergibt sich zu

$$M = \ell t^2 \rho, \tag{7.6}$$

so dass

$$t = (M/\ell\rho)^{1/2}. \tag{7.7}$$

Ersetzen wir t in (7.5), so erhalten wir

$$\delta = 4\ell^3 F\ell^2 \rho^2/EM^2, \tag{7.8}$$

und die Masse schreibt sich als

$$M = (4\ell^5 F/\delta)^{1/2} \cdot (\rho^2/E)^{1/2}. \tag{7.9}$$

Die Masse wird demnach bei gegebenem F/δ minimal, wenn die Materialparameter in Form des Ausdrucks $(\rho^2/E)^{1/2}$) minimal werden.

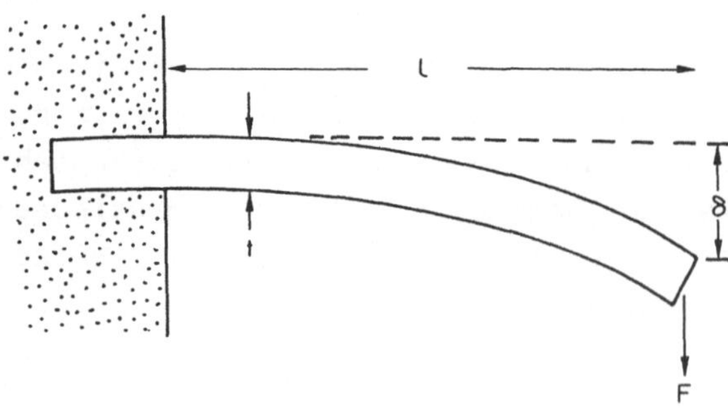

Abb. 7.4. Elastische Durchbiegung eines einseitig eingespannten Balkens.

Schlussfolgerung

Tabelle 7.2 gibt Werte für diesen Ausdruck an. Unter den preiswerten Werkstoffen ist Holz der beste - darum wird es auch (in beschränktem Masse) im Hausbau, für Sportgeräte (z.B. als Griff oder Schaft von Golfschlägern oder als Stab beim Stabhochsprung), aber auch im Flugzeugbau verwendet. Polyuräthanschaum taugt hier überhaupt nicht - die Kriterien sind eben von denen der ersten Fallstudie ziemlich verschieden. Das einzige Material, das Holz überlegen ist, ist KFK. Es würde die Balkenmasse entschieden reduzieren, nämlich um etwa die Hälfte (genau um 5.5/2.9). Deshalb wird KFK auch immer dann eingesetzt, wenn Gewichtsersparnis oberstes Kriterium ist. Aber wir werden gleich sehen, wie teuer es auch ist.

Tabelle 7.2

Daten für einen Balken gegebener Steifigkeit

Werkstoff	$(\rho/E)^{1/2} \times 10^3 / N^{1/2} m^{-3} s^2$	$\bar{\rho}$/£ $Tonne^{-1}$ (\$ $Tonne^{-1}$)	$\bar{\rho}(\rho^2/E)^{1/2} \times 10^3$/ £(\$)$N^{-1/2}\ m^{-2}$
Beton	12	130(290)	1.6(305)
Holz	5.5	196(431)	1.1(204)
Stahl	17	206(453)	3.5(7.7)
Aluminium	10	1060(2330)	11(24)
GFK	10	1500(3300)	15(33)
KFK	2.9	90'000(198'000)	261(574)
Aufgeschäumtes Polyurethan	13	500(1100)	6.5(14)

Warum sind Fahrräder nicht aus Holz? (Früher waren sie es sogar eine zeitlang). Der Grund ist einfach: Metalle, auch Polymere, können zu Rohren verarbeitet werden. Die Formel für die Durchbiegung von Rohren ist eine andere als die von Vollmaterial. Wenn wir bei unserer Optimierung auch die Querschnittsform des Balkens miteinbezogen hätten, wären wir auf das Rohr als günstigste Konstruktionsform gestossen.

Fallstudie 3: Materialauswahl zu Minimierung der Kosten eines Balkens mit vorgegebener Steifigkeit.

Einführung

Häufig sind die Kosten und gar nicht so sehr das Gewicht das Hauptkriterium beim Konstruieren. Wollen wir annehmen, dass der Balken aus der vorherigen Fallstudie nunmehr diesem Kriterium unterliegt. Würden wir dann immer noch zur selben Lösung kommen? Würden wir also Holz vorschlagen? Vor allem: wieviel teurer käme uns die KFK-Version zu stehen?

Analyse

Über den Tonnenpreis $\bar{p}$ eines Materials haben wir als erstes in diesem Buch gesprochen. Der Preis für den Balken ist mithin, grob geschätzt, sein Gewicht mal $\bar{p}$ (obwohl diese Schätzung die Bearbeitungskosten ausser acht lässt):

$$\text{Preis} = (4\ell^5 F/\delta)^{1/2}\bar{p}(\rho^2/E)^{1/2}. \qquad (7.10)$$

Der preiswerteste Balken ist also der mit dem geringsten Wert für $\bar{p}(\rho^2/E)^{1/2}$. Tabelle 7.2 führt auch diese Werte auf, wobei $\bar{p}$ aus Kapitel 2 übernommen ist.

Schlussfolgerung

Beton und Holz sind die billigsten Werkstoffe in diesem Fall. Stahl ist teurer, kann aber zu Profilen z.B. zu einem Doppel-T-Querschnitt, verarbeitet werden, die dann ein wesentlich günstigeres Verhältnis von Steifigkeit zu Gewicht aufweisen als das in unserer Fallstudie zugrundegelegte Vierkant-Vollmaterial. Dadurch wird der relativ teure Stahl preislich wieder konkurrenzfähig. Wie wir in Kapitel 1 gesehen haben, lassen sich z.B. im Brückenbau Stahl, Beton und Holz bis zu einem gewissen Grad gleichwertig verwenden. KFK kostet hingegen 200 mal mehr als Holz, weshalb denn auch KFK meist nur ganz speziellen Anwendungen im Flugzeugbau oder in der Sportgeräteherstellung vorbehalten bleibt. Die Kosten für KFK werden aber mit zunehmendem Marktanteil geringer. Wenn es sich erst einmal - aus Gründen der Gewichtsersparnis - im Automobilbau eingeführt hat (was mittlerweile durchaus in Erwägung gezogen wird), wird sein Preis soweit absinken, dass es mit den Metallen in vielen Anwendungsfällen konkurrieren kann.

C Fliessgrenze, Zugfestigkeit, Härte und Duktilität

8 Fliessgrenze, Zugfestigkeit, Härte, Duktilität

Einführung

Alle Festkörper haben eine Elastizitätsgrenze, oberhalb derer irgend etwas passiert. Ein vollkommen sprödes Material wird brechen, entweder schlagartig (wie Glas) oder nach und nach (wie Zement oder Beton). Die meisten Werkstoffe verhalten sich aber anders: sie verformen sich plastisch, d.h. ihre Formänderung ist bleibend. In diesem Kapitel interessiert uns, unter welchen Umständen und auf welche Weise sie sich plastisch verformen. Damit wissen wir einerseits, welche Kräfte ein Bauteil im Betrieb aufnehmen kann, ohne sich zu verformen; andererseits können wir angeben, welche Kräfte für die Formgebung von Bauteilen aufgebracht werden müssen, bzw. wie wir die Maschinen für die Formgebung z.B. Walzstrassen, Blechstanzen und Schmiedewerkzeuge richtig auslegen müssen. Wir untersuchen das Verformungsverhalten, indem wir z.B. in einer Zugprüfmaschine an sorgfältig gearbeiteten Materialproben ziehen oder sie in einer entsprechenden Mimik zusammendrücken (wir werden gleich näher darauf eingehen), wobei die Spannung, die zur Erzeugung einer bestimmten Dehnung nötig ist, gemessen und aufgezeichnet wird

Lineare und nichtlineare Elastizität; anelastisches Verhalten

Abbildung 8.1 zeigt die Spannungs-Dehnungskurve eines Materials mit rein elastischem Verhalten. Dieses Verhalten wird durch das Hooksche Gesetz beschrieben (Kapitel 3). Bei hinreichend kleinen Dehnungen, d.h. gewöhnlich unterhalb 0.1%, sind alle Festkörper linearelastisch.

Die Steigung der Spannungs-Dehnungskurve, die für Zug- und Druckbelastung gleich ist, entspricht dem Elastizitätsmodul E. Die schraffierte Fläche in Abbildung 8.1 ist die gespeicherte elastische Energie pro Volumeneinheit. Da der Festkörper elastisch ist, bekommen wir bei völliger Entlastung die gesamte Energie zurück. Der Festkörper verhält sich also wie eine ideale Feder.

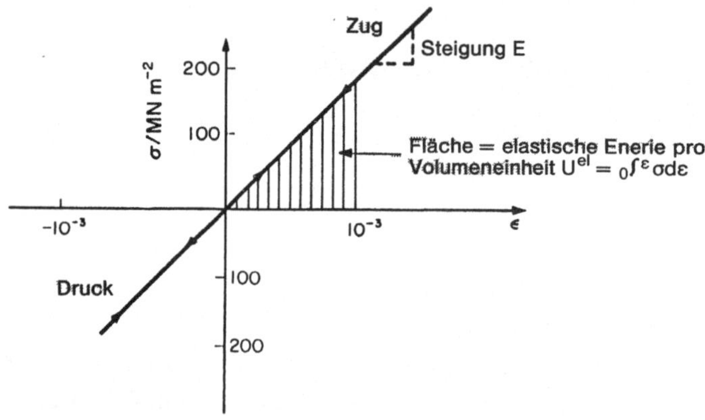

Abb. 8.1. Elastischer Bereich der Spannungs-Dehnungskurve eines linear-elastischen Festkörpers. Der Massstab der Achsen entspricht den Verhältnissen bei Stahl.

In Abbildung 8.2 sehen wir die Spannungs-Dehnungskurve eines nicht linearelastischen Festkörpers. Gummi z.B. verhält sich so, und zwar bis hin zu sehr grossen Dehnungen (500%). Bei Entlastung ist der Kurvenverlauf genau der gleiche; auch hier wird die gespeicherte Energie völlig zurückgewonnen. Darauf beruht die Wirkung von Katapulten.

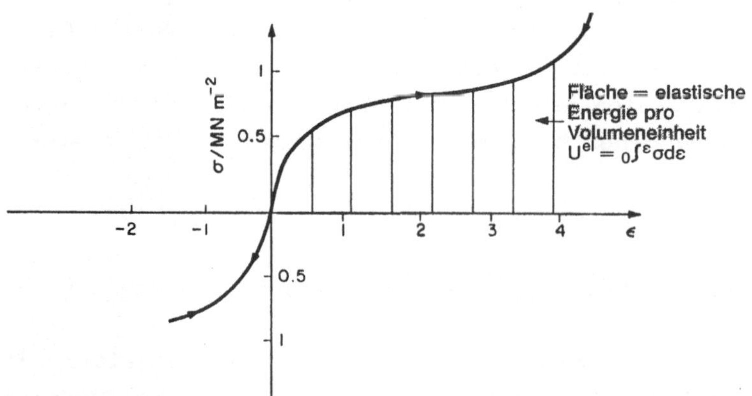

Abb. 8.2. Elastischer Bereich der Spannungs-Dehnungskurve eines nicht linear-elastischen Festkörpers. Der Massstab der Achsen entspricht den Verhältnissen bei Gummi.

Abbildung 8.3 schliesslich zeigt eine dritte Art elastischen Verhaltens, das sogenannte **anelastische Verhalten**. Zu einem gewissen Grad sind alle Festkörper anelastisch, sogar in Bereichen, in denen sie eigentlich als elastisch gelten. **Anelastizität bedeutet, dass die Verformungskurven bei Be- und Entlastung nicht zusammenfallen, dass** also Energie entsprechend der schraffierten Fläche in Abbildung 8.3 **dissipiert**.

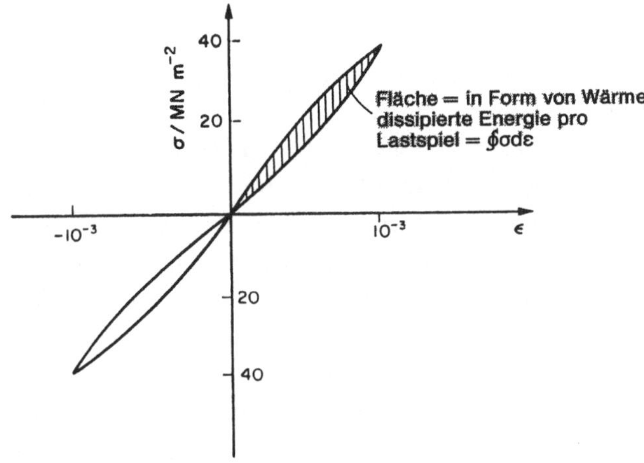

Abb. 8.3. **Elastischer Bereich der Spannungs-Dehnungskurve eines anelastischen Festkörpers.** Der Massstab der Achsen entspricht den Verhältnissen bei Fiberglas.

Manchmal ist anelastisches Verhalten geradezu gewünscht z.B. zur **Dämpfung von Vibrationen.** Für diese Aufgabe eignen sich vor allem **Polymere und raumtemperaturweiche Metalle (wie Blei)**; sie weisen eine **grosse Dämpfungskapazität auf (hohe anelastische Verluste)**. Aber sehr oft auch ist diese Dämpfungswirkung unvorteilhaft: Federn und Glocken z.B. werden aus Stoffen hergestellt, die eine möglichst geringe Dämpfungskapazität haben (Federstahl, Bronze, Glas).

Kraft-Verlängerungskurven bei nicht elastischem (plastischem) Verhalten

Das reversible (oder nahezu reversible) Verhalten von Gummi bis hin zu sehr grossen Dehnungen ist eher eine Ausnahme. Wir stellten bereits fest, dass sich fast alle Stoffe oberhalb einer Dehnung von etwa 0.1% irgendwie irreversibel verhalten. Die meisten Werkstoffe verformen sich plastisch, so dass ihre Gestalt bleibend verändert wird. Wenn wir z.B. ein Stück duktiles Metall wie Kupfer unter Zugbelastung beanspruchen, erhalten wir die in Abbildung 8.4 dargestellte Beziehung zwischen Last und Verlängerung. Wir können den Versuch auch an einer Probe aus Knetmaterial (ein duktiles nicht metallisches Material) durchführen. Anfangs verformt sich das Knetmaterial elastisch, aber bereits nach kleinen Dehnungen beginnt die Verformung plastisch zu werden; wenn man die Probe jetzt entlasten würde, wäre sie länger als zu Versuchsbeginn. Bei weiterer Zugbelastung verlängert sie sich immer mehr, wobei gleichzeitig der Probenquerschnitt erkennbar abnimmt. Solange die Materie bei plastischer Verformung nur örtlich umverteilt wird, kann man davon ausgehen, dass das Volumen der Probe konstant bleibt. Ab einer bestimmten Verformung wird das Knetmaterial aber instabil d.h. es kommt an irgend einer Stelle zur Einschnürung. Im Kraft-Verlängerungsdiagramm (Abb. 8.4) entspricht dieser Vorgang dem Scheitelpunkt der Kurve, also der höchsten aufzuwendenden Kraft. Auf die Einschnürung als Folge instabilen Verformungsverhaltens werden wir in Kapitel 11 noch näher eingehen. Die Einschnürung verstärkt sich nun sehr schnell, d.h. der abnehmende Probenquerschnitt kann immer weniger Kraft tragen, bis die Probe schliesslich bricht. Die beiden Probenhälften haben nach dem Bruch zusammen eine etwas geringere Länge als die Probe unmittelbar vor dem Bruch hatte, und zwar gerade um soviel geringer, wie die zuletzt angelegte Last an elastischer Verformung bewirkt.

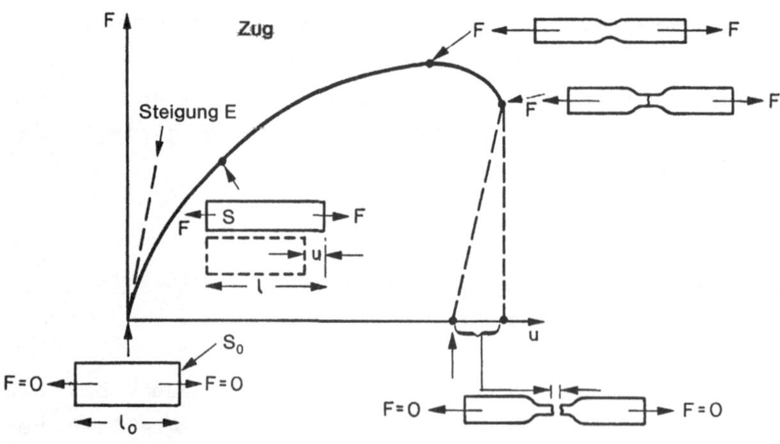

Abb. 8.4. Last-Verlängerungsdiagramm einer duktilen metallischen Zugprobe (z.B. weichgeglühtes Kupfer).

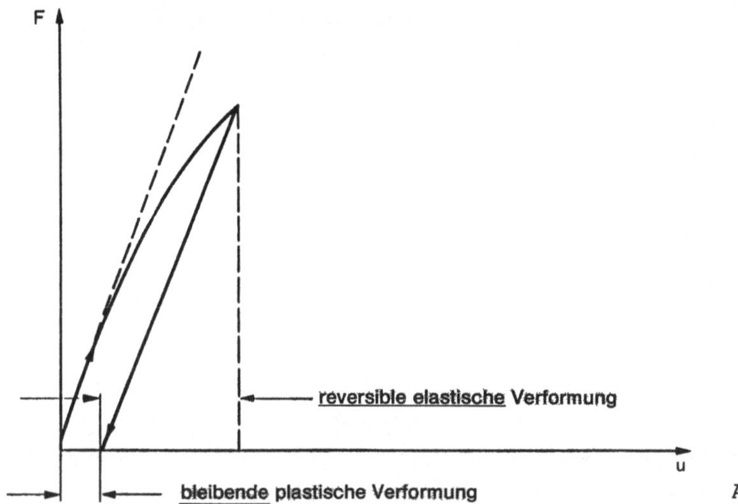

Abb. 8.5.

Belasten wir ein Material im Druckversuch, so ist die Kraft-Verlängerungskurve bei kleinen Dehnungen spiegelsymmetrisch zur Zugversuchskurve; bei grösseren Dehnungen verläuft sie jedoch anders, was darauf zurückzuführen ist, dass die Probe sich unter Druckbelastung verkürzt und daher aus Gründen der Volumenkonstanz dicker werden muss. Die zur Verformung aufzuwendende Kraft nimmt also ständig zu (Abb. 8.6). Instabiles Verhalten in Form von Einschnürung tritt nicht auf, so dass die Probe eigentlich unendlich zusammengequetscht werden könnte. Bei sehr hohen Verformungsgraden kann die Probe allerdings auseinanderbrechen. Irgendwann würden ja aber auch die Druckplatten nachgeben, zwischen die die Probe eingespannt ist.

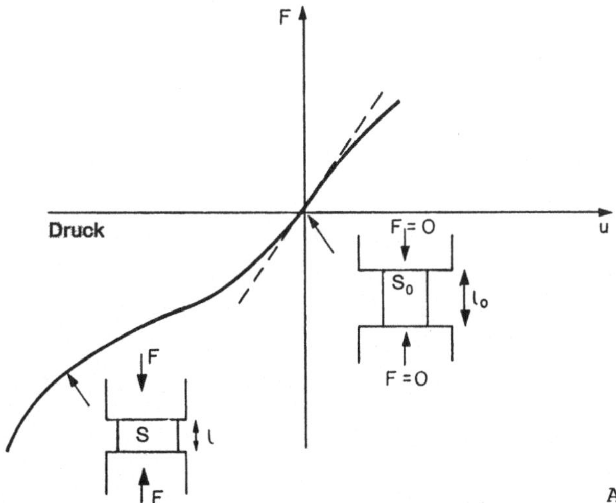

Abb. 8.6.

Woher kommen solche Unterschiede im Verformungsverhalten? Schliesslich haben wir es bei Zug und Druck mit dem gleichen Material zu tun.

Wahre Spannung und wahre Dehnung bei plastischer Verformung

Der Unterschied in den beiden Verformungskurven für Zug und Druck ist einzig und allein auf die Probengeometrie bei der Verformung zurückzuführen. Wenn wir anstelle der Last die auf den während der Verformung jeweils aktuellen Probenquerschnitt S bezogene Last im Diagramm aufgetragen hätten, wären sich die beiden Kurven wesentlich ähnlicher. Mit anderen Worten, wir müssten einfach **die wahre Spannung** (die wir in Kapitel 3 bereits kennengelernt haben) **als Ordinate auftragen** (Abb. 8.7). Dadurch würde die Abnahme des Probenquerschnitts bei Zugverformung bzw. deren Zunahme im Falle von Druckverformung kompensiert.

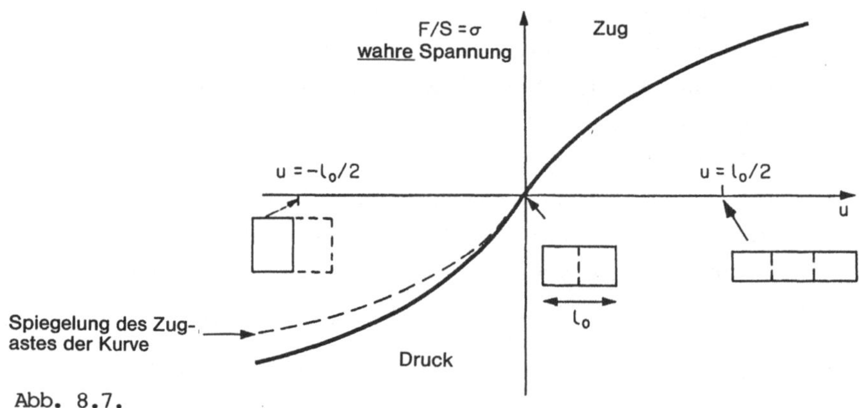

Abb. 8.7.

Aber die beiden Kurven entsprechen sich immer noch nicht vollkommen, wie man in Abbildung 8.7 sehen kann. Bei gleichgrosser Längenänderung der Probe von z.B. $u_0 = \ell_0/2$, ergeben sich nämlich für Zug und Druck unterschiedliche Dehnungen; d.h. konkret, dass die Zugprobe nach der Verformung eine Länge von 1.5 ℓ_0, die Druckprobe hingegen eine Länge von 0.5 ℓ_0 hat. Die Druckprobe hat also eine wesentlich grössere Dehnung erfahren als die Zugprobe, so dass man eigentlich nicht vom gleichen Verformungszustand ausgehen kann. Die beiden Zustände sind nur für kleine Inkremente von ε

$$\delta\varepsilon = \delta u/\ell = \delta\ell/\ell \qquad (8.1)$$

vergleichbar (Abb. 8.8). Oder anschaulicher ausgedrückt: wenn wir eine Probe von 100 mm Länge jeweils in Zug oder Druck um nur 1 mm verformen, dann können wir so tun, als ob die Verformung in beiden Fällen 1% betrage, wir nehmen also an, dass der Unterschied der beiden Verformungszustände vernachlässigbar ist. Streng genommen ist das natürlich nicht zulässig. Mathematisch drücken wir eine solche Näherung gewöhnlich aus, indem wir die Aussage auf das Intervall

$$d\varepsilon = d\ell/\ell \tag{8.2}$$

beschränken. Wenn man die Spannung im Druck- bzw. Zugversuch nun gegen

$$\varepsilon = \int_{\ell_0}^{\ell} d\ell/\ell = \ln(\ell/\ell_0) \tag{8.3}$$

aufträgt, sind die beiden Kurven schliesslich exakt spiegelsymmetrisch zum Ursprung (Abb. 8.9). Die Grösse ε heisst sinngemäss wahre Dehnung (im Gegensatz zur technischen Dehnung u/ℓ_0, die wir in Kapitel 3 definiert haben), und die zugehörige Spannungs-Dehnungskurve demnach wahre Spannungs-Dehnungskurve (σ/ε). Es bleibt noch ein Punkt zu klären: Wir können zwar ε leicht von dem Last-Verlängerungsdiagramm bzw. vom Last-Stauchungsdiagramm berechnen, wenn wir nur ℓ_0 kennen und den natürlichen Logarithmus anwenden. Wie aber lässt sich σ bestimmen? Unter der Annahme, dass während plastischer Verformung das Probenvolumen erhalten bleibt, können wir bei jeder Dehnung schreiben

$$S_0\ell_0 = S\ell,$$

wobei vorausgesetzt werden muss, dass der Betrag an plastischer Verformung deutlich grösser ist als der elastische Verformungsbeitrag (gewöhnlich ist das der Fall, aber die Einschränkung sollte hier erwähnt werden, da im elastischen Verformungsfall Volumenkonstanz nur gegeben ist, wenn die Poissonzahl 0.5 beträgt; für die meisten Stoffe liegt sie aber, wie schon in Kapitel 3 ausgeführt, in der Nähe von 0.33). Wir können also tatsächlich schreiben

$$S = S_0\ell_0/\ell \tag{8.4}$$

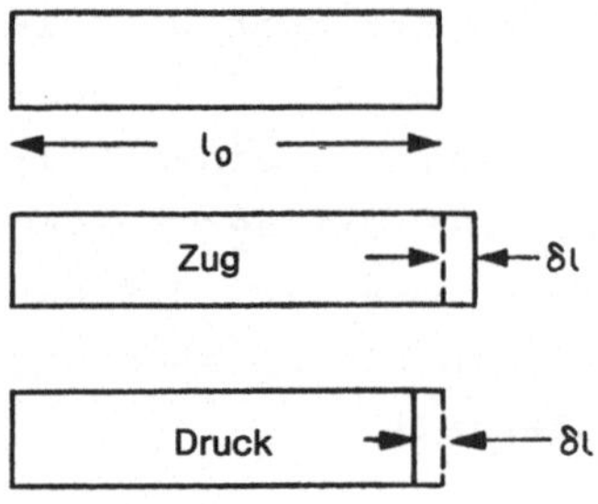

Abb. 8.8.

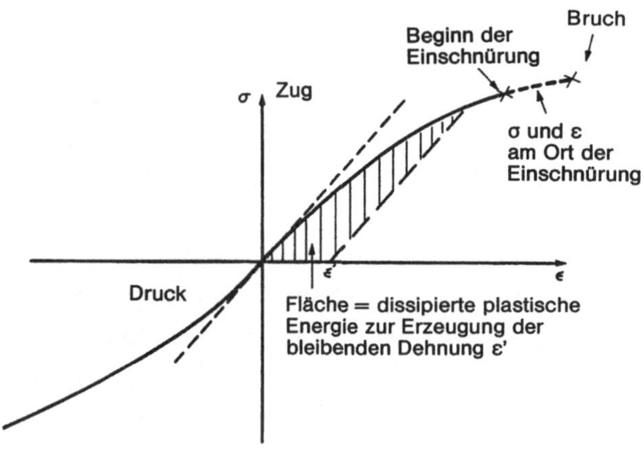

Abb. 8.9.

und schliesslich

$$\sigma = F/S = F\ell/S_0\ell_0 . \qquad (8.5)$$

Diese Grössen sind alle bekannt bzw. messbar.

Energieaufwand bei plastischer Verformung

Wenn Metalle gewalzt, geschmiedet oder zu Draht gezogen werden, oder wenn Polymere im Spritzgussverfahren hergestellt bzw. gepresst oder gezogen werden, wird Energie verbraucht. Diese Arbeit, die zur bleibenden Formänderung aufgewendet wird, heisst plastische Verformungsarbeit. Ihr Betrag pro Volumeneinheit erscheint als schraffierte Fläche in Abbildung 8.9. Diese kann (sofern die Spannungs-Dehnungskurve bekannt ist) für jeden Dehnungsbetrag ε' bestimmt werden. Die Angaben über die plastische Verformungsarbeit sind wichtig für den Formgebungsprozess bei Metallen und Polymeren, da sie die Kräfte für die Auslegung von Rollen, Pressen oder Fliesspressformen festlegen.

Das plastische Verhalten eines Materials wird meist im Zugversuch untersucht. Zugprüfeinrichtungen sind heute in jedem technischen Prüflabor Standard. Man nimmt damit normalerweise eine Last-Verlängerungskurve (F/u) auf, die dann in eine Spannungs-Dehnungskurve σ_n/ε_n (Abb. 8.10) übergeführt wird. Dabei ist

$$\sigma_n = F/S_0 \tag{8.6}$$

und

$$\varepsilon_n = u/\ell_0 \tag{8.7}$$

(siehe oben bzw. in Kapitel 3). Da A_0 und ℓ_0 konstant sind, ist die Kurve qualitativ mit derjenigen in Abbildung 8.4 identisch. Immerhin macht es die σ_n/ε_n-Auftragung möglich, Proben unterschiedlicher Messlänge und Prüfquerschnitte miteinander zu vergleichen. Zweifellos liegt der Vorteil einer technischen (im Gegensatz zu einer wahren) Spannungs-Dehnungskurve darin, dass der Beginn der Einschnürung deutlich hervorgehoben wird.

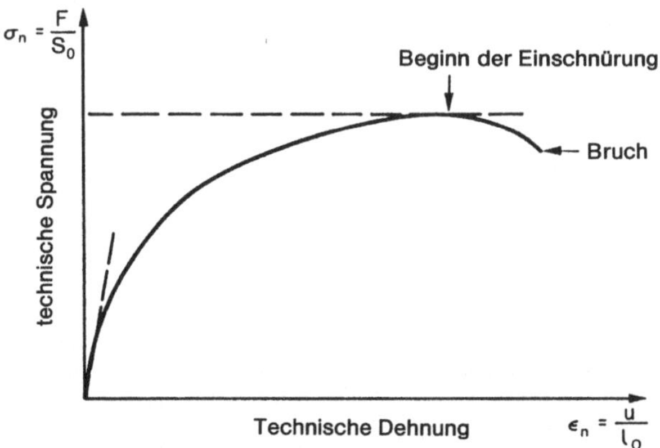

Abb. 8.10.

Wir sollten jetzt noch die Grössen definieren, die normalerweise als Ergebnis eines Zugversuchs vorliegen. Am einfachsten markiert man diese Grössen direkt auf der σ_n/ε_n-Kurve selbst (Abb. 8.11). Es sind folgende:

R_p Fliessgrenze (F/S_0 bei Beginn plastischer Verformung)

$R_{p0.1}$ 0.1%-Dehngrenze (F/S_0 bei einer bleibenden Verformung von 0.1%); oft wird auch die 0.2%-Dehngrenze angegeben. Der Begriff der 0.1%- oder 0.2%-Dehngrenze wird immer dann verwendet, wenn sich das Material allmählich plastisch verformt, ohne dass eine ausgeprägte Fliessgrenze auftritt.

R_m Zugfestigkeit (F/S_0 bei Beginn der Einschnürung)

A (plastische) Bruchdehnung. Die Probenhälften werden nach dem Bruch aneinandergehalten und ausgemessen; A berechnet sich aus $(\ell-\ell_0)/\ell_0$, wobei ℓ die Messlänge über die Bruchstelle hinweg darstellt.

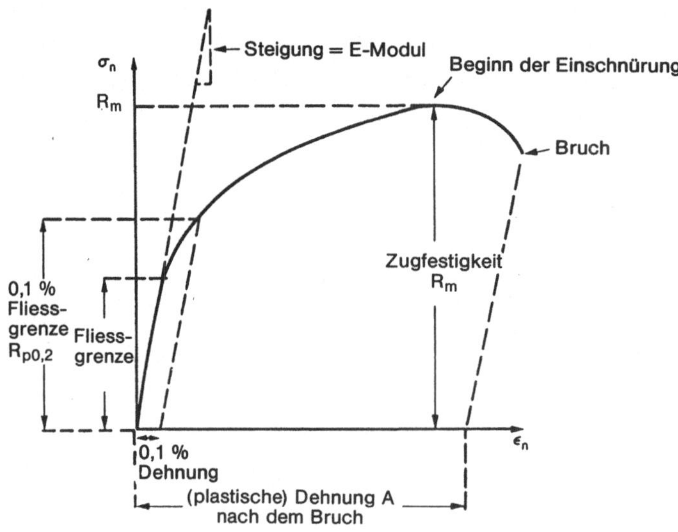

Abb. 8.11.

Einige Daten zur Plastizität der Werkstoffe

In Tabelle 8.1 sind Daten für die Fliessgrenze, Zugfestigkeit und Bruchdehnung für zahlreiche Werkstoffe aufgeführt. Abbildung 8.12 gibt zusätzlich einen Vergleich der Fliessgrenze innerhalb der einzelnen Werkstoffgruppen und deren relative Lage zueinander. Wie schon der E-Modul überstreicht die Fliessgrenze einen Bereich von etwa 10^6, angefangen bei Polystyren-Schaum mit 0.1 MN/m^2 bis hin zu Diamant mit fast 10^5 MN/m^2.

Die meisten keramischen Werkstoffe weisen sehr hohe Fliessgrenzen auf. Bei Raumtemperatur brechen sie jedoch fast alle unter Zugbelastung noch bevor sie die Fliessgrenze erreicht haben: ihre Bruchzähigkeit ist ausgesprochen gering (worauf wir später noch zurückkommen). Folglich kann man die Fliessgrenze keramischer Werkstoffe nicht im Zugversuch bestimmen, sondern muss ein Prüfverfahren anwenden, das Bruch weitgehend vermeidet: z.B. den Druckversuch. Am einfachsten macht man eine Härtemessung. Die oben aufgeführten Daten stammen alle aus Härtemessungen.

Tabelle 8.1

Fliessgrenze R_p, Zugfestigkeit R_m, Bruchdehnung A

Werkstoff	R_p/MNm^{-2}	R_m/MNm^{-2}	A
Diamant	50'000	-	0
Siliziumkarbid, SiC	10'000	-	0
Siliziumnitrid, Si_3N_4	8000	-	0
Quarzglas, SiO_2	7200	-	0
Wolframkarbid, WC	6000	-	0
Niobkarbid, NbC	6000	-	0
Aluminiumoxid, Al_2O_3	5000	-	0
Berylliumoxid, BeO	4000	-	0
Mullit	4000	-	0
Titankarbid, TiC	4000	-	0
Zirkonkarbid, ZrC	4000	-	0
Tantalkarbid, TaC	4000	-	0
Zirkonoxid, ZrO	4000	-	0
Fensterglas	3600	-	0
Magnesiumoxid, MgO	3000	-	0
Kobalt und Legierungen	180-2000	500-2500	0.01-6
Niedriglegierter Stahl (abgeschreckt in H_2O und angelassen)	500-1980	680-2400	0.02-0.3
Druckbehälterstahl	1500-1900	1500-2000	0.3-06
Rostfreier Stahl, austenitisch	286-500	760-1280	0.45-0.65
Bor/Epoxyd-Verbundwerkstoffe (Zug-Druck)	-	725-1730	-
Nickellegierungen	200-1600	400-2000	0.01-0.6
Nickel	70	400	0.65
Wolfram	1000	1510	0.01-0.6
Molybdän und Legierungen	560-1450	665-1650	0.01-0.36
Titan und Legierungen	180-1320	300-1400	0.06-0.3
Kohlenstoffstahl (abgeschreckt in H_2O, angelassen)	260-1300	500-1880	0.2-0.3
Tantal und Legierungen	330-1090	400-1100	0.01-0.4
Gusseisen	220-1030	400-1200	0-0.18
Kupferlegierungen	60-960	250-1000	0.01-0.55
Kupfer	60	400	0.55
Kobalt/Wolframkarbid cermets	400-900	900	0.02
KFK (Zug und Druck)	-	670-640	-

Tabelle 8.1 (Fortsetzung)

Werkstoff	R_p/MNm^{-2}	R_m/MNm^{-2}	A
Messing und Bronze	70-640	230-890	0.01-0.7
Aluminiumlegierungen	100-627	300-700	0.05-0.3
Aluminium	40	200	0.5
Rostfreier Stahl, ferritisch	240-400	500-800	0.15-0.25
Zinklegierungen	160-421	200-500	0.1-1.0
Beton, stahlarmiert (Zug oder Druck)	-	410	0.02
Alkalihalogenide	200-350	-	0
Zirkon und Legierungen	100-365	240-440	0.24-0.37
Baustahl	220	430	0.18-0.25
Eisen	50	200	0.3
Magnesiumlegierungen	80-300	125-380	0.06-0.20
GFK	-	100-300	-
Beryllium und Legierungen	34-276	380-620	0.02-0.10
Gold	40	220	0.5
PMMA	60-110	110	-
Epoxydharze	30-100	30-120	-
Polyimide	52-90	-	-
Nylon	49-87	100	-
Eis	85	-	0
Duktile Reinmetalle	20-80	200-400	0.5-1.5
Polystyren	34-70	40-70	-
Silber	55	300	0.6
ABS/Polykarbonat	55	60	-
Holz (Druck ∥ zur Faser)	-	35-55	-
Blei und Legierungen	11-55	14	0.2-0.8
Acryl/PVC	45-48	-	-
Zinn und Legierungen	7-45	14-60	0.3-0.7
Polypropylen	19-36	33-36	-
Polyuräthan	26-31	58	-
Polyäthylen, Hochdruck	20-30	37	-
Beton, nicht-armiert (Druck)	20-30	-	0
Naturkautschuk	-	30	5.0
Polyäthylen, Niederdruck	6-20	20	-
Holz (Druck, ⊥ zur Faser)	-	4-10	-
Hochreine kfz-Metalle	1-10	200-400	1-2
Aufgeschäumte Kunststoffe, steif	0.2-10	0.2-10	0.1-1
Aufgeschäumtes Polyuräthan	1	1	0.1-1

Reine Metalle sind weich und hochduktil. Sie waren daher jahrhundertelang sehr attraktiv, wenn es darum ging, Schmuckgegenstände und Waffen, später auch Gebrauchsgegenstände und Bauteile herzustellen. **Reinmetalle können leicht geformt werden;** dazu kommt, dass sie infolge ihrer Neigung zu Verfestigung durch die Formgebung oft bedeutend fester werden. Durch geeignete Legierungsmassnahmen kann ihre Festigkeit noch weiter gesteigert werden, so dass schliesslich ihre Fliessgrenze an die der keramischen Werkstoffe herankommt.

Polymere haben im allgemeinen geringere Fliessgrenzen als Metalle. Die härtesten (und die werden auch nur in kleinen Mengen hergestellt und sind sehr teuer) **erreichen gerade die Festigkeit von Aluminium.** Jedoch kann man ihre Festigkeit erhöhen, indem man Verbundwerkstoffe aus ihnen macht: Die Festigkeit von GFK, z.B., liegt nur geringfügig unter der von Aluminium; KFK ist sogar deutlich fester.

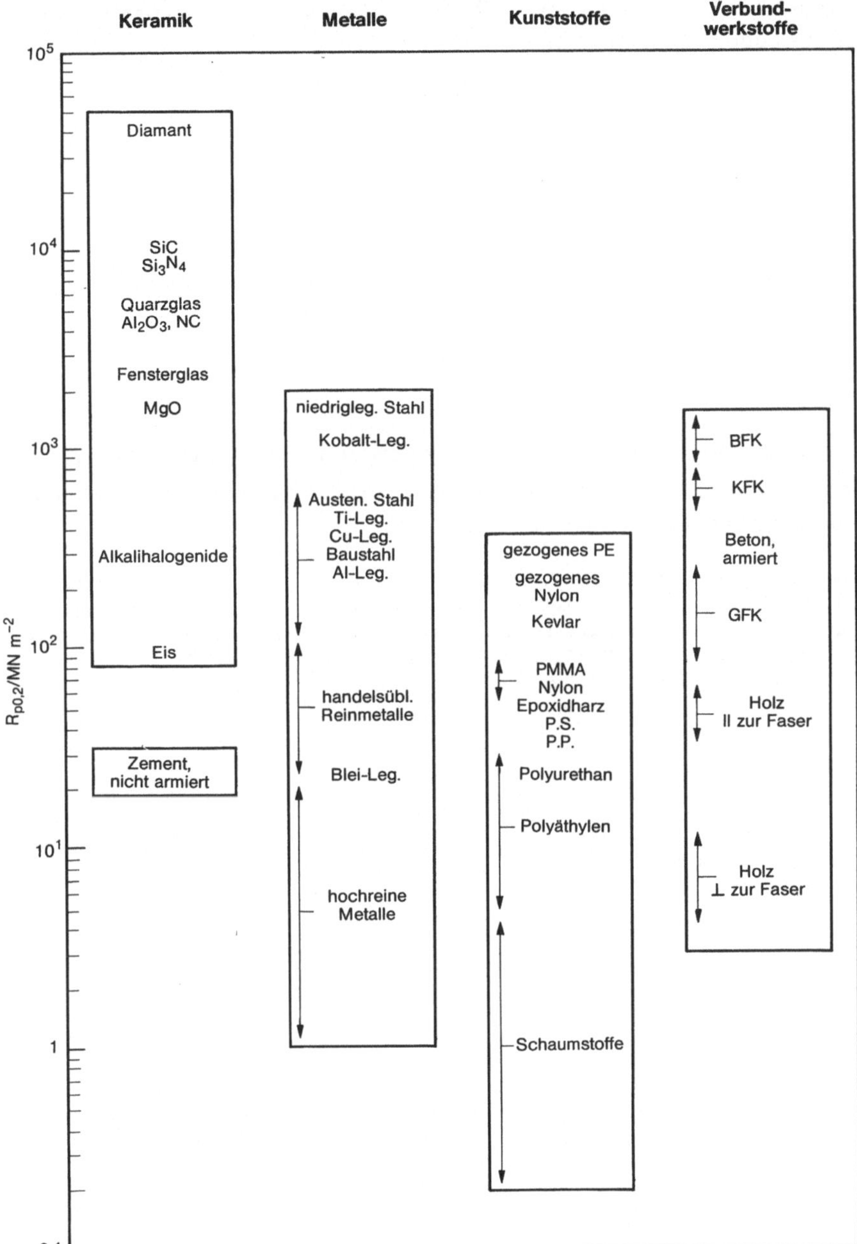

Abb. 8.12. Die Fliessgrenze R_p nach Werkstoffgruppen.

Die Härteprüfung

Bei der Härteprüfung wird eine Diamantpyramide oder eine gehärtete Stahlkugel von einem Gewicht in die Oberfläche des zu untersuchenden

Materials gedrückt. Je tiefer der Messkörper in das Material eindringt, um so weicher ist es, und um so kleiner ist die Fliessgrenze. Die wahre Härte H ist definiert als die Last F dividiert durch die Projektionsfläche S des Eindringkörpers. (Die Vickerhärte H_V ist konventionsgemäss definiert als F dividiert durch die Oberfläche des Eindringkörpers. H lässt sich leicht in H_V umrechnen.)

Bei vielen Stoffen lässt sich die Fliessgrenze mit der Härte durch die Beziehung

$$H = 3\ R_p \tag{8.8}$$

korrelieren (die genaue Ableitung besprechen wir in Kapitel 11), jedoch ist für Stoffe, die sich aussergewöhnlich stark verfestigen, noch ein Anpassungsfaktor erforderlich.

Anmerkung des Übersetzers: Im allgemeinen ist im Schrifttum die Härte nicht mit der Fliessgrenze, sondern mit der Zugfestigkeit korreliert. Innerhalb einer Klasse ähnlich aufgebauter Werkstoffe verhält sich diese Beziehung über einen grossen Härtebereich linear. Dabei wird die Zugfestigkeit R_m gewöhnlich in MN/m^2 angegeben, die Vickershärte H_V hat die Einheit kp/mm^2. In diesen Einheiten findet man dann z. B. für Baustähle $R_m = 3.3\ H_V$.

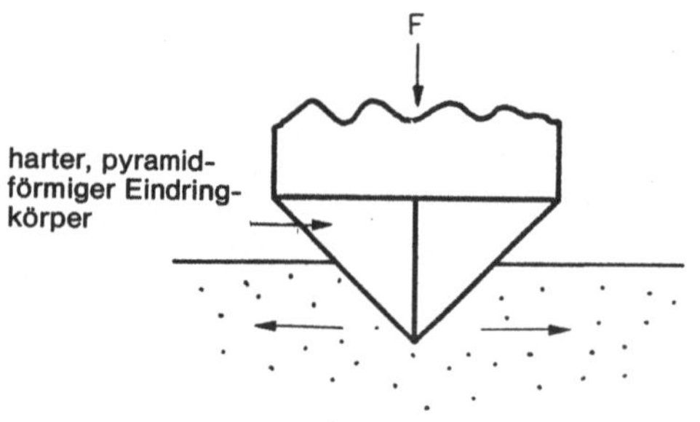

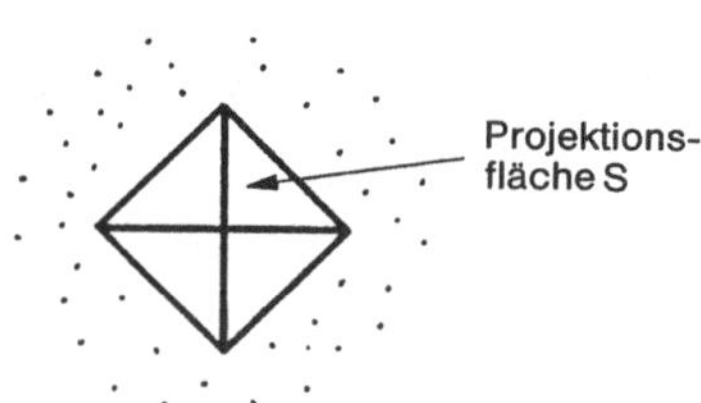

H = F/S

Abb. 8.13. Der Härteversuch.

Der Härteversuch erweist sich also nicht nur als brauchbare Methode zur Bestimmung der Fliessgrenze von spröden Werkstoffen, sondern stellt auch ein einfaches und billiges Mittel der nahezu zerstörungsfreien Fliessgrenzenbestimmung in beliebigen Stoffen dar. Man spart sich einerseits die oft kostspielige Herstellung von Zugproben, andererseits ist der Eindringkörper so klein, dass er das Prüfmaterial nur geringfügig beschädigt. Der Härteversuch kann als Standardtestverfahren angewendet werden, um etwa vor Ort ein Bauteil zerstörungsfrei auf seine Spezifikation hin zu untersuchen.

Überblick über die in diesem Kapitel verwendeten Begriffe und Beziehungen

σ_n, technische Spannung $\qquad \sigma_n = F/S_0 \qquad (8.9)$

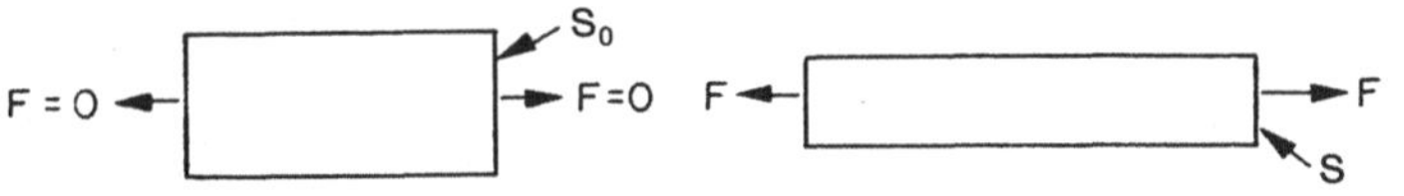

F = 0 ← S_0 → F = 0 F ← → F S

Abb. 8.14.

σ, wahre Spannung $\qquad \sigma = F/S \qquad (8.10)$

ε_n, technische Dehnung $\qquad \varepsilon_n = U/\ell_0$ oder $(\ell-\ell_0)/\ell_0$

oder $\ell/\ell_0 - 1 \qquad (8.11)$

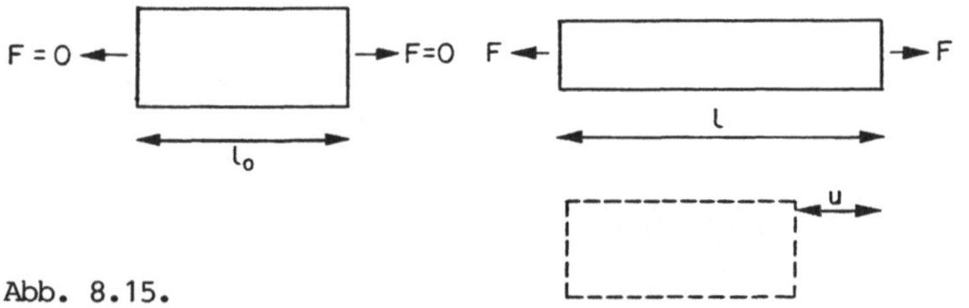

F = 0 ← → F = 0 F ← → F l_0 l u

Abb. 8.15.

Beziehungen zwischen σ_n, σ und ε_n, wobei Volumenkonstanz vorausgesetzt wird (gültig, wenn $\nu = 0.5$ oder, falls nicht, wenn plastische Verformung >> elastische Verformung):

$$S_0\ell_0 = S\ell; \quad S_0 = S\ell/\ell_0 = S(1+\varepsilon_n), \qquad (8.12)$$

so dass

$$\sigma = F/S = F(1+\varepsilon_n)/S_0 = \sigma_n(1+\varepsilon_n). \qquad (8.13)$$

ε, wahre Dehnung, mit

$$\varepsilon = \int_{\ell_0}^{\ell} d\ell/\ell = \ln(\ell/\ell_0), \qquad (8.14)$$

so dass

$$\varepsilon = \ln(1+\varepsilon_n). \qquad (8.15)$$

Bei kleinen Dehnungen gilt:

$$\varepsilon \sim \varepsilon_n, \text{ da } \varepsilon = \ln(1+\varepsilon_n) \qquad (8.16)$$

$$\sigma \sim \sigma_n, \text{ da } \sigma = \sigma_n(1+\varepsilon_n). \qquad (8.17)$$

Folglich ist im Fall elastischer Verformung (ausser bei Gummi) die Unterscheidung zwischen ε und ε_n, bzw. zwischen σ und σ_n, gewöhnlich nicht erforderlich.

Energie

Der Energieverbrauch pro Volumeneinheit bei der Verformung eines Stoffes ergibt sich aus der Fläche unter der Spannungs-Dehnungskurve:

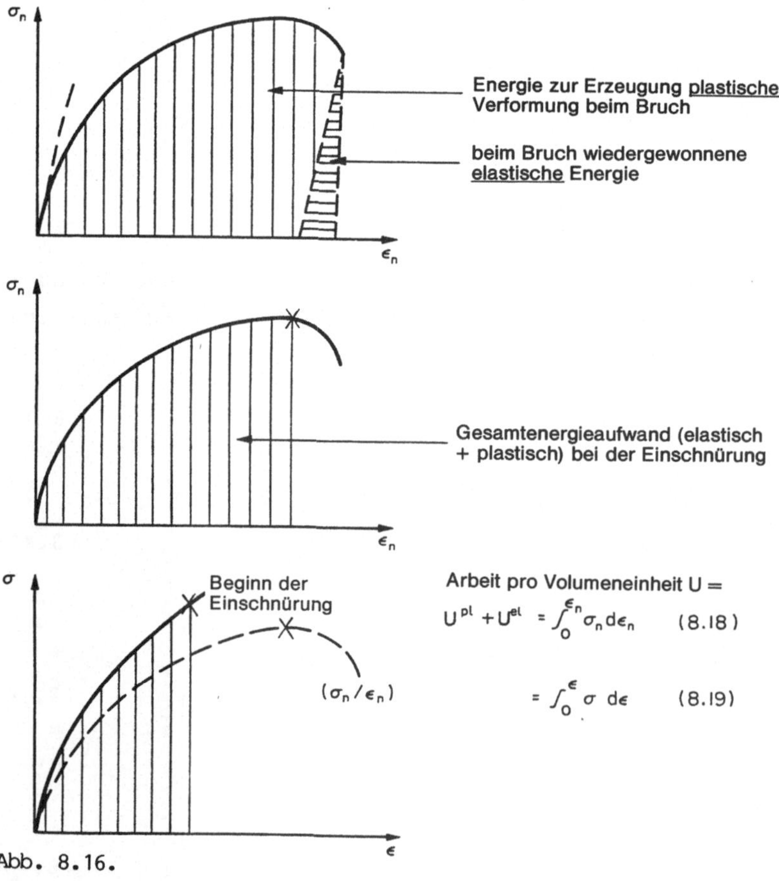

Abb. 8.16.

Für linear-elastische Dehnung gilt

$\sigma_n/\varepsilon_n = E$ und

$$U^{el} = \int \sigma_n d\varepsilon_n = \int \sigma_n/\cdot d\sigma_n = \sigma_n^2/2E \tag{8.20}$$

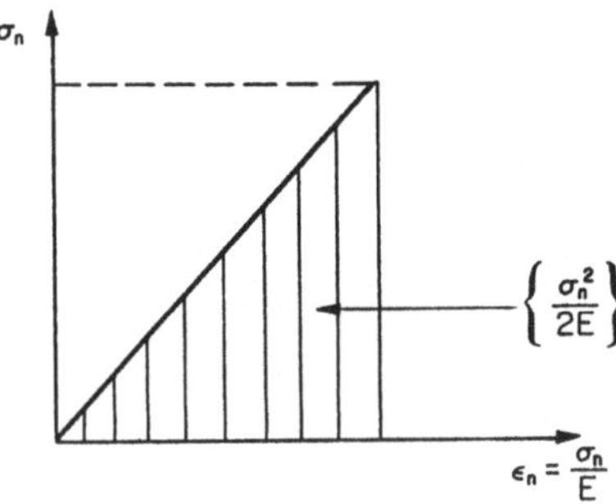

Abb. 8.17.

Elastizitätsgrenze

Im Zugversuch wird die Probe mit zunehmender Last zunächst elastisch, d.h. reversibel gedehnt. Oberhalb einer Spannungsgrenze - der Elastizitätsgrenze - wird ein Teil der Dehnung bleibend; d.h. plastisch.

Fliessen

Der Übergang von elastischer zu messbar plastischer Verformung.

Fliessgrenze

Die technische Spannung zu Beginn des Fliessens. In vielen Fällen tritt dieser Punkt auf der Kurve nicht deutlich hervor, so dass es sinnvoller ist, eine Dehngrenze zu definieren.

Dehngrenze

Die Spannung, die eine spezifizierte bleibende Dehnung hervorruft. Üblicherweise wird die 0.1%- oder 0.2%-Dehngrenze verwendet.

Verfestigung

Der zunehmende Spannungsbedarf bei plastischer Verformung. Jedes Dehnungsinkrement verfestigt das Material und bedingt somit für weitere Dehnungsbeträge höhere Spannungen.

R_m, Zugfestigkeit (früher σ_B)

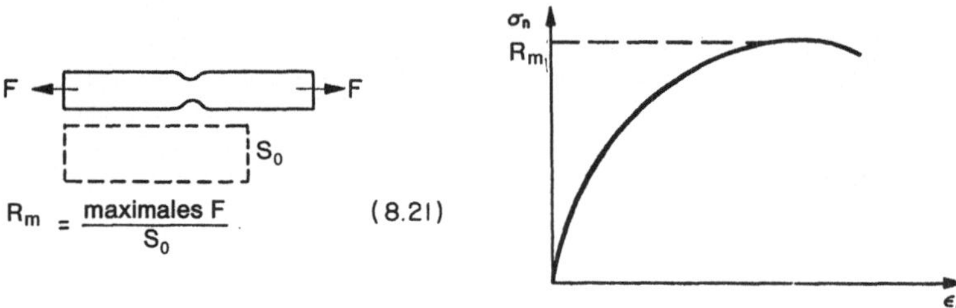

Abb. 8.18.

A, Bruchdehnung

Die bleibende Probenverlängerung (wie sie beim Ausmessen der aneinandergehaltenen Probenbruchstücke bestimmt wird), ausgedrückt in Prozent der ursprünglichen Probenmesslänge.

Brucheinschnürung

Die grösste Querschnittsverminderung bei Bruch in Prozent der ursprünglichen Querschnittsfläche.

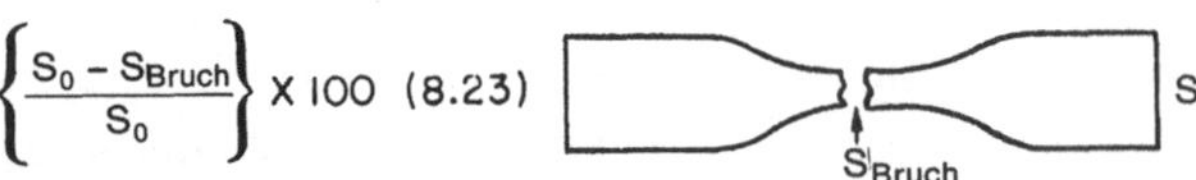

Abb. 8.19.

Bruchdehnung und Brucheinschnürung sind Duktilitätsangaben, d.h. sie geben die Fähigkeit des Materials an, grosse plastische Dehnungen aufzunehmen.

9 Versetzung und Plastizität

Einführung

Im letzten Kapitel haben wir uns mit Kenngrössen der Plastizität beschäftigt und dabei Masswerte für zahlreiche Stoffe diskutiert. Hätten wir die Daten auch nach dem, was wir bereits über Festkörperstruktur und Steifigkeit der Atombindungen wissen, - wenigstens ungefähr - abschätzen können? Eine einfache Berechnung der Fliessgrenze, die wir gleich durchführen werden, zeigt, dass wir Plastizitätskenngrössen auf der Basis von Grössen der Elastizität entschieden zu hoch einschätzen würden. Das liegt daran, dass Kristalle "Baufehler" enthalten, Versetzungen, die sich unter dem Einfluss der wirkenden Kraft leicht fortbewegen lassen. Ihre Bewegung bedeutet, dass der Kristall sich verformt: die Spannung, um sie in Bewegung zu setzen, entspricht der Fliesspannung. Versetzungen sind die Träger der plastischen Verformung, ähnlich wie man sich Elektronen als elektrische Ladungsträger vorzustellen hat.

Festigkeit eines fehlerfreien Kristalls

Wie wir schon in Kapitel 6 (E-Modul) gesehen haben, ist in der Auftragung der interatomaren Wechselwirkungskraft gegen den Atomabstand die Steigung der Kurve proportional zum E-Modul. Die Wechselwirkungskräfte werden jedoch vernachlässigbar klein, wenn der Atomabstand grösser als $2r_0$ wird. Das Maximum der Kraft liegt typischerweise bei einem Abstand von $1.25\ r_0$. Wenn die angelegte Spannung grösser ist als diese Maximalkraft (pro Bindung), so wird man mit grosser Wahrscheinlichkeit Bruch erwarten.

Berechnen wir also diese Spannung, die oft auch als theoretische Spannung $\tilde{\sigma}$ bezeichnet wird; höheren Spannungen als dieser kann ein Material nicht widerstehen. Aus Abbildung 9.1 erhalten wir

$$\sigma = E\varepsilon$$

$$2\tilde{\sigma} \approx 0.25 \cdot E\, r_0/r_0 \sim E/4$$

$$\tilde{\sigma} \sim E/8. \tag{9.1}$$

Rechnungen, die sich auf die genauen Potentiale zwischen den Atomen beziehen (Kapitel 4), ergeben Werte um E/15.

Wir wollen nun sehen, ob die verschiedenen Stoffe wirklich diese Festigkeit aufweisen. In Abbildung 9.2 sind R_p/E-Werte für einige Stoffe aufgeführt. Die gestrichelte Linie am oberen Rand des Diagramms steht für $\sigma/E = 1/15$. Gläser und einige wenige keramische Werkstoffe rangieren ganz in der Nähe dieser Linie - sie zeigen also theoretische Festigkeit. Fester können wir sie nicht machen. Erstaunlicherweise liegen auch die meisten Polymere in der Nähe der gestrichelten Linie, obwohl sie doch sehr geringe Fliessgrenzen haben. Der Grund findet sich im ebenfalls kleinen E-Modul.

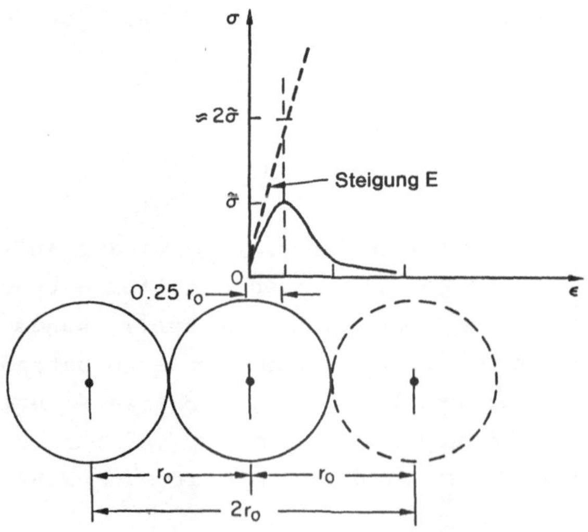

Abb. 9.1. Die theoretische Festigkeit $\tilde{\sigma}$.

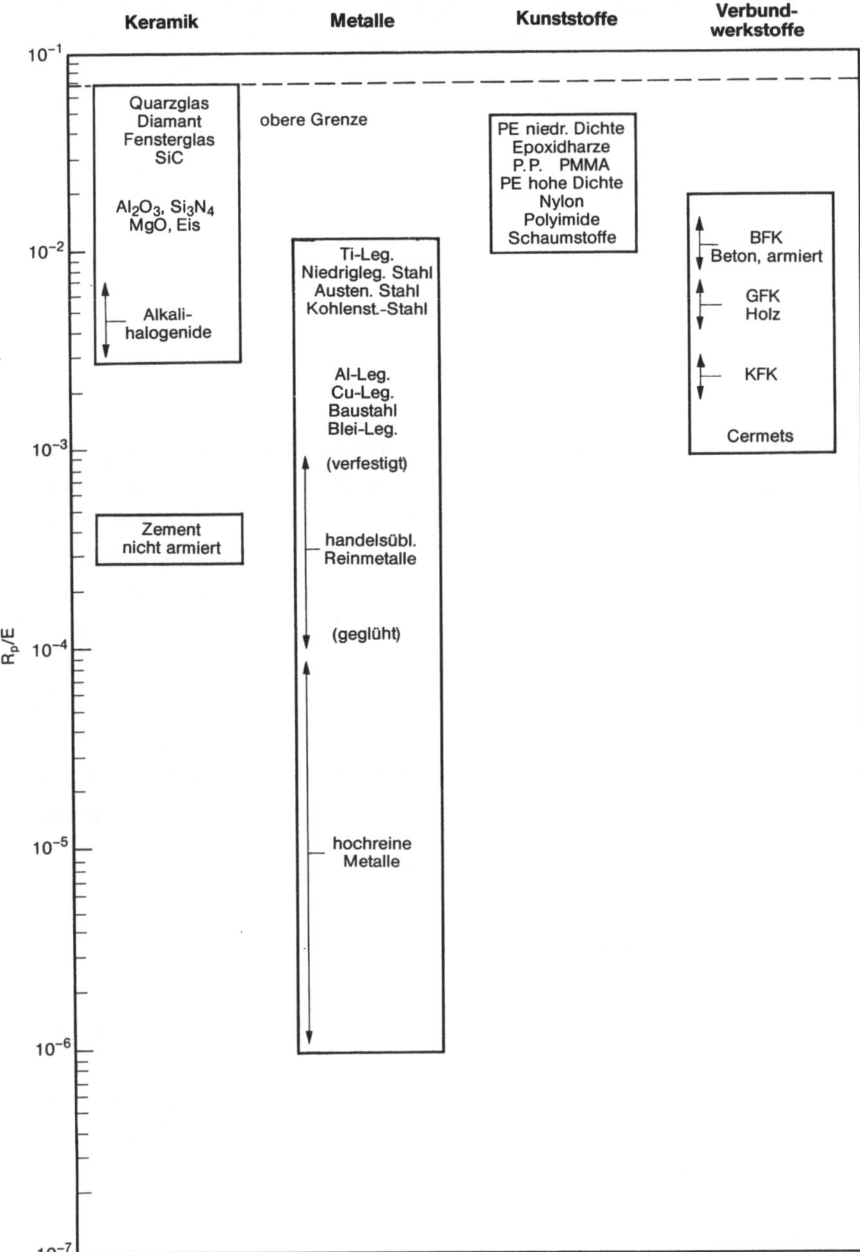

Abb. 9.2. Die E-Modul-normierte Fliessgrenze nach Werkstoffgruppen.

Alle Metalle hingegen weisen Fliessgrenzen weit unterhalb unseres abgeschätzten Niveaus auf und zwar bis zu einem Faktor 10^5 darunter. Auch die Fliessgrenze keramischer Werkstoffe ist i.a. immerhin bis zu

10 mal kleiner als die theoretische Festigkeit. Woher kommt diese Diskrepanz?

Versetzungen in Kristallen

Aus Kapitel 5 wissen wir, dass viele wichtige Werkstoffe (d.h. in der Hauptsache Metalle) normalerweise in Kristallform vorliegen. Den fehlerfreien Kristall haben wir uns dabei als einen Verbund von Atomlagen vorgestellt, deren Anordnung sich in regelmässiger Folge wiederholt.

Nun sind aber Kristalle keineswegs fehlerfrei (was sicherlich auch der Studienanfänger nicht ernsthaft erwogen hat): Die Atomanordnung weist Defekte auf. Durch diese Defekte wird die Kristallfestigkeit letztlich festlegt; sie ist dadurch vergleichbar mit einer Kette, deren Festigkeit durch ihr schwächstes Glied bestimmt wird. Versetzungen sind eine spezielle Sorte von Kristallfehlern, deren Auftreten dazu führen kann, dass Stoffe sich schon bei Spannungen weit unterhalb $\tilde{\sigma}$ plastisch verformen.

In Abbildung 9.3(a) ist eine sogenannte Stufenversetzung in Kontinuumsdarstellung (d.h. ohne Markierung der einzelnen Atome) abgebildet. Eine solche Versetzung wird in einen Materialblock eingebracht, indem man bis zur Linie $\perp$ - $\perp$ in den Block einschneidet, dann den unteren Teil um eine Strecke b (Atomabstand) nach aussen zieht und schliesslich die beiden Stücke wieder zusammengeklebt. In Abbildung 9.3(b) ist dasselbe Bild in atomarem Massstab wiedergegeben. Man erkennt, dass in dem Material am Ende der Schnittlinie eine zusätzliche Halbebene von Atomen steckt, deren unterer Rand mit der Linie $\perp$ - $\perp$, der sogenannten Versetzungslinie, zusammenfällt. Dieser Kristallfehler wird Stufenversetzung genannt, weil diese vom Rand einer zusätzlichen Halbebene wie von einer Stufe begrenzt wird. Als Kurzbezeichnung hat sich dafür das Symbol $\perp$ durchgesetzt.

Plastische Verformung wird durch Versetzungsbewegung hervorgerufen. Abbildung 9.4 zeigt wie sich die Atome verschieben, wenn die Versetzung durch den Kristall läuft. Wenn eine Versetzung den Kristall ganz durchlaufen hat, so ist die eine Kristallseite gegenüber der anderen gerade um den Abstand b (den Burgersvektor) "versetzt". Man kann den Vorgang der Bewegung einer Versetzungslinie auch in der Kontinuums-

(a)

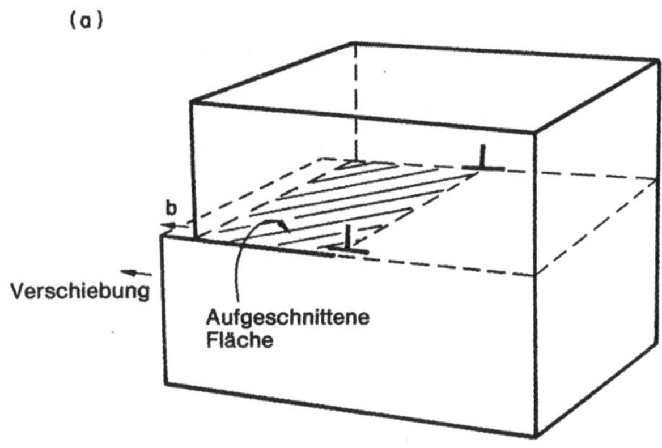

(b)

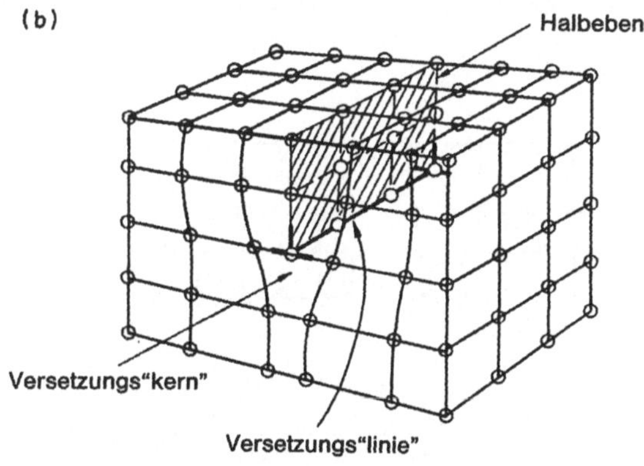

Abb. 9.3. Stufenversetzung (a) aus Kontinuumssicht (d.h. ohne Betrachtung der atomaren Verhältnisse) (b) mit Kennzeichnung der Atomanordnung im Bereich der Versetzung.

darstellung mittels des $\perp$-Symbols verdeutlichen. Die Art und Weise, wie sich die Versetzung bewegt, gleicht der Bewegung von Falten in einem Teppich (Abb. 9.6), die durch ruckweises Ziehen vorwärtsgetrieben werden und dabei den Teppich jedesmal um ein kleines Stück versetzen, ein Vorgehen, das weitaus einfacher vonstatten geht, als wenn der Teppich als ganzes verschoben würde.

Zur Erzeugung eines Kristallfehlers hätten wir nach dem Einschneiden das Unterteil des Kristalls auch parallel zur Schnittlinie verschieben und festkleben können. In Abbildung 9.7 ist zu sehen, zu welchem Ergebnis diese Massnahme führt: Auch hier haben wir eine Versetzung, eine sogenannte Schraubenversetzung in den Kristall eingebracht (die Atomebenen sind in Form einer Schraube "versetzt"). Die

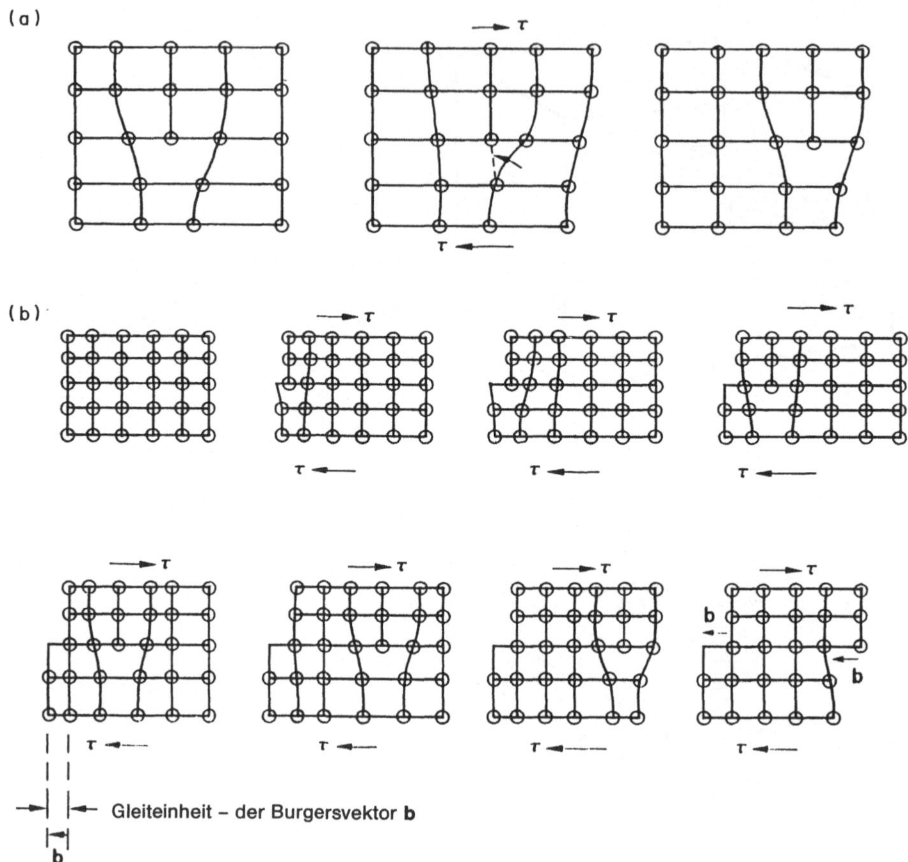

Abb. 9.4. Die Bewegung einer Stufenversetzung durch den Kristall. (a) Die Atombindungen brechen im Kern der Versetzung auf und schliessen sich wieder; dadurch bewegt sich die Versetzung weiter. (b) Einzelne Stationen der Versetzungsbewegung im Kristall: Erzeugung auf der linken Seite des Kristalls, Wanderung durch den Kristall, Austritt auf der rechten Kristallseite. Bei diesem Vorgang gleitet die untere Kristallhälfte um die Strecke b relativ zur oberen weiter.

Schraubenversetzung bewirkt wie die Stufenversetzung durch ihre Bewegung plastische Verformung (Abb. 9.8 - 9.10). Die geometrischen Verhältnisse sind dabei etwas komplizierter als im Fall der Stufenversetzung, aber die Kristalleigenschaften sind in beiden Fällen identisch. Eine Versetzung in einem realen Kristall kann eine reine Schraube oder eine reine Stufe, aber auch anteilig beides sein. Versetzungen kann man im Elektronenmikroskop sichtbar machen (Abb. 9.11).

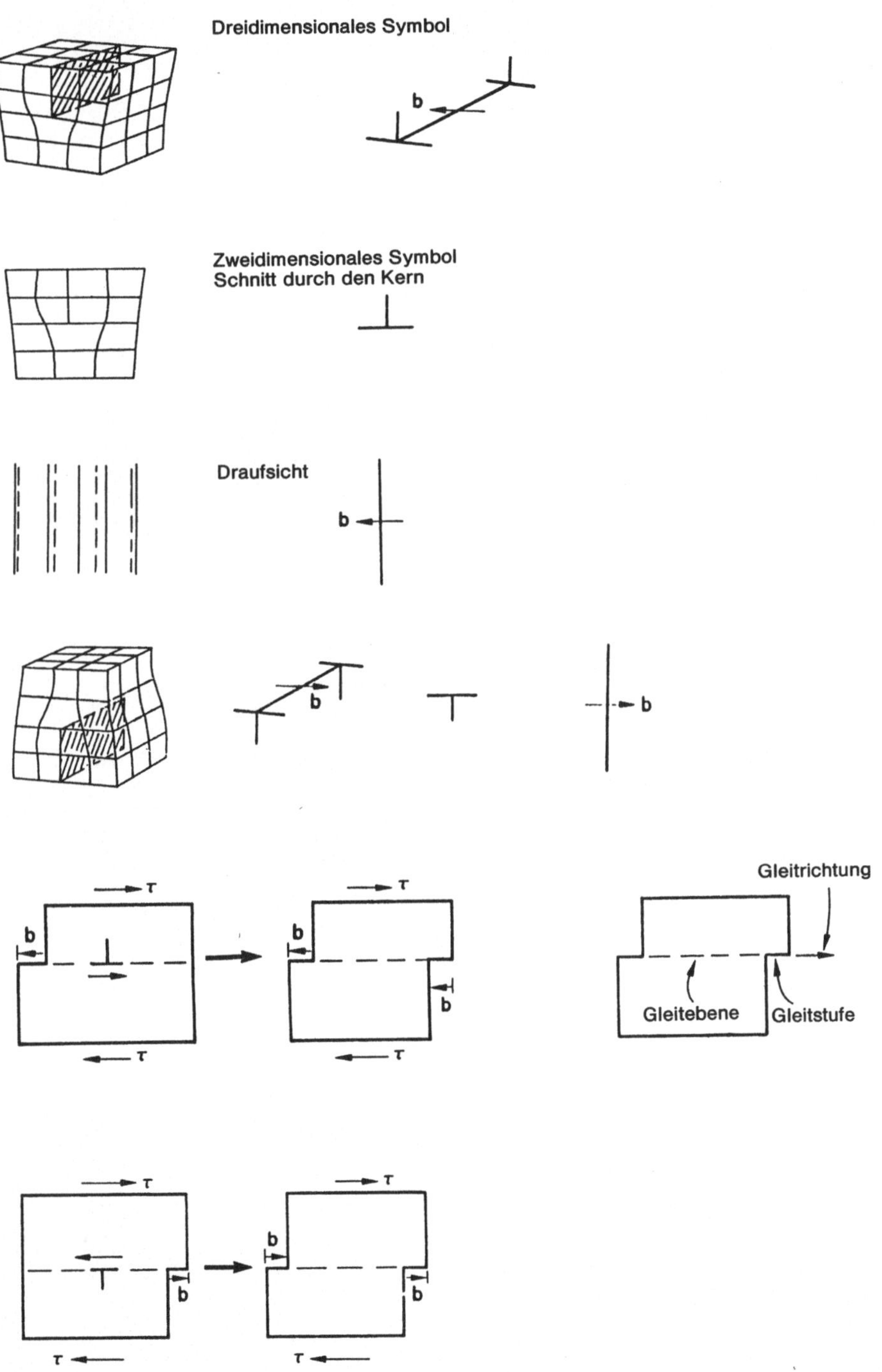

Abb. 9.5. Schematische Darstellung einer Stufenversetzung.

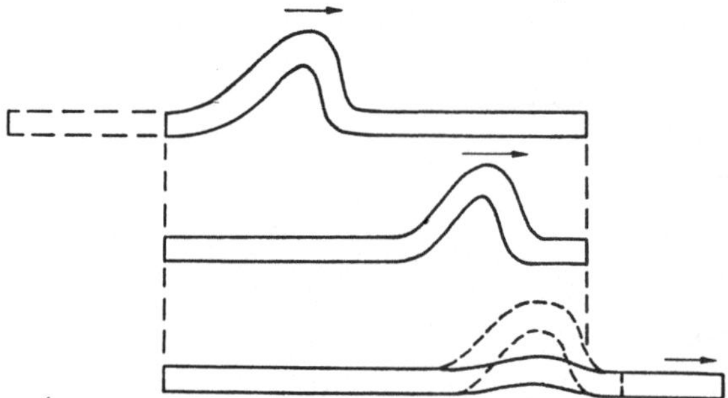

Abb. 9.6. Vergleich der Stufenversetzung mit einer durch einen Teppich laufenden Falte.

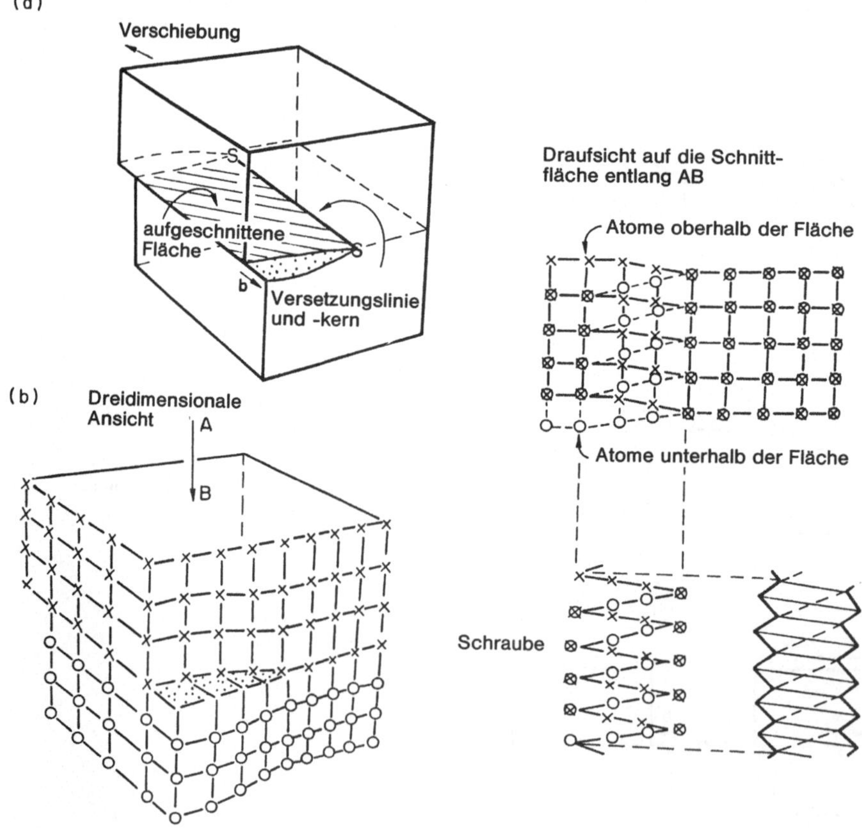

Abb. 9.7. Schraubenversetzung (a) aus Kontinuumssicht (b) mit Kennzeichnung der Atomanordnung.

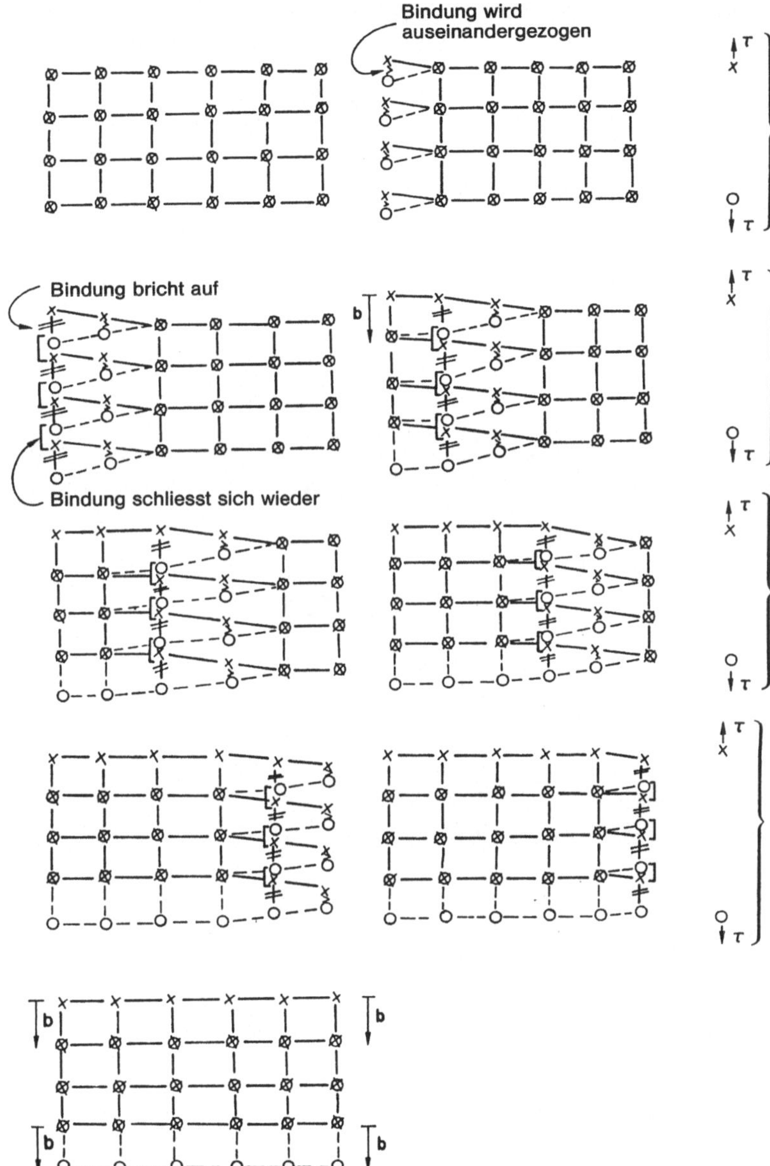

Abb. 9.8. Die Bewegung einer Schraubenversetzung durch den Kristall; die untere Kristallhälfte (o) gleitet relativ zur oberen (x) um die Strecke b ab.

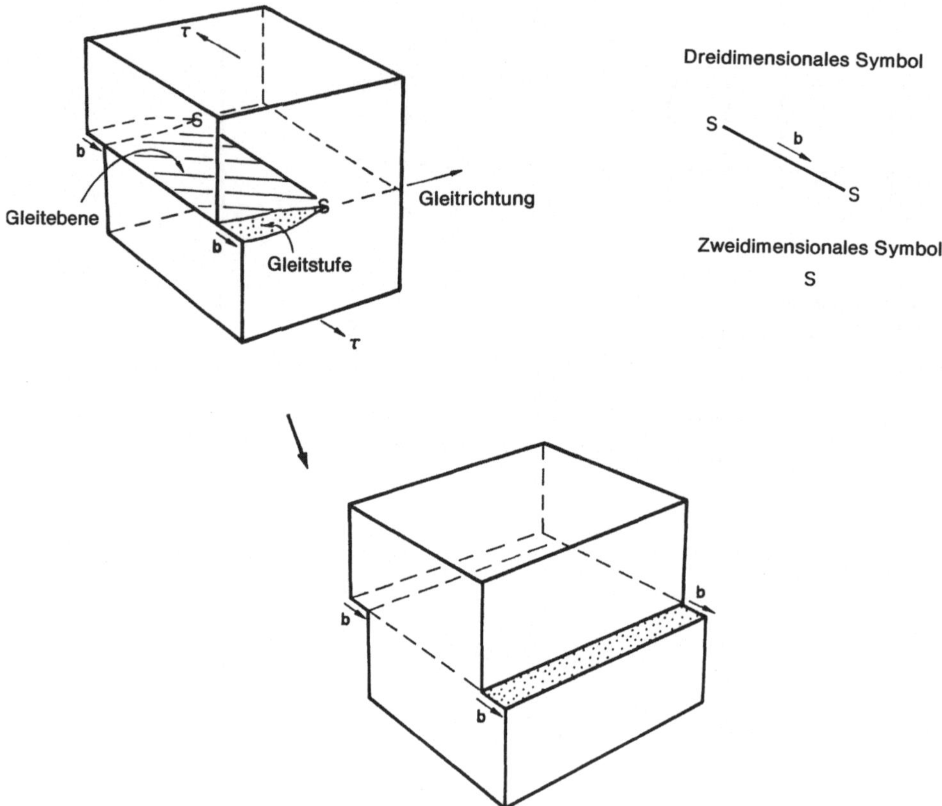

Abb. 9.9. Schematische Darstellung einer Schraubenversetzung.

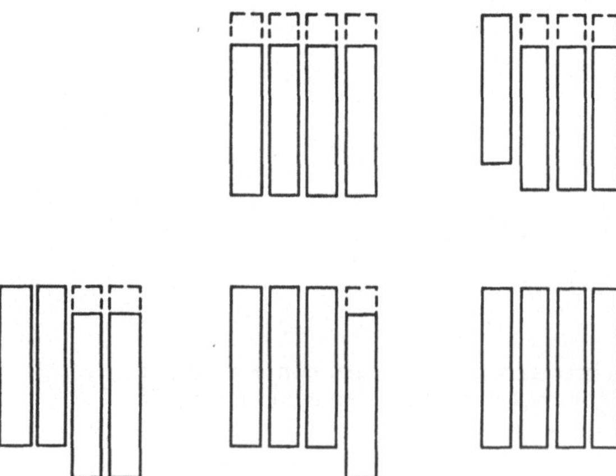

Abb. 9.10. Vergleich der Schraubenversetzung mit der Verschiebung von Parkettbrettern eines Fussbodens. Der Kraftaufwand, diese einzeln zu verrücken, ist wesentlich geringer als derjenige, alle zusammen zu verschieben.

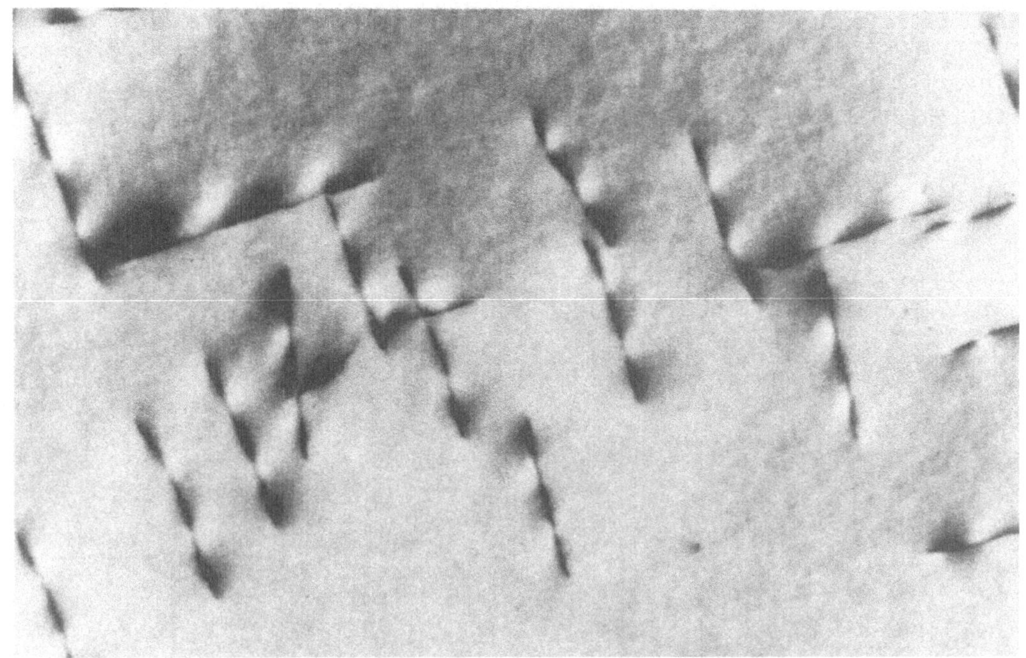

Abb. 9.11. Elektronenmikroskopisches Bild von Versetzungen in rostfreiem Stahl. Das Bild stellt eine sogenannte Durchstrahlungsaufnahme dar, bei der ein Elektronenstrahl durch eine sehr dünne Scheibe des Stahles dringt. Die Versetzungslinien sind hier nur stückweise zu sehen, da sie durch die Oberfläche der durchstrahlten Scheibe begrenzt werden; sie sind etwa 1000 Atomdurchmesser lang. Ein würfelzuckergrosses Stück des Materials würde hingegen etwa 10^5 km Versetzungslinie enthalten (Aufnahme Dr. Peter Southwick.)

Kräfte auf Versetzungen

Versetzungen werden von Schubspannungen (τ) durch den Kristall bewegt. Damit plastische Verformung stattfinden kann, muss die einwirkende Kraft grösser sein als der Bewegungswiderstand der Versetzung. Dieser Widerstand wird durch innere Reibungskräfte hervorgerufen. Er kann durch Legierungsbildung und andere Verfestigungsmassnahmen, über die wir im nächsten Kapitel noch reden werden, beträchtlich erhöht werden.

Die Grösse der Kraft pro Einheitslänge der Versetzungslinie beträgt τb. Um das zu zeigen, machen wir von der Konstruktion virtueller Kräfte Gebrauch. Wir setzen dafür der Arbeit, die von der angelegten Spannung verrichtet wird, um die Versetzung durch den Kristall hindurchzutreiben, die Arbeit entgegen, die gegen den Kristallwiderstand aufzuwenden ist (Abb. 9.12). Die obere Kristallhälfte ist gegenüber der unteren um den Abstand b verschoben; d.h. die angelegte Spannung verrichtet Arbeit vom Betrag $(\tau \ell_1 \ell_2) \times b$. Beim Durchlaufen des Kristalls hat die Versetzung gegen die Widerstandskraft f entlang der Strecke ℓ_2 die Arbeit $f\ell_1\ell_2$ pro Linienlänge verrichtet. Setzt man die beiden Beträge gleich, so erhält man

$$\tau b = f. \tag{9.2}$$

Das Ergebnis stimmt für Stufe, Schraube und deren Mischformen gleichermassen.

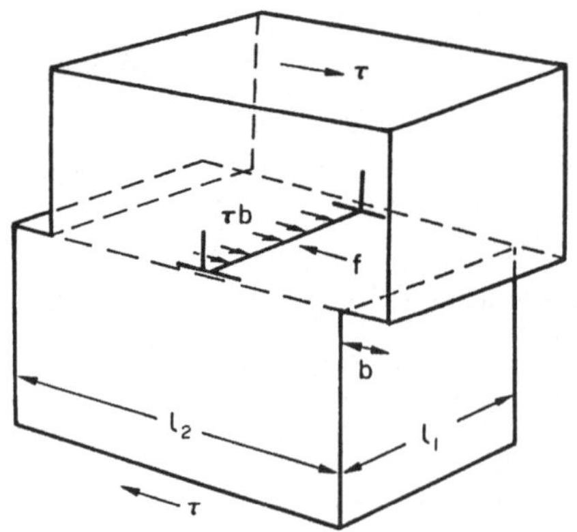

Abb. 9.12. Kraft auf eine Versetzung.

Weitere Versetzungseigenschaften

Zum Verständnis plastischer Verformung sind noch zwei weitere Versetzungseigenschaften von Bedeutung:

a) Versetzungen gleiten auf ganz bestimmten kristallographischen Ebenen, wie wir uns aus der Konstruktion der Stufenversetzung leicht klarmachen können. In kfz-Kristallen z.B. gleiten Versetzungen auf {111}-Ebenen, folglich erfolgt auch das plastische Abscheren eines kfz-Kristalls auf {111}-Ebenen.

b) Die Atome in der Umgebung des Versetzungskerns sind in ihrer Anordnung gestört und haben daher eine höhere Energie. Um die Gesamtenergie so klein wie möglich zu halten, versucht die Versetzung, ihre Linienlänge zu verkürzen. Das wirkt wie die Linienspannung eines Gummibandes. In grosser Näherung kann man die Dehnungen (Verzerrungen) im Versetzungskern mit 0.5 angeben. Die zugehörigen Spannungen sind mithin G/2 (Kapitel 8) und die Energie pro Volumeneinheit G/8. Nehmen wir an, dass der Kernradius dem Burgersvektor b entspricht, so beträgt sein Volumen pro Längeneinheit gerade πb^2. Die Linienspannung T ist eine Energie pro Längeneinheit (wie eine Oberflächenspannung eine Energie pro Fläche ist), so dass sich

$$T = \pi G b^2/8 \sim G b^2/2 \qquad (9.3)$$

ergibt, wobei G den Schubmodul darstellt. Absolut gesehen, ist T sehr klein (um einen Apfel zu halten, benötigten wir immerhin 10^8 Versetzungen!), jedoch bezogen auf die Versetzungsabmessungen ist T gross und spielt daher eine wichtige Rolle bei der Beurteilung von Versetzungshindernissen.

Im nächsten Kapitel wollen wir sehen, inwiefern uns das Wissen über Versetzungen und ihr Verhalten bei unserer Bemühung um ein besseres Verständnis plastischer Verformungsvorgänge nützt. Dahinter steht letztlich das Ziel, geeignete Massnahmen zur Festigkeitsssteigerung angeben zu können.

10 Massnahmen zur Festigkeitssteigerung, Plastizität von Polykristallen

Einführung

Im letzten Kapitel haben wir gezeigt, dass

a) Kristalle Versetzungen enthalten,
b) eine Schubspannung τ, die in der Gleitebene einer Versetzung wirkt, auf die Versetzung eine Kraft τb pro Längeneinheit ausübt, die die Versetzung vorantreibt,
c) sich der Kristall durch die Bewegung von Versetzungen plastisch verformt, d.h. fliesst.

In diesem Kapitel suchen wir nun nach Massnahmen, die diese Versetzungsbewegung wirksam behindern, d.h. die den Formänderungswiderstand - die Fliessgrenze - eines metallischen oder keramischen Kristalls erhöhen. Zunächst müssen wir uns aber klarmachen, dass Werkstoffe im allgemeinen nicht aus Einkristallen, sondern aus einem Verbund vieler einzelner Kristalle, den Körnern, bestehen. Um das Verformungsverhalten eines solchen Verbundes zu verstehen, ist es wichtig zu wissen, wie die einzelnen Körner miteinander wechselwirken. Danach können wir darangehen, die Fliessgrenze dieses Polykristalls zu berechnen, diejenige Grösse nämlich, die schliesslich in die Konstruktionsregelwerke eingeht.

Härtungsmechanismen

Ein Kristall verformt sich plastisch, wenn die angelegte Kraft τb (pro Längeneinheit) die Hinderniskraft f der Versetzungsbewegung übersteigt. Damit können wir eine kritische Schubspannung angeben als

$$\tau_0 = f/b. \tag{10.1}$$

Die meisten Kristalle besitzen eine Grundfestigkeit, die dadurch entsteht, dass die Atombindungen bei der Versetzungsbewegung aufgebrochen und wieder geschlossen werden. Insbesondere ist die Grundfestigkeit des Gitters f_i bei kovalenter Bindung sehr ausgeprägt. Daher rührt denn auch die ausserordentliche Härte von Diamant, Karbiden, Oxiden, Nitriden und Silikaten, die hauptsächlich für Schleif- und Schneidwerkzeuge Verwendung finden. Reine Metalle sind dagegen sehr weich; ihre Gitterfestigkeit ist ziemlich niedrig. In solchen Fällen ist es ratsam, f durch Massnahmen wie Mischkristallhärtung, Ausscheidungs- oder Dispersionshärtung, durch Verfestigung oder durch geeignete Kombination der drei Massnahmen zu erhöhen. Es gibt allerdings eine obere Grenze: die theoretische Festigkeit kann bekanntlich nicht überschritten werden (Kapitel 9). In den seltensten Fällen kommt die Festigkeit auch nur annähernd an diese Grenze heran.

Mischkristallhärtung

Eine wirksame Härtungsmassnahme bei Metallen ist, sie zu verunreinigen. Verunreinigungen lassen sich meist im festen Metall lösen wie Zucker in Tee. Zum Beispiel kann man Zink zu Kupfer geben; die Legierung heisst Messing. Die Zinkatome ersetzen - in statistisch regelloser Verteilung - die Kupferatome und bilden damit einen Substitutionsmischkristall. Bei Raumtemperatur kann Cu auf diese Weise bis zu 30% Zn aufnehmen. Die Zn-Atome sind grösser als die Cu-Atome. Wenn sie sich zwischen diese quetschen, erzeugen sie Spannungen. Diese Spannungen machen die Gleitebene "uneben" und erschweren damit die Versetzunsbewegung. Sie erhöhen also die Widerstandskraft f, bzw. die kritische Schubspannung τ_0 (Glg. 10.1). Nennen wir den Beitrag, der durch den Mischkristall hervorgerufen wird, f_{mk}, dann wird τ_0 um f_{mk}/b erhöht. In einem Mischkristall der Konzentration c variiert der mittlere Abstand der gelösten Fremdatome auf der Gleitebene (natürlich auch auf allen anderen Ebenen) mit $c^{-1/2}$; je kleiner der Fremdatomabstand, desto rauher ist die Gleitebene. Mithin hängt τ_0 nach einem parabolischen Gesetz (nämlich $c^{1/2}$) von der Fremdatomkonzentration ab (Abb. 10.1). Die Festigkeit von einphasigem Messing, Bronze, rostfreiem Stahl und vielen anderen metallischen Legierungen folgt diesem Gesetz.

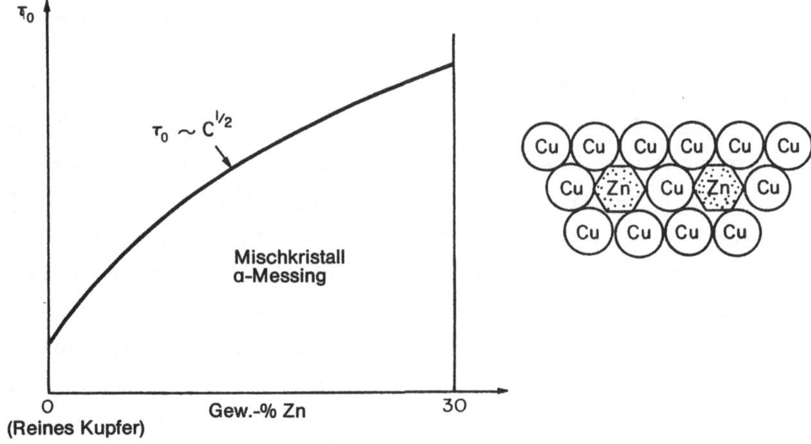

Abb. 10.1. Mischkristallhärtung.

Ausscheidungs- und Dispersionshärtung

Wird eine Fremdatomsorte (sagen wir Kupfer) bei hoher Temperatur in einem Metall, z.B. Aluminium, oder auch in einem keramischen Stoff, gelöst und diese Legierung schliesslich auf Raumtemperatur abgekühlt, so bilden sich kleine, isolierte Ausscheidungen, ähnlich wie Zucker beim Abkühlen aus einer übersättigten Lösung kristallisiert. Eine Aluminiumlegierung mit 4% Cu ("Duralumin"), die diese Behandlung erfährt, scheidet sehr kleine, feinverteilte Teilchen der Zusammensetzung $CuAl_2$ aus. Auf gleiche Weise bilden sich in den meisten Stählen Karbidausscheidungen.

Kleine Partikel können aber auch noch auf anderem Wege in Metalle und keramische Werkstoffe eingebracht werden. Offensichtlich lassen sich solche Partikel (z.B. Oxide) gut mit Metallpulver vermischen (wie im Fall von Aluminium und Blei). Das Gemisch wird danach in die Form gepresst und gesintert.

In beiden Fällen liegen kleine Teilchen feinverteilt in der Legierung vor. Wie sie die Bewegung von Versetzungen behindern, zeigt Abbildung 10.2. Die angelegte Spannung τ muss die Versetzung zwischen den Hindernissen hindurchdrücken. Man kann den Vorgang vergleichen mit dem Aufblasen eines Luftballons, der in einem Vogelkäfig steckt. Um den Ballon zwischen den Gitterstäben hindurch aufzublähen, bedarf es schon eines sehr hohen Druckes. Wenn der Ballon aber einmal aufgeblasen ist, ist die weitere Vergrösserung nicht mehr so schwierig. Die kritische Konfiguration ist der Halbkreis (Abb. 10.2 (c)): Die Kraft τbL (L ist der freie Passierabstand zwischen den Teilchen) auf ein Versetzungssegment wird dann gerade durch die Linienspannung 2T auf beiden Seiten der Ausbauchung ausgeglichen. Die Versetzung überwindet das Hindernis (d.h. plastisches Fliessen findet statt), wenn

$$\tau_0 = 2T/bL. \tag{10.2}$$

Die Hinderniskraft ist dann $f_0 = 2T/L$. Offensichtlich ist die Härtungswirkung um so grösser, je feiner die Ausscheidungen oder Dispersionspartikel verteilt sind (Abb. 10.2).

(a) Ausgangssituation

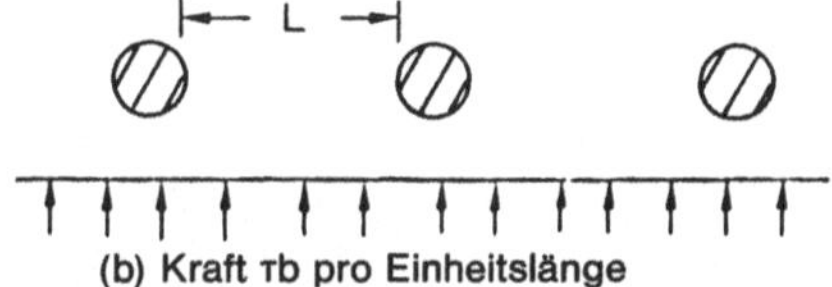

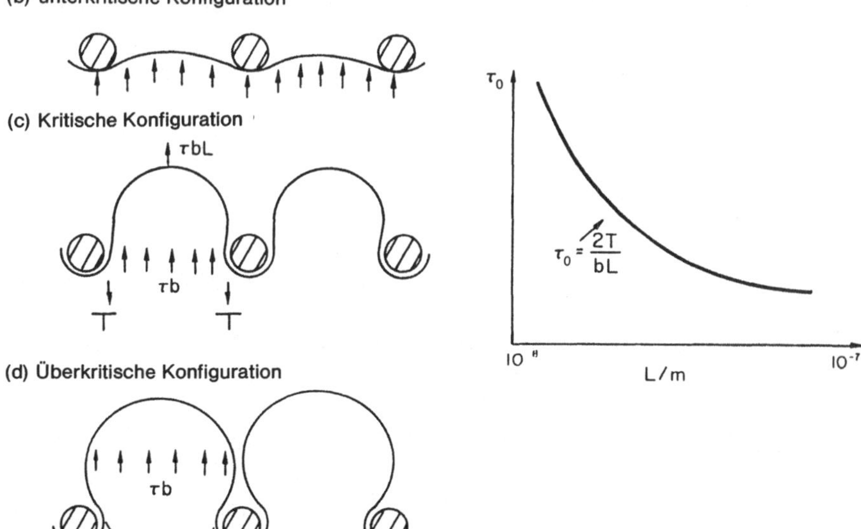

Abb. 10.2. Behinderung der Versetzungsbewegung durch feinverteilte Ausscheidungen = Erhöhung des plastischen Formänderungswiderstandes.

Verfestigung

Wenn ein Kristall sich plastisch verformt, laufen Versetzungen hindurch. Bei den meisten Kristallen können sich die Versetzungen auf mehreren Gleitebenen bewegen : z.B. gibt es im Fall der kfz-Struktur, bei der Gleitung auf {111}-Ebenen erfolgt (Kapitel 5), vier mögliche Gleitebenen. Diese vier Gleitebenen schneiden sich, so dass die Versetzungen, die auf ihnen gleiten, miteinander in Wechselwirkung treten. Dabei behindern sie sich gegenseitig oder blockieren einander sogar. Neue Versetzungen werden gebildet, die Versetzungsdichte im Kristall steigt an, das Material verfestigt. Wir nennen diesen Vorgang deshalb Verformungsverfestigung. In der Spannungs-Dehnungskurve äussert sich nach Eintritt des Fliessens die Verfestigung in einem steilen Anstieg.

Alle metallischen und keramischen Stoffe verfestigen. Verfestigung kann auch unerwünscht sein. Beim Walzen eines dünnen Bleches wird die Streckgrenze durch Verfestigung so schnell erhöht, dass der Walzvorgang unterbrochen und das Blech zwischengeglüht werden muss, damit sich die verfestigte Versetzungsstruktur erholen kann. Aber sehr oft ist Verfestigung ein erwünschter Effekt: sie gehört unbedingt in den Katalog der Festigkeitssteigerungsmassnahmen, die man zudem noch mit den anderen Härtungsmassnahmen sehr wirkungsvoll kombinieren kann.

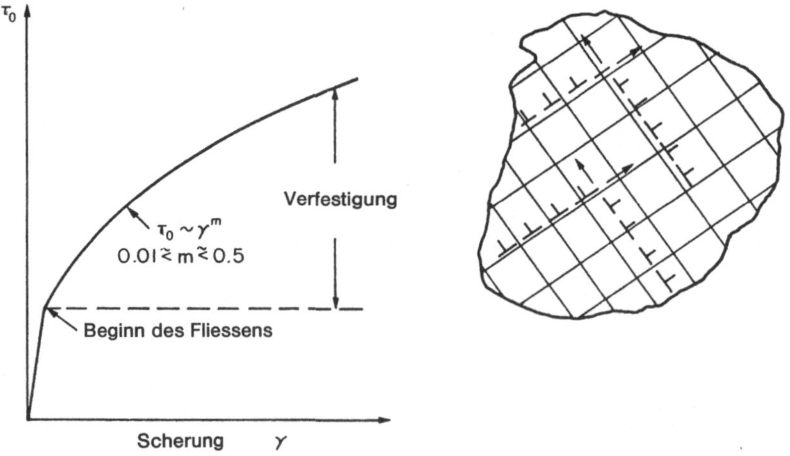

Abb. 10.3. Wechselwirkung von Versetzungen untereinander führt zu Verfestigung.

Die Analyse des Verfestigungsvorgangs ist nicht ganz einfach. Der Beitrag f_v zur Erhöhung der Hinderniskraft f für Versetzungen steigt jedenfalls mit zunehmender Dehnung an (Abb. 10.3).

Die kritische Schubspannung für Versetzungen

Es spricht einiges für die Annahme, dass die einzelnen Härtungsbeiträge additiv sind, d.h. dass

$$\tau_0 = (f_i + f_{mk} + f_0 + f_v)/b. \qquad (10.3)$$

Sehr feste Werkstoffe weisen entweder eine hohe innere Reibung f_i auf (wie Diamant) oder sie beziehen ihre Festigkeit aus der Überlagerung aus Mischkristallhärtung f_{mk}, Teilchenhärtung f_0 und Verformungsverfestigung f_v (wie z.B. höchstbeanspruchte Spannstähle). Bevor wir jedoch die Kenntnis dieser Härtungsmechanismen verwerten können, müssen wir noch über ein Problem Klarheit schaffen: bislang haben wir nur die Fliessgrenze eines einzelnen Kristalls im Schermodus betrachtet. Wir wollen aber die Fliessgrenze eines polykristallinen Verbundes unter Zugbeanspruchung angeben können.

Plastische Verformung von Polykristallen

Die Einzelkriställchen, d.h. die Körner eines Polykristalls, fügen sich lückenlos aneinander, aber ihre Kristallorientierung ist verschieden (Abb. 10.4). An den Korngrenzen, d.h. an den Grenzen zu ihren Nachbarn, ist die Kristallstruktur gestört. Dennoch gibt es zahlreiche Atombindungen, die durch die Korngrenze hindurchreichen und die gewöhnlich stark genug sind, um die Korngrenzen nicht zum Schwachpunkt des Polykristalls werden zu lassen.

Was geschieht, wenn ein polykristallines Bauteil plastisch nachgibt (Abb. 10.5)? Die Gleitung setzt zunächst ein in Körnern mit Gleitebenen, die nahezu parallel zur angelegten Schubspannung τ liegen, z.B., in Korn (1). Später erst kommen Körner wie Korn (2) hinzu, die nicht so günstig orientiert sind, und schliesslich Körner vom Typ (3). Das Fliessen beginnt also nicht überall zur gleichen Zeit. Die Fliessgrenze in einem Polykristall ist daher nicht scharf ausgeprägt. Auch deckt sich die polykristalline Fliessgrenze nicht mit der kritischen

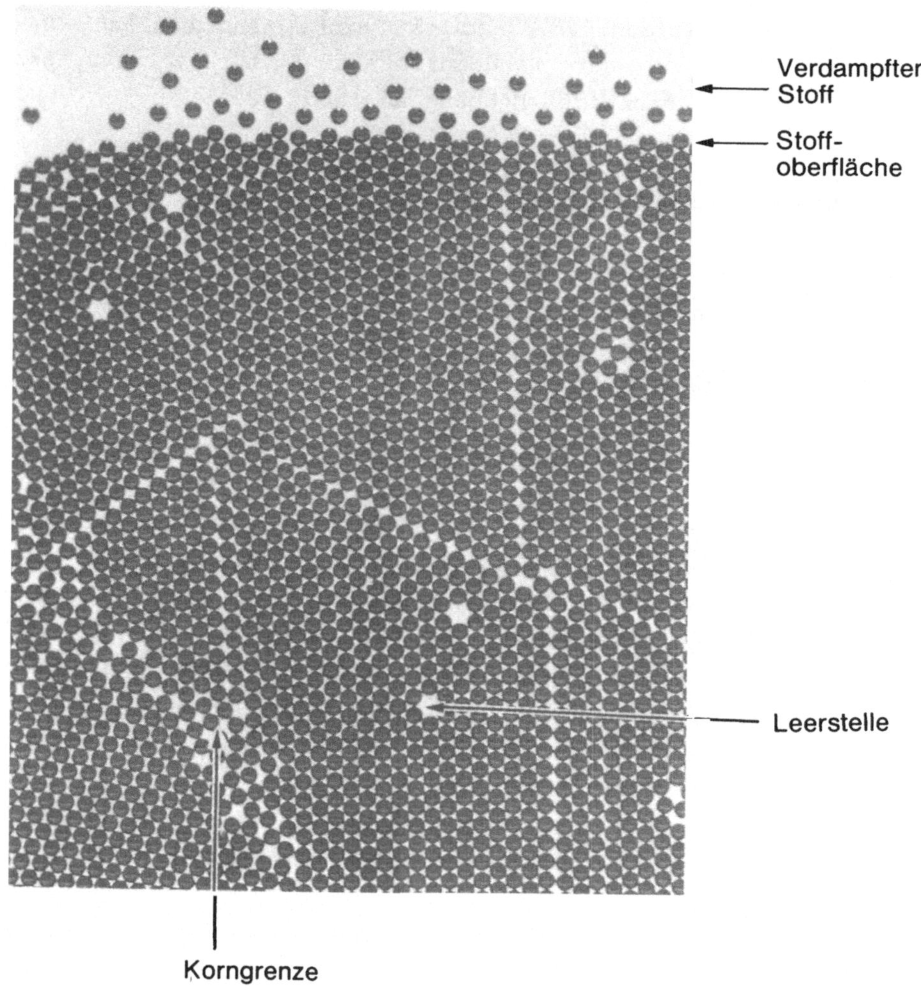

Abb. 10.4. Kugeln aus Kugellagern eignen sich gut zur Simulierung der Atompackung in Festkörpern. Die Aufnahme zeigt ein solches Modell, bei dem die Korngrenzen und Leerstellen deutlich zu erkennen sind.

Schubspannung für die Versetzungsbewegung, da nicht alle Körner gleichermassen günstig für das Fliessen orientiert sind. Die Fliessgrenze ist um den sogenannten Taylor-Faktor höher, den man durch Mittelung der Spannungen über alle Gleitebenen erhält; er ist ungefähr 1.5.

Aber wir benötigen ja die Fliessgrenze im Zugversuch R_p. Eine Zugspannung σ erzeugt im Material eine Schubspannung von maximal $\tau=\sigma/2$. (Wir gehen darauf nochmals in Kapitel 11 ein, wo wir die Zugspannung auf den verschiedenen Ebenen bestimmen). Um nun R_p auf der Basis von τ_0 angeben zu können, brauchen wir nur noch den Taylor-Faktor mit

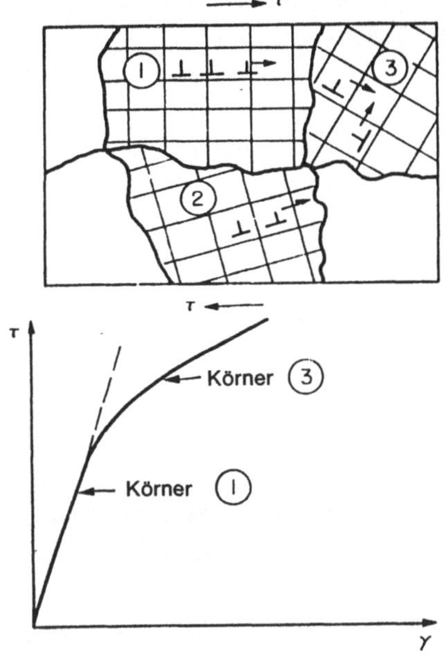

Abb. 10.5. Der sequentielle Ablauf plastischer Verformung in einem polykristallinen Material.

diesem Faktor zu multiplizieren, und wir erhalten

$$R_p = 3\tau_0. \qquad (10.4)$$

Auf diese Grösse R_p wollten wir hinaus: die Fliessgrenze eines kompakten polykristallinen Festkörpers. Sie ist dreimal grösser als die kritische Schubspannung τ_0, ihr jedoch proportional, so dass wir alle bislang getroffenen Feststellungen zur Erhöhung von τ_0 auch auf R_p beziehen können.

Aus dem Bemühen, τ_0 immer weiter zu steigern, ist mittlerweile eine eigene Wissenschaft geworden, die es sich zur Aufgabe macht, durch geeignete Legierungs- und Wärmebehandlungsmassnahmen wirkungsvolle Versetzungshindernisse zu erzeugen. Teile, die durch solche Verfahren gehärtet werden, reichen vom Schnellarbeitsstahl bis zur Turbinenschaufel (z.B. aus Nimonic-Nickelbasislegierungen). Mehr über optimale Werkstoffhärtung können wir sagen, wenn wir uns angesehen haben, wie Werkstoffe für einen besonderen Einsatz ausgesucht werden. Aber zunächst müssen wir uns nochmals dem Begriff der Plastizität zuwenden, diesmal unter Kontinuumsaspekten, also auf nicht-atomistischem Niveau.

11 Plastizität unter Kontinuumsgesichtspunkten

Einführung

Plastische Verformung beruht auf Scherung. Versetzungen bewegen sich, wenn die Schubspannung in der Gleitebene die kritische Schubspannung τ_0 für die Versetzungsbewegung im Einkristall übersteigt. τ_0 kann über alle Kornorientierungen und Gleitebenen gemittelt werden; das Verhältnis von τ_0 zur Fliessgrenze R_p im Zugversuch beträgt $R_p/\tau_0 = 3$ (Kapitel 10). In vielen Fällen ist es allerdings nützlicher, eine Fliessgrenze k für Scherbeanspruchung zu definieren. Sie entspricht gerade $R_p/2$ und unterscheidet sich von τ_0, da sie eine über alle Gleitebenenorientierungen gemittelte Scherfestigkeit darstellt. Wird ein Bauteil belastet, so kann man die Ebene, auf der die Abscherung hauptsächlich stattfindet, meistens schnell herausfinden und die Last, die zum Versagen des Bauteils führt, ungefähr abschätzen, indem man diese mit der Schergrenze k vergleicht.

In diesem Kapitel werden wir zeigen, dass $k = R_p/2$ ist, um dann mittels k die Härte mit der Fliessgrenze eines Materials zu korrelieren. Schliesslich beschäftigen wir uns mit Instabilitäten, die beim Zugversuch in Metallen und Polymeren auftreten.

Der Beginn des Fliessens und die Schergrenze k

Eine Zugspannung, die an eine Probe angelegt wird, erzeugt Scherspannungen in einem bestimmten Winkel zur Zugrichtung. Schauen wir uns die Spannungen etwas genauer an. Die Zerlegung der Kräfte in Abbildung 11.1 führt zu einer Schubkraft $F \sin\theta$. Die Fläche, auf die diese Kraft wirkt, ist $S/\cos\theta$. Die Schubspannung τ ergibt sich damit zu

$$\tau = F \sin\theta \cos\theta \;/\; S = \sigma \sin\theta \cos\theta. \qquad (11.1)$$

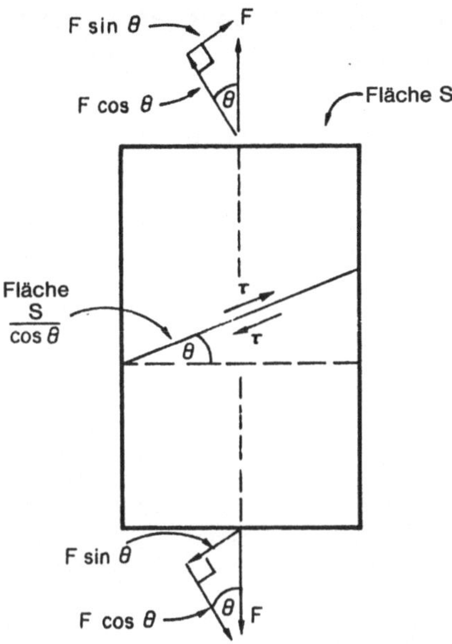

Abb. 11.1. Die Zugspannung F/S erzeugt eine Schubspannung in einer zur Zugrichtung geneigten Ebene.

Tragen wir τ als Funktion von θ auf (Abb. 11.2), so finden wir ein Maximum für τ bei θ = 45^0 (zur Zugrichtung). Das bedeutet, dass der grösste Wert der Scherspannung in einem Winkel von 45^0 zur Zugspannungsachse liegt und dort gerade σ/2 beträgt.

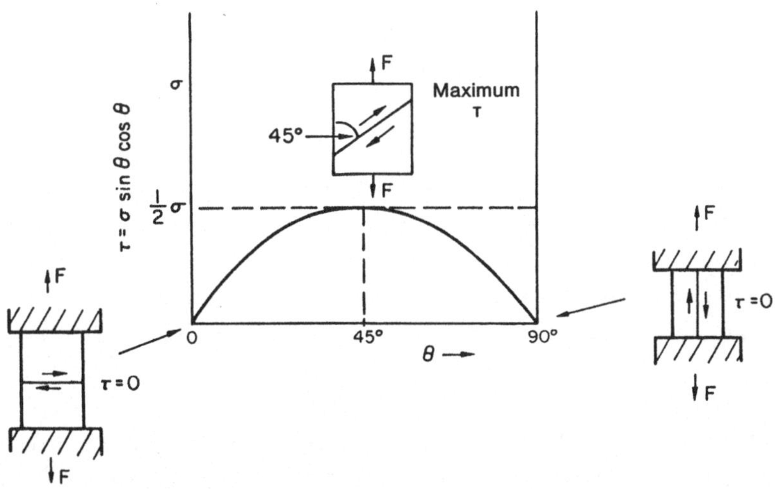

Abb. 11.2. Schubspannungen erreichen ihren höchsten Wert in Ebenen 45^0 zur Zugachse.

Wenn wir es mit einem Einkristall zu tun haben, so wird dieser, nach dem was wir aus Kapitel 9 und 10 wissen, wahrscheinlich nicht auf einer 45^0-Ebene abgleiten. Vielmehr wird nur das Gleitsystem aktiviert werden das der 45^0-Richtung am nächsten liegt (Abb. 11.3). In einem Polykristall gilt das für jedes einzelne Korn. Mikroskopisch gesehen verläuft der Gleitvorgang auf einem Zick-Zack-Kurs, jedoch liegt die mittlere Gleitrichtung 45^0 zur Zugachse. Auf dieser Ebene ist die Schubspannung daher bei Einsetzen des Fliessens $\tau = R_p/2$. Diese Schubspannung definieren wir als die Schergrenze k

$$k = R_p/2. \tag{11.2}$$

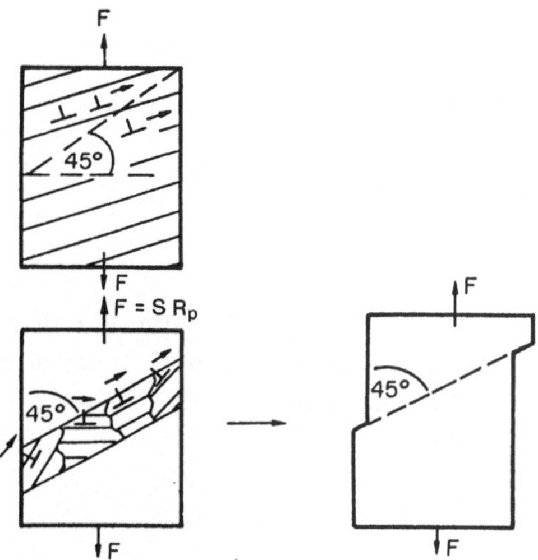

Abb. 11.3. In einem Polykristall liegt die Abgleitebene im Mittel 45^0 zur Zugachse.

<u>Beispiel:</u> Abschätzung der Härte eines Festkörpers.
Das Abscherungskonzept, bei dem wir von irgendwelchen Besonderheiten des Korngefüges absehen, d.h. das Material als ein Kontinuum behandeln, ist in mancher Hinsicht nützlich. So können wir es zur Berechnung von Scherkräften auf beliebig komplizierte geometrische Verhältnisse übertragen.

Als Beispiel behandeln wir hier den Härteeindruck, von dem in Kapitel 8 schon einmal die Rede war. Damals fanden wir, dass die Härte

$$H = F/S = 3R_p$$

ist (wobei für stark verfestigende Stoffe, und das sind ja die meisten, noch ein Korrekturfaktor anzubringen ist). Hier wollen wir der Einfachheit halber annehmen, dass unser Material nicht stark verfestigt. Durch das Eindringen des Prüfkörpers wird die Fliessgrenze also nicht wesentlich beeinflusst. Als weitere Vereinfachung betrachten wir hier den zweidimensionalen Fall. (Der wirkliche Prüfkörper ist natürlich dreidimensional, das Ergebnis wird aber praktisch nicht verändert.)

Wenn wir nun den flachen Prüfkörper in das Material drücken, wird auf den 45^0-Ebenen Abscherung erfolgen (Abb. 11.4), und zwar bei einer Schubspannung, die gerade grösser als k ist. Setzt man die Arbeit, die durch die Kraft F beim Eindringen des Prüfkörpers entlang der Eindringstrecke u verrichtet wird, mit der Arbeit gleich, die auf den Scherebenen gegen k aufzuwenden ist, so erhält man

$$Fu = 2Sk/\sqrt{2}\cdot u\sqrt{2}+2Sku+4Sk/\sqrt{2}\cdot u/\sqrt{2}$$

oder einfacher

$$F = 6Sk,$$

so dass

$$F/S = 6k = 3R_p.$$

Da F/S die Härte definiert, ist also

$$H = 3R_p. \qquad (11.3)$$

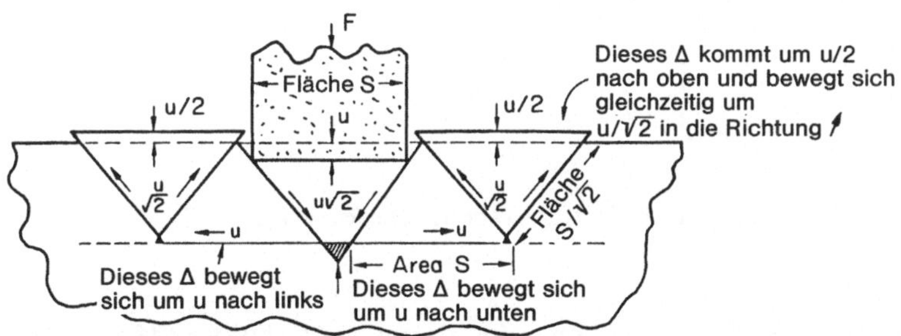

Abb. 11.4. Plastische Verformung beim Härteversuch - eine vereinfachte zweidimensionale Darstellung.

(Genau besehen, erfolgt Scherung makroskopisch nicht nur genau auf 45^0-Ebenen, sondern auf einer Vielzahl von 45^0-Ebenen um den eindringenden Prüfkörper herum. In Bezug auf unsere vereinfachenden Annahmen können wir aber durch eine Maximal-Abschätzung leicht zeigen, dass wir mit F - der sogenannten Grenzlast - auf der sicheren Seite liegen.)

Ähnlich kann man in vielen anderen zweidimensionalen Fällen verfahren: zur Berechnung der Knicklast komplexer Konstruktionen oder zur Analyse von Formgebungsprozessen wie Schmieden, Walzen oder Tiefziehen.

Plastische Instabilität: das Einschnüren im Zugversuch

Wenden wir uns jetzt dem anderen Ende der Spannungs-Dehnungskurve zu, um zu klären, warum Werkstoffe bei Zugverformung an einem bestimmten Punkt beginnen sich einzuschnüren. Der Vorgang steht für plastische Instabilität und bedeutet, dass sich plastisches Fliessen auf eine Stelle des verformten Körpers konzentriert (Abb. 11.5). Wenn nach Beginn der Einschnürung die Verformung weitergeht, tritt schliesslich am Ort der Einschnürung Bruch ein. Knetmaterial schnürt leicht ein; Kaugummi hingegen ist ausgesprochen dehnfähig.

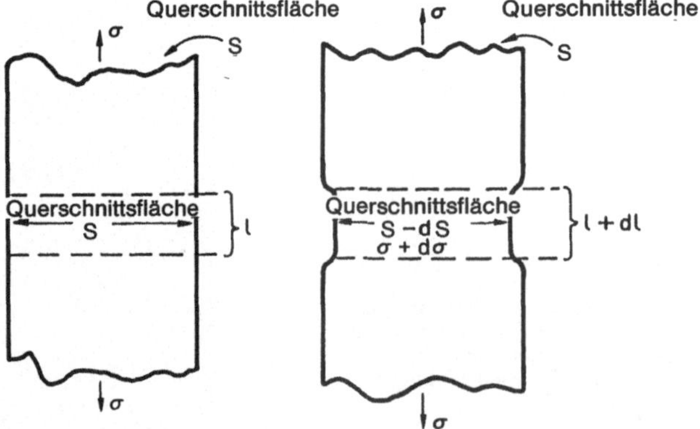

Abb. 11.5. Der Beginn der Einschnürung bei plastischer Verformung.

Bei der Analyse der Instabilität gehen wir davon aus, dass die Kraft F, die an den Probenenden angreift (Abb. 11.5), von jedem Querschnitt getragen wird. Aber sind eigentlich alle Querschnitte gleichermassen dazu in der Lage? Angenommen, ein Querschnitt verformt sich etwas mehr als die übrigen, wie in der Abbildung angedeutet ist. Dieser Querschnitt ist dann kleiner, die angreifende Spannung also grösser als bei den anderen. Nimmt nun die Streckgrenze wegen der sofort eintretenden Verfestigung an dieser Stelle zu, so kann der verminderte Querschnitt weiterhin der Kraft F tragen. Ist das aber nicht der Fall, so fliesst das Material weiter, die Einschnürung verstärkt sich, und die Probe bricht schliesslich an dieser Stelle. Jeder Querschnitt der Probe trägt eine Kraft $A\cdot\sigma$, wobei A die Querschnittsfläche und σ die örtliche Festigkeit bedeutet. Wenn $A\cdot\sigma$ mit der Verformung zunimmt, so verhält sich die Probe stabil. Umgekehrt, wenn $S\cdot\sigma$ abnimmt, wird sie instabil und schnürt sich ein. Das Kriterium für den Beginn der Einschnürung lässt sich daher folgendermassen angeben:

$$S\sigma = F = \text{const.}$$

Dann wird

$$Sd\sigma + \sigma dS = 0$$

oder

$$d\sigma/\sigma = -dS/S.$$

Da während plastischer Verformung das Probenvolumen konstant bleibt, ist

$$-dS/S = d\ell/\ell = d\varepsilon$$

(man braucht dazu lediglich $V = S\ell = \text{const.}$ zu differenzieren).

Also ist

$$d\sigma/\sigma = d\varepsilon$$

oder

$$d\sigma/d\varepsilon = \sigma. \qquad (11.4)$$

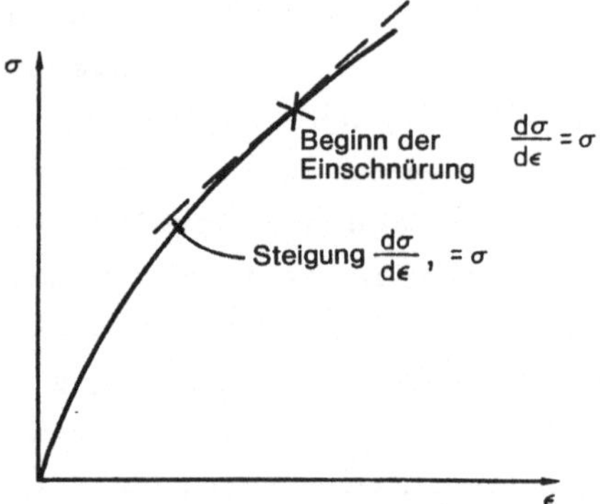

Abb. 11.6. Die Bedingung für Einschnürung.

In diese Beziehung gehen also die wahre Spannung und die wahre Dehnung ein. Sehr oft werden aber als Kennwerte des Zugversuchs die technische Spannung bzw. die technische Dehnung angegeben. Aus Kapitel 8 wissen wir, dass

$$\sigma = \sigma_0(1+\varepsilon_n)$$
$$\varepsilon = \ln(1+\varepsilon_n).$$

Für die Einschnürungsbedingung bedeutet das, dass

$$d\sigma_n/d\varepsilon_n = 0 \qquad (11.5)$$

ist. Mit anderen Worten, die technische Spannungs-Dehnungskurve hat beim Eintreten der Instabilität gerade ihr Maximum erreicht. Experimentell haben wir diesen Sachverhalt schon im Kapitel 8 kennengelernt.

Um den Vorgang physikalisch besser zu verstehen, kehren wir jedoch besser zu unserem zuvor formulierten Kriterium zurück und betrachten zunächst den Bereich kleiner Spannungen. Was wird geschehen, wenn wir eine kleine Einschnürung erzeugen? Das Material wird verfestigen, so dass es nunmehr in der Lage ist, die durch die Querschnittsverminderung erhöhte Spannung an dieser Stelle zu tragen. Die Kraft steigt weiter an, das Material bleibt stabil. Bei höherer Spannung ist die Verfestigungsrate kleiner als die wahre Spannungs-Dehnungskurve vermuten lässt, d.h. die Steigung der σ/ε-Kurve ist geringer. Nach einiger Verformung ist schliesslich ein Punkt erreicht, wo die Verfestigung gerade von der zusätzlichen Spannung kompensiert wird. An diesem Punkt beginnt die Einschnürung, hier ist

$$d\sigma/d\varepsilon = \sigma.$$

Bei noch höheren wahren Spannungen nimmt die Verfestigungsrate $d\sigma/d\varepsilon$ weiter ab, bis sie schliesslich nicht mehr ausreicht, um die Stabilität aufrechtzuerhalten, d.h. die Zunahme der Spannung im Einschnürbereich ist grösser als die Verformungsverfestigung. Die Einschnürung wird immer ausgeprägter, bis schliesslich Bruch eintritt.

Folgen plastischer Instabilität

Das Phänomen plastischer Instabilität ist von besonderer Bedeutung bei Formgebungsverfahren wie dem Tiefziehen von Blechen z.B. im Bereich der Automobilfertigung, der Dosenherstellung, usw.. Man muss daher versuchen, durch geeignete Materialauswahl und/oder günstige Fertigungsformen, Instabilitäten zu vermeiden.

Einfacher Stahl eignet sich besonders gut für das Tiefziehen; er lässt sich ohne Einschnürung bis zu hohen Graden verformen. Man kann daher Stahlbleche in sehr tiefe Formen pressen, ohne dass sie einreissen oder brechen (Abb. 11.7).

Aluminiumlegierungen eignen sich sehr viel weniger für Tiefziehverfahren (Abb. 11.8). Schon bei kleinen Dehnungen treten Instabilitäten auf. Dagegen verhält sich Reinaluminium nicht so ungünstig; nur ist es für die meisten Anwendungen zu weich.

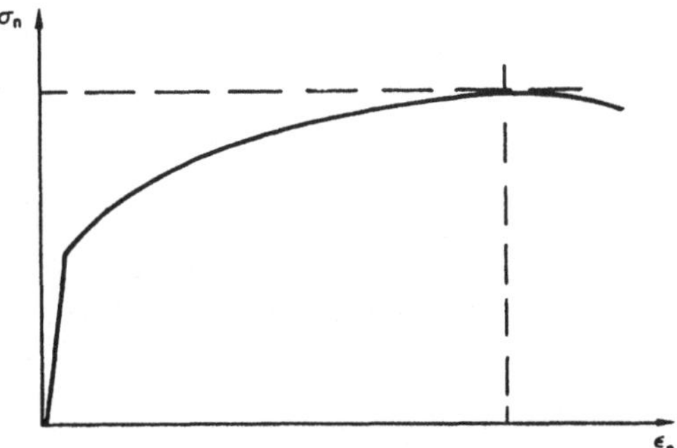

Abb. 11.7. Baustahl verformt sich unter Zugbeanspruchung bis zu grossen plastischen Dehnungen, bevor Einschnürung einsetzt.

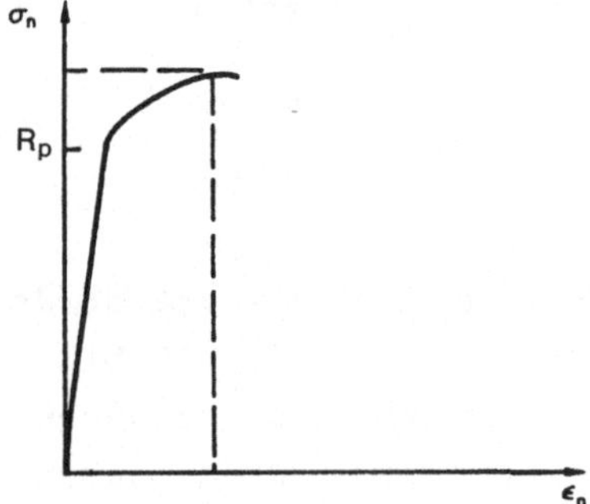

Abb. 11.8. Aluminium schnürt sich schon bei kleinen plastischen Dehnungen ein.

Bei Polyäthylen bildet sich eine besondere Form der Einschnürung, die nicht zum Bruch führt. Der σ_n/ε_n-Kurve in Abbildung 11.9 ist zu entnehmen, dass schon bei geringer Spannung die Steigung $d\sigma_n/d\varepsilon_n$ Null wird; dort beginnt auch die Einschnürung. Sie wird jedoch nicht instabil - die Probe verlängert sich einfach nur. Da das Material auch noch bei hoher Spannung beträchtlich verfestigen kann, ist es in der Lage, die steigende Spannung am immer kleiner werdenden Querschnitt aufzufangen. Dieses auf den ersten Blick eigenartige Verhalten ist zurückzuführen auf eine günstige Ausrichtung der Polymerketten, aus denen das Material aufgebaut ist. Sie werden im Einschnürbereich parallel zur Zugachse ausgerichtet und verleihen da-

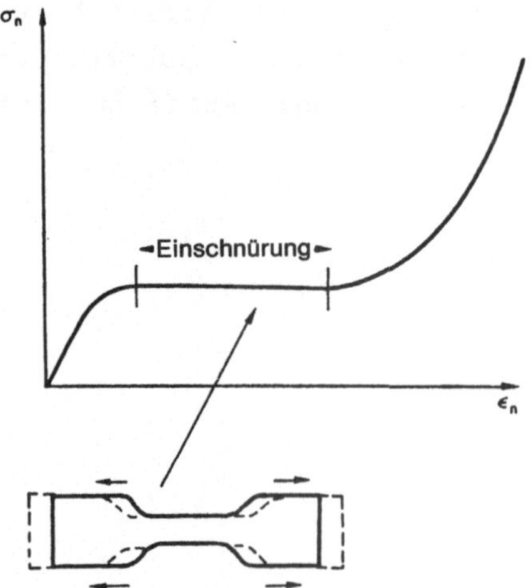

Abb. 11.9. Die Einschnürung, die sich bei Polyäthylen unter Zugbeanspruchung bildet, bleibt stabil; gezogenes Polyäthylen weist eine hohe Festigkeit auf.

durch dem Material zusätzliche Festigkeit. Solchermassen verformte, "gezogene", Polymere können im Vergleich zu Polymeren im unverformten Zustand sehr hohe Festigkeiten erreichen.

Auch bei Stahl können im Prinzip Instabilitäten, wie sie Polythen zeigt, auftreten. Die Spannungs-Dehnungskurve von geglühtem Stahl ist ähnlich derjenigen in Abbildung 11.10. Auch hier sind die Ursachen stabile Einschnürungen, sogenannte Lüdersbänder, die sich über die ganze Probe ausbreiten können, ohne dass diese zu Bruch geht. Die vorübergehende Stabilität rührt her von einer hohen Verfestigungskapazität auch noch bei höheren Spannungen. Bei der Formgebung von Stahlblechen kann das Auftreten von Lüdersbändern wegen der damit verbundenen schlechten Masshaltigkeit zu Problemen führen.

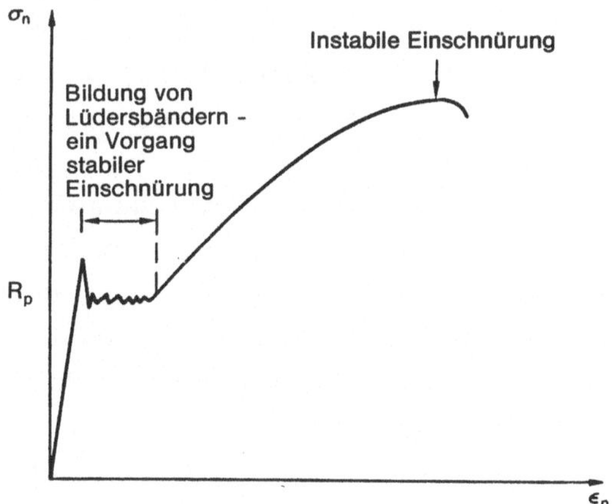

Abb. 11.10. Bei Baustahl zeigen sich sowohl stabile als auch instabile Einschnürungen.

12 Fallstudien: Verformungsorientiertes Konstruieren

Einführung

Ausgehend von unserem bisherigen Kenntnisstand über Plastizität wollen wir hier drei Anwendungsbeispiele besprechen. Im ersten Fall - Materialauswahl für eine Blattfeder - soll absolut keine plastische Dehnung auftreten. Das zweite Beispiel - Materialauswahl für einen Druckbehälter - ist charakteristisch für das Konstruieren von Grosskomponenten mit betimmten zulässigen Dehngrenzen. Man darf ja nicht erwarten, dass hier keinerlei Plastizität im Spiel ist. An irgendwelchen Punkten wird man immer plastische Verformung antreffen: um Bolzenlöcher herum, an Krafteinleitungspunkten, an Stellen, an denen der Querschnitt wechselt. Wichtig ist nur, dass das Bauteil nicht an beliebigen Stellen nachgibt, d.h. das plastische Verformungsverhalten soll kontrollierbar bleiben. Zum Schluss untersuchen wir die Vorgänge beim Walzen, bei denen plastisches Fliessen bis hin zu hohen Veformungsgraden eine notwendige Voraussetzung ist.

Fallstudie 1: Bauteile unter rein elastischer Beanspruchung: Federwerkstoffe.

Federn haben viele Formen und Grössen. In den meisten Fällen sind sie aus Metall hergestellt; einige Beispiele sind in Tabelle 12.1 aufgeführt. Auf den ersten Blick scheint der E-Modul in der Hauptsache für die Auswahl massgebend zu sein. Aber die Tafel weist aus, dass es für die ausgewählten Federwerkstoffe keine grossen Variationen im E-Modul gibt. Und ausgesprochen hoch ist eigentlich auch keiner. Warum also taugen diese Werkstoffe für die Federherstellung in besonderem Masse? Wenn wir uns darüber im klaren sind, können wir dann Vorschläge für neue Federwerkstoffe machen?

Tabelle 12.1

Federwerkstoffe

Werkstoff	E/GNm^{-2}	R_p/MNm^{-2}	R_p/E
Messing (kaltgewalzt)		638	5.32×10^{-3}
Bronze (kaltgewalzt)	120	640	5.33×10^{-3}
Phosphorbronze		770	6.43×10^{-3}
Kupferberyllium		1380	11.5×10^{-3}
Federstahl	200	1300	6.5×10^{-3}
Rostfreier Stahl (kaltgewalzt)		1000	5.0×10^{-3}
Nimonic (Hochtemperatur)		614	3.08×10^{-3}

Die Blattfeder

Nehmen wir hier den Fall der Blattfeder. Auch bei der Blattfeder können noch sehr viele Variationsmöglichkeiten auftreten; allen Typen gemein ist jedoch, dass sie kleine elastische Balken darstellen, die unter Biegebeanspruchung stehen. Wie wir schon wissen (Kapitel 7), biegt sich ein elastischer Balken mit rechteckigem Profil, der nur an seinen Enden unterstützt ist, unter der Mittenlast F um den Betrag

$$\delta = F\ell^3/4Ebt^3 \qquad (12.1)$$

durch, wobei sein Eigengewicht nicht berücksichtigt ist (Abb. 12.1).

Abbildung 12.1 macht deutlich, dass die Spannung entlang der neutralen Mittelfaser Null ist, hingegen an der Oberfläche in der Mitte maximal wird (das Biegemoment ist hier am grössten). Die Maximalspannung beträgt

$$\sigma = 3F\ell/2bt^2. \qquad (12.2)$$

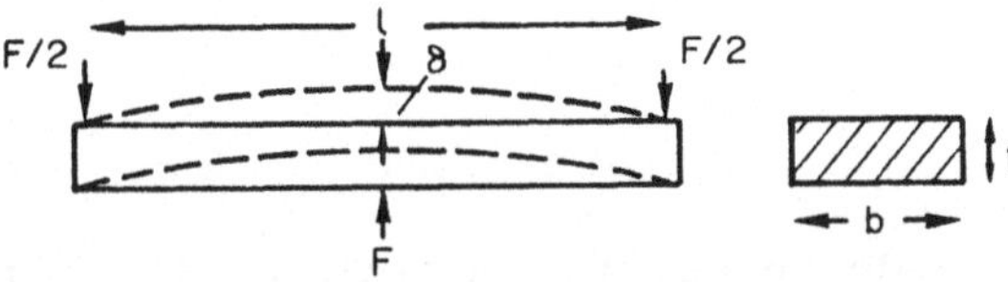

Abb. 12.1. Eine Blattfeder unter Belastung.

Nun muss eine richtige Feder unter Einsatzbedingungen (wenn sie ausgelenkt wird) jederzeit in ihre Ausgangsposition zurück"federn", d.h. sie darf keinerlei bleibende Verformung erleiden. Die Bedingung dafür ist, dass die Maximalspannung aus Gleichung (12.1) kleiner als die Fliessgrenze bleibt:

$$3F\ell/2bt^2 < R_p. \qquad (12.3)$$

Durch Substitution in Gleichung (12.1) wird F eliminiert, so dass man

$$R_p/E > 6\delta t/\ell^2 \qquad (12.4)$$

erhält. Die Ungleichung besagt: Wenn eine Feder eine bestimmte Auslenkung δ erfährt, dann muss das Verhältnis R_p/E gross genug sein, damit bleibende Verformung vermieden werden kann. Aus diesem Grund sind in Tabelle 12.1 Werte für R_p/E aufgeführt. Die besten Federn sind aus dem Material mit dem höchsten Verhältnis R_p/E. Federwerkstoffe sind besonders gehärtet (Kapitel 10): durch Mischkristallhärtung im Verbund mit Kaltverfestigung (kaltgewalztes einphasiges Messing oder Bronze), mischkristallgehärtet und zusätzlich teilchengehärtet (Federstahl), usw. Wird dagegen eine Feder geglüht, so verliert sie nach und nach ihre Federeigenschaften infolge von Erholungsprozessen in der Verfestigungsstruktur bzw. durch Vergröberung der Teilchenstruktur (der Teilchenabstand wächst).

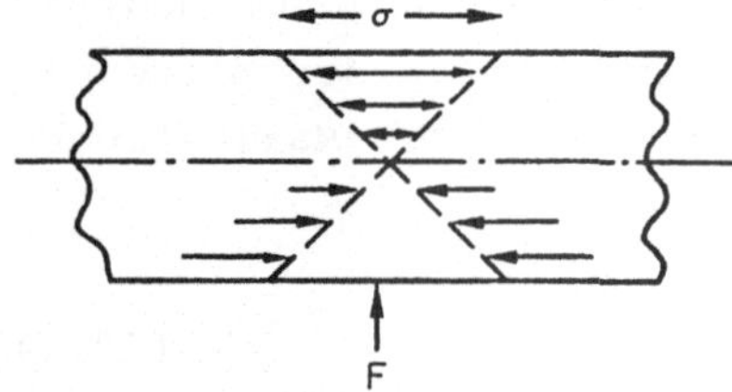

Abb. 12.2. Spannungen in einer Blattfeder.

Beispiel:

Federn für eine Fliehkraftkupplung

Nehmen wir an, wir möchten einen Federwerkstoff aussuchen, der für folgende Verwendung geeignet sein soll : Eine auf Federn basierende Kupplung wie die in Abbildung 12.3 soll bei 800 Upm 15 kJ übertragen,

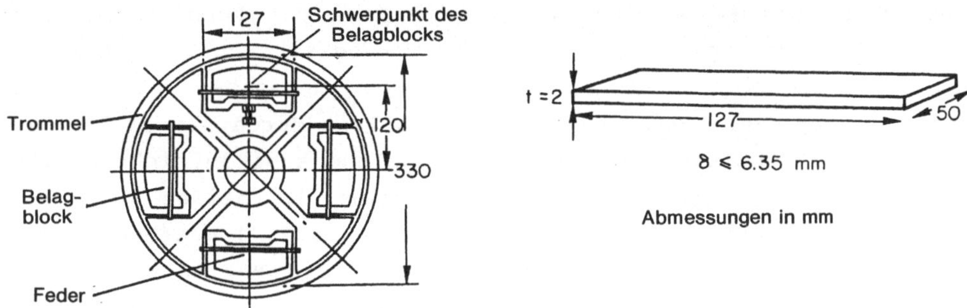

Abb. 12.3. Blattfedern in einer Fliehkraftkupplung.

und zwar soll die Krafübertragung ab 600 Upm allmählich einsetzen. Die Andrückblöcke sind mit einem geeigneten Material (mit hohem Reibungskoeffizienten) belegt. Bei korrekter Ausrichtung der Blöcke sollte die maximale Federauslenkung 6.35 mm betragen (die Blöcke nutzen sich jedoch mit zunehmendem Gebrauch ab, so dass auch grössere Auslenkungen erforderlich werden können; das ist ein häufiges Problem bei Federn - fast immer müssen sie zusätzlichen Auslenkungen standhalten, ohne aber ihre optimal eingestellten Eigenschaften einzubüssen).

Mechanische Grössen

Die Kraft, die auf die Feder wirkt, ist

$$F = Mr\omega^2, \qquad (12.5)$$

wobei M die Masse des Blockes, r der Abstand des Schwerpunktes des Blocks von der Drehachse und ω die Winkelgeschwindigkeit ist. Bei Maximalgeschwindigkeit ist die Nettokraft, die der Block auf den Rand der Kupplungsscheibe ausübt

$$Mr(\omega_2{}^2-\omega_1{}^2). \qquad (12.6)$$

ω_1 und ω_2 sind die Winkelgeschwindigkeiten bei 800 bzw. 600 Upm (die Nettokraft muss ja bei $\omega_2 = \omega_1$, also bei 600 Upm, Null werden!). Die Gesamtleistung, die dabei übertragen wird ist

$$4\mu_s Mr(\omega_2{}^2-\omega_1{}^2)\omega_2 r. \qquad (12.7)$$

$\omega_2 r$ bezeichnet den Bogen, den der innere Rand der Kupplungsscheibe bei Maximalgeschwindigkeit pro Zeiteinheit überstreicht. μ_s ist der Haftreibungskoeffizient und kann als konstant angesehen werden; zum Teil hängt er vom Belagmaterial ab. r ist allein durch die zulässigen Abmessungen der Kupplung bestimmt (die Kupplung kann ja nicht beliebig gross gemacht werden!). Die Leistung sowie die beiden Winkelgeschwindigkeiten ω_2 und ω_1 sind durch Gleichung (12.7) gegeben; damit ist auch M festgelegt. Ebenso berechnet sich die Maximalkraft, die auf die Feder wirkt, aus $F = Mr\omega_1{}^2$. Die Forderung, dass diese Kraft die Federstreifen nur um 6.35 mm auslenkt, so dass das Belagmaterial gerade mit der Kupplungsscheibe kraftschlüssig wird, bestimmt schliesslich über Gleichung (12.1) die Dicke t des Federstreifens (ℓ und b sind fest vorgegeben).

Metallische Werkstoffe als Kupplungsfeder

Gehen wir von folgenden Federabmessungen, $t = 2$ mm, $b = 50$ mm, $\ell = 127$ mm und einem δ von 6.35 mm aus. Welchen Werkstoff sollen wir wählen? Aus Gleichung (12.4) erhalten wir

$$(R_p/E) > \frac{6 \cdot 6.35 \cdot 2}{127 \cdot 127} = 4.7 \cdot 10^{-3}. \qquad (12.8)$$

Tabelle 12.1 weist aus, dass Federstahl für den Zweck am geeignetsten und auch gleichzeitig das billigste Material ist; er bietet jedoch in Bezug auf Abnutzung eine beunruhigend kleine Reserve. Anderseits würde eine verhältnismässig teure Ausführung aus Beryllium-Kupfer dieser Auflage genügen ($R_p/E = 11.5 \cdot 10^{-3}$).

In vielen Fällen sind allerdings die Anforderungen so gelagert, dass Einzelfedern der besprochenen Art sich selbst dann verformen würden, wenn sie aus Beryllium-Kupfer wären. Vor allem tritt dieses Problem auf im Fall von federnd aufgehängten Karrosserien z.B. von Autos, wo grosse Auslenkungen δ ("weiche" Aufhängung) und grosse Kräfte F (hohes Gewicht) gleichzeitig gefordert werden. Die Lösung kann dann in der Verwendung von Federkombinationen liegen (Abb. 12.4). Bei kleinem t kann man damit grosse Auslenkungen erreichen, ohne dass Verformung zu befürchten wäre; es gilt dann für die Einzelkomponente (wie in Glg. 12.4)

$$(R_p/E) > 6\delta t/\ell_2; \qquad (12.9)$$

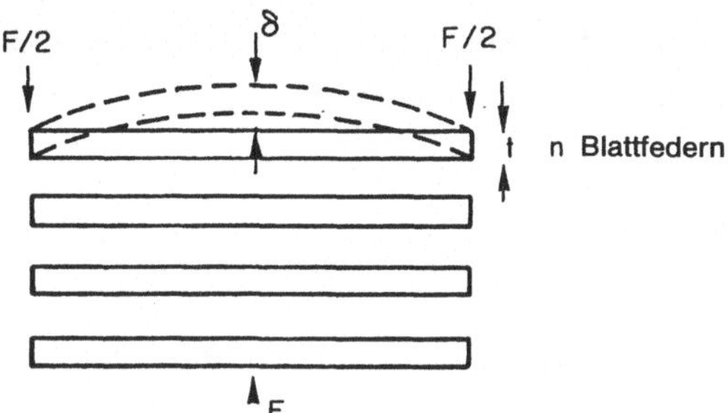

Abb. 12.4. Mehrfach-Blattfeder (schematisch).

die Tragfähigkeit wird durch hinreichend viele Einzelkomponenten gewährleistet.

Nichtmetallische Werkstoffe

Nicht zuletzt können auch nichtmetallische Werkstoffe gute Federn abgeben. Glas oder Silikatschmelzen mit einem R_p/E-Verhältnis von z.B. $58 \cdot 10^{-3}$ sind ausgezeichnete Federwerkstoffe, vorausgesetzt die Einsatzbedingungen sind so, dass sie weder an der Oberfläche beschädigt werden noch Schockbehandlungen erfahren (Galvanometeraufhängungen sind lange Zeit aus Glasfedern gemacht worden). Auch Nylon taugt als Federwerkstoff, die angreifenden Kräfte dürfen allerdings nicht zu gross sein. Bei einem $R_p/E = 20 \cdot 10^{-3}$ sind Kunststoffedern weitverbreitet, z.B. im Haushalt (z.B. Bürsten) oder in Spielzeugen. Blattfedern für schwere Lastwagen werden heute auch schon aus KFK gemacht: ihr Verhältnis R_p/E ($6 \cdot 10^{-3}$) ist vergleichbar mit dem von Stahl, die Gewichtsersparnis fängt die höheren Kosten wieder auf. Offensichtlich kann man KFK fast immer in Betracht ziehen, wenn der Werkstoffeinsatz ungewöhnliche Anforderungen stellt.

Fallstudie 2: Bauteile mit zulässigen Dehngrenzen: Werkstoffauswahl für einen Druckbehälter.

Wir besprechen jetzt die Materialauswahl für einen Druckbehälter, der unter einem Gasdruck p steht, wobei wir zuerst das Gewicht, später die Kosten minimieren wollen. Wir suchen also eine Konstruktion, die in Bezug auf plastische Verformung nicht versagt. Dabei müssen wir jedoch vorsichtig sein: Das "plastische" Versagenskriterium ist im allgemeinen nicht das einzige. Oft können sich Sprödbruch, Ermüdung oder Korrosion überlagern. Darauf kommen wir aber in den Kapiteln 13, 15 und 23 zu sprechen. Hier behandeln wir den Verformungsbruch als einziges Kriterium.

Ein Druckbehälter mit minimalem Gewicht

Der Rumpf eines Flugzeugs, die Kapsel eines Raumschiffs, der Treibstoffbehälter einer Rakete sind Beispiele für Druckbehälter mit minimiertem Gewicht. Die Spannung in der Behälterwand ist (Abb. 12.5)

$$\sigma = pr/2t. \tag{12.10}$$

r, der Radius des Druckbehälters, ist im allgemeinen vorgegeben. σ beinhaltet einen Sicherheitsfaktor S, d.h. man setzt $\sigma \leq R_p/S$. Die Kesselmasse ist

$$M = 4\pi r^2 \rho, \tag{12.11}$$

so dass sich die Wanddicke zu

$$t = M/4\pi r^2 \rho \tag{12.12}$$

ergibt. Ersetzen wir t in Gleichung (12.10), so erhalten wir

$$R_p/S \geq pr4\pi r^2 \rho/2M = 2\pi p r^3 \rho/M. \tag{12.13}$$

Mit Gleichung (12.11) können wir dann die Masse auch ausrücken als:

$$M = S2\pi p r^3 (\rho/R_p). \tag{12.14}$$

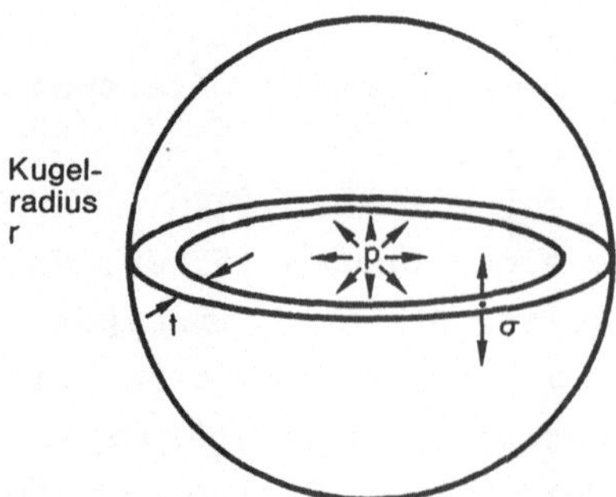

Abb. 12.5. Dünnwandiger kugelförmiger Druckbehälter.

Der leichteste Kessel muss also den kleinsten ρ/R_p-Wert aufweisen. Wir ersehen diese Werte für einige in Frage kommende Werkstoffe aus Tabelle 12.2.

Tabelle 12.2

Werkstoffe für Druckbehälter

Werkstoff	R_p/MN m^{-2}	ρ/Mg m^{-3}	$\bar{p}$/£($) Tonne^{-1}	$\frac{\rho}{R_p}$ x 10^6/ s^2 m^{-2}	$\frac{\bar{p}\rho}{R_p}$ x 10^6/ £($) m^{-1} N^{-1}
Armierter Beton	200	2.5	130(290)	13	1.6(3.5)
Legierter Stahl (Druckbehälterstahl)	1000	7.8	500(1100)	7.8	3.9(8.6)
Baustahl	314	7.8	220(490)	25	5.5(12)
Aluminiumlegierungen	400	2.7	1000(2200)	6.8	6.8(15)
Fiberglas	200	1.8	1100(2420)	9.0	9.9(22)
KFK	600	1.5	90,000(198,000)	2.5	230 (510)

Der bei weitem leichteste Kessel müsste aus KFK sein. Danach kommen Aluminium und Druckbehälterstahl. Stahlbeton oder einfacher Stahl machen den Behälter ausgesprochen schwer.

Ein Druckbehälter zu minimalen Kosten

Bei einem Preis $\tilde{p}$ pro Tonne Material ergibt sich für die Behälterkosten

$$\tilde{p}M = \text{const } \tilde{p}(\rho/R_p). \tag{12.15}$$

Die Kosten werden also minimal durch Minimierung von $\tilde{p}(\rho/R_p)$. Die entsprechenden Daten finden sich in Tabelle 12.2.

Die Materialauswahl sieht jetzt ganz anders aus. Stahlbeton ist nun die beste Wahl - daher sind auch viele Wassertürme und Reaktordruckbehälter aus Stahlbeton. Das nächstgünstigere Material ist Druckbehälterstahl - er ist gleichzeitig der beste Kompromiss aus Kosten und Gewicht. GFK und KFK sind sehr teuer.

Fallstudie 3: Der Walzvorgang

Schmieden, Fliesspressen und Walzen sind Formgebungsverfahren für Metalle, bei denen der Querschnitt des stab- oder scheibenförmigen Umformgutes unter Druckbeanspruchung erheblich reduziert wird. Wenn man Flachmaterial walzt, so wird seine Dicke über die Walzlänge ℓ von t_1 zu t_2 reduziert. Auf den ersten Blick scheint das Walzgut kaum zwischen den Rollen zu reiben, da sich diese offensichtlich mit dem Walzgut bewegen. Das Metall verlängert sich aber ja in Walzrichtung, so dass es sich beim Durchgang durch die Walze beschleunigt. Ein gewisses Durchrutschen ist dabei unvermeidlich. Bei polierten geschmierten Walzen (wie sie für hohe Formgenauigkeit und beim Kaltwalzen stets verwendet werden) sind die Reibungsverluste minimal. In unserem Beispiel wollen wir von den Reibungsverlusten aber gänzlich absehen (gleichwohl werden sie in jedem Fachbuch über Walzumformung berücksichtigt) und bei der Berechnung des Walzmomentes so tun, als seien die Walzen "unendlich gut" geschmiert.

Die Walzgeometrie in Abbildung 12.6 zeigt, dass

$$\ell^2+(r-x)^2 = r^2$$

oder, sofern $x = 1/2(t_1-t_2)$ klein ist (was fast immer der Fall ist)

$$\ell = \left(r(t_1-t_2)\right)^{1/2}.$$

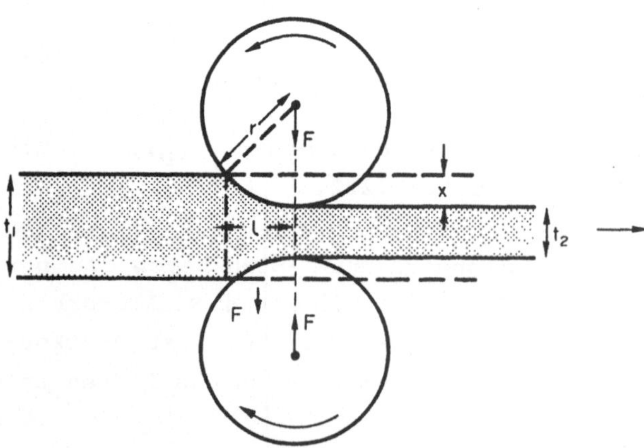

Abb. 12.6. Der Walzvorgang.

Die Kraft F bewirkt, dass das Metall sich über eine Länge ℓ und die Breite w (senkrecht zur Bildebene) verformt. Also ist

$$F = R_p w \ell .$$

Ist bei dem Walzvorgang die halbe Strecke ℓ durchlaufen (wie bei der unteren Walze angedeutet), so ergibt sich das Moment

$$T = F\ell/2 = R_p w \ell^2/2,$$

und schliesslich wird

$$T = R_p w r (t_1 - t_2)/2. \qquad (12.16)$$

Das Moment zum Antrieb der Walzen erhöht sich also mit zunehmender Fliessgrenze R_p; mithin benötigt man beim Warmwalzen (R_p nimmt mit zunehmender Temperatur ab, vgl. Kapitel 17) weniger Energie als beim Kaltwalzen. Ferner erhöht sich das Moment mit der Querschnittsabnahme $(t_1 - t_2)$ sowie mit dem Walzenradius r. Diese Abhängigkeit vom Walzenradius ist einer der Gründe, warum man bevorzugt dünne Walzen verwendet, die dann aber, um Durchbiegung zu vermeiden, in einem Walzgerüst gegen sogenannte Stützwalzen (mit grösserem Radius) laufen müssen.

Bei einer detaillierten Analyse des Walzvorgangs werden im allgemeinen noch wesentlich mehr Gesichtspunkte berücksichtigt, die wir hier nicht angesprochen haben: Reibung, die elastische Verformung der Walzen, die Erzwingung einer ebenen Verformung durch die Walzengeometrie. Aber die Fallstudie soll ja auch zunächst nur einen Eindruck vermitteln von der Bedeutung der Verformungsvorgänge, insbesondere der Fliessgrenze, bei Umformprozessen von Metallen und eigentlich auch von Kunststoffen.

D Sprödbruch, Zähigkeit und Ermüdung

13 Sprödbruch und Zähigkeit

Einführung

Bisweilen versagen Konstruktionen, deren Auslegung hinsichtlich übermässiger elastischer Durchbiegung und plastischer Verformung hinreichend sicher ist, in katastrophaler Weise durch Sprödbruch. Gemeinsam ist solchen Versagensfällen - z.B. bei geschweissten Schiffen und Brücken, Gasleitungen und Druckbehältern unter grossem Innendruck - das Auftreten von Rissen, oft als Folge mangelhaft ausgeführter Schweissungen. Sprödbruch wird hervorgerufen durch Wachstum von Rissen, die sehr schnell (mit Schallgeschwindigkeit) instabil werden. Weshalb werden sie instabil?

Energiekriterien für Sprödbruch

Bläst man einen Luftballon auf, so wird darin Energie gespeichert. Zum einen handelt es sich dabei um die Energie des komprimierten Gases, zum anderen um die elastische Energie in der Gummihaut des Ballons. Sowie sich der Druck erhöht, vergrössert sich auch die gesamte elastische Energie des Systems.

Bringen wir nun einen kleinen Riss in die Ballonhaut, indem wir mit einem spitzen Gegenstand in den aufgeblasenen Ballon stechen, wird der Ballon explodieren, und die gesamte Energie wird schlagartig frei. Die Ballonhaut versagt durch "Sprödbruch", obwohl sie doch noch deutlich unterhalb der Streckgrenze beansprucht wurde. Stechen wir nun in gleicher Weise in einen nur schwach aufgeblasenen Ballon, in dem entsprechend weniger Energie gespeichert ist, so wird das Loch unter Umständen stabil bleiben und der Ballon nicht platzen. Blasen wir aber den angestochenen Ballon weiter auf, so wird der Ballon ab einem bestimmten Druck schliesslich doch platzen. Mit anderen Worten, wir haben einen kritischen Druck erreicht, bei dem das Loch instabil wird und "Sprödbruch" gerade eintreten kann. Wie ist das zu erklären?

Um den Riss, sagen wir, um 1 mm wachsen zu lassen, müssen wir den Ballon auseinanderziehen. Dabei wird Energie verbraucht, Energie zur Schaffung neuer Rissoberfläche. Solange die Arbeit, die von dem Gasinnendruck verrichtet wird zusammen mit dem Gewinn an elastischer Energie beim Platzen des Ballons gerade die Rissenergie ausgleicht, wird der Ballon nicht platzen - das würde den Gesetzen der Thermodynamik widersprechen.

Wir können allerdings ganz einfach die Energie des Systems erhöhen, indem wir den Ballon weiter aufblasen. Der Riss wird dabei solange stabil bleiben (d.h. er wird nicht wachsen) bis das System (Ballon plus komprimiertes Gas) genügend Energie gespeichert hat, um bei weiterem Rissfortschritt mehr Energie freizusetzen als aufzunehmen. Man kann also von einem kritischen Druck sprechen, oberhalb dem ein Druckbehälter, der einen Riss enthält, spröde bricht.

Viele Unfälle (der plötzliche Zusammenbruch von Brücken, die Explosion von Kesseln usw.) lassen sich auf diesen Effekt zurückführen. In allen Fällen wird die kritische Spannung, oberhalb der hinreichend viel Energie für den Rissfortschritt zur Verfügung steht, überschritten, und in allen Fällen kommt das Versagen für den Konstrukteur vollkommen überraschend. Wie können wir diese kritische Spannung berechnen?

Ausgehend von unseren Energiebetrachtungen am Luftballon können wir bereits eine Energiebilanz formulieren. Nehmen wir an, ein Riss der Länge a in einem Bauteil mit Dicke t soll sich um δa verlängern. Die dazu erforderliche Energie muss grösser sein als die Summe aus dem Gewinn an elastischer Energie und der an der Risspitze absorbierten Energie, d.h.

$$\delta W \geq \delta U^{el} + G_c t \delta a. \qquad (13.1)$$

Dabei ist G_c die absorbierte Energie pro Einheitsfläche des Risses (und nicht pro Einheitsfläche der neuen Oberfläche) und $t\delta a$ die Rissfläche.

Die Materialkonstante G_c, die die zur Erzeugung einer Risseinheitsfläche erforderliche Energie angibt, nennen wir Zähigkeit (manchmal heisst sie auch kritische Energiefreisetzungsrate oder auch Rissausbreitungskraft). Ihre Einheit ist J/m^2. Hohe Bruchzähigkeit bedeutet demnach, dass sich ein Riss nicht leicht vorantreiben lässt (wie z.B. in Kupfer, wo $G_c \sim 10^6$ J/m^2 ist). Glas bricht andererseits sehr leicht bei einer Bruchzähigkeit von nur 10 J/m^2.

Mit derselben Grösse G_c lässt sich übrigens auch die Adhäsionskraft von Klebebändern beschreiben. Man kann sie messen, indem man ein Gewicht an ein bereits teilweise abgerolltes Scotchband hängt. Dabei muss das Band drehbar gelagert sein (z.B. mit einem Bleistift als Achse) wie in Abbildung 13.1 gezeigt. Sobald das angehängte Gewicht den Wert M übersteigt, wird sich das Band weiter aufrollen (was dem Vorgang des Sprödbruchs entspricht). In diesem Fall ist die Grösse δU^{el} klein im Vergleich zur Arbeit, die durch M verrichtet wird (das Band ist verhältnismässig wenig nachgiebig), so dass man sie vernachlässigen kann. Unsere Energiebilanz für Sprödbruch ergibt dann

$$\delta W = G_c t \delta a$$

bzw.

$$Mg\delta a = G_c t \delta a$$

$$Mg = G_c t$$

und damit

$$G_c = Mg/t.$$

Bei einer Bandbreite von $t = 2$ cm ($g = 10$ m/s^2) und einer Masse $M =$ 1 kg erhält man typischerweise einen Zähigkeitswert von etwa

$$G_c = 500 \text{ J/m}^2$$

ein Wert, der übrigens mit der Bruchzähigkeit von vielen Polymeren vergleichbar ist.

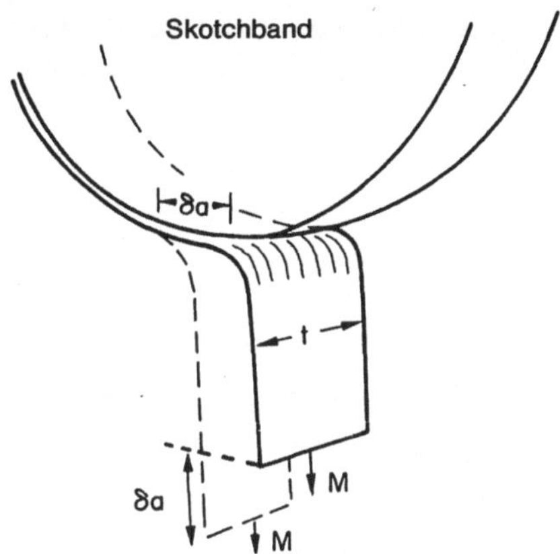

Abb. 13.1. Die Bestimmung von G_C für ein Klebeband.

In den meisten Fällen lässt sich freilich δU^{el} nicht vernachlässigen. Die obigen Beziehungen müssen dann umfassender formuliert werden. Dafür wollen wir zunächst eine an einer Kante eingerissene Platte betrachten, die entsprechend Abbildung 13.2 fest eingespannt ist. Diese Beanspruchungsart ist realistisch für viele Anwendungsfälle - z.B. tritt sie häufig im Bereich der Schweissnähte von grossen Stahlkomponenten auf. Sie erlaubt uns darüberhinaus, δU^{el} auf einfache Weise zu bestimmen.

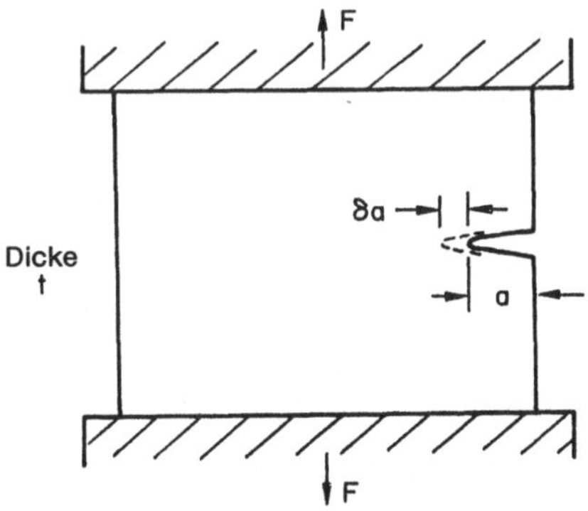

Abb. 13.2. Sprödbruch einer festeingespannten Platte.

Sprödbruch einer Platte mit fest eingespannten Probenenden

Die Platte in Abbildung 13.2 sei also unter Zugspannung oben und unten fest zwischen zwei starre Blöcke eingespannt. Da sich die Plattenenden nicht bewegen können, verrichten die Kräfte, die auf sie wirken, keine Arbeit; δW ist also Null. Folglich lässt sich unsere Energiebilanz für die Rissausbreitung als

$$-\delta U^{el} = G_c t \delta a \tag{13.2}$$

schreiben. Wenn nun der Riss wächst, so wird sich das Material im Bereich des Risses "entspannen" und dabei elastische Energie freisetzen. δU^{el} muss also negativ angesetzt werden. Das ist in Einklang mit Gleichung (13.2), denn G_c ist ja immer positiv definiert. δU^{el} lässt sich nach Abbildung 13.3 abschätzen.

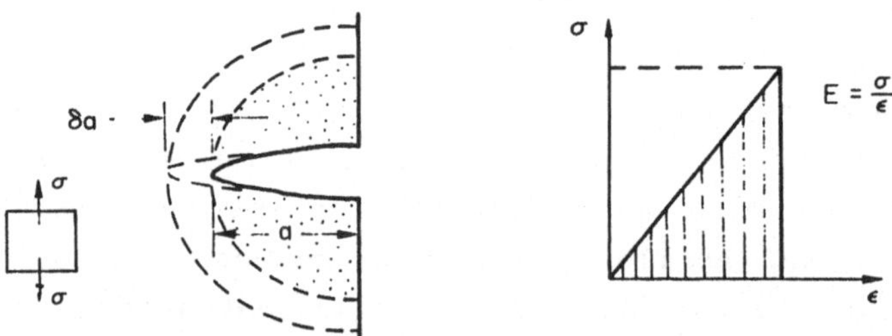

Abb. 13.3. Energiefreisetzung bei zunehmendem Rissfortschritt.

Dazu stellen wir uns einen kleinen Würfel mit Einheitsvolumen im Innern der Platte vor. Infolge der angelegten Kraft F erfährt dieser Würfel eine Spannung σ, die eine Dehnung ε bewirkt. Jeder Einheitswürfel enthält also eine elastische Energie U^{el} der Grösse $\sigma\varepsilon/2$ bzw. $\sigma^2/2E$. Beim Einbringen eines Risses der Länge a in den Würfel, wird sich das Material in dem gepunkteten Bereich (Abbildung 13.3) zur Spannung Null entspannen. Dabei soll es dort die gesamte gespeicherte elastische Energie freisetzen. Die Energieänderung ist mithin

$$U^{el} = -\sigma^2/2E \cdot \pi a^2 t/2.$$

Breitet sich nun der Riss um δa aus, so beträgt das zugehörige δU^{el} ganz einfach

$$\delta U^{el} = dU^{el}/da \cdot \delta a = -\sigma^2/2E \cdot 2\pi a t/2 \cdot \delta a.$$

Und als Kriterium für die Rissausbreitung (Glg. (13.2)) erhalten wir

$$\sigma^2 \pi a/2E = G_c.$$

Im Grunde ist unser Ansatz nur eine Näherung. Genauere mathematische Berechnungen der elastischen Spannungs-Dehnungsverhältnisse im Rissbereich führen zu einem Wert δU^{el}, der um den Faktor 2 höher liegt als unsere obige Abschätzung. Wir müssen also als Sprödbruchkriterium

$$\sigma^2 \pi a/E = G_C$$

oder auch

$$\sigma\sqrt{\pi a} = \sqrt{EG_C} \qquad (13.3)$$

schreiben.

Sprödbruch einer Platte unter konstanter Last

Man kann die Platte auch auf andere Weise belasten, die man übrigens ebenso häufig antrifft, indem man nämlich ein Gewicht dranhängt (Abb. 13.4). In diesem Fall ist die Lage etwas komplizierter als im Fall fester Einspannung. Mit zunehmender Rissgrösse verliert die Platte an Steifigkeit. Beim Relaxieren bewegen sich die angelegten Kräfte und verrichten Arbeit. δW ist daher von Null verschieden und zwar positiv. δU^{el} ist ebenfalls positiv (es zeigt sich nämlich, dass ein Teil von δW die Dehnungsenergie der Platte erhöht), so dass die zuletzt aufgestellte Beziehung nach wie vor zutrifft.

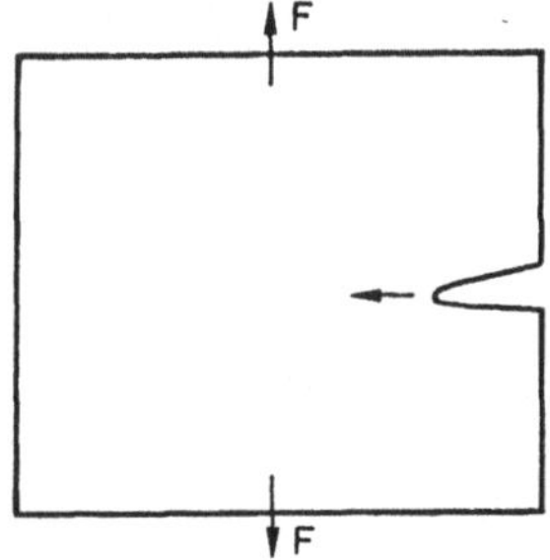

Abb. 13.4. Sprödbruch einer Platte, die durch ein freihängendes Gewicht beansprucht wird.

Das Rissausbreitungskriterium

Können wir annehmen, dass die oben abgeleitete Bedingung für das Einsetzen des Sprödbruches $\sigma\sqrt{\pi a} = \sqrt{EG_C}$ allgemeine Gültigkeit hat?

Sicher müssen noch Aspekte der Probengeometrie berücksichtigt werden. Die Beziehung gilt in dieser Form streng genommen nur für eine dünne, auf der einen Seite unendlich ausgedehnte Platte, so dass a sehr gross gegenüber der Plattendicke, t hingegen deutlich kleiner als alle anderen Plattenabmessungen ist. Diese Randbedingungen sind in der Praxis selten in Reinheit erfüllt, so dass wir in vielen Fällen noch einen Korrekturfaktor anbringen müssen, z.B. wird, wenn die Plattendicke t grösser als a ist, $\sigma\sqrt{\pi a}$ um den Faktor 1.12 grösser. Andere Probengeometrien bedingen andere Korrekturfunktionen (wenn z.B. zusätzlich die anderen Probenabmessungen mit a vergleichbar werden). Hier wollen wir von diesen Korrekturen absehen. Für die Beschreibung der grundlegenden Physik der Rissausbreitung verkomplizieren sie das Bild unnötigerweise. Ausserdem weichen die Faktoren oft genug gar nicht viel von 1 ab. Sobald der angehende Ingenieur jedoch konkreten Berechnungen des Bruchverhaltens gegenübersteht, sollte er sich die Existenz dieser Korrekturfaktoren in Erinnerung rufen. Ihr Wert lässt sich ohne weiteres aus entsprechenden Tabellen entnehmen.

Kehren wir zu unserem Rissausbreitungskriterium zurück. Die linke Seite der Gleichung besagt, dass Sprödbruch einsetzt, wenn in einem Material, das einer Spannung σ ausgesetzt ist, ein Riss die kritische Grösse a erreicht. Die rechte Seite der Gleichung hängt nur von den Materialeigenschaften ab. E ist offensichtlich eine Materialkonstante, und die Risserzeugungsenergie G_C kann ebenfalls nur vom Material abhängen. Mithin muss auch das Produkt von σ und a, die kritische Grösse für den Sprödbruch, als Materialkonstante angesehen werden.

Für den Term $\sigma\sqrt{\pi a}$ hat sich in der Bruchmechanik die "Abkürzung" K eingeführt. K wird in $MN/m^{3/2}$ angegeben und heisst, nicht ganz nachvollziehbar, Spannungsintensitätsfaktor. Sprödbruch setzt also ein, wenn

$$K = K_C,$$

wobei K_C ($= \sqrt{EG_C}$) kritischer Spannungsintensitätsfaktor oder gewöhnlich auch Bruchzähigkeit genannt wird.

Fassen wir kurz zusammen:

G_C = Zähigkeit (auch kritische Energiefreisetzungsrate). Übliche Einheit kJ/m^2;

$K_C = \sqrt{EG_C}$ = Bruchzähigkeit (auch kritischer Spannungsintensitätsfaktor). Übliche Einheit $MN/m^{3/2}$;

$K = \sigma\sqrt{\pi a}$ = Spannungsintensitätsfaktor. Übliche Einheit $MN/m^{3/2}$.

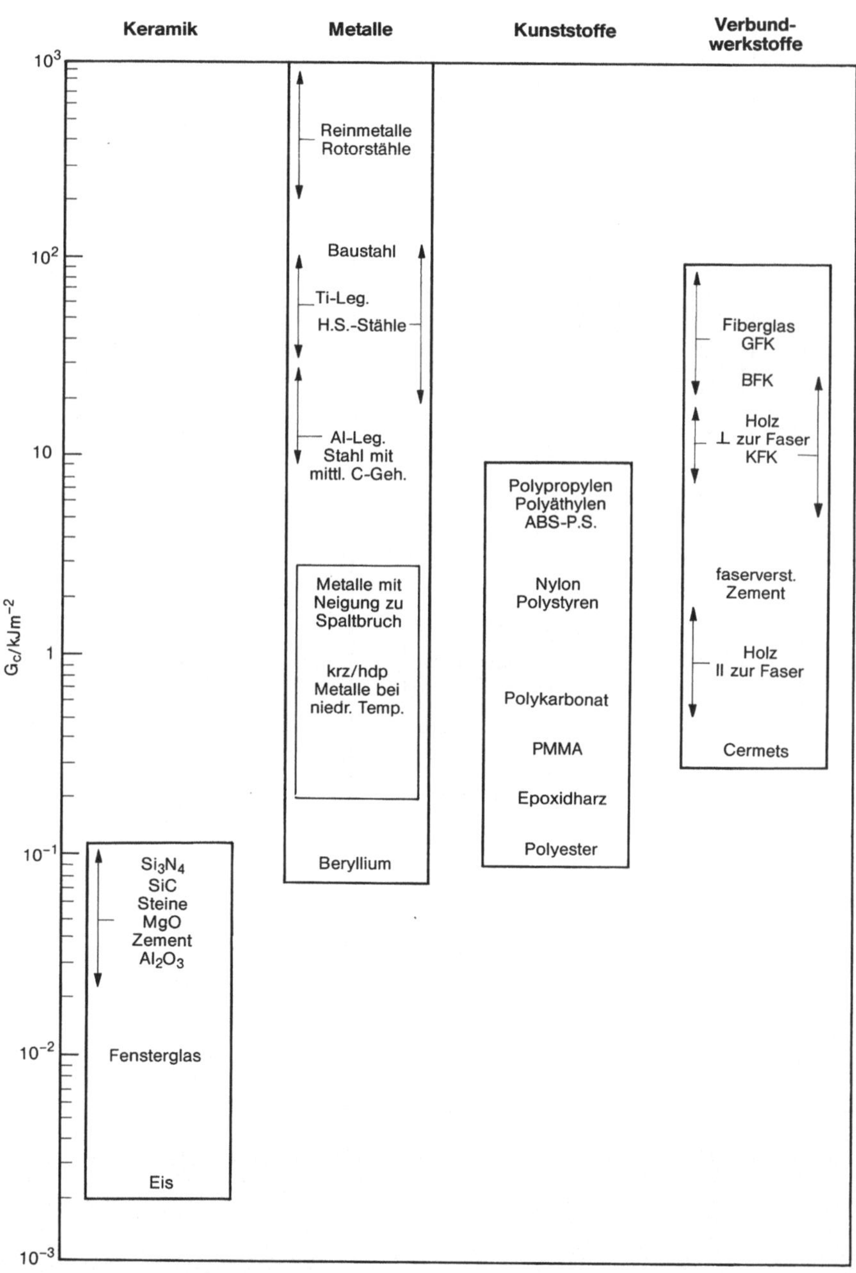

Abb. 13.5. Zähigkeit G_C nach Werkstoffgruppen (gemessen bei RT, wenn nicht anders angegeben).

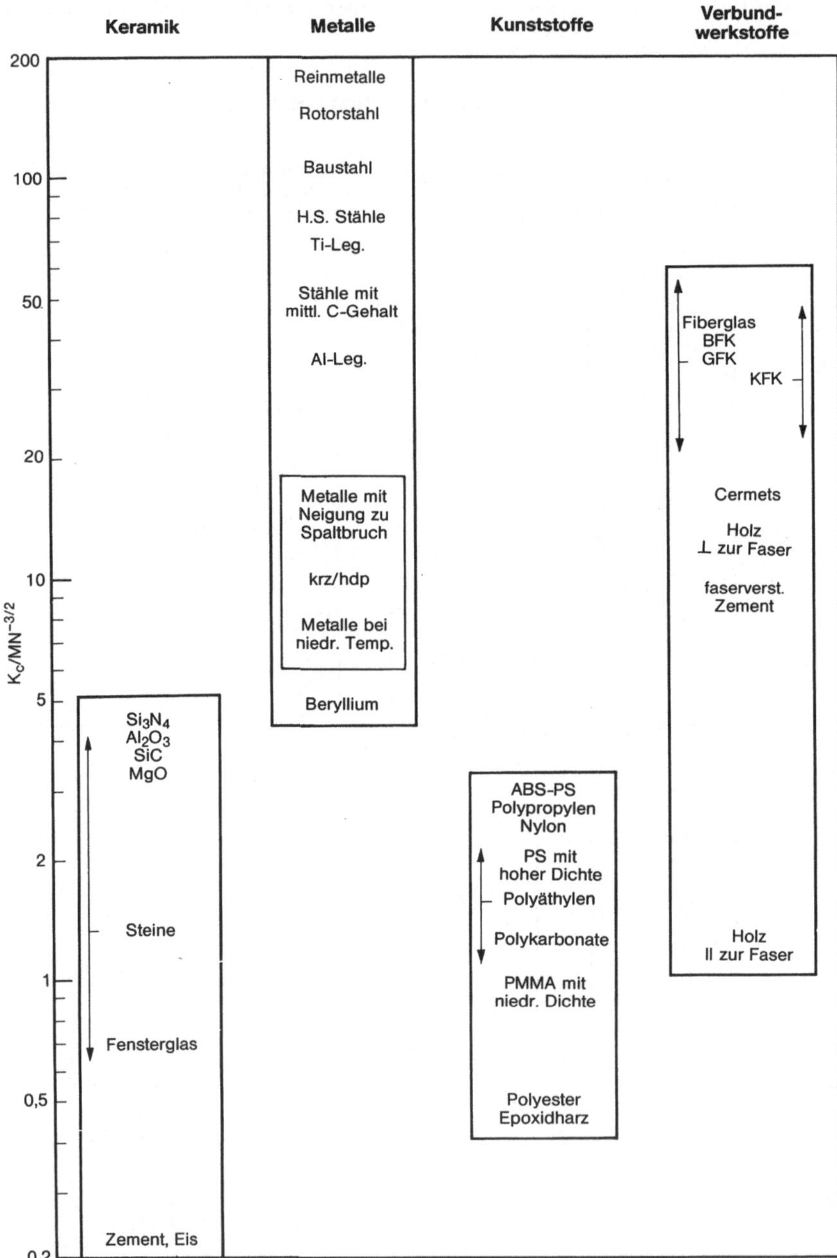

Abb. 13.6. Bruchzähigkeit K_c (gemessen bei RT, wenn nicht anders angegeben).

Werte für G_c und K_c

K_c kann experimentell bestimmt werden, indem man einen Riss bekannter Länge a in eine Probe einbringt und diese dann solange belastet, bis Sprödbruch eintritt. G_c lässt sich über den E-Modul aus dem

Tabelle 13.1

Zähigkeit G_c und Bruchzähigkeit K_c

Werkstoff	G_c/kJm^{-2}	$K_c/MNm^{-3/2}$
Duktile Reinmetalle (z.B. Cu, Ni, Ag, Al)	100-1000	100-350
Rotor-Stähle (A533, Discalloy)	220-240	204-214
Druckbehälter-Stähle (HY130)	150	170
Hochfeste Stähle (HSS)	15-118	50-154
Baustahl	100	140
Titanlegierungen (Ti6Al4V)	26-114	55-115
GFK	10-100	20-60
Fiberglas (Glasfaser Epoxyd)	40-100	42-60
Aluminiumlegierungen (hohe/niedrige Festigkeit)	8-30	23-45
KFK	5-30	32-45
Holz, Riss ⊥ zur Faser	8-20	11-13
Borfaser Epoxyd	17	46
Stahl mit mittlerem Kohlenstahlgehalt	13	51
Polypropylen	8	3
Polyäthylen niedriger Dichte	6-7	1
Polyäthylen hoher Dichte	6-7	2
ABS/Polystyren	5	4
Nylon	2-4	3
Stahlarmierter Zement	0.2-4	10-15
Gusseisen	0.2-3	6-20
Polystyren	2	2
Holz ‖ zur Faser	0.5-2	0.5-1
Polykarbonat	0.4-1	1.0-2.6
Kobalt/Wolframkarbid Cermets	0.3-0.5	14-16
PMMA	0.3-0.4	0.9-1.4
Epoxydharze	0.1-0.3	0.3-0.5
Granit	0.1	3
Polyester	0.1	0.5
Siliziumnitrid, Si_3N_4	0.1	4-5
Beryllium	0.08	4
Siliziumkarbid, SiC	0.05	3
Magnesiumoxid, MgO	0.04	3
Zement/Beton, unverstärkt	0.03	0.2
Marmor, Sandstein	0.02	0.9
Aluminiumoxid, Al_2O_3	0.02	3-5
Ölschiefer	0.02	0.6
Fensterglas	0.01	0.7-0.8
Isolationskeramik	0.01	1
Eis	0.003	0.2*

* Alle Werte (bis auf Eis) gelten für Raumtemperatur.

Wert für K_C ableiten. In den Abbildungen 13.5 und 13.6 sowie in Tafel 13.1 sind experimentelle Daten von K_C und G_C für eine ganze Reihe von Metallen, Polymeren, keramischen Werkstoffen und Verbundwerkstoffen zusammengestellt. Die Werte variieren beträchtlich, angefangen bei den Stoffen mit der geringsten Zähigkeit wie Eis und Keramik bis zu den zähesten, den duktilen Metallen. Die Zähigkeit von Polymeren rangiert im mittleren Bereich; Polymere weisen aber nur geringe Bruchzähigkeiten K_C auf (wegen ihres kleinen E-Moduls). Dagegen bewirken Fasern, die zur Herstellung von Verbundwerkstoffen verwendet werden, bei diesen beträchtliche Bruchzähigkeiten. Schliesslich zeigen uns die Tabellen, dass viele Metalle (genauer gesagt, die krz-Metalle wie z.B. Stähle oder auch die hdp-Metalle), auch wenn sie sich bei Raumtemperatur oder darüber als ziemlich zähe erweisen, mit abnehmender Temperatur spröde werden können.

Es ist keine Frage, dass diesen Werten der Zähigkeit bzw. Bruchzähigkeit grosse Bedeutung zukommt. Ihr Nichtbeachten hat schon oft immense Schäden angerichtet, wenn wir uns nur an das Beispiel zu Beginn von Kapitel 1 erinnern. Nur, was ist die Ursache für diese grossen Unterschiede zwischen den einzelnen Stoffen? Warum ist Glas so spröde und weichgeglühtes Kupfer so zähe. In Kapitel 14 besprechen wir die Antwort auf diese Frage.

14 Mikromechanismen beim Sprödbruch

Einführung

In Kapitel 13 haben wir gezeigt, dass ein Riss in einer Probe oder einem Bauteil bei hinreichend hoher Belastung instabil wird und sich mit Schallgeschwindigkeit ausbreitet. Die "bruchauslösende" Spannung kann dabei weit unter der Fliessgrenze liegen. Diesen Vorgang des unkontrollierten Bruches haben wir Sprödbruch genannt. Quantitativ liess sich das Bruchkriterium für den spröden Bruch durch die Beziehung

$$\sigma\sqrt{\pi a} = \sqrt{EG_c}$$

bzw. kürzer durch

$$K = K_c$$

angeben. Damit ist es vergleichbar mit den "Versagenskriterien" anderer Belastungsarten wie

$\sigma = R_p$ für plastisches Fliessen

$M = M_p$ für vollständige Plastifizierung im inhomogenen Belastungsfall

$P/S = H$ für das Nachgeben einer Werkstoffoberfläche gegenüber einem Eindringkörper

(Dabei ist M das Moment und M_p die Grenztragfähigkeit z.B. eines Biegebalkens; P/S gibt den Druck eines Eindringkörpers auf eine Fläche S an und H deren Härte). Die linke Seite der Gleichungen beschreibt jeweils die Belastungsbedingung, auf der rechten Seite steht eine Materialeigenschaft. Versagen tritt ein, wenn die linke Seite (die mit zunehmender Belastung grösser wird) mit der rechten Seite (die sich i.a. nicht verändert) gleich ist.

Bei einigen Werkstoffen wie z.B. Glas sind G_C und K_C niedrig; sie brechen leicht. Die duktilen Metalle mit hohem G_C bzw K_C sind am wenigsten sprödbruchempfindlich. Kunststoffe weisen mittlere G_C auf, jedoch lassen sie sich zäher machen, indem man sie zu Verbundwerkstoffen verarbeitet. Schliesslich bilden alle Metalle, die bei tiefen Temperaturen verspröden, bei denen also G_C und K_C mit der Temperatur abfallen, eine Gruppe. Wie lassen sich diese Beobachtungen deuten?

Mechanismen der Rissausbreitung

1. Der duktile Bruch

Schauen wir zunächst, was passiert, wenn ein Bauteil aus einem duktilen Metall, das einen Riss enthält, belastet wird. Ein duktiles Metall ist ein Metall, das plastisch leicht nachgibt und sich bis zu grossen Dehnungen verformen lässt (wie z.B. Reinkupfer oder unlegierter Stahl bei oder oberhalb Raumtemperatur). Verstärken wir die Belastung hinreichend, so wird das Bauteil genau entlang des Risses brechen. Die dabei entstehende Bruchfläche ist ziemlich uneben (Abb. 14.1); das ist ein Zeichen dafür, dass während des Bruches eine Menge plastischer Arbeit verrichtet worden ist. Wie passt das mit unseren bisherigen Beobachtungen zusammen? Wenn immer ein Bauteil einen Riss enthält, ist die Spannung σ_{lokal} um den Riss herum grösser als die "makroskopisch" angelegte Spannung. Der Riss bewirkt also eine Spannungskonzentration. Bei genauer mathematischer Analyse der Spannungsverhältnisse vor der Risspitze ergibt sich für die örtliche Spannung an einem scharfen Riss in einem elastischen Material

$$\sigma_{lokal} = \sigma + \sigma\sqrt{a/2r}. \qquad (14.1)$$

Mit zunehmender Annäherung an die Risspitze wächst also σ_{lokal}, bis in einer Entfernung r_p von der Risspitze die Fliesspannung R_p ge-

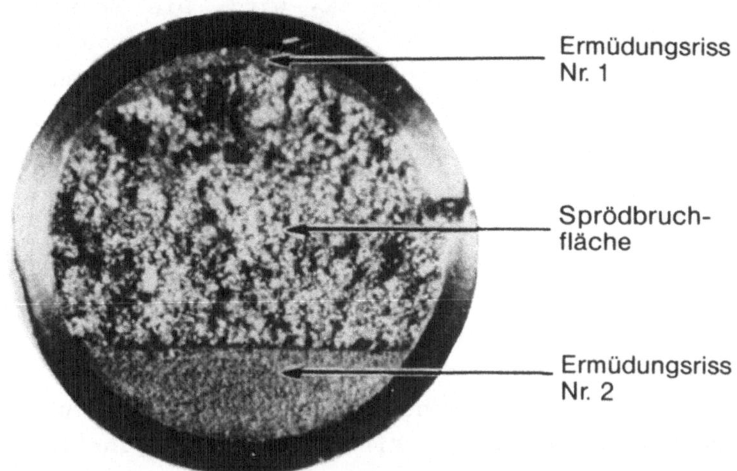

Abb. 14.1. Dieser Stahlbolzen diente zur Befestigung eines Stuhloberteils auf dessen Rahmen in der Wartehalle eines Flughafens. Setzte sich jemand auf den Stuhl, wurde der Bolzen an seiner Unterseite auf Zug belastet; dadurch entstand nach und nach der Ermüdungsriss Nr. 1; beim Aufstehen wurde entsprechend die Oberseite zugbelastet (Riss Nr. 2). Irgendwann versagte der Bolzen dann infolge Sprödbruchs entlang dem grösseren der beiden Risse.

rade erreicht wird. Ab hier verformt sich das Material plastisch (Abb. 14.2). Setzen wir also in Gleichung 14.1 $\sigma_{lokal} = R_p$, so erhalten wir unter der Annahme, dass r_p gross ist im Vergleich zur Risslänge a

$$r_p = \sigma^2 a/2R_p{}^2 = K^2/2\pi R_p{}^2 . \qquad (14.2)$$

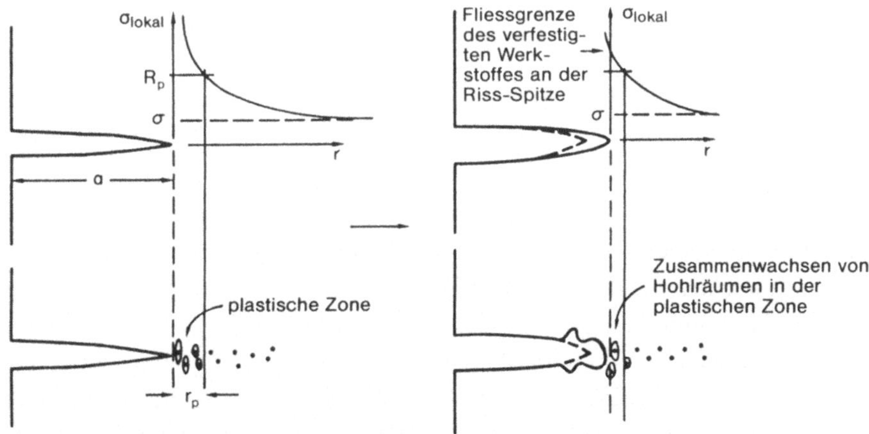

Abb. 14.2. Rissausbreitung bei duktilem Bruch.

Ein Riss breitet sich aus, wenn K gleich K_c wird. Die Grösse r_p der plastischen Zone bestimmt sich daher durch Einsetzen von K_c in Gleichung (14.2). Offensichtlich wird die plastische Zone mit zunehmendem R_p rasch kleiner: Risse in weichen Metallen haben also grosse plastische Zonen, bei Rissen in keramischen Werkstoffen hingegen ist die plastische Zone klein oder gar nicht vorhanden.

In der plastischen Zone konzentriert sich die Verformung bevorzugt auf Bereiche um Einschlüsse herum, an denen sich dann längliche Hohlräume bilden. Die meisten Metalle enthalten, selbst wenn wir sie als Reinmetalle bezeichnen, immer irgendwelche winzigen Einschlüsse oder Teilchen - oft chemische Verbindungen des Grundmetalls mit Verunreinigungen aus dem Herstellungsprozess. Mit zunehmender plastischer Verformung verbinden sich die an den Einschlüssen vor der Rissspitze entstehenden Hohlräume und vertiefen damit den Riss: der Riss breitet sich duktil aus. Durch die plastische Verformung stumpft der ursprünglich scharfe Riss natürlich ab. Es ist offensichtlich, dass dadurch die Spannungskonzentration vor der Rissspitze abnimmt, und zwar soweit, dass σ_{lokal} gerade noch ausreicht, um die plastische Verformung des verfestigten Materials aufrechtzuerhalten (Abb. 14.2).

Hauptgesichtspunkt bei der Rissausbreitung im Falle des duktilen Bruches ist der hohe Verbrauch an plastischer Energie. Je grösser die plastische Zone, desto mehr Energie wird absorbiert. Hohe Energieabsorption wiederum drückt sich in einem hohen G_c bzw. K_c aus. Nun wird klar, warum duktile Metalle so zähe sind. Auch andere Stoffe verdanken ihre Zähigkeit dieser Tatsache; Knetmasse gehört dazu, aber auch einige Kunststoffe zeigen eine besondere Art zähen Verhaltens, das dem Mechanismus des duktilen Bruches sehr nahe kommt.

2. Der Spaltbruch

Betrachten wir nun die Bruchfläche eines keramischen Werkstoffs oder von Glas, so bietet sich ein vollkommen anderes Bild als im Fall eines duktilen Metalles. Anstelle der durch massive plastische Verformung erzeugten Unebenheiten, zeigt die Bruchfläche hier fast keine Konturen. Demnach ist der Bruch offensichtlich verformungsarm oder sogar ohne plastische Verformung abgelaufen. Wie ist es möglich, dass sich ein Riss in Glas oder Keramik ohne Verformung ausbreiten kann?

Nun, die örtliche Spannung an der Risspitze, über die wir im Zusammenhang mit dem duktilen Bruch ja schon gesprochen haben, kann in der Nähe der Risspitze theoretisch beliebig hohe Werte annehmen, vorausgesetzt, die Risspitze stumpft nicht infolge plastischer Verformung ab. Bereits in Kapitel 8 haben wir gesehen, dass gerade Glas und keramische Werkstoffe sehr hohe Fliessgrenzen haben können. Eine plastische Zone hinter der Risspitze bildet sich also nicht so leicht; zumindest ist sie sehr klein. Selbst wenn man dabei eine gewisse Abstumpfung der Risspitze in Rechnung stellt, ist die örtliche Spannung meist höher als die theoretische Festigkeit und reicht damit zum Aufbrechen von Atombindungen an der Rissspitze aus. Der Riss breitet sich einfach durch Aufspalten benachbarter Atomlagen aus; damit wird auch verständlich, warum die Bruchflächen durchweg glatt aussehen. Die Energie zum Aufbrechen der Atombindungen ist wesentlich geringer als die beim duktilen Bruch absorbierte plastische Energie. Das erklärt, warum Glas und Keramik so spröde brechen.

Bei tiefen Temperaturen verspröden Metalle mit krz- bzw. hdp-Struktur und versagen - oft in katastrophaler Weise - nach dem Spaltbruchmechanismus, obwohl sie bei Raumtemperatur oder darüber durchaus gute Zähigkeitseigenschaften aufweisen. Kfz-Metalle (Kupfer, Blei, Aluminium) hingegen behalten ihre Duktilität auch bei tiefen Temperaturen. In allen anderen als der kfz-Struktur bedarf die Versetzungsbewegung der Unterstützung durch thermische Aktivierung (auf thermisch aktivierte Prozesse werden wir in Kapitel 18 noch näher eingehen). Bei tiefen Temperaturen ist die thermische Aktivierung klein, und die Versetzungen können sich unter der Wirkung einer bestimmten angelegten Spannung nicht so leicht bewegen wie bei Raumtemperatur - man sagt auch, die innere Reibung im Kristall nimmt zu. Das Ergebnis ist ein Ansteigen der Fliesspannung. In dem Masse wie die plastische Zone um die Risspitze herum immer kleiner wird, verschiebt sich der Bruchmechanismus vom duktilen zum Spaltbruch. Zur Kennzeichnung dieses Wechsels im Bruchmechanismus gibt man i.a. die Übergangstemperatur an. Sie liegt gewöhnlich deutlich unterhalb 0^0C, kann aber bei Stählen, je nach deren Zusammensetzung, bis zu 0^0C ansteigen. Damit wird klar, warum Stahlkonstruktionen wie Schiffe, Brücken oder Bohrtürme in der kalten Jahreszeit oder in kälteren Regionen besonders sprödbruchgefährdet sind.

Ähnliche Verhältnisse liegen vor in der Nähe der Glasübergangstemperatur von Polymeren, die wir schon in Kapitel 6 besprochen haben. Un-

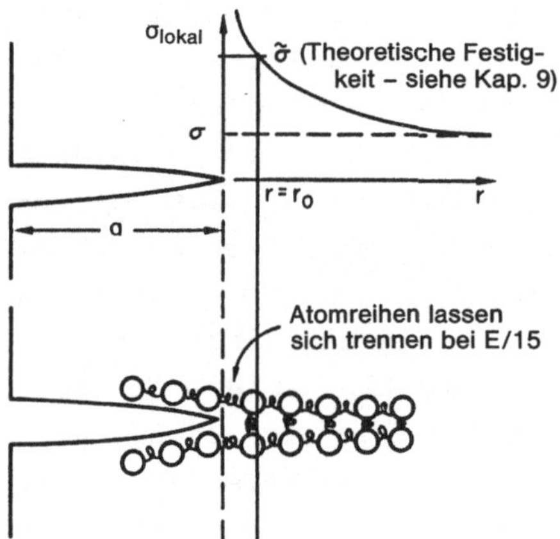

Abb. 14.3. Rissausbreitung beim Spaltbruch.

terhalb dieser Übergangstemperatur sind Polymere wesentlich spröder als oberhalb. Man kann sich davon leicht überzeugen, indem man ein Stück Gummi oder Polyäthylen in flüssigen Stickstoff taucht und dann durchbricht. (Es gibt aber auch viele Polymere wie z.B. die Epoxydharze, deren G_C bei allen Temperaturen niedrig ist. Ihre hochgradige Vernetzung, die auf kovalenter Bindung beruht, bleibt bei allen Temperaturen stabil und verhindert die Abstumpfung der Risspitze durch plastische Verformung).

Verbundwerkstoffe (einschliesslich Holz)

Den beiden Abbildungen 13.5 und 13.6 entnehmen wir, dass Verbundwerkstoffe eine höhere Zähigkeit aufweisen als gewöhnliche Kunststoffe. Die geringe Zähigkeit von Epoxyd- oder Polyesterharzen kann durch Einbringung von Kohle- oder Glasfasern erheblich verbessert werden. Wie ist es aber möglich, dass ein Verbundwerkstoff mit hervorragenden den Zähigkeitseigenschaften entsteht, wenn man einem an sich spröden Polymer einen anderen, eventuell noch spröderen Stoff wie Graphit oder Glas beimengt? Die Antwort hängt damit zusammen, dass die Fasern als Rissbegrenzer wirken. Die Bildfolge in Abbildung 14.4 verdeutlicht, was geschieht, wenn sich ein Riss in einem Faserverbundwerkstoff quer zur Faser ausbreitet und schliesslich auf die Faser trifft. In einem kleinen Bereich wird die Matrix durch das Spannungsfeld vor der Risspitze von der Faser abgelöst (man spricht im Englischen von "debonding"). Dabei stumpft sich der Riss so stark ab, dass

Abb. 14.4. Rissabstumpfung in Faserverbundwerkstoffen.

er zum Stillstand kommt. Es versteht sich, dass diese Art der Rissdämpfung in der Längsrichtung der Fasern nicht funktioniert: Holz z.B. ist sehr zäh quer zur Faser, lässt sich hingegen längs seiner Fasern sehr einfach spalten. Mit der hohen Zähigkeit der Verbundwerkstoffe kennen wir nun neben ihrer hohen Steifigkeit eine weitere Eigenschaft, die sie in hohem Masse als Konstruktionswerkstoffe empfiehlt. Es gibt über die Faserverstärkung hinaus noch andere Wege, einem Polymer mehr Zähigkeit zu verleihen z.B. durch Hinzufügen von kleinen Partikeln (sog. Füllern). Die Zähigkeit von gummiversetzten Polymeren (wie ABS) beruht darauf, dass ein Riss, der auf die kleinen Gummiteilchen trifft, diese zunächst dehnen und durchschneiden muss, bevor er sich weiter ausbreiten kann (Abb. 14.5). Die Partikel wirken wie kleine Federn, die versuchen, den Riss wieder zu schliessen. Dadurch erhöht sich die für den Rissfortschritt erforderliche Kraft.

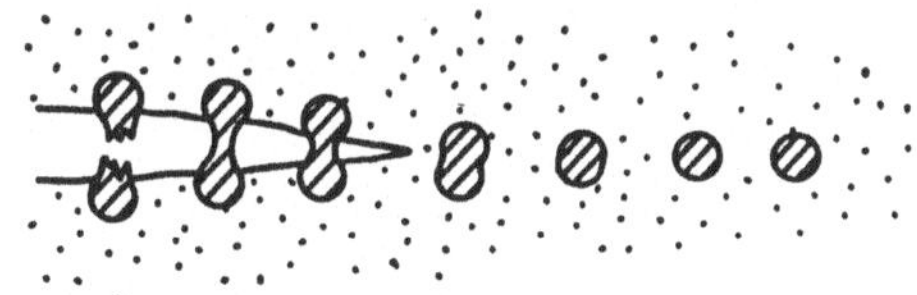

Abb. 14.5. Polymer, dessen Zähigkeit durch Zusatz von Gummikügelchen verbessert werden konnte.

Wie vermeidet man spröde Werkstofflegierungen?

Wir kommen abschliessend nochmals auf die Zähigkeit der Metalle und ihrer Legierungen zurück, da diese mit Abstand die grösste Bedeutung als Werkstoffe für mechanisch höchstbeanspruchte Bauteile haben. Bei Raumtemperatur oder darüber sind, wie wir gesehen haben, nahezu alle reinen Metalle zähe. Das Zulegieren von weiteren Elementen (z.B.

Kohlenstoff bei der Stahlherstellung) kann die Zähigkeit jedoch erheblich reduzieren. Da das Zulegieren den Widerstand gegen die Versetzungsbewegung erhöht (Kapitel 10), wird die Fliessgrenze angehoben, und die plastische Zone schrumpft. Noch bedeutender kann der Zähigkeitsabfall werden, wenn das Grundmetall mit bestimmten Verunreinigungen chemische Verbindungen eingeht. Diese Verbindungen sind oft selber sehr spröde, und wenn sie in Form von länglichen Platten vorliegen (Sigma-Phase in rostfreiem Stahl, Graphit in Gusseisen), kann sich der Riss oft durch die Platten hindurch entlang ihrer Längsachse ausbreiten und dabei Sprödbruch verursachen. Schliesslich kann eine Wärmebehandlung von Stahl oder auch anderen zweiphasigen Legierungen zu Gefügemodifikationen mit extrem hoher Härte führen (da dadurch die Rissabstumpfung erschwert wird, ist der Preis für die höhere Härte eine geringere Duktilität). Als eindrückliches Beispiel lässt sich hochkohlenstoffhaltiger Stahl anführen, der unmittelbar im Anschluss an die Austenitisierung, bei der er rotglühend ist, durch Eintauchen in Wasser auf Raumtemperatur abgeschreckt wird: Stahl in diesem Zustand bricht so spröde wie Glas. Eine gezielte Wärmebehandlung gemäss den Spezifikationen des Herstellers ist daher für die meisten Anwendungen unerlässlich. In Kapitel 16 werden wir im Rahmen einer Fallstudie auf die Folgen einer unsachgemässen Wärmebehandlung zurückkommen.

15 Werkstoffversagen durch Ermüdung

Einführung

In den beiden letzten Kapiteln haben wir die Bedingungen untersucht, unter denen ein Riss stabil bleibt, d.h. nicht wächst; als Bruchkriterium für den Sprödbruch haben wir die Beziehung

$$K = K_c$$

aufgestellt. Sie besagt, dass man mit Kenntnis der Risslänge immer eine Last berechnen kann, mit der man unterhalb der kritischen Bruchlast bleibt.

Es gibt jedoch Beanspruchungsbedingungen, bei denen wir dieses Kriterium nicht ohne weiteres anwenden können. Risse können sich unter wesentlich kleineren Spannungen bilden und langsam weiterwachsen, als es das Bruchkriterium zulässt. Das ist dann der Fall, wenn die Spannung zyklisch verändert wird oder wenn sich der Riss in einer korrosiven Umgebung befindet (das ist meistens gegeben). Der Einfluss der Wechselbelastung als Ursache für den langsamen Rissfortschritt, d.h. die Materialermüdung, ist Thema dieses Kapitels. Auf Korrosionseinflüsse kommen wir in den Kapiteln 21 bis 24 zu sprechen.

Um es nochmals deutlich zu sagen : wenn ein Bauteil oder eine ganze Konstruktion von einer periodisch wechselnden Spannung zyklisch belastet wird wie etwa die Pleuelstange eines Ottomotors oder die Tragflächen eines Flugzeugs, so können diese bei Spannungen versagen, die weit unter der Bruchspannung R_m und oft sogar unter der Fliessgrenze R_p des Materials liegen. Der Vorgang, der zu dieser Art Versagen führt, heisst Ermüdung. Wenn die Spange eines Federhalters bricht, wenn die Pedale eines Fahrrades nicht mehr halten, wenn plötzlich der Griff der Kühlschranktür abreisst, so ist meist Materialermüdung dafür verantwortlich. Entsprechend Tabelle 15.1 unterscheiden wir vier Kategorien von Ermüdung.

Tabelle 15.1

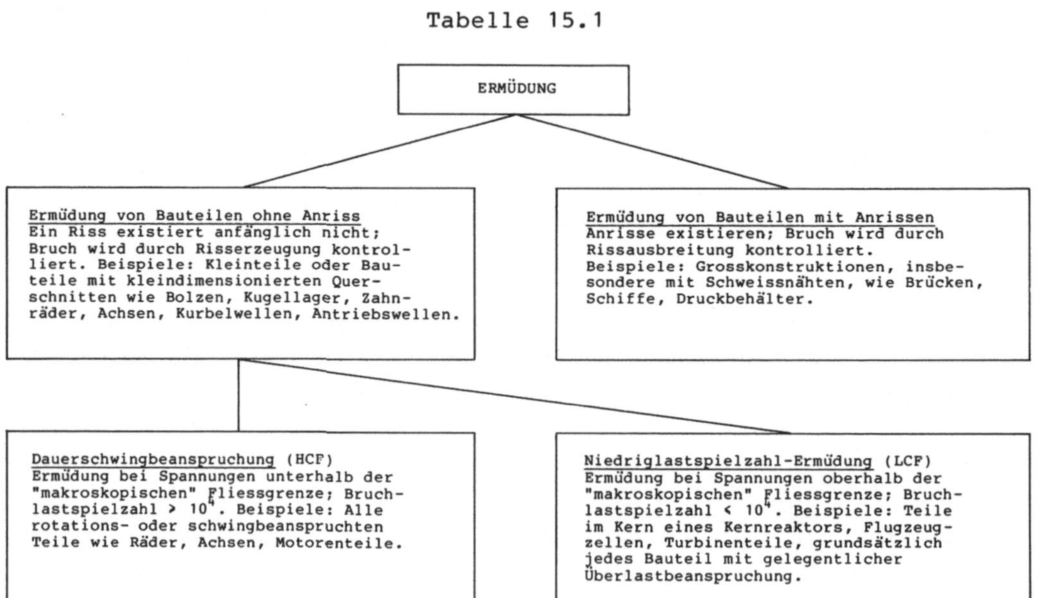

Ermüdungsverhalten von anrissfreien Bauteilen

Die Ermüdungseigenschaften eines Materials werden im Dauerschwingversuch geprüft. Hierbei wird eine Probe im Zug/Druckversuch oder in einer sogenannten Umlaufbiegevorrichtung periodisch belastet (Abb. 15.1). Im allgemeinen variiert die Spannung nach einer Sinusfunktion mit der Zeit. Moderne servo-hydraulische Prüfmaschinen erlauben heute die saubere Ausregelung beliebiger Wellenformen auch noch bei sehr hohen Belastungsfrequenzen.

Entsprechend dem Diagramm in Abbildung 15.1 definieren wir :

$\Delta\sigma = \sigma_{max} - \sigma_{min}$ (Schwingbreite)

$\sigma_m = (\sigma_{max} + \sigma_{min})/2$ (Mittelspannung)

$\sigma_a = (\sigma_{max} - \sigma_{min})/2$ (Spannungsausschlag)

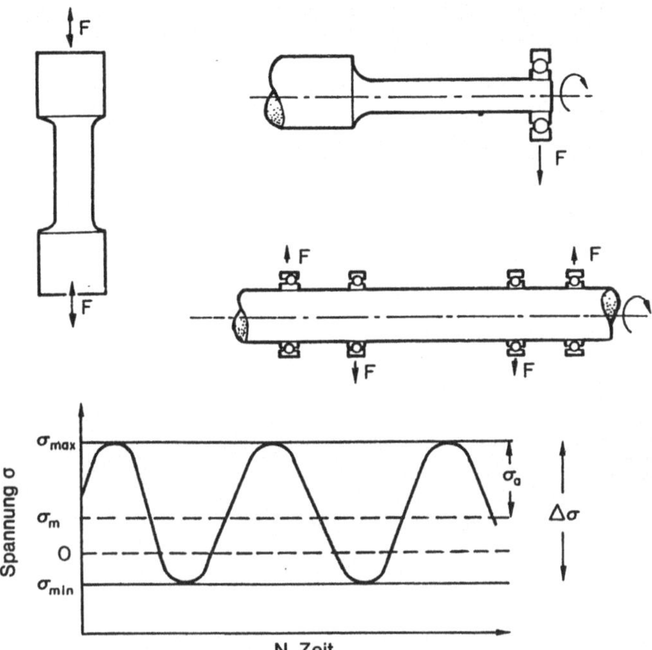

Abb. 15.1. Ermüdungsprüfung.

N ist die Lastspielzahl und N_B die Bruchlastspielzahl. Zunächst betrachten wir die Wechselverformung bei einer Mittelspannung $\sigma_m = 0$; die Ergebnisse der Analyse können wir dann später leicht auf Fälle mit $\sigma_m \neq 0$ übertragen.

Für das Dauerschwingverhalten (high-cycle fatigue, HCF) von anrissfreien Proben, d.h. für Wechselbelastungsfälle bei denen $|\sigma_{max}|$ bzw. $|\sigma_{min}|$ deutlich kleiner als die Fliessgrenze sind, lässt sich rein empirisch folgende Gesetzmässigkeit

$$\Delta\sigma N_B^a = C_1 \qquad (15.1)$$

angeben. Man nennt sie die Basquin-Beziehung. Für ein Material ist der Exponent a konstant (für die meisten Stoffe schwankt er zwischen 1/8 und 1/15). Auch C_1 ist eine Konstante.

Bei Niedrig-Lastwechsel-Ermüdung (low-cycle fatigue, LCF), wo $|\sigma_{max}|$ bzw. $|\sigma_{min}|$ über der (statischen) Fliessgrenze R_p liegen, trifft das Gesetz von Basquin nicht mehr zu, wie Abbildung 15.2 zu entnehmen ist. Wenn man hingegen die plastische Dehnung $\Delta\varepsilon^{pl}$ eines Zyklus (wie in Abb. 15.3 definiert) logarithmisch gegen die Bruchlastspielzahl N_B aufträgt (Abb. 15.4), so erhält man eine Gerade. Diesen Sachverhalt gibt das Gesetz von Manson und Coffin

$$\Delta\varepsilon^{pl} N_B^b = C_2 \tag{15.2}$$

wieder, dabei sind b (0.5 bis 0.6) und C_2 wieder Konstanten.

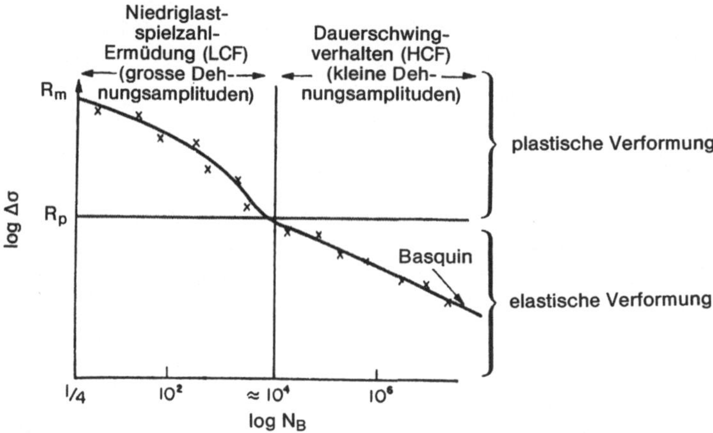

Abb. 15.2. Das Gesetz von Basquin. Dauerschwingverhalten (HCF) bei anrissfreien Bauteilen.

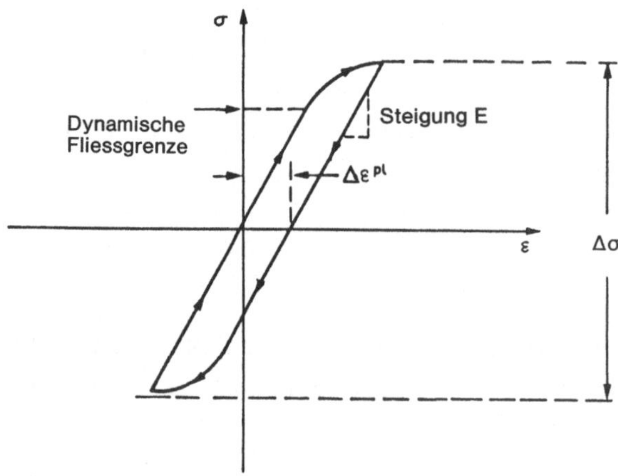

Abb. 15.3. Die plastische Dehnungsamplitude $\Delta\varepsilon^{pl}$ bei Niedriglast-spielzahl-Ermüdung.

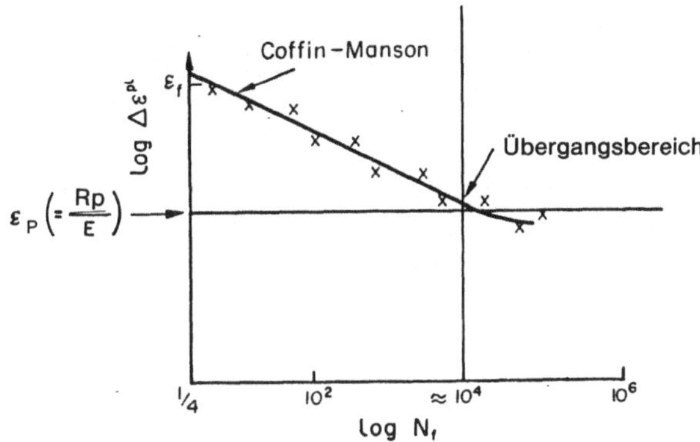

Abb. 15.4. Das Gesetz von Coffin-Manson. Niedriglastspielzahl-Ermüdung (LCF) bei anrissfreien Bauteilen.

Solange die Spannungsamplitude bei einer Mittelspannung von Null konstant bleibt, beschreiben die beiden Gesetzmässigkeiten mit ihren Konstanten a, b, C_1 und C_2 das Ermüdungsverhalten von anrissfreien Proben recht genau. Aber wie steht es damit, wenn $\Delta\sigma$ oder σ_m nicht konstant bleiben?

Wenn das Material zunächst mit einer (statischen) Zug- oder Druckspannung beaufschlagt wird (so dass die Mittelspannung σ_m nicht mehr Null ist), dann muss, wenn man zur gleichen Bruchlastspielzahl gelangen will, die Spannungsamplitude entsprechend der Goodman-Regel (Abb. 15.5)

$$\Delta\sigma_{\sigma m} = \Delta\sigma_0 (1 - |\sigma_m|/R_m) \quad (15.3)$$

erniedrigt werden.

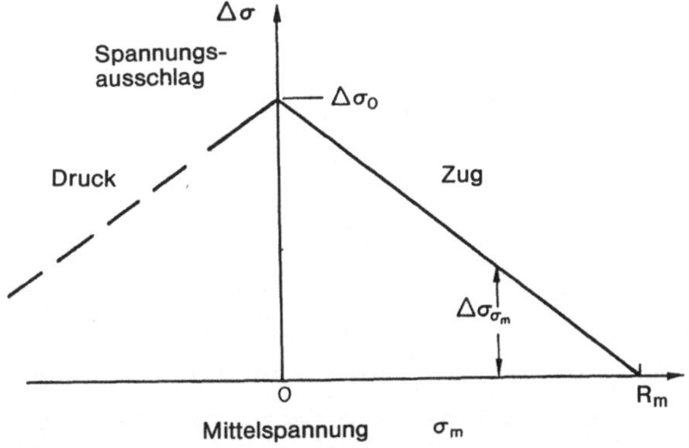

Abb. 15.5. Schadensakkumulation bei durch Risseinleitung kontrollierter Ermüdung.

($\Delta\sigma_0$ ist die Belastungsamplitude bei einer Mittelspannung von Null, $\Delta\sigma_{\sigma m}$ für eine Mittelspannung σ_m). Die Goodman-Regel ist ebenfalls rein empirisch - sie lässt sich nicht immer anwenden. In diesen Fällen müssen Simulationsversuche unter Einsatzbedingungen gefahren werden und die Ergebnisse individuell in die Konstruktion einbezogen werden. Für eine überschlägige Berechnung richtet man sich aber gewöhnlich nach dieser Regel.

Wenn sich nun ausserdem noch $\Delta\sigma$ im Verlaufe der Lebensdauer eines Bauteils ändert, so wird häufig die Lebensdaueranteilregel von Miner

$$\sum N_i/N_{Bi} = 1 \tag{15.4}$$

angewendet. N_{Bi} stellt die Bruchlastspielzahl für die i-te Beanspruchungsbedingung ($\Delta\sigma$, σ_m) dar, N_i/N_{Bi} gibt demzufolge den Anteil der verbrauchten Lebensdauer nach N_i Zyklen an. Versagen tritt ein, wenn die Summe der Anteile 1 überschreitet (Glg. (15.4)). Auch diese Regel ist empirisch; ihre Anwendung ist weit verbreitet. In kritischen Fällen empfiehlt sich aber wie bei der Goodman-Regel eine Absicherung durch Simulationsversuche.

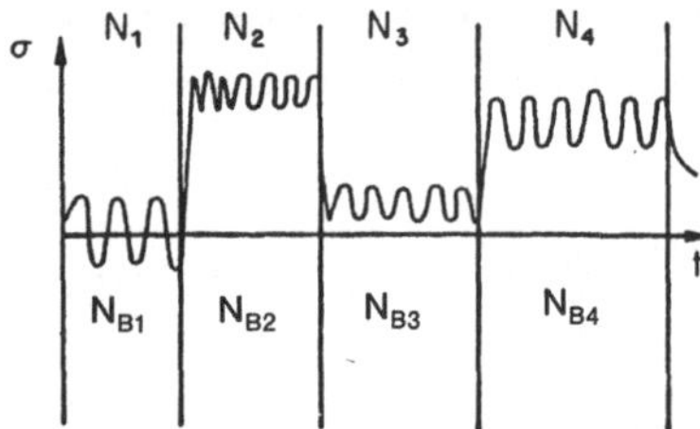

Ermüdungsverhalten von Bauteilen mit Anriss

Grosskomponenten - insbesondere wenn sie geschweisst sind wie Brücken, Schiffe, Bohrtürme, Druckbehälter von Kernkraftwerken - enthalten immer eine gewisse Anzahl Risse. Diese Risse sind bei der Herstellung solcher Konstruktionen unvermeidbar. Um dennoch eine sichere Auslegung zu gewährleisten, behilft man sich, indem man die Komponente genau auf Risse untersucht und deren Länge bestimmt. Mit Kenntnis der maximalen Risslänge kann man dann abschätzen, wie lang die Konstruktion hält, d.h. wie viele Lastwechsel sie zulässt, bis der Riss zu einer Länge wächst, ab der er sich unkontrolliert ausbreiten kann.

Daten über die Ausbreitung von Ermüdungsrissen erhält man aus Dauerschwingversuchen an Proben, in die ein scharfer Anriss (etwa wie in Abb. 15.7) eingebracht worden ist. Wir definieren analog zum vorigen Abschnitt

$$\Delta K = K_{max} - K_{min}$$

$$K_m = (K_{max} + K_{min})/2$$

$$K_a = (K_{max} - K_{min})/2$$

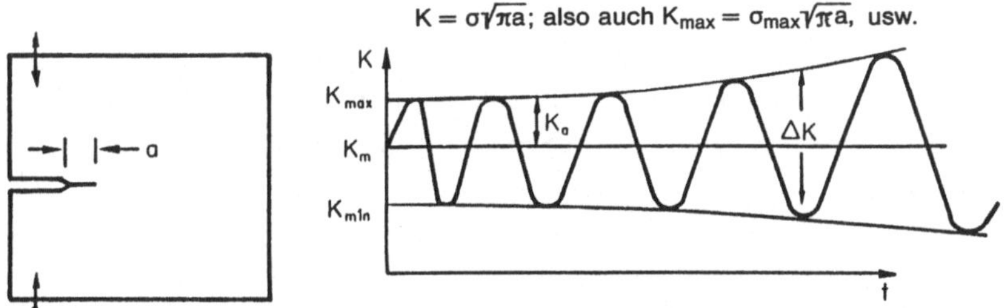

Abb. 15.7. Ausbreitung eines Ermüdungsrisses in einem angerissenen Bauteil.

Die Spannungsintensitätsamplitude ΔK nimmt (bei konstanter Belastung) mit der Zeit zu, und zwar in dem Masse, wie der Riss wächst. Experimentell findet man, dass die Risszunahme pro Belastungszyklus da/dN von ΔK in der in Abbildung 15.8 dargestellten Form abhängt. Im Stationärbereich lässt sich die Risswachstumsrate mit der Beziehung

$$da/dN = A\Delta K^m \tag{15.5}$$

beschreiben, wobei A und m Materialkonstanten sind. Wenn man also die Ausgangsrisslänge a_0 kennt und die kritische Risslänge a_B bestimmt worden ist, bei der der Riss instabil wird und sich unkontrolliert ausbreitet, so lässt sich offensichtlich die maximal zulässige Lastspielzahl durch Integration abschätzen

$$N_B = \int_0^{N_B} dN = \int_{a_0}^{a_B} (1/A\Delta K^m)\,da, \tag{15.6}$$

wobei wir uns erinnern, dass ΔK nichts anderes als $\Delta\sigma\sqrt{\pi a}$ darstellt.

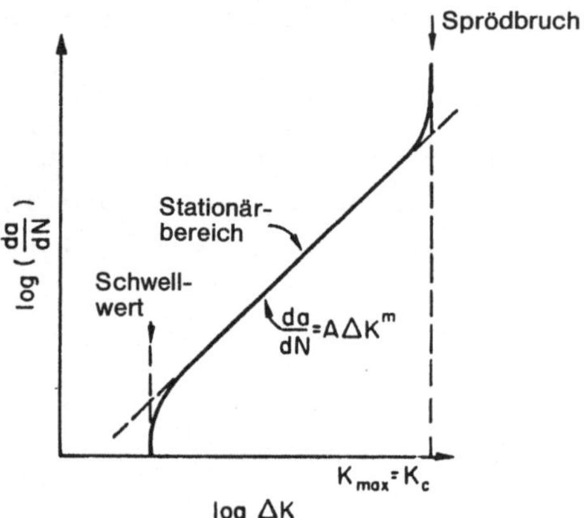

Abb. 15.8. Ausbreitungsgeschwindigkeit von Ermüdungsrissen in angerissenen Prüfkörpern.

In Fallstudie 3 (Kapitel 16) werden wir ein Beispiel behandeln, bei dem die Lebensdauer einer wechselbelasteten Komponente nach dieser Methode abgeschätzt wird.

Ermüdungsmechanismen

Wie Ermüdungsrisse wachsen, zeigt Abbildung 15.9. In Reinmetallen oder in Polymeren (linke Seite) schafft die Zugphase eines Zyklus eine plastische Zone (Kapitel 14), wobei sich die Rissöffnung unter Bildung neuer Oberflächen um den Betrag δ aufweitet. In der Druckphase wird der Riss wieder zusammengedrückt. Die neugeschaffene Oberfläche weicht in Richtung plastische Zone aus, wodurch sich der Riss verlängert (grob gesprochen ebenfalls um den Betrag δ). Mit der folgenden Zugphase wiederholt sich der Vorgang, so dass man ungefähr sagen kann, dass sich der Riss mit der Geschwindigkeit $da/dN \approx \delta$ vorwärtsbewegt.

Technische Legierungen weisen immer, wir erwähnten es schon im vorigen Kapitel, eine gewisse Menge Einschlüsse auf. Wenn dies in hinreichendem Masse der Fall ist (rechte Seite in Abb. 15.9), so können sich in der plastischen Zone Hohlräume bilden, die sich schliesslich untereinander verbinden. Sobald sich die Risspitze mit einer günstig orientierten Hohlraumreihe vereinigt, erfolgt der Rissfortschritt gleich um ein gutes Stück schneller.

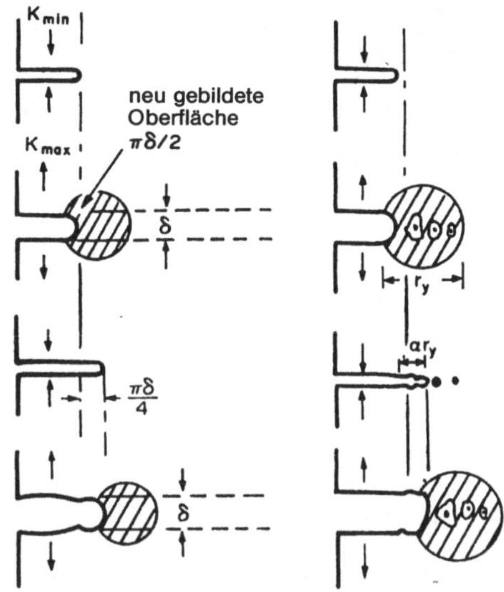

Abb. 15.9. Rissfortschritt bei Ermüdung.

Damit haben wir den Verformungsmechanismus bei der Wechselbelastung von Konstruktionen mit Anriss besprochen. Bei anrissfreien Komponenten unterscheiden wir hinsichtlich des Mechanismus zwischen Dauerschwingbeanspruchung (HCF, Kapitel 14) und Niedrig-Lastwechsel-Ermüdung (LCF). Im letzteren Fall führt die plastische Verformung des Bauteils schnell zur Aufrauhung der Oberfläche, wobei sich nach und nach an den Austrittsstellen stark aktivierter Versetzungsgleitebenen Risse bilden können. Diese folgen zunächst der Gleitebene (Stufe 1, Abb. 15.10), um schliesslich senkrecht zur Beanspruchungsrichtung - in der gleichen Weise wie im vorigen Abschnitt beschrieben - unabhängig von der Gleitebene fortzuschreiten (Stufe 2, Abb. 15.10).

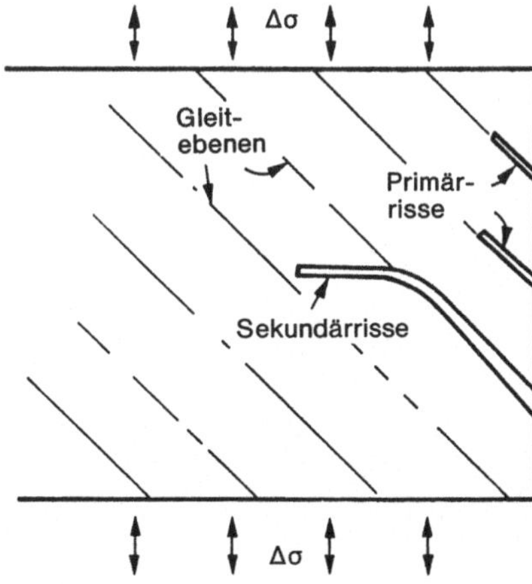

Abb. 15.10. Risseinleitung bei Niedriglastspielzahl-Ermüdung; nach der Einleitungsphase wachsen die Risse wie in Abb. 15.9.

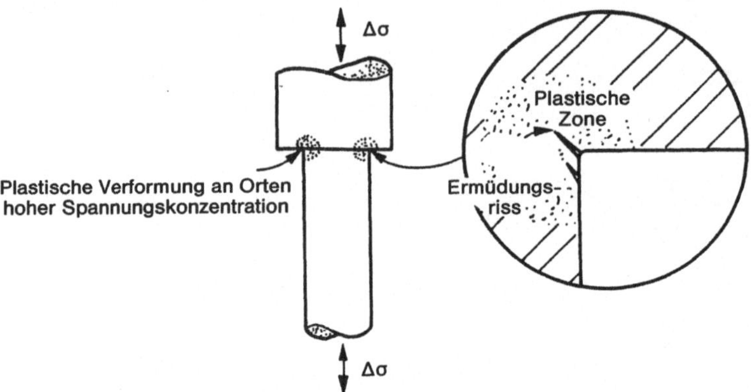

Abb. 15.11. Risseinleitung bei Dauerschwingverhalten.

Bei HCF liegen die Dinge anders. Da die Spannung unterhalb der Fliessgrenze liegt, wird die Lebensdauer im wesentlichen durch den Vorgang der Rissentstehung bestimmt. Wenn auch makroskopisch keine plastische Verformung vorliegt, ist doch meistens lokale Plastizität im Spiel, wo immer ein Kerb oder ein Kratzer oder ein konstruktiv bedingter Querschnitsübergang zur Spannungskonzentration führen. Ein Riss geht letztlich immer von einem solchen Ort der Spannungskonzentration aus (Abb. 15.11) und wächst, zunächst langsam, dann schneller bis zum Versagen des Werkstücks. Für HCF-Anwendungen können daher abrupte Querschnittsänderungen in der Konstruktion oder Kratzer in der ansonsten glatten Bauteiloberfläche gefährlich werden; sie können die Lebensdauer eines Bauteils um Grössenordnungen herabsetzen.

16 Fallstudien zum Werkstoffversagen durch Sprödbruch und Ermüdung

Einführung

In dieser dritten Serie von Fallstudien behandeln wir drei Beispiele, bei denen Versagen in Form von unkontrollierter Rissausbreitung ein Problem war bzw. werden könnte. Das erste Beispiel beschreibt ein Presswerkzeug, das schon beim ersten Einsatz infolge Sprödbruch versagte. Das zweite betrifft eine sehr weitverbreitete Problematik: die Sicherheitsprüfung von Hochdruckzylindern. Im letzten Beispiel beschäftigen wir uns dann mit Ermüdung: Die Bestimmung der Restlebensdauer für den Kurbelantrieb einer Dampfmaschine, der bereits einen grossen Riss bekannter Länge enthält.

Fallstudie 1: Sprödbruch eines Presswerkzeugs

Das in Abbildung 16.1 skizzierte Presswerkzeug dient der Herstellung von supraleitenden Legierungen. Dazu werden die Bestandteile der Legierung in Metallpulverform vermischt und in dem Werkzeug bei möglichst hohen Drucken zusammengepresst. Das entstandene Zwischenprodukt, das man auch Grünling nennt, wird dann gesintert (d.h. auf hohe Temperatur erhitzt, so dass die Pulverpartikel sich miteinander verbinden) und schliesslich zu einem dünnen Draht ausgezogen. Je höher der Druck im Presswerkzeug ist, desto dichter ist der Grünling und um so besser das Endprodukt. In unserem autentischen Beispiel wurde zur Anwendung höherer Pressdrucke ein neues Presswerkzeug aus einem ganz speziellen Stahl gefertigt, bei dem man durch entsprechende Wärmebehandlung (glühen und dann in Öl abschrecken) eine sehr hohe Fliessgrenze erzielt. Nach dieser Behandlung sollte das Werkzeug die angestrebte Druckerhöhung aushalten.

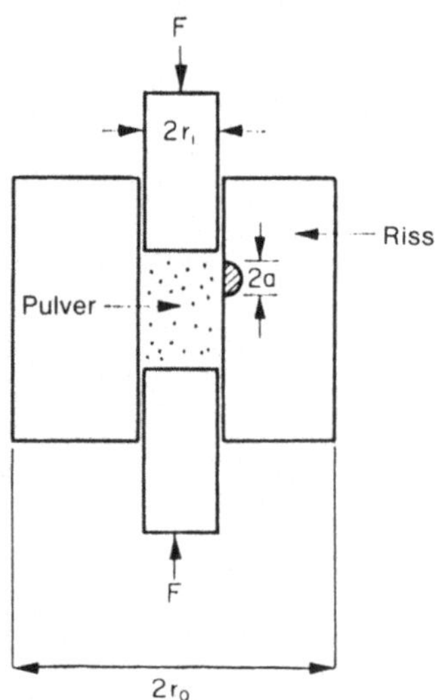

Abb. 16.1. Schema eines Presswerkzeugs.

Es versagte bereits beim ersten Einsatz, und zwar unter der halben "zulässigen" Last (Abb. 16.2). Bei der Untersuchung der Bruchfläche entdeckte man an der Werkzeuginnenfläche einen Riss in der Art

Abb. 16.2. Bruchflächen eines infolge Sprödbruchs zerbrochenen Presswerkzeugs.

eines Fingernagels (Abb. 16.3 zeigt ihn in einer Vergrösserung). Wir fragen uns nun: Wie ist die Schadensursache zu erklären und welchen Verbesserungsvorschlag könnte man machen?

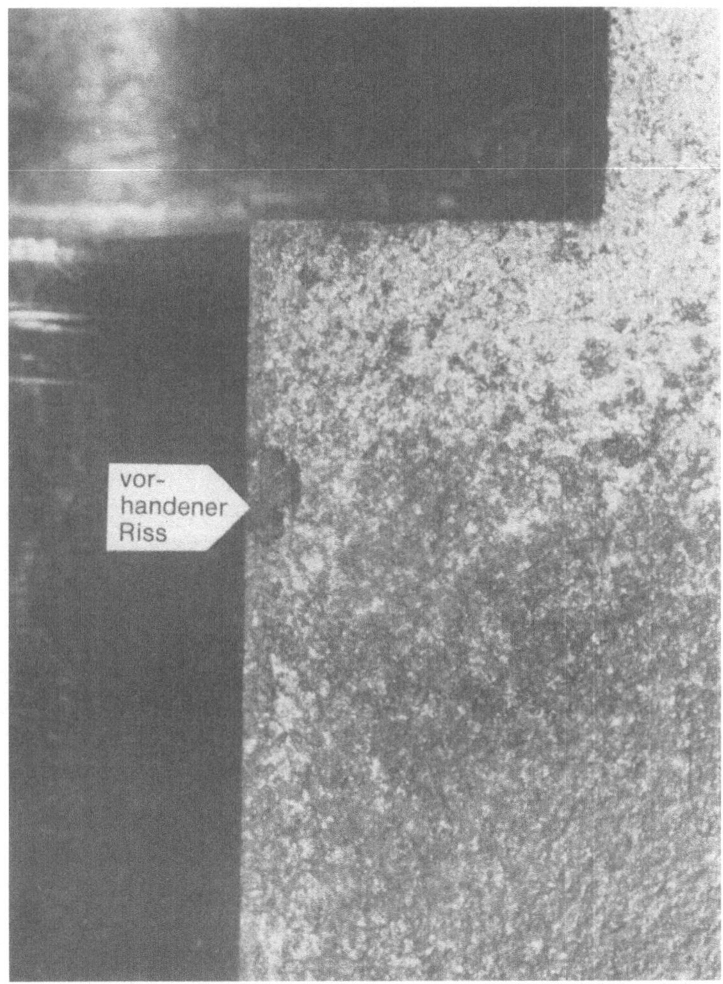

Abb. 16.3. Ausschnittvergrösserung der Bruchfläche aus Abb. 16.2.; der Pfeil zeigt auf den Oberflächenriss, von dem der Sprödbruch ausging.

Abmessungen des Presswerkzeugs, Materialeigenschaften

Die Abmessungen des Presswerkzeugs sind in Abbildung 16.1 aufgeführt. Die wichtigsten Masse sind

r_i = 6.4 mm

r_0 = 38 mm

a = 1.2 mm

Eine Reihe von Härtemessungen ergab eine mittlere Härte von

$$H = 612 \text{ kg/mm}^2 \mathrel{\hat{=}} 6000 \text{ MN/m}^2$$

Mit der Beziehung $R_{p0.2} = H/3$ (Kapitel 8) erhalten wir daher

$$R_{p0.2} = 2000 \text{ MN/m}^2.$$

An einer Vergleichsprobe aus dem gleichen Stahl (Chromstahl mit mittlerem Kohlenstoffgehalt) wurde eine Zähigkeit von

$$K_C = 22 \text{ MN/m}^{3/2}$$

ermittelt.

Wir ahnen allmählich schon, worauf alles hinausläuft. Aus Tabelle 8.1 wird ersichtlich, dass die durch die spezielle Wärmebehandlung angehobene Fliessgrenze für diesen Stahl enorm hoch ist. Andererseits wissen wir aus Kapitel 14, dass eine hohe Fliessgrenze immer mit einer niedrigen Zähigkeit bezahlt werden muss: Da plastische Verformung zum Abbau von Spannungskonzentrationen um die Risspitze herum erschwert ist, kann eine Rissabstumpfung im wesentlichen nicht stattfinden (Abb. 16.4). Der Wert für K_C ist folglich auch sehr niedrig, wenn man ihn mit Werten der meisten anderen Stähle vergleicht; diese rangieren immerhin zwischen 50 und 200 $\text{MN/m}^{3/2}$.

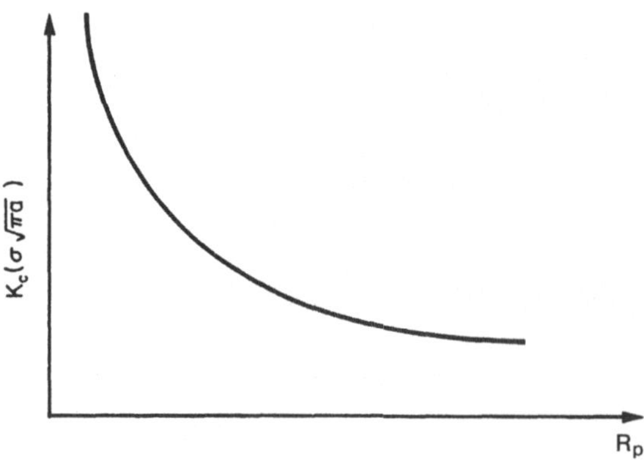

Abb. 16.4. Je härter ein Werkstoff, desto geringer seine Bruchzähigkeit.

Mechanische Grössen

Die Formeln für Spannungen in dickwandigen zylindrischen Druckbehältern (Abb. 16.5) entnehmen wir entsprechenden Lehrbüchern der Mechanik (siehe unter "Weiterführende Literatur"):

$$\sigma_t = p(1/r^2+1/r_0{}^2)/(1/r_i{}^2-1/r_0{}^2) \quad \text{Zugspannung} \qquad (16.1a)$$

$$\sigma_r = -p(1/r^2-1/r_0{}^2)/(1/r_i{}^2-1/r_0{}^2) \quad \text{Druckspannung} \qquad (16.1b)$$

(Man kann σ_t auf die bekannte Beziehung $\sigma_t = pr/t$ zurückführen, wenn man $t = (r_0-r_i)$ klein gegen r_i macht). In unserem Beispiel ergibt sich für die Zugspannung, die den Riss zu öffnen versucht, an der Stelle $r = r_i$

$$\sigma_t = 1.06\ p.$$

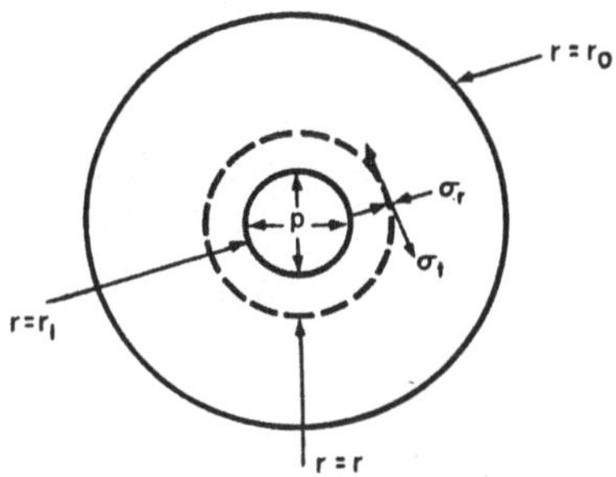

Abb. 16.5. Spannungen in einem dickwandigen Druckbehälter.

Betrachten wir die Fliessgrenze als maximal zulässige Spannung, dann hätte also - unter Berücksichtigung eines Sicherheitsfaktors 3 - das Presswerkzeug bis zu Drucken von

$$p = R_p/1.06 \cdot 3 = 630\ \text{MN/m}^2$$

belastet werden dürfen.

Das Werkzeug versagte schon bei der Hälfte dieses Wertes und zwar durch Sprödbruch, ausgehend von dem fingernagelartigen Riss. Wenn wir berechnen, bei welchem Druck ein Riss von 1.2 mm Tiefe überkritisch wird, so wird klar, warum das Werkzeug auseinanderbrach:

$$\sigma\sqrt{\pi a} = 1.06\ p\sqrt{\pi a} = K_C$$

$$p = K_C/1.06\ \sqrt{\pi a} = 338\ MN/m^2$$

Schlussfolgerung und Empfehlung

Die Wärmebehandlung des Stahles war falsch; sie bewirkte ein zu geringes K_C; der Stahl enthielt ausserdem ungewöhnlich grosse Fehlstellen (die wahrscheinlich auf Wasserstoffversprödung zurückzuführen sind). Die Last, die zum Versagen durch Sprödbruch führte, war entschieden kleiner als die Fliessgrenze. Offensichtlich hatte sich die Auslegung wirklich allein am Verformungskriterium orientiert.

Wie könnten wir es besser machen? Die Antwort kann nur sein, entweder K_C durch eine geeignete Wärmebehandlung (entsprechend der Herstellerspezifikation) deutlich zu erhöhen, wenn dabei auch geringe Einbussen an R_p hinzunehmen sind, oder das Presswerkzeug aus einem Druckbehälterstahl, z.B. HY100, zu fertigen mit K_C-Werten von 150 $MN/m^{3/2}$ und einer Fliessgrenze um 1500 MN/m^2.

Fallstudie 2: Druckluftbehälter für einen Windüberschallkanal

Die Windüberschalltunnel im Labor für Aerodynamik der Universität Cambridge erhalten ihre Leistung von zwanzig parallel angeordneten zylindrischen Druckbehältern. Jedesmal, wenn die Tunnel in Betrieb genommen werden, müssen die Behälter vorher von Kompressoren langsam auf Druck gebracht werden, wonach sie sich dann mit hoher Geschwindigkeit in die Tunnel hinein entladen. Wie könnten wir an die Aufgabe herangehen, solche Druckbehälter zu konstruieren und sie sicherheitstechnisch zu überprüfen?

Kriterien für die Konstruktion von Druckbehältern

Zunächst darf der Druckbehälter plastisch nicht nachgeben; d.h. die auftretenden Spannungen müssen überall kleiner als die Fliessgrenze sein. Zweitens darf er nicht infolge Sprödbruchs versagen: sei die

Länge der grössten vorkommenden Risse 2a (Abb. 16.6), dann muss der Spannungsintensitätsfaktor $K \approx \sigma\sqrt{\pi a}$ überall kleiner als K_C sein. Schliesslich ist auch Ermüdung ein Gesichtspunkt: dabei muss das langsame Risswachstum bis hin zu einer kritischen Grösse beachtet werden.

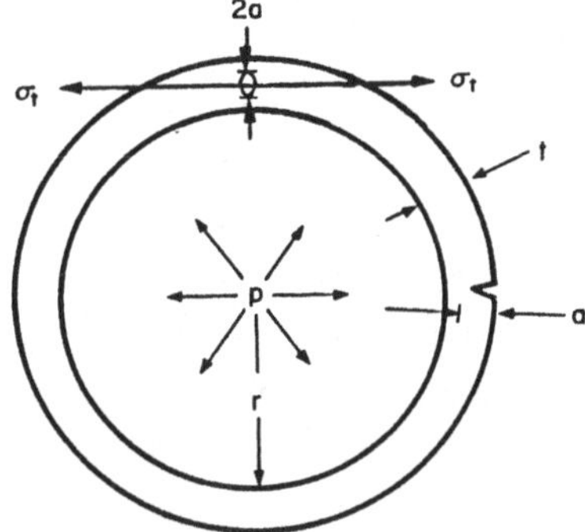

Abb. 16.6. Risse in der Wand eines Druckbehälters.

Die Spannung σ_t in der Wand des zylindrischen Behälters, der unter einem Gasdruck p steht, ist bereits in Gleichung (16.1a) angegeben worden; wenn die Wand dünn ist, gilt

$$\sigma = pr/t.$$

Plastische Verformung tritt ein bei

$$\sigma = R_p,$$

und Sprödbruch, wenn

$$\sigma\sqrt{\pi a} = K_C.$$

Versagen durch makroskopische plastische Verformung oder Sprödbruch

In Abbildung 16.7 sind die beiden Grenzwerte in Abhängigkeit von der Risslänge eingetragen. Der Fliessvorgang ist offensichtlich unabhängig von der Risslänge. Die obige Bedingung für Sprödbruch ist nach σ aufgelöst:

$$\sigma = (K_C/\sqrt{\pi})\cdot(1/\sqrt{a}).$$

Der Verlauf der Funktion $\sigma(a)$ für den Sprödbruch ist also hyperbolisch. Belasten wir den Behälter mit dem Nominaldruck bei einer Risslänge A (Abb. 16.7), so verformt sich das Material bevor es spröde bricht. Die plastische Verformung kann man mittels Dehnmessstreifen überwachen. Bei einer Risslänge B ist dagegen das Kriterium für Sprödbruch vor dem Fliesskriterium erfüllt, und der Behälter explodiert ohne Vorwarnung. Der Schnittpunkt der beiden Kurven legt eine kritische Risslänge fest, bei der beide Versagensmodi, plastisches Nachgeben und Sprödbruch, miteinander konkurrieren. Offensichtlich können wir unseren Kessel als sicher ansehen, sobald der grösste vorkommende Riss kleiner ist als diese kritische Risslänge (gleichwohl müssen wir noch einen Sicherheitsfaktor S einrechnen; die Grenzkurve verläuft dann etwa wie die gestrichelte Kurve in Abb. 16.7).

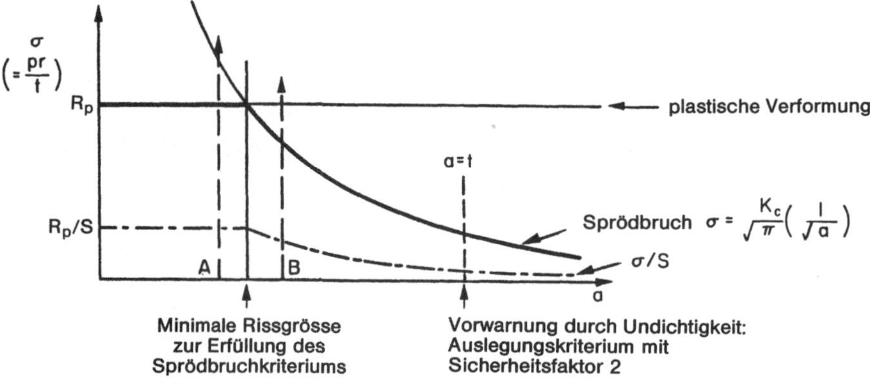

Abb. 16.7. Brucharten in einem zylindrischen Druckbehälter.

In Abbildung 16.8 ist die bislang nur schematisch diskutierte Grenzkurve für eine Aluminiumlegierung und einen typischen Druckbehälterstahl konkret aufgeführt. Im Stahl beträgt die kritische Risslänge ca. 9 mm, im Aluminium ca. 1 mm. Durch Ultraschallprüfung lassen sich Fehlstellen von 9 mm Länge leicht aufspüren. Daher können Druckbehälterstähle jederzeit hinreichend genau zerstörungsfrei auf ihre Sicherheit hin überprüft werden. Sind die Risse einmal länger als 9 mm, so müssen die Behälter stillgelegt werden. Risse von 1 mm Länge können dagegen nicht so leicht und genau geortet werden, so dass sich Aluminium aus Sicherheitsgründen weniger empfiehlt.

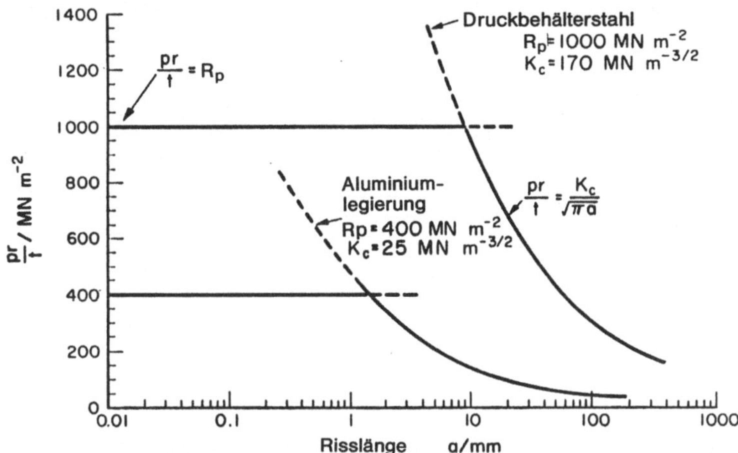

Abb. 16.8. Verformungs- bzw. sprödbruchorientierte Auslegung eines zylindrischen Druckbehälters.

Versagen durch Ermüdung

Wird ein Druckbehälter periodisch unter Druck gesetzt und wieder entleert (wie hier der Fall), so können Risse als Folge dieser Wechselbelastung langsam wachsen. Behälter, die bei Inbetriebnahme als sicher galten, können dann zu einem späteren Zeitpunkt die zulässigen Grenzwerte übersteigen. Durch Dauerschwingversuche an angerissenen Stahlproben kann man die voraussichtliche Risswachstumsrate bestimmen und daraus die Lebensdauer des Behälters nach einem Verfahren abschätzen, auf das wir in der dritten Fallstudie noch zu sprechen kommen.

Verstärkte Sicherheitsmassnahme: Leckstellen als Indikator für fortgeschrittenes Risswachstum

Es ist beunruhigend, dass so ein Druckbehälter, der bei Inbetriebnahme noch alle Sicherheitsvoraussetzungen erfüllt, durch Risswachstum infolge Ermüdung oder Spannungsrisskorrosion (Kapitel 23) mit der Zeit immer unsicherer werden kann. In bestimmten Fällen wird man deshalb verschärfte Sicherheitsbedingungen fordern: der Behälter muss dann so ausgelegt werden, dass er erkennbar undicht wird, bevor er explodiert (wie der nur teilweise aufgeblasene Luftballon in Kapitel 13). Undichte Stellen können leicht entdeckt, und der Behälter vorübergehend stillgelegt und repariert werden. Wie kann man eine solche Bedingung quantifizieren?

Solange die kritische Risslänge $2a_C$ kleiner als die Behälterwanddicke t ist, wird Sprödbruch ohne Vorwarnung eintreten. Aber nehmen wir mal an, die kritische Risslänge sei grösser als t; dann kann Gas durch den Riss entweichen, bevor dieser die zur unkontrollierten Ausbreitung kritische Grösse erreicht hat. Um ganz auf der sicheren Seite zu sein, setzen wir

$$2a_C = 2t.$$

Mit der Beziehung

$$\sigma\sqrt{\pi a_C} = K_C$$

können wir dann eine zulässige Spannung von

$$\sigma = K_C/\sqrt{\pi t}$$

definieren (Abb. 16.7).

Diese zusätzlich "eingebaute" Sicherheit gibt es allerdings nicht umsonst: Entweder muss der Arbeitsdruck abgesenkt oder die Wanddicke des Behälters erhöht werden - oft in beträchtlichem Ausmass.

Überwachung des Arbeitsdruckes

In vielen Anwendungsbereichen werden Druckbehälter auf ihre Sicherheit geprüft, indem sie durch ein Hydraulikaggregat auf einen Druck gebracht werden, der höher ist - üblicherweise 1.5 bis 2 mal höher - als der Arbeitsdruck. Zum Beispiel werden Dampfkessel (Abb. 16.8) nach dieser Methode geprüft, gewöhnlich einmal pro Jahr. Wenn der Kessel bei zweifachem Arbeitsdruck nicht versagt, dann beträgt der übliche Arbeitsdruck höchstens die Hälfte des Berstdruckes. Versagt hingegen der Kessel während des Prüfvorgangs, so ist der Schaden minimal, denn zur Prüfung wird der Kessel unter Wasser gesetzt.

Die periodische Überwachung eines solchen Kessels ist unumgänglich; Risswachstum wird nämlich nicht nur durch Ermüdung, sondern ausserdem noch durch Korrosion, Spannungsrisskorrosion usw. verursacht. Das "statische" Prüfverfahren gilt aber dennoch bei der hier beschriebenen Anwendung, bei der Risswachstum erwiesenermassen langsam erfolgt, als zuverlässig

Abb. 16.9. Ein Druckbehälter im Einsatz - der Kessel einer Dampflokomotive aus dem Jahre 1879, die heute noch auf Nebenstrecken betrieben wird.

Fallstudie 3: Sicherheitsüberprüfung und Bestimmung der Restlebensdauer einer alten dampfgetriebenen Wasserpumpe

Die dampfgetriebene Wasserpumpe in Stretham, einem Ort in der Nähe der englischen Stadt Cambridge (Abb. 16.10), wurde 1831 gebaut im Rahmen eines landwirtschaftlichen Entwicklungsprojektes zur Entwässerung und Nutzbarmachung der ostenglischen Moorlandschaft. Mit einer Maximalleistung von 105 PS bei 15 Upm war sie seinerzeit eine der grössten Dampfmaschinen in den Mooren überhaupt (sie konnte 30 Tonnen Wasser pro Umdrehung hochpumpen, bzw. 450 Tonnen pro Minute). Heute ist sie die einzige überlebende Dampf-Wasserpumpe dieser Art im östlichen England.

Abb. 16.10. Teilansicht einer dampfgetriebenen Wasserpumpe. Im Vordergrund die Kurbel sowie das untere Ende der Pleuelstange. Auf der Kurbelwelle sitzt eine exzentrische Kurvenscheibe zur Steuerung des Ventilmechanismus. Im Hintergrund sind teilweise die Speichen und der Radkranz des Schwungrades zu erkennen.

Die Maschine könnte - etwa für Demonstrationszwecke - nach wie vor betrieben werden. Gesetzt den Fall, wir möchten ihre Sicherheit überprüfen. Nehmen wir an, die Pleuelstange aus Gusseisen, mit einer Länge von 7 m und einer Querschnittsfläche von 0.04 m^2, enthielte einen Riss von 2 cm Tiefe. Können wir angeben, ob der Riss unter der Wechselbelastung wächst, der die Pleuelstange ausgesetzt ist? Welches wird voraussichtlich ihre Restlebensdauer sein?

Mechanische Grössen

Die Spannung in der Kurbelwelle lässt sich in Abhängigkeit von Leistung und Geschwindigkeit folgendermassen abschätzen: (Dabei darf man nicht übersehen, dass im allgemeinen solche Abschätzungen bis zu einem Faktor 2 fehlerhaft sein können - das ändert jedoch grundsätzlich nichts an den Schlussfolgerungen, zu denen wir weiter unten gelangen). Gehen wir also von folgenden Maschinendaten aus:

Leistung = 105 PS = $7.8 \cdot 10^4$ J/s
Geschwindigkeit = 15 Upm = 0.25 Ups
Hub = 2.44 m

Die Antriebsleistung ergibt sich näherungsweise als Kraft x 2 x Hub x Geschwindigkeit, d.h. die Kraft beträgt

$$7.8 \cdot 10^4/2 \cdot 2.44 \cdot 0.25 \text{ N} \approx 6.4 \cdot 10^4 \text{ N}.$$

Mit den Abmessungen, die Abbildung 16.11 zu entnehmen sind, können wir die Nominalspannung in der Pleuelstange betimmen:

$$\sigma = F/A = 6.4 \cdot 10^4/0.04 = 1.6 \text{ MN/m}^2.$$

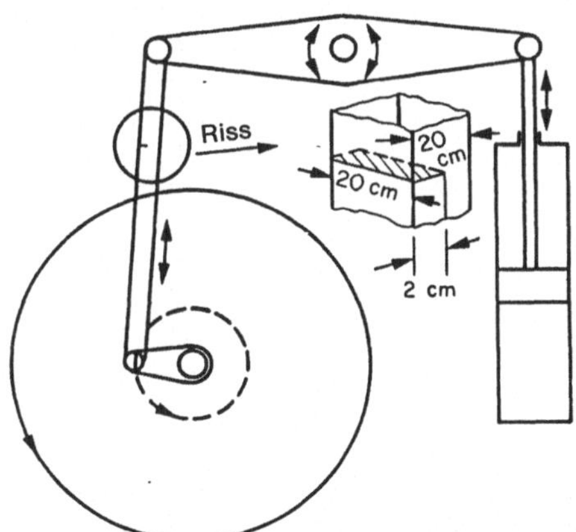

Abb. 16.11. Schema der Wasserpumpe.

Versagen infolge Sprödbruchs

Für Gusseisen beträgt K_C = 18 $\text{MN/m}^{3/2}$. Erste Frage: Könnte die Stange infolge Sprödbruchs versagen? Die Spannungsintensität beträgt

$$K = \sigma\sqrt{\pi a} = 1.6\sqrt{\pi 0.02} \text{ MN/m}^{3/2} = 0.40 \text{ MN/m}^{3/2}.$$

Der Wert ist also sehr viel kleiner als K_C, so dass man selbst bei Spitzenbelastungen Sprödbruch sicher nicht zu befürchten braucht.

Versagen infolge Ermüdung

Das Wachstum eines Ermüdungsrisses wird durch die Beziehung

$$da/dN = A(\Delta K)^m \qquad (16.2)$$

beschrieben. Im Falle von Gusseisen ist

$$A = 4.3 \cdot 10^{-8} \text{ m } (MN/m^{3/2})^{-4}$$

mit $m = 4$.

Bei Wechselbelastung gilt

$$\Delta K = \Delta\sigma\sqrt{\pi a},$$

wobei $\Delta\sigma$ die Spannungsamplitude darstellt (Abb. 16.12). Obwohl $\Delta\sigma$ konstant bleibt (bei konstanter Leistung und Geschwindigkeit), nimmt ΔK mit wachsendem Riss zu. Wenn wir diese Werte nun in Gleichung (16.2) einsetzen, erhalten wir

$$da/dN = A\Delta\sigma^4\pi^2 a^2$$

bzw.

$$dN = (1/A\Delta\sigma^4\pi^2)(1/a^2)da.$$

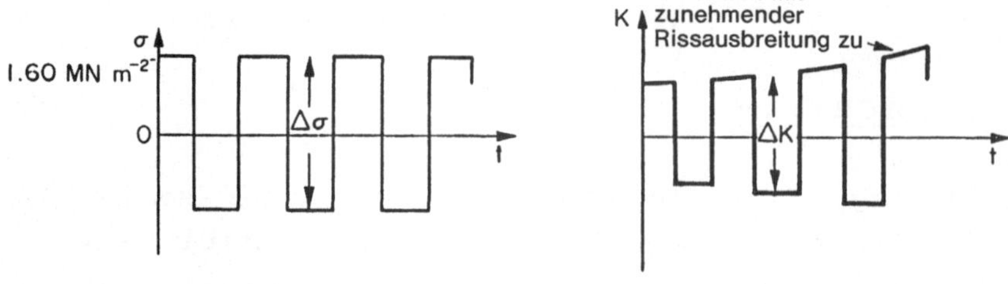

Abb. 16.12. Rissausbreitung in der Wasserpumpe durch Ermüdung.

Durch Integration errechnet sich schliesslich die Anzahl von Lastspielen, die benötigt wird, um den Riss von a_1 bis a_2 wachsen zu lassen, zu

$$N = (1/A\Delta\sigma^4\pi^2)(1/a_1-1/a_2),$$

dabei setzen wir voraus, dass a nicht stark variiert, so dass wir von einer mehr oder weniger gleichbleibenden Rissgeometrie ausgehen können. Auf dieser Basis berechnen wir nun, wieviel Lastspiele der Riss braucht, um von 1 auf 3 cm Länge zu wachsen. Es sind genau

$$N = (1/4.3\cdot10^{-8}\cdot3.20^4\pi^2)(1/0.02-1/0.03) = 3.7\cdot10^5 \text{ Lastspiele.}$$

Für eine Maschine, die an 52 Tagen pro Jahr jeweils 8 Stunden pro Tag zu Demonstrationszwecken eingesetzt wird, erreicht man damit noch eine beträchtliche Lebensdauer. Ausserdem wäre ein Riss von 3 cm Länge immer noch deutlich unterkritisch, so dass die Maschine auch noch weitere $3.7\cdot10^5$ Lastspiele lang halten würde.

Man muss auch berücksichtigen, dass eine Demonstration längst nicht die Gesamtleistung von 105 PS beansprucht und da $\Delta\sigma^4$ von N abhängt, kann man ohne weiteres sagen, dass sich die berechnete Lastspielgrenze nochmal um den Faktor 30 verlängert.

Die Abschätzung der gesamten Restlebensdauer der Anlage ist komplizierter. Wenn der Riss weiter wächst, wird sich auch seine Geometrie nach und nach verändern; die neue Rissgeometrie muss dann jeweils in den Rechnungen berücksichtigt werden.

Schlussfolgerung und Empfehlung

Eine einfache Analyse zeigt, dass die Maschine mit grosser Wahrscheinlichkeit im Demonstrationsbetrieb noch eine ganze Weile zuverlässig verwendet werden kann. Danach ist ihr weiterer Einsatz nur zuverantworten, wenn das Risswachstum regelmässig überwacht wird. Es ist aber auch vorstellbar, dass eine umfassendere Analyse zu einer günstigeren Sicherheitsbewertung gelangen würde.

E Kriechverformung und Kriechbruch

17 Kriechen und Kriechbruch

Einführung

In den vorangehenden Kapiteln haben wir uns mit den mechanischen Eigenschaften bei Raumtemperatur beschäftigt. Viele Komponenten - insbesondere im Bereich der Energiegewinnung und -umsetzung, wie Turbinen, Reaktoren, Dampfmaschinen und chemische Anlagen - werden aber bei wesentlich höheren Temperaturen betrieben.

Mit steigender Temperatur beginnen Werkstoffe zu kriechen, und zwar unter Lasten, die unter Raumtemperaturbedingungen nicht ausreichen, um eine bleibende Verformung herbeizuführen. Kriechen ist ein kontinuierlicher zeitabhängiger Vorgang: die Dehnung, die gewöhnlich nur von der Spannung abhängt, ist hier auch eine Funktion von Zeit und Temperatur:

$$\varepsilon = f(\sigma,t,T).$$

Dagegen genügt unter Raumtemperaturbedingungen für die meisten Metalle und keramischen Stoffe der Ansatz:

$$\varepsilon = f(\sigma).$$

Entsprechend spricht man beim Kriechen auch von "Hochtemperaturverhalten" bzw. bei zeitunabhängigen Verformungsvorgängen von "Tieftemperaturverhalten".

Was heisst aber hohe bzw. tiefe Temperatur? Wolfram, das üblicherweise zur Herstellung von Glühbirnenwendeln verwendet wird, hat einen sehr hohen Schmelzpunkt von über 3000 ^{0}C. Für Wolfram bedeutet Raumtemperatur eine sehr niedrige Temperatur. Bei hinreichend hoher Temperatur kriecht auch Wolfram - daher brennen Glühbirnen letztendlich durch. Schaut man sich einen Glühbirnenfaden genauer an, so kann man sehen, dass er sich allmählich unter seinem Eigengewicht - infolge Kriechverformung - absenkt, so dass sich schliesslich mehrere Windungen der Wendel berühren können.

In Abbildung 17.1 sowie in Tabelle 17.1 ist der Schmelzpunkt von zahlreichen Metallen und keramischen Stoffen aufgeführt. Die meisten haben einen relativ hohen Schmelzpunkt, so dass sie erst deutlich oberhalb Raumtemperatur kriechen. Der Kriechvorgang ist daher im Alltag längst nicht so geläufig wie elastische oder plastische Verformung. Für Blei ist Raumtemperatur allerdings eine hohe Temperatur; bei einem Schmelzpunkt von 600 K bedeutet Raumptemperatur halbe Schmelztemperatur. Wie in Abbildung 17.2 zu sehen ist, kriecht Blei ja auch durchaus bei Raumtemperatur. Eis, ein keramischer Stoff, schmilzt bei 0 ^{0}C. "Hochtemperatur"-Gletscher kriechen nahe 0 ^{0}C ziemlich schnell. Auch die Dicke der Eiskappe der Antarktis, die den Wasserpegel der Weltmeere kontrolliert, hängt ab von Kriechvorgängen, die bei -30 ^{0}C ablaufen.

Man kann also sagen, dass die Temperatur, bei der Kriechen einsetzt, vom Schmelzpunkt abhängt. Allgemein gilt, dass Kriechvorgänge stattfinden, wenn

$T > 0.3$ bis $0.4\ T_M$ (Metalle)

$T > 0.4$ bis $0.5\ T_M$ (keramische Stoffe).

T_M gibt den Schmelzpunkt in Grad Kelvin an. Mit besonderen Legierungstechniken lassen sich diese Grenzwerte des Kriechens zu höheren Temperaturen verschieben.

Auch Kunststoffe kriechen - viele sogar bei Raumtemperatur. In Kapitel 5 haben wir gesehen, dass die üblichen Polymere im allgemeinen nicht kristallin sind, d.h. sie haben keinen definierten Schmelzpunkt. Vielmehr gibt man bei diesen Polymeren für den Wechsel des Aggregatzustandes die Glasübergangstemperatur T_g an, die Temperatur nämlich, bei der Van-der-Waals-Bindungen steif werden. Oberhalb von T_g verhält sich das Polymer wie Leder oder Gummi; wenn es belastet

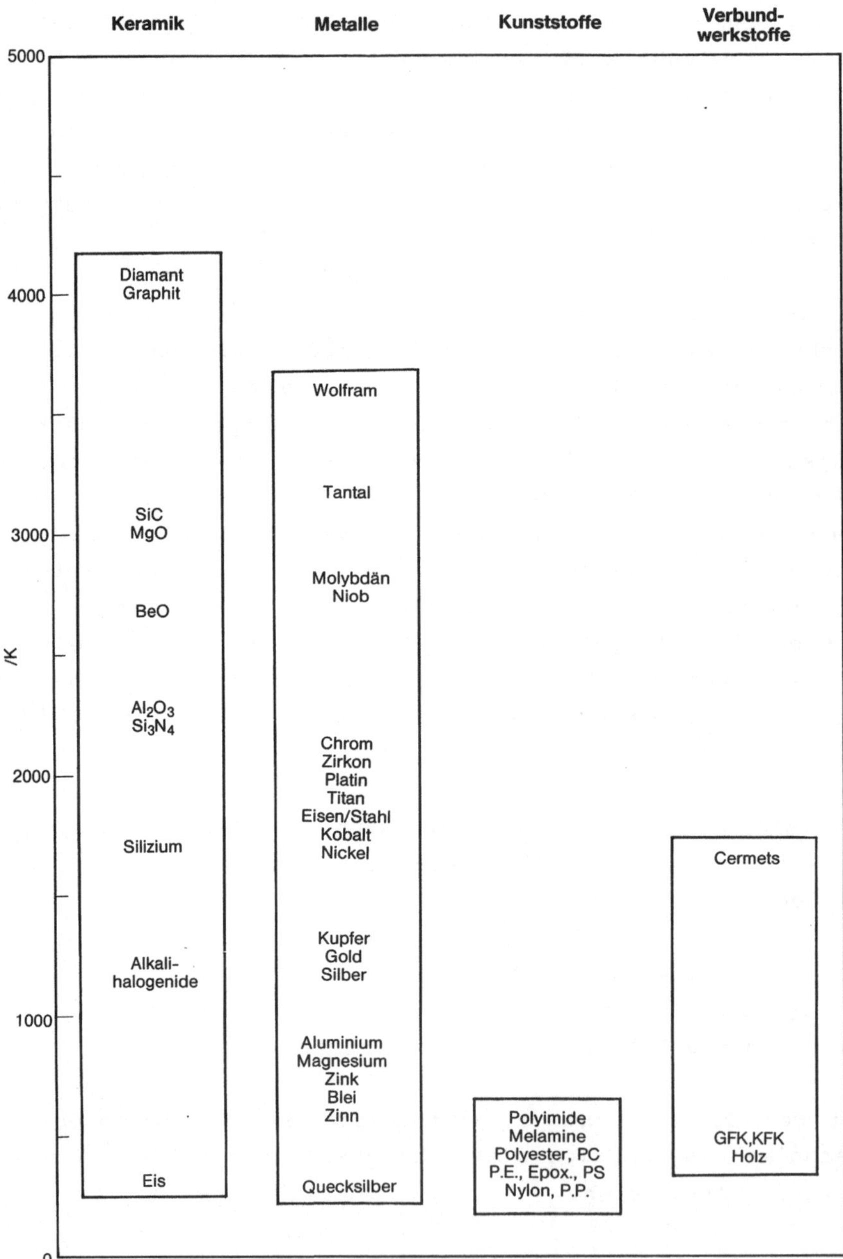

Abb. 17.1. Schmelz- bzw. Glasübergangstemperatur.

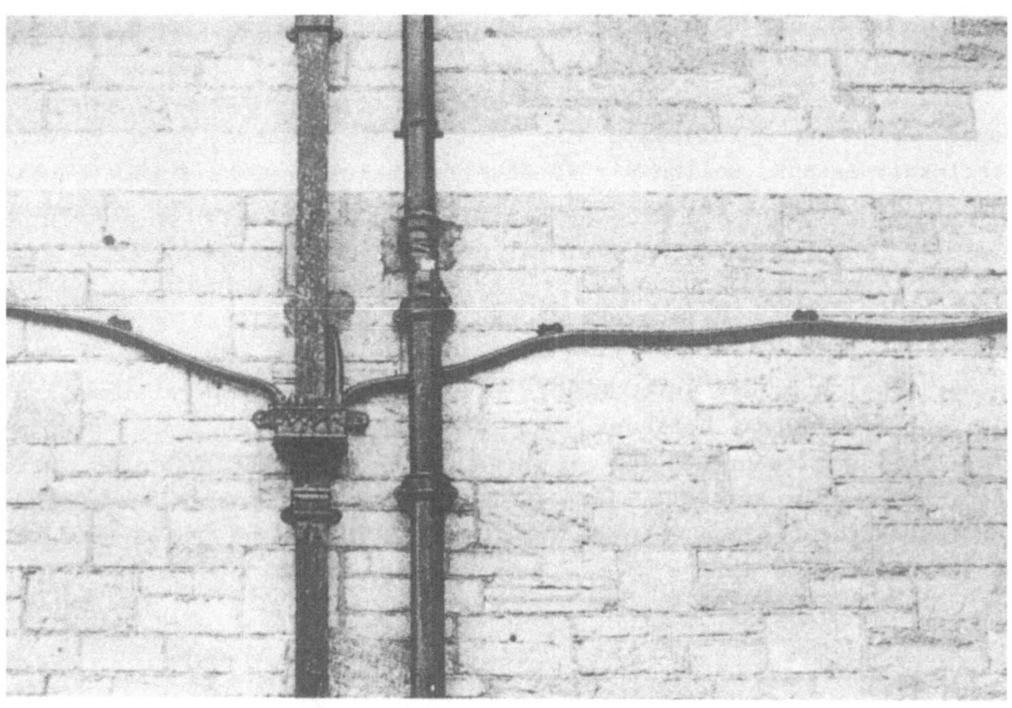

Abb. 17.2. Rohrleitungen aus Blei zeigen nach vielen Jahren des Einsatzes - bei RT - deutliche Kriechverformung.

Tabelle 17.1

Schmelz- bzw. Glasübergangstemperatur (s)

Werkstoff	K	Werkstoff	K
Diamant, Graphit	4000	Quarzglas	1100
Wolfram	3680	Aluminium	933
Tantal	3250	Magnesium	923
Silizium, SiC	3110	Fensterglas	700-900
Magnesiumoxid, MgO	3073	Zink	692
Molybdän	2880	Polyimide	580-630(s)
Niob	2740	Blei	600
Berylliumoxid, BeO	2700	Zinn	505
Aluminiumoxid, Al_2O_3	2323	Melamine	400-480(s)
Siliziumnitrid, Si_3N_4	2173	Polyester	450-480(s)
Chrom	2148	Polykarbonat	400(s)
Zirkon	2125	Polyäthylen hoher Dichte	300(s)
Platin	2042	Polyäthylen niedriger Dichte	360(s)
Titan	1943	Aufgeschäumte Kunststoffe, steif	300-380(s)
Stahl	1809	Epoxydharze	340-380(s)
Kobalt	1768	Polystyren	370-380(s)
Nickel	1726	Nylon	340-380(s)
Cermets	1700	Polyuräthan	365(s)
Silizium	1683	Acryl	350(s)
Alkalihalogenide	800-1600	GFK	340(s)
Uran	1405	KFK	340(s)
Kupfer	1356	Polypropylen	330(s)
Gold	1336	Eis	273
Silber	1234	Quecksilber	235

wird, kriecht es. Unterhalb T_g ist es hart (manchmal sogar spröde) und kriecht praktisch nicht.

Bevor wir eine Aufstellung der Stoffe entsprechend ihrer Kriechfestigkeit machen, wollen wir zunächst untersuchen, wie Kriechvorgänge - in den meisten Fällen - quantitativ beschrieben werden können.

Kriechversuch und Kriechkurve

In der Regel wird die Kriechprobe, die sich in der temperaturkonstanten Zone eines Ofens befindet, zug- oder druckbelastet, wobei gewöhnlich die Last während des Kriechversuchs konstant gehalten wird (Abb. 17.3). Da Kriechvorgänge offensichtlich sehr empfindlich von der Temperatur abhängen, kommt dabei der Kontrolle der Temperatur besondere Bedeutung zu.

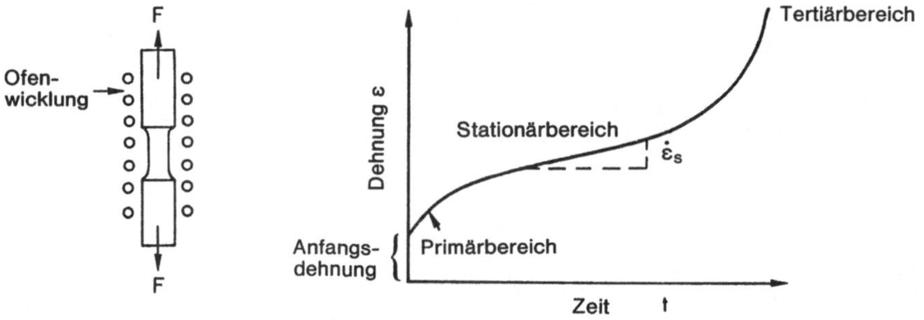

Abb. 17.3. Kriechversuch und Kriechkurve.

Gemessen wird im Kriechversuch die Probenverlängerung als Funktion der Zeit. In Abbildung 17.3 ist eine Kriechkurve schematisch dargestellt, die für die meisten Metalle, Polymere und keramische Stoffe charakteristisch ist : Die plastische Verformung zu Beginn der Kurve sowie das Übergangskriechen nehmen im Hinblick auf viele Anwendungsfälle einen nicht zu vernachlässigenden Teil der zulässigen Gesamtdehnung ein. Aber sie laufen relativ schnell ab, so dass sie zusammen mit dem elastischen Anteil bereits bei der Auslegung eines Bauteils berücksichtigt werden können. Nach dem Übergangskriechen wird die Kriechrate stationär, d.h. die Dehnungszunahme erfolgt proportional zur Zeit. Da die Kriechrate dabei gleichzeitig ihren kleinsten Wert annimmt, bestimmt der Stationärbereich den weitaus grössten Teil des

"Kriechlebens" einer Probe oder eins Bauteils. Es liegt auf der Hand, dass die stationäre Kriechrate $\dot{\varepsilon}_S$ daher bei der Auslegung von kriechfesten Komponenten gewöhnlich im Mittelpunkt des Interesses steht.

Wenn wir die stationäre Kriechgeschwindigkeit $\dot{\varepsilon}_S$ gegen die angelegte Spannung für eine bestimmte Temperatur doppeltlogarithmisch auftragen (Abb. 17.4), finden wir im allgemeinen eine Beziehung der Art

$$\dot{\varepsilon}_S = B\sigma^n. \tag{17.1}$$

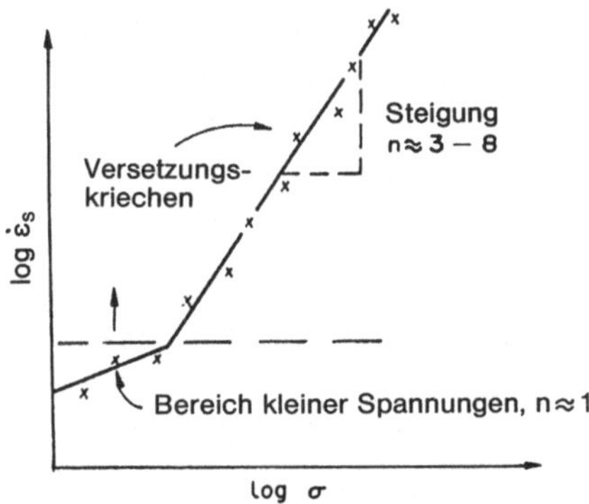

Abb. 17.4. Spannungsabhängigkeit der Kriechrate.

Der Spannungsexponent n liegt üblicherweise zwischen 3 und 8. Die Spannungsabhängigkeit der Kriechrate folgt also in diesen Fällen einem Potenzansatz (power low creep). Bei sehr kleinen Spannungen wird auch der Spannungsexponent kleiner (bis zu n = 1). Auf diesen Wechsel der Spannungsabhängigkeit werden wir aber erst in Kapitel 19 näher eingehen.

Tragen wir andererseits den natürlichen Logarithmus von $\dot{\varepsilon}_S$ gegen den Kehrwert der absoluten Temperatur auf (Abb. 17.5), so ergibt sich für die Temperaturabhängigkeit der stationären Kriechrate sehr oft die Beziehung

$$\dot{\varepsilon}_S = C \exp(-Q/RT). \tag{17.2}$$

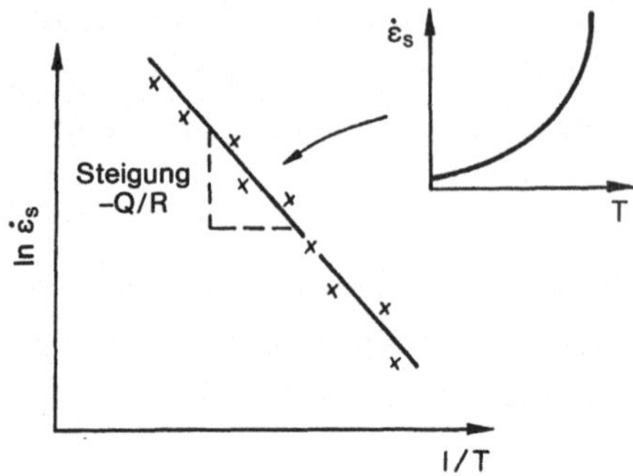

Abb. 17.5. Temperaturabhängigkeit der Kriechrate.

R ist die universelle Gaskonstante (8.31 J/mol K). Q heisst Aktivierungsenergie für das Kriechen und wird in J/mol angegeben. Die Kriechrate nimmt also exponentiell mit der Temperatur zu (Abb. 17.5, rechts oben), d.h. ein Anstieg der Temperatur um 20 ^{0}C kann die Kriechrate verdoppeln.

Fassen wir die beiden Abhängigkeiten der stationären Kriechrate zusammen, so erhalten wir schliesslich

$$\dot{\varepsilon}_S = A\sigma^n \exp(-Q/RT). \qquad (17.3)$$

Die Konstante A ergibt sich aus den Konstanten B und C. A, n und Q variieren von Werkstoff zu Werkstoff und müssen experimentell bestimmt werden.

Spannungsrelaxation als Folge von Kriechprozessen

Bei konstanter Spannung (oder Last) steigt also unter Kriechbedingungen die Dehnung mit der Zeit an. Sehr häufig lässt sich die Abhängigkeit der Kriechrate von der angelegten Spannung bei vergleichbaren homologen Temperaturen mit einem Potenzgesetz beschreiben. Zum Beispiel erfolgt die "Bewegung" des Antarktikeises oder allgemein von Gletschern nach dieser Gesetzmässigkeit. Produkte aus Kunststoff verformen sich bei Raumtemperatur oder knapp darüber. Metalle und keramische Werkstoffe kriechen dagegen erst bei sehr hohen Temperaturen (Reaktor-, Turbinenwerkstoffe).

Umgekehrt bewirken Kriechprozesse, dass Komponenten, die zu Beginn ihres Einsatzes bis zu einer bestimmten elastischen Dehnung vorgespannt worden sind, ihre Vorspannung mit der Zeit verlieren; man sagt: die Spannung relaxiert. So müssen z.B. Schrauben, die Turbinengehäuse zusammenhalten, regelmässig nachgezogen werden.

Die Relaxationszeit (die willkürlich festgelegt ist, als die Zeit, bei der die Spannung auf ihren halben Wert relaxiert ist) lässt sich aus Kriechdaten, die dem Potenzgesetz folgen, leicht bestimmen: Betrachten wir einen Schraubenbolzen, der in einem starren Bauteil mit einer Ausgangsspannung σ_i festgezogen ist. In diesem Verbund (Abb. 17.6) soll die Gesamtdehnung des Bolzens ε^{tot} konstant bleiben. Unter Kriechbedingungen wird aus der elastischen Dehnung ε^{el} mit der Zeit eine Kriechdehnung ε^{cr}, wobei die angelegte Spannung abgebaut wird. Es gilt also immer

$$\varepsilon^{tot} = \varepsilon^{el} + \varepsilon^{cr}. \tag{17.4}$$

Setzen wir

$$\varepsilon^{el} = \sigma/E$$

und, bei konstanter Temperatur,

$$\dot{\varepsilon}^{cr} = B\sigma^{n},$$

so können wir, da ε^{tot} ja konstant ist, Gleichung (17.4) nach der Zeit differenzieren und erhalten

$$1/E \cdot d\sigma/dt = -B\sigma^{n}. \tag{17.5}$$

Integration von $\sigma = \sigma_i$ bei $t = 0$ bis $\sigma = \sigma$ bei $t = t$ ergibt

$$1/\sigma^{n-1} - 1/\sigma_i^{n-1} = (n-1)BEt. \tag{17.6}$$

Abbildung 17.7 zeigt, wie die anfängliche elastische Dehnung allmählich durch die Kriechdehnung ersetzt wird und die Anfangsspannung abklingt. Handelt es sich dabei um Schrauben, die das Gehäuse einer Grossturbine zusammenhalten, so müssen die Schrauben wie erwähnt von Zeit zu Zeit nachgezogen werden, wenn die Turbine keine undichten

Stellen aufweisen soll. Man kann das "Inspektionsintervall" t_r ausrechnen, nach dem σ, sagen wir, auf die Hälfte des Ausgangswertes abgefallen ist. Mit $\sigma = \sigma_i/2$ erhält man

$$t_r = (2^{n-1}-1)/(n-1)BE\sigma_i{}^{n-1}. \tag{17.7}$$

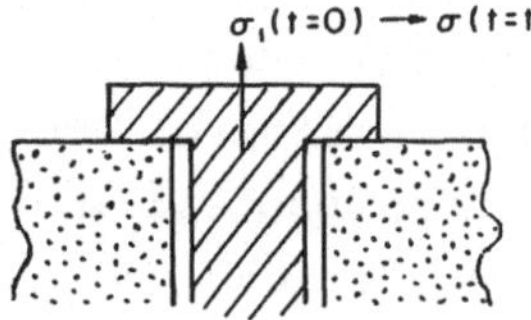

Abb. 17.6. Schema eines festgezogenen Schraubenbolzens.

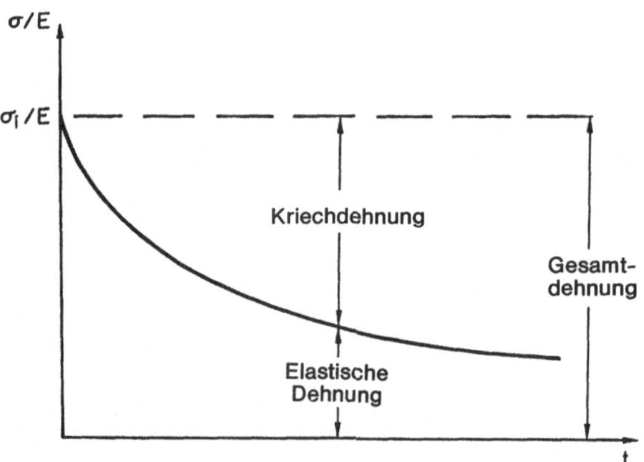

Abb. 17.7. Zeitabhängige Umwandlung von elastischer Dehnung in Kriechdehnung.

Mit experimentell bestimmten Werten für n, A und Q lässt sich mit dieser Gleichung angeben, wie oft die Schraubenbolzen nachgezogen werden müssen. Stärkeres Vorspannen der Schrauben hilft übrigens nicht viel, da t_r umso schneller abfällt, je grösser σ_i wird.

Kriechschädigung und Kriechbruch

Im Verlauf des Tertiärbereiches des Kriechens wird das Korngefüge immer mehr geschädigt, d.h. es bilden sich Hohlräume - meist an Korngrenzen - aus, die den Materialzusammenhalt mehr und mehr schwächen. Der Verlauf der Kriechkurve in diesem Bereich spiegelt diesen Sachverhalt wider: da sich mit zunehmendem Hohlraumvolumen der effektive Querschnitt der Probe vermindert, wächst die Spannung bei konstanter Belastung stetig an. Wegen der Potenzabhängigkeit der Kriechrate von der Spannung (Glg. 17.1), nimmt die Kriechrate dann noch schneller zu (Abb. 17.8).

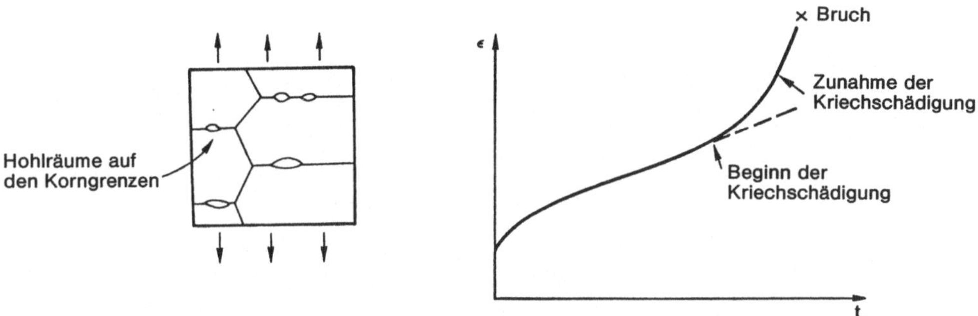

Abb. 17.8. Kriechschädigung.

In vielen hochwarmfesten Legierungen tritt Kriechschädigung schon recht früh (bezogen auf die Standzeit) auf und führt schliesslich zum Versagen des beanspruchten Bauteils schon nach kleinen Gesamtdehnungen (manchmal bei weniger als 1%). Die Auslegung von Komponenten für den Hochtemperatureinsatz sollte daher folgende Punkte berücksichtigen:

a) Die Kriechdehnung ε^{cr} während der geplanten Einsatzzeit muss hinreichend klein sein.

b) Die Kriechbruchdehnung ε_B^{cr} muss grösser als diese zulässige Kriechdehnung sein.

c) Die Standzeit t_B muss grösser sein (Sicherheitsfaktor eingerechnet) als die geplante Einsatzzeit.

Üblicherweise werden Standzeiten in einem Zeitstanddiagramm dargestellt (Abb. 17.9).

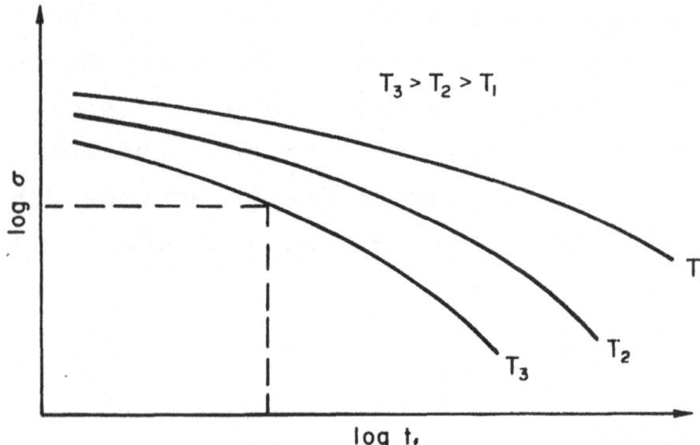

Abb. 17.9. Zeitstanddiagramm.

Kriechfeste Werkstoffe

Mit unseren bisherigen Kenntnissen über das Kriechverhalten von Werkstoffen können wir schon soviel sagen, dass der wichtigste Gesichtspunkt bei der Materialauswahl offensichtlich der Schmelzpunkt ist. Würden Werkstoffe immer bei weniger als einem Drittel ihrer Schmelztemperatur eingesetzt werden, träten Probleme mit Kriechprozessen nie auf. Oberhalb dieser Temperatur lassen sich zahlreiche Legierungsverfahren anwenden, um die Kriechfestigkeit zu erhöhen. Bevor wir aber nicht mehr über Kriechmechanismen wissen, können wir die Grundlage dieser Massnahmen nicht verstehen. Die Kriechmechanismen werden daher Gegenstand der beiden nächsten Kapitel sein.

18 Kinetik der Diffusion

Einführung

Aus dem letzten Kapitel wissen wir, dass die Temperaturabhängigkeit der stationären Kriechrate der Beziehung

$$\dot{\varepsilon}_S = C \exp(-Q/RT)$$

folgt, wobei Q die Aktivierungsenergie für das Kriechen (in J/mol oder auch kJ/mol), R die universelle Gaskonstante (8.31 J/mol K) und T die absolute Temperatur (in K) darstellen. Diese Gesetzmässigkeit ist ein Beispiel für die sogenannte Arrheniusfunktion, die ganz allgemeine Gültigkeit für die Beschreibung von thermisch aktivierten Prozessen hat. Sie lässt sich nicht nur beim Kriechen anwenden, sondern auch bei Oxidations- (Kapitel 21), Korrosions- (Kapitel 23) oder allgemein bei Diffusionsprozessen. Auch die Geschwindigkeit, mit der sich Bakterien vermehren und Milch sauer wird, lässt sich über diese Exponentialfunktion angeben. Es ist dabei in allen Fällen so, dass die Geschwindigkeit exponentiell von der Temperatur abhängt (oder dass die für die zum Erreichen eines bestimmten Betrages an Kriechdehnung oder Oxidmenge benötigte Zeit fortlaufend - eben exponentiell - kleiner wird). In Abbildung 18.1 ist dieser Funktionsverlauf dargestellt. In einer Auftragung des natürlichen Logarithmus der "Reaktionsgeschwindigkeit" gegen den Kehrwert der absoluten Temperatur muss sich bei Vorliegen einer Arrhenius-Abhängigkeit folglich eine Gerade mit der Steigung -Q/R ergeben (Abb. 18.2).

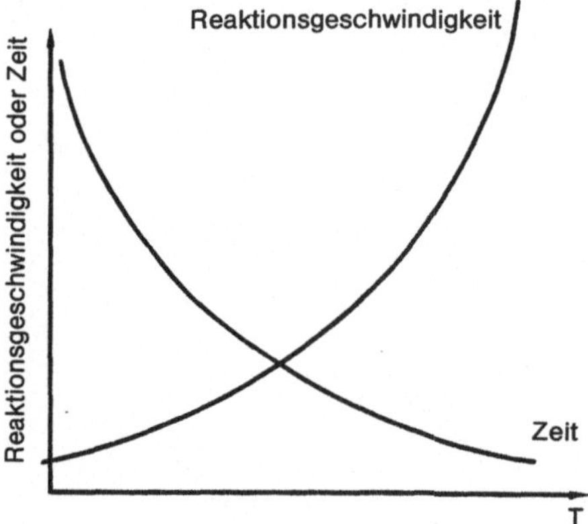

Abb. 18.1. Temperaturabhängigkeit von Vorgängen, die dem Arrheniusansatz folgen.

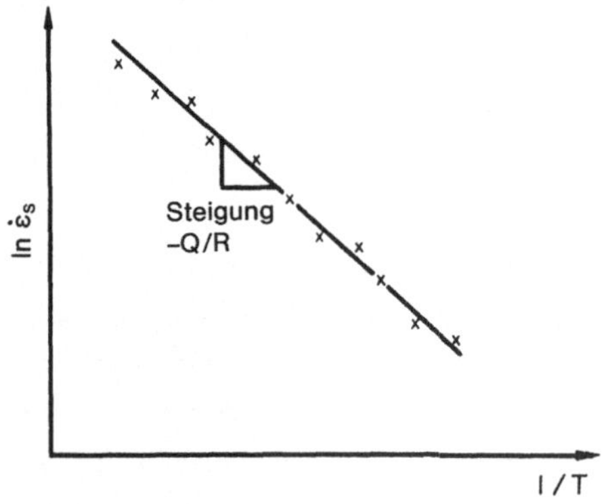

Abb. 18.2. Die Temperaturabhängigkeit der Kriechrate als Beispiel für das Arrheniusgesetz.

Diffusion und Ficksches Gesetz

Zuerst müssen wir definieren, was der Begriff "Diffusion" bedeutet. Lassen wir einen Tropfen Tinte in einen Topf mit Wasser fallen, dann wird sich die Tinte sehr bald im Wasser ausbreiten. Vorausgesetzt das Wasser ist ruhig, so erfolgt die Ausbreitung der Tinte in dem Masse, wie Tintenmoleküle mit Wassermolekülen in vollkommen ungeordneter Weise die Plätze tauschen. Die Ausbreitungsrichtung geht von Plätzen hoher Tintenkonzentration in Bereiche, in denen die Tintemoleküle noch wenig konzentriert sind. Mit anderen Worten, die Tinte diffundiert entlang dem Gradienten der Konzentration. Dieser Sachverhalt ist im Fickschen Diffusionsgesetz beschrieben:

$$J = - D dc/dx. \qquad (18.1)$$

J ist die Zahl der Tintemoleküle, die pro Zeit- und Flächeneinheit entlang dem Gradienten der Konzentration diffundiert. Man nennt J den Molekülstrom (Abb. 18.3). c bedeutet die Konzentration der Tintemoleküle im Wasser und ist definiert als die Zahl der Tintemoleküle pro Volumeneinheit der Tinte-Wasser-Lösung. D ist der Diffusionskoeffizient für Tintenwasser; er wird in m^2/s angegeben.

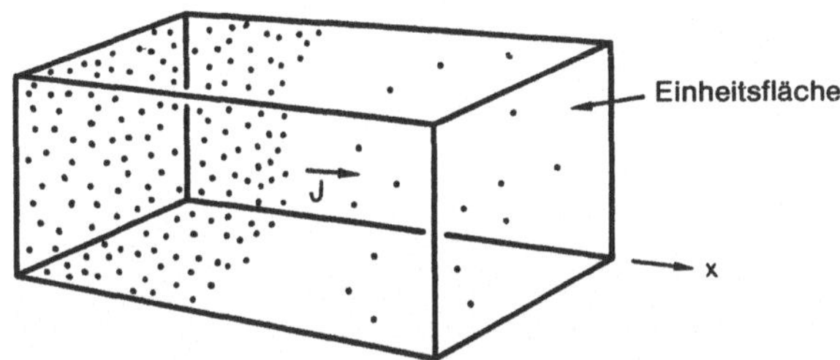

Abb. 18.3. Diffusion entlang eines Konzentrationsgradienten.

Natürlich sind Diffusionsvorgänge nicht auf Tinte in Wasser beschränkt. Sie laufen ebenso in allen anderen Flüssigkeiten, und was besonders bemerkenswert ist, auch in Festkörpern ab. Zum Beispiel besteht Messing aus einem "Gemisch" aus Zink in Kupfer. Zinkatome können in Kupfer genauso diffundieren wie Tinte in Wasser. Da wir uns hier gerade mit dem Kriechen von Festkörpern befassen, werden wir also nun unser Augenmerk auf die Diffusion in festen Stoffen konzentrieren.

Diffusion findet statt, indem Atome - auch die eines Festkörpers - ihre Plätze tauschen. Sie springen von einem Gitterplatz auf den anderen. In Abbildung 18.4 liegt ein Gradient der Konzentration der schwarzen Atome vor: auf der linken Seite der gestrichelten Linie sind es mehr als auf der rechten. Springen nun die Atome regellos über die gestrichelte Linie hinüber, dann stellt sich in der Summe ein Strom von schwarzen Atomen ein, der von links nach rechts gerichtet ist (aus dem einfachen Grund, weil links mehr schwarze Atome als rechts sind). Gleichzeitig gibt es auch einen Strom von weissen Atomen in umgekehrter Richtung. Zur Ableitung des Fickschen Gesetzes müssen wir die beiden Ströme näher analysieren.

Atome in einem Festkörper schwingen um ihre Mittellage mit einer Frequenz ν (typischerweise mit ungefähr 10^{13} s^{-1}). Die Mittellage ist

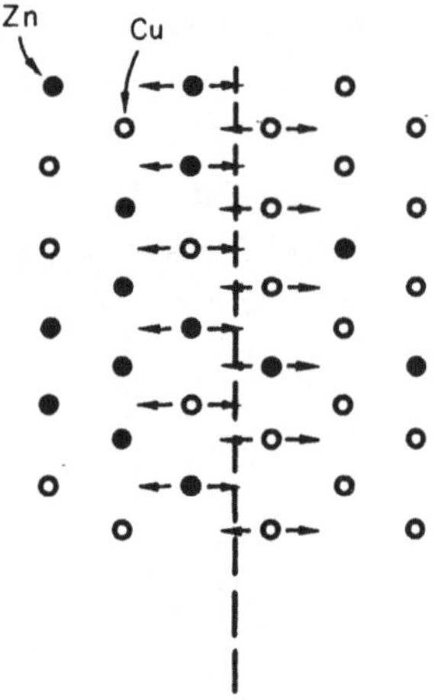

Abb. 18.4. Sprünge von Atomen durch eine gedachte Ebene hindurch.

durch den Kristallaufbau festgelegt. Bei einer Temperatur T beträgt die mittlere Energie eines Atoms (kinetisch und potentiell) 3 kT (k ist die Boltzmannkonstante = $1.38 \cdot 10^{-23}$ J/Atom K). Diese Angabe bezieht sich aber wirklich nur auf die mittlere Energie. Durch die Atomschwingungen kommt es aber immer wieder zu "Zusammenstössen", bei denen Energie übertragen wird. So liegt denn zu einem bestimmten Zeitpunkt, obwohl die mittlere Energie 3 kT beträgt, immer eine gewisse Wahrscheinlichkeit dafür vor, dass ein Atom weniger oder mehr Energie hat. Die Wahrscheinlichkeit, dass ein Atom eine Energie hat > q, lässt sich, wie die Boltzmannstatistik zeigt, mit

$$p = \exp(-q/kT)$$

angeben. Was besagt diese Beziehung für den Fall der Diffusion von Zink in Kupfer? Betrachten wir zwei benachbarte Atomebenen A und B in der Legierung Messing, zwischen denen die Zinkkonzentration geringfügig differiert. In Abbildung 18.5 ist diese Situation in übertriebenem Masse illustriert. Wenn nun Zinkatome von A nach B diffundieren wollen, d.h. entlang dem Gradienten der Konzentration, so müssen sie sich zwischen den Kupferatomen durchquetschen. (Das ist ein stark vereinfachtes Bild von diesem Vorgang - näheres erfahren wir aber noch später in diesem Kapitel). Man kann es auch so ausdrücken, dass die Zinkatome eine Energiebarriere der Höhe q überwinden müssen; in Abbildung 18.5 ist das angedeutet. Sei die Zahl der Zinkatome in Ebene A n_A, dann ist der Anteil, der zum Überwinden der Energieschwel-

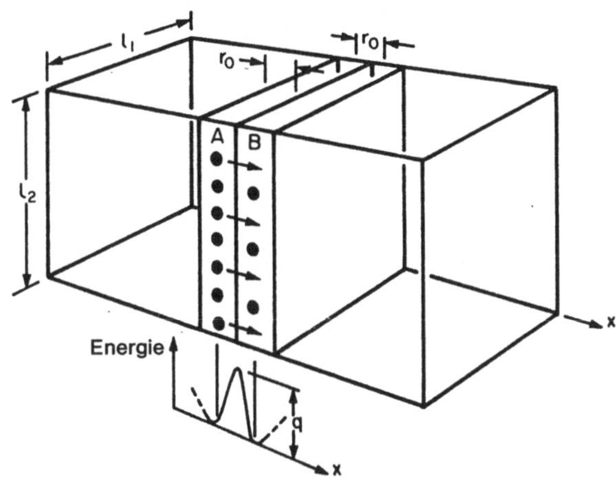

Abb. 18.5. Diffusion erfordert von den Atomen die Überwindung der Energieschwelle q.

le von A nach B genügend Energie aufbringt, zu jedem Zeitpunkt

$$n_A p = n_A \exp(-q/kT). \qquad (18.2)$$

Nun müssen aber die Atome, um die Barriere zwischen A und B zu überwinden, auch in die richtige Richtung springen. Die Menge der Zinkatome, die pro Sekunde in Richtung A-B springen, ist aber gerade nur der 6. Teil aller möglichen Sprünge, nämlich

$$\nu/6 \cdot n_A \exp(-q/kT).$$

Entsprechend ist die Zahl der Zinkatome, die pro Sekunde von B nach A springen,

$$\nu/6 \cdot n_B \exp(-q/kt). \qquad (18.3)$$

Netto gelangen also pro Sekunde

$$\nu/\cdot 6(n_A - n_B)\exp(-q/kT) \qquad (18.4)$$

Zinkatome entlang dem Gradienten der Konzentration von A nach B. Der Atomfluss beträgt also gemäss Gleichung (18.1)

$$J = \nu/6 \cdot (n_A - n_B)/\ell_1 \ell_2 \cdot \exp(-q/kT). \qquad (18.5)$$

Definiert man die Konzentration als

$$c_A = M_A/\ell_1\ell_2 r_0, \qquad c_B = M_B/\ell_1\ell_2 r_0, \tag{18.6}$$

so lässt sich der Atomfluss auch mit

$$J = \nu/6\cdot r_0(c_A-c_B)\exp(-q/kT) \tag{18.7}$$

angeben. $-(c_A-c_B)/r_0$ ist aber nichts anderes als der Gradient dc/dx, so dass sich (18.7) weiter vereinfacht zu

$$J = -\nu r_0{}^2/6\cdot\exp(-q/kT)\cdot dc/dx. \tag{18.8}$$

Durch Vergleich mit Gleichung (18.1) erkennen wir darin das Erste Ficksche Gesetz wieder mit einem Diffusionskoeffizienten der Form

$$D = \nu r_0{}^2/6\cdot\exp/-q/kT). \tag{18.9}$$

Für viele Atome ist q sehr klein und unhandlich, so dass üblicherweise die Grösse $Q = N_A q$ als Aktivierungsenergie angegeben wird (N_A ist die Avogadrozahl). Die Boltzmannkonstante k muss dann durch die Gaskonstante $R = N_A k$ ersetzt werden. Ausserdem schreibt man gewöhnlich $\nu r_0{}^2/6$ als D_0, so dass schliesslich für D die Beziehung

$$D = D_0\exp(-Q/RT) \tag{18.10}$$

herauskommt. D_0 ist eine Konstante und hat die Einheit m^2/s.

Hier kommt also die exponentielle Temperaturabhängigkeit des Diffusionskoeffizienten klar zum Ausdruck. Andererseits erinnern wir uns, dass die Temperaturabhängigkeit der stationären Kriechrate exakt die gleiche Form hat (Glg. 17.2). Gerade diesen Zusammenhang wollten wir aufzeigen.

Einige Werte für den Diffusionskoeffizienten

Diffusionskoeffizienten misst man gewöhnlich, indem man eine dünne Schicht von radioaktiven Isotopen der diffundierenden Atomsorte auf ein kompaktes Materialstück aufbringt (z.B. radioaktives Zink auf einen Kupferklotz). Dann wird der Prüfkörper eine Zeitlang auf Diffusionstemperatur gehalten, wobei das Isotop in das Trägermaterial eindiffundiert; die Probe wird dann abgekühlt und quer zur Diffusionsrichtung in Scheiben geschnitten. Die radioaktive Strahlung der einzelnen Scheiben gibt dann ein Mass für die Konzentration des Isotopen als Funktion der Eindringtiefe. Aus diesem Diffusionsprofil werden D_0 und Q bestimmt. In Werkstoffhandbüchern finden sich zahlreiche Daten über die Diffusion von allen möglichen Atomsorten in Metallen und keramischen Stoffen (z.B. Zink in Messing, Kohlenstoff in Stahl, Sauerstoff in MgO, usw.). Auch in Polymeren und Verbundwerkstoffen tritt Diffusion auf, aber es liegen nur wenige Daten vor.

Für eine bestimmte Stoffklasse (z.B. kfz-Metalle, Refraktäroxide) ist der Faktor D_0 fast immer unveränderlich, wohingegen die Aktivierungsenergie dem absoluten Schmelzpunkt proportional ist. Mithin muss auch Q/RT_M eine Konstante sein. Daraus können wir ersehen, warum Kriechprozesse mit dem Schmelzpunkt zusammenhängen. Mit den wenigen Daten aus Tabelle 18.1 können daher zahlreiche Diffusionsprobleme näherungsweise gelöst werden.

Tabelle 18.1

Daten für die Selbstdiffusion

Werkstofftyp	D_0/m^2s^{-1}	Q/RT_M
krz-Metalle (W, Mo, Fe unterhalb 911 °C, etc.)	1.6×10^{-4}	17.8
hdp-Metalle (Zn, Mg, Ti, etc.)	5×10^{-5}	17.3
kfz-Metalle (Cu, Al, Ni, Fe oberhalb 911 °C, etc.)	5×10^{-5}	18.4
Alkalihalogenide (NaCl, LiF, etc.)	2.5×10^{-3}	22.5
Oxide (MgO, FeO, Al_2O_3, etc.)	3.8×10^{-4}	23.4

Diffusionsmechanismen

Bisher haben wir noch nicht die Frage diskutiert, auf welche Weise Atome sich bewegen, wenn sie diffundieren. Dafür gibt es mehrere Möglichkeiten. Der Einfachheit halber sprechen wir hier nur über kristalline Stoffe, obwohl Diffusion auch genauso gut in amorphen Stoffen auftreten kann.

Gitterdiffusion: Diffusion über Zwischengitterplätze oder Leerstellen

Diffusion kann im Kristallgitter nach zwei unterschiedlichen Mechanismen erfolgen. Bei dem ersten, der Diffusion über Zwischengitterplätze, quetschen sich sehr kleine, im Kristall gelöste Fremdatome zwischen den Atomen des Wirtsgitters hindurch, wobei sie von Zwischengitterplatz zu Zwischengitterplatz springen. Zwischengitterplätze sind Freiräume zwischen den "ordnungsgemäss" angeordneten Atomen. Zum Beispiel diffundiert das kleine Kohlenstoffatom auf diese Weise durch den Stahl. Die Atome C, O, N, B und H diffundieren in den meisten Kristallgittern auf Zwischengitterplätzen (Abb. 18.6).

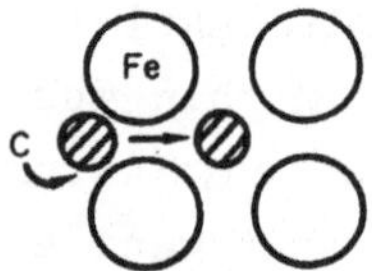

Abb. 18.6. Diffusion über Zwischengitterplätze.

Der zweite Mechanismus ist der der Leerstellendiffusion. Bei der Diffusion von Zink in Messing beispielsweise kann sich das Zinkatom, das von der Grösse her mit dem Kupferatom vergleichbar ist, nicht auf Zwischengitterplätzen bewegen. Bevor es diffundieren kann, muss es warten, bis in der Nachbarschaft eine Leerstelle auftaucht, in die es springen kann. In den meisten Gittern läuft die Diffusion über Leerstellen ab (Abb. 18.7 und 10.4).

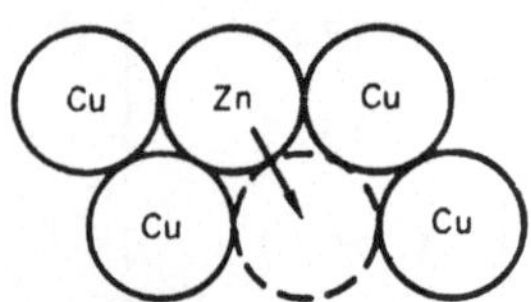

Abb. 18.7. Leerstellendiffusion.

Schnelle Diffusionswege: Korngrenzen und Versetzungskerne

Manchmal wird die Gitterdiffusion durch Diffusion entlang Korngrenzen und Versetzungskernen kurzgeschlossen. Die Korngrenze wirkt dabei als zweidimensionaler Kanal mit einer Breite von gerade zwei Atomen. Die Diffusionsgeschwindigkeit kann dort lokal bis zu 10^6 mal schneller sein als im Gitter (Abb. 18.8 und 10.4). Auch der Versetzungskern kann bei einem Querschnitt von $(2b)^2$ als (eindimensionaler) Transportweg mit erhöhter "Leitfähigkeit" angesehen werden (Abb. 18.9). Der Beitrag dieser Kurzschlussdiffusionswege hängt offensichtlich von der Gesamtfläche bzw. Gesamtlänge von Korngrenzen bzw. Versetzungen ab. Er wird demnach umso bedeutender, je kleiner die Korngrösse und je höher die Versetzungsdichte ist.

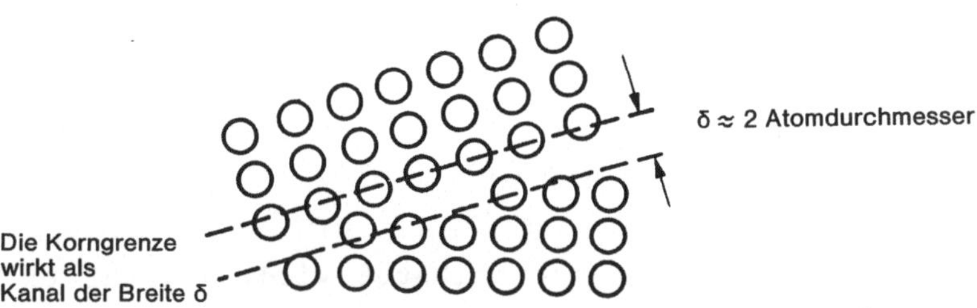

Abb. 18.8. Korngrenzendiffusion.

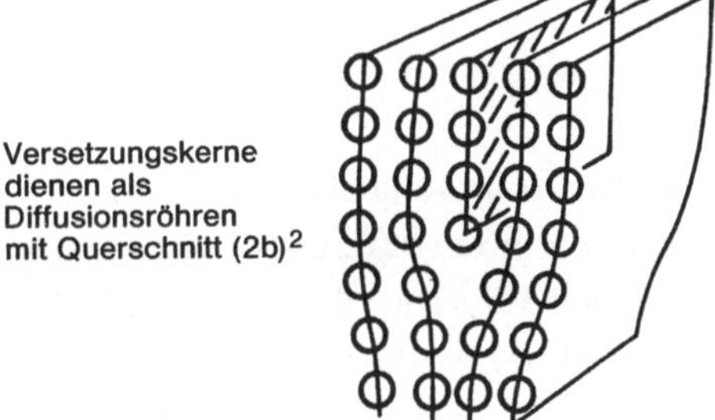

Abb. 18.9. Diffusion durch den Versetzungskern.

In Kapitel 19 werden wir nun sehen, wie sich diese grundlegenden Betrachtungen zur Erklärung von Kriechvorgängen heranziehen lassen.

19 Kriechmechnismen

Einführung

Wenn ein Werkstoff bei hoher Temperatur belastet wird, kriecht er, d.h. er verformt sich stetig und dauerhaft bei einer Spannung, die kleiner ist als die Spannung, bei der er sich etwa im Zug- oder Druckversuch plastisch verformen würde. Bevor wir, was unser eigentliches Ziel ist, Werkstoffe kriechfest machen können, müssen wir zunächst Kriechprozesse auf atomarem Niveau begreifen lernen, d.h. uns mit Kriechmechanismen auseinandersetzen.

Es gibt hauptsächlich zwei verschiedene Kriechmechanismen: Versetzungskriechen (nach einem Potenzkriechgesetz) und Diffusionskriechen (mit visko-linearer Kriechcharakteristik). Beide sind freilich diffusionskontrolliert, d.h. ihre Temperaturabhängigkeit folgt dem Arrhenius-Ansatz. Ab einer Temperatur von 0.3 T_M wird Diffusion nennenswert - ab dieser Temperatur fangen Werkstoffe im allgemeinen auch zu kriechen an.

Kriechmechanismen in Metallen und keramischen Stoffen

Versetzungskriechen

Aus Kapitel 10 wissen wir, dass die Spannung bei der plastischen Verformung eines kristallinen Werkstoffes dazu aufgewendet wird, Versetzungen durch ein "Hindernisfeld" hindurch voranzubringen. Hindernisse sind einerseits die Gitterreibung, andererseits z.B. gelöste Fremdatome, Ausscheidungen oder auch andere Versetzungen. Mit Hilfe der Diffusion können Hindernisse auf dem Versetzungsweg "entschärft" werden. Diese Unterstützung der angelegten Spannung durch die Diffusion macht sich als Kriechen bemerkbar.

Was bedeutet diese Hindernisentschärfung? Betrachten wir eine Versetzung, die von einem Ausscheidungsteilchen blockiert ist (Abb. 19.1). Die Schubkraft τb (pro Einheitslänge der Versetzung) wird durch die Gegenkraft f_0 des Teilchens kompensiert. Wenn aber die Versetzung das Teilchen nicht gerade am Äquator trifft, so gibt es immer eine tangentiale Kraftkomponente $\tau b \cdot \tan\theta$, die versucht, die Versetzung aus ihrer Gleitebene zu drängen.

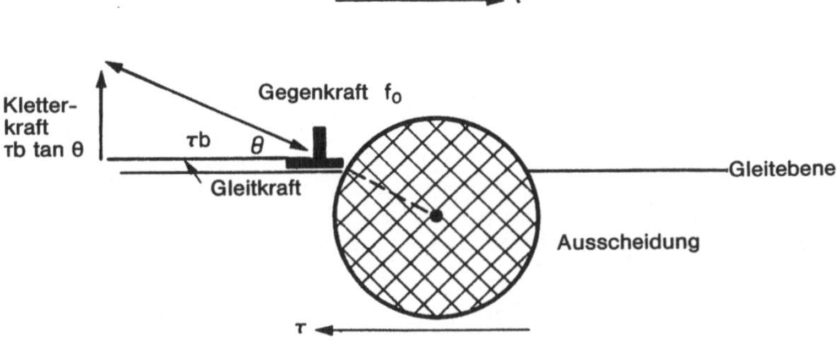

Abb. 19.1. Kletterkraft auf eine Versetzung.

Die Versetzung kann jedoch nicht einfach "um die Ecke" gleiten, indem sie Atomebenen schräg zur ursprünglichen Richtung abschert - die Gleitgeometrie stimmt dort nicht. Sie kann hingegen hochsteigen, wenn Atome unterhalb der Halbebene wegdiffundieren (Abb. 19.2). Bei der Besprechung des Fickschen Gesetzes haben wir vom Konzentrationsgradienten als der treibenden Kraft für die Diffusion gesprochen. Eine mechanische Kraft kann ebenfalls die Rolle der treibenden Kraft spielen. Damit haben wir eine Erklärung dafür, warum Atome von der "kraftbeaufschlagten" Versetzung wegdiffundieren wollen. Der Vorgang wird auch Klettern genannt, und da er auf Diffusion beruht, kann er nur oberhalb von 0.3 T_M stattfinden. Bei Temperaturen knapp ober-

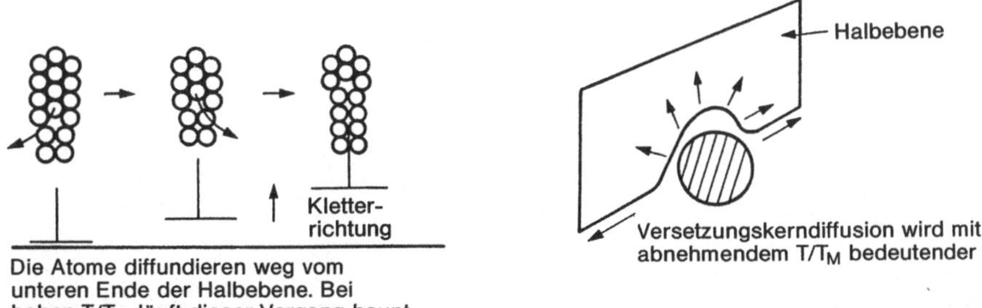

Abb. 19.2. Klettern als Diffusionsprozess.

halb dieser Schwelle (0.3-0.5 T_M) ist die Kurzschlussdiffusion im Versetzungskern der dominierende Mechanismus; bei höheren Temperaturen hat man es mit Gitterdiffusion zu tun.

Durch Klettern kann die Versetzung von dem Ausscheidungsteilchen freikommen, das sie beim Gleiten in der Gleitebene blockiert hat (Abb. 19.3). Ähnliche Verhältnisse liegen vor, wenn Versetzungen durch Fremdatome oder durch andere Versetzungen in ihrer Bewegung behindert werden. Es ist klar, dass nach Überklettern eines Hindernisses sich am nächsten Hindernis wieder der gleiche Prozess abspielen muss, wenn die Kriechverformung stetig weitergehen soll.

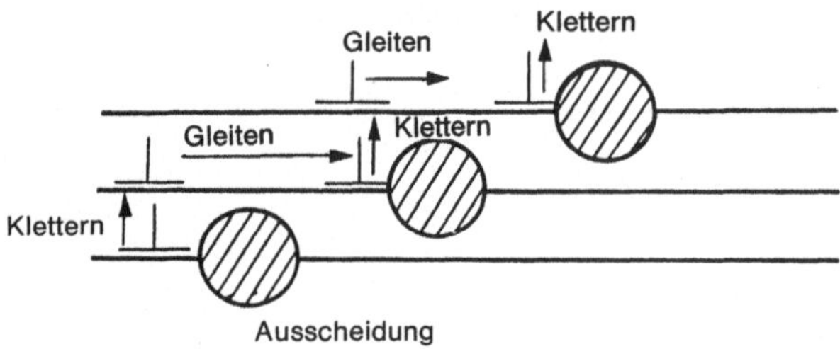

Abb. 19.3. Der Kriechvorgang als eine Folge von Kletter- und Gleitprozessen.

Da das Klettern Diffusion voraussetzt, können wir mit der bekannten Form des Diffusionskoeffizienten (Glg. 18.10) auch die Temperaturabhängigkeit der Kriechrate

$$\dot{\varepsilon}_s = A\sigma^n \exp(-Q/RT) \tag{19.1}$$

angeben. Die Spannungsabhängigkeit der Kriechrate hängt mit der Kletterkraft zusammen: je grösser σ, je höher also die Kletterkraft, desto mehr Versetzungen können pro Zeiteinheit über Hindernisse klettern und weitergleiten, desto grösser wird schliesslich auch die Kriechrate.

Diffusionskriechen

Mit abnehmender Spannung nimmt die Kriechrate entsprechend der Potenzabhängigkeit (n nimmt Werte zwischen 3 und 8 an) rasch ab. Der Kriechvorgang kommt aber auch bei sehr kleinen Spannungen nicht zum stehen. Hier setzt ein anderer Mechanismus ein. Wie aus Abbildung 19.4 hervorgeht, können sich Körner in Richtung der angelegten Spannung verlängern, ohne dass dazu eine Verformung des Kornes infolge Versetzungsbewegung erforderlich ist. Die Kornformänderung erfolgt direkt durch Diffusion von einer Kornseite zur anderen, wobei wieder σ die treibende Kraft darstellt. Bei einem hohen Verhältnis T/T_M läuft die Diffusion durchs Gitter ab. Die Kriechrate ist dann offensichtlich proportional zum Gitterdiffusionskoeffizienten und zur Spannung σ (σ ersetzt den Konzentrationsgradienten im Fickschen Gesetz). In Bezug auf die Korngrösse d variiert $\dot{\varepsilon}$ mit $1/d^2$ (bei grösseren Körnern muss die diffundierende Materie grössere Strecken zurücklegen):

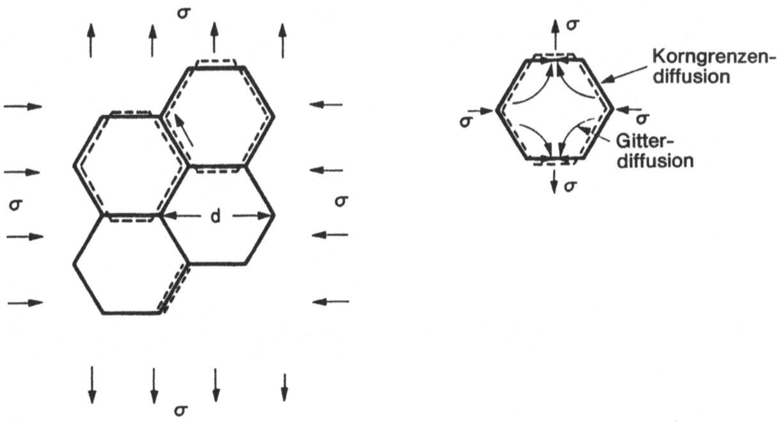

Abb. 19.4. Diffusionskriechen.

$$\dot{\varepsilon}_S = CD\sigma/d^2 = C'\sigma \exp(-Q/RT)/d^2 \qquad (19.2)$$

(C und C' sind Konstanten). Bei kleinem T/T_M, wenn die Gitterdiffusion langsam ist, kommt Korngrenzendiffusion stärker zum Tragen; die Kriechrate ist aber weiterhin proportional zu σ. Damit sich dabei benachbarte Körner hinreichend aneinander anpassen können, ist Korngrenzengleiten erforderlich.

Verformungskarten

Eine gute Übersicht über die einzelnen (Kriech-)Mechanismen erhält man aus sogenannten Verformungskarten (Abb. 19.5 und 19.6). Sie geben den Spannungs- und Temperaturbereich (Abb. 19.5) bzw. den Kriechgeschwindigkeits- und Spannungsbereich (Abb. 19.6) an, für den wir einen bestimmten Kriechmechanismus erwarten (darüberhinaus führen sie aber auch den Bereich rein plastischer oder elastischer Verformung auf). Verformungskarten liegen mittlerweile für viele Metalle und Keramiksysteme vor. Für die Materialauswahl im Bereich der Hochtemperaturbeanspruchung sind sie eine wertvolle Hilfe.

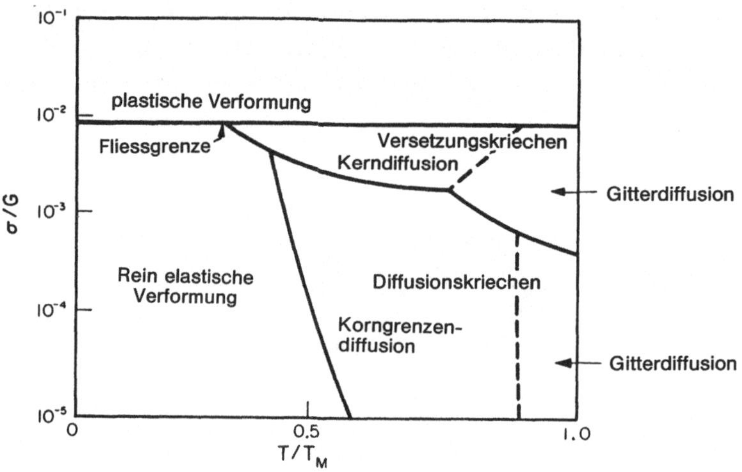

Abb. 19.5. Verformungsmechanismen bei verschiedenen Spannungen und Temperaturen.

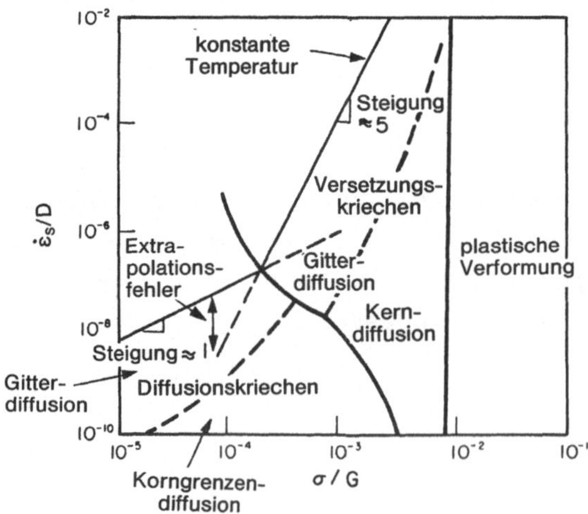

Abb. 19.6. Verformungsmechanismen bei verschiedenen Kriechraten und Spannungen.

Richtlinien für die Werkstoffauswahl bzw. -entwicklung beim Hochtemperatureinsatz von Metallen und Keramik

Mit dem bisherigen Kenntnisstand über Kriechen sollten wir in der Lage sein, Aussagen über die Voraussetzungen zu machen, die ein hochwarmfester Werkstoff für bestimmte Anwendungen mitbringen muss.

Zeitstandextrapolation

Für viele Bauteile im Hochtemperaturbereich (Industrieöfen, Überhitzerrohre, Hochdruckkessel in chemischen Anlagen) sind i.a. bei eher geringer Kriechbelastung sehr lange Standzeiten (bis zu 20 Jahre) vorgesehen, in denen sich das Material so gut wie gar nicht verformen darf. Andererseits möchte man natürlich Prüfzeiten dieses zeitlichen Ausmasses vor dem eigentlichen Einsatz möglichst vermeiden. Durch "Verschärfung" der Prüfbedingungen, meist durch Erhöhung der Last, versucht man daher vielfach auch in kürzeren Prüfzeiten zu Ergebnissen zu gelangen, die in Bezug auf den Langzeiteinsatz hinreichend aussagekräftig sind.

Die dafür eingesetzten Extrapolationsverfahren stossen allerdings auf Schwierigkeiten, wenn dem "beschleunigten" Versuch andere Kriechmechanismen zugrundeliegen als unter Einsatzbedingungen. Wir wollen hier nur soviel anmerken, dass Extrapolationsverfahren, die von einem Potenzansatz ausgehen, Gefahr laufen, Kriechstandzeiten überzubewerten (vergl. Abb. 19.6).

Formgebungsverfahren für Metalle

In manchen Fällen ist Kriechen sogar erwünscht. Extrusion, Warmwalzen, Heisspressen und Schmieden werden bei Temperaturen ausgeführt, bei denen normalerweise die Verformungsgeschwindigkeit dem Potenzkriechgesetz folgt. Durch Erhöhung der Formgebungstemperatur kann hier in nennenswertem Masse mechanische Energie eingespart werden. Quantitativ lässt sich diese Einsparung an Hand von Gleichung (19.1) nachvollziehen.

Werkstoffe für den Einsatz im Bereich des Potenzkriechgesetzes

Für den Bereich des Potenzkriechgesetzes lassen sich für die Auswahl oder Entwicklung eines hochwarmfesten Werstoffs folgende Kriterien angeben:

a) Der Werkstoff sollte einen hohen Schmelzpunkt haben; denn Diffusionsprozesse, auf denen Kriechen beruht, laufen mit zunehmendem T/T_M schneller ab.

b) Zur Behinderung der Versetzungsbewegung ist es empfehlenswert, durch geeignete Legierungsmassnahmen möglichst viele versetzungsrelevante Hindernisse (Fremdatome und Ausscheidungspartikel) einzubringen; dabei muss allerdings die Hochtemperaturbeständigkeit der Hindernisse selbst gewährleistet sein.

c) Eine gute Voraussetzung bieten Festkörper mit hoher Gitterreibung, d.h. mit hohem kovalentem Bindungsanteil (wie z.B. viele Oxide, Silikate, Siliziumkarbid oder Siliziumnitrid); gegen ihre Verwendung sprechen aber in der Praxis mitunter gewichtige andere Gründe.

Der Markt bietet derzeit viele kriechfeste Werkstoffe, die diese Kriterien erfüllen. Wir führen hier einige Vertreter auf, nach zunehmendem Schmelzpunkt geordnet:

RR 58: Eine Aluminiumlegierung mit Mischkristall- und Ausscheidungshärtung; der Schmelzpunkt ist niedrig; der Einsatz bleibt auf unter 150^0C beschränkt; Vorteil: geringe Dichte.

Austenitische Stähle (AISI 304, 316, 321): Hochlegierter Stahl mit Ni- und Cr-Atomen als Mischkristallhärter sowie Karbidausscheidungen und intermetallischen Verbindungen; Einsatz bis 600^0C.

Niedriglegierte ferritische Stähle: Stahl mit bis zu 4% Cr, Mo und V; diese Elemente bilden vorzugsweise Karbidausscheidungen, auf denen die Kriechfestigkeit beruht; Einsatz bis 650^0C.

Nickelbasis-Superlegierungen: Ähnlich den austenitischen Stählen, jedoch auf Nickelbasis; Cr, W, Co als Mischkristallhärter, Karbidausscheidungen und intermetallische Verbindungen; Einsatz bis zu 950^0C (siehe auch Kapitel 20).

Refraktäroxide und -karbide: Vor allem Aluminiumoxyd (Al_2O_3), SiO_2-Glaskeramik, Siliziumkarbid (SiC), Siliziumnitrid (Si_3N_4), sogenannte Sialonwerkstoffe (Legierungen aus Si_3N_4 und Al_2O_3); alle diese Werkstoffe profitieren von der auch noch bei hoher Temperatur grossen Gitterreibung; Einsatz bis zu 1300^0C.

Werkstoffe im Bereich des Diffusionskriechens

Diffusionskriechen ist besonders zu erwarten, wenn die Korngrösse klein ist (wie fast immer der Fall bei keramischen Werkstoffen) und wenn das Bauteil bei eher geringen Lasten hohen Temperaturen ausgesetzt ist. Auch hier stellen wir zunächst Kriterien für die Werkstoffauswahl auf:

a) Das Material sollte einen hohen Schmelzpunkt haben.

b) Die Korngrösse sollte möglichst gross sein, damit die Diffusionswege lang werden und Kurzschlussdiffsion über die Korngrenzen keinen nennenswerten Beitrag bringt; am besten eigenen sich demnach Einkristalle.

c) Zur Verhinderung von Korngrenzengleiten ist es günstig, wenn die Korngrenzen von Ausscheidungen belegt sind.

Bei Metallen sieht man vorzugsweise auf die Hochtemperaturfestigkeit im Bereich des Potenzkriechgesetzes; eine Ausnahme, bei der auch der Gesichtspunkt des Diffusionskriechens zum Tragen kommt, sind gerichtet erstarrte Legierungen ("DS"), auf die wir noch im Rahmen der Fallstudien in Kapitel 20 eingehen. Mit speziellen Erstarrungsverfahren werden hier extrem grosse (lange) Körner "gezüchtet".

Keramische Werkstoffe dagegen verformen sich meist durch Diffusionskriechen (ihre Körner sind i.a. klein, und die hohe Gitterreibung erschwert Versetzungskriechen innerhalb des Korns). Spezielle Wärmebehandlungsverfahren erlauben die Herstellung gröberer Korngefüge.

Kriechmechanismen in Polymeren

Da die Glasübergangstemperatur vieler Polymere in der Nähe der Raumtemperatur liegt, kann Kriechen von Polymeren bei der Auslegung von

Bauteilen sehr oft zum Problem werden. Unterhalb T_g verhalten sich Kunststoffe wie Glas (wobei sie auch kristallisierte Bereiche aufweisen können, vergl. Kapitel 5); sie sind spröde, d.h. weitgehend nur elastisch verformbar, wie das Beispiel des in flüssigen Stickstoff getauchten Gummistabes zeigt. Oberhalb T_g beginnen die Van-der-Waals-Bindungen, die das Polymer zusammenhalten, zu schmelzen; dann wird das Polymer entweder gummiartig, wenn die Molekülketten miteinander vernetzt sind, oder, falls nicht, viskos. Thermoplaste sind ein Beispiel: im heissen Zustand kann man sie vergiessen, sie verhalten sich wie eine Newtonsche Flüssigkeit; unterhalb T_g sind sie elastisch.

Das Fliessen von Newtonschen Flüssigkeiten kann man mit Kriechvorgängen vergleichen. Wie im Falle des Diffusionskriechens hängt die Fliessrate linear von der Spannung und exponentiell von der Temperatur ab:

$$\dot{\varepsilon}_S = C\sigma \exp(-Q/RT). \tag{19.3}$$

Der Exponentialterm für die Temperaturabhängigkeit hat die gleiche Ursache wie im Fall der Diffusion: Er gibt an, wie schnell Polymermoleküle während des Fliessvorgangs aneinander vorbeigleiten. Die Moleküle bilden einen Verbund von unförmigen Ketten (Abb. 5.9), die ineinander verhakt sind. Die Aktivierungsenergie Q ist die Energie, die erforderlich ist, um zwei benachbarte Moleküle von einem Berührungspunkt zum nächsten aneinander vorbeizuschieben. Vergleichen wir Gleichung (19.3) mit der Definitionsgleichung der Viskosität (für den Fall reiner Zugbeanspruchung eines viskosen Stoffes), so können wir auch schreiben

$$\eta = \sigma/3\dot{\varepsilon} \tag{19.4}$$

oder aber

$$\eta = 3/C \cdot \exp(+Q/RT). \tag{19.5}$$

(Der Faktor 3 rührt daher, dass die Viskosität eigentlich für Scherbeanspruchung definiert ist. Bei Zugbeanspruchung benötigen wir aber nicht den Schubmodul G, sondern den E-Modul; den Umrechnungsfaktor $E/G \approx 8/3$, den wir schon in Kapitel 3 kennengelernt haben, ist hier einfach auf die Viskosität übertragen.)

Daten für C und Q werden meistens vom Werkstoffhersteller mitgeliefert, so dass über Gleichung (19.3) die für die Verarbeitung des Polymers (Spritzguss- oder Pressverfahren) erforderlichen Temperaturen und Kräfte ausgerechnet werden können.

In der Nähe der Glasübergangstemperatur T_g sind Polymere allerdings weder reinelastisch noch reinviskos: Sie verhalten sich viskoelastisch. Man kann dieses Verhalten durch ein Ersatzschaltbild beschreiben, in dem die elastische Komponente, z.B. eine Feder, und die viskose Komponente, z.B. ein Dämpfungstopf, parallel geschaltet sind (Abb. 19.7): Eine angelegte Last setzt zwar Kriechprozesse in Gang, jedoch nimmt die Kriechrate ständig ab, da die Feder einen zunehmenden Lastanteil aufnimmt. Beim Wegnehmen der Last verläuft die Kriechverformung in umgekehrte Richtung, da nun die Feder eine Spannung liefert.

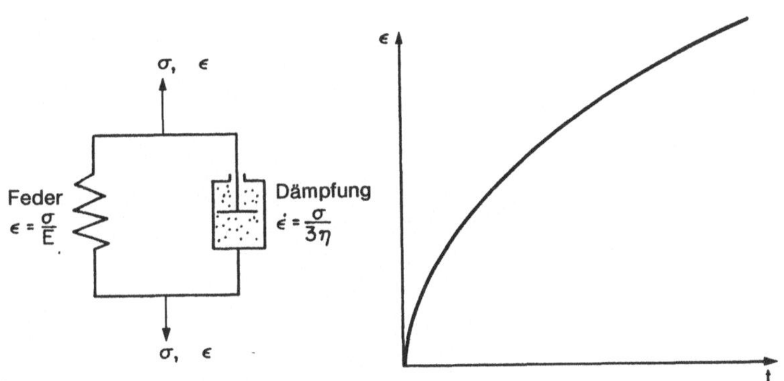

Abb. 19.7. Ersatzschaltbild für den Kriechvorgang in Polymeren.

In Wirklichkeit ist das viskoelastische Verhalten von Polymeren nicht so einfach zu beschreiben; man benötigt wesentlich komplexere Kombinationen von parallel- und in Reihe geschalteten Federn und Dämpfern. Der Wissenschaftszweig, der darauf aufbauend die Eigenschaften von Polymeren im Hinblick auf bestimmte Anwendungsfälle untersucht, ist die Kunststoff-Rheologie. Derzeit liegen allerdings nur wenige theoretische Daten vor. Meist werden zur Abschätzung des viskoelastischen Verformungsverhaltens Kriechdaten graphisch extrapoliert.

Empfehlungen für die Werkstoffauswahl beim Einsatz von Kunststoffen

Die Glasübergangstemperatur T_g eines Polymers nimmt mit dem Ausmass der Vernetzung zu. Bei Raumtemperatur sind z.B. die stark vernetzten Epoxydharze die kriechfestesten Kunststoffe, im Gegensatz etwa zu Polyäthylen. Oberhalb T_g nimmt die Viskosität und damit die Kriechfestigkeit mit dem Molekulargewicht zu. Polymere mit hohem Anteil an kristallisierter Struktur sind ebenfalls kriechfester als rein amorph aufgebaute Strukturen.

Auch durch Zugabe von Füllstoffen wie Glas oder Quarzmehl setzt man die Kriechate herab, und zwar etwa proportional (z.B. wird Teflon als Kochgeschirrbeschichtung und Polypropylen im Automobilbau auf diese Weise "gehärtet". Wesentlich höhere Kriechfestigkeit bieten Verbundwerkstoffe. Der Hauptteil der Last wird hier von Fasern getragen, die praktisch überhaupt nicht kriechen.

20 Die Auslegung einer Turbinen-Schaufel als Fallstudie für zeitstandorientiertes Konstruieren

Einführung

Im letzten Kapitel haben wir gesehen, wie nützlich die Kenntnis der einzelnen Kriechmechanismen bei der Werkstoffauswahl bzw. -entwicklung für den Hochtemperaturbereich sein kann. Hier wollen wir nun an einem konkreten Beispiel - einer Turbinenschaufel im Hochdruckbereich einer Flugzeugturbine - die Auslegungskriterien für eine typische zeitstandbeanspruchte Komponente im Detail kennenlernen. Die Fallstudie versucht, ausgehend von den jeweiligen Werkstoffanforderungen, die chronologische Werkstoffentwicklung in diesem Einsatzbereich bis zum heutigen Stand nachzuvollziehen. Schliesslich zeigt sie auch einige vielversprechende Zukunftswege auf.

Der ideale thermodynamische Wirkungsgrad einer Verbrennungskraftmaschine wird mit der Beziehung

$$(T_1-T_2)/T_1 = 1-T_1/T_2 \qquad (20.1)$$

angegeben, wobei T_1 und T_2 die Temperatur der Wärmequelle bzw. -senke bezeichnen.

Der maximal einstellbare Wirkungsgrad ist demnach um so grösser, je höher T_1 ist. Zwar ist unter realen Bedingungen der Wirkungsgrad entschieden kleiner als der so berechnete Maximalwert. Man kann aber auf jeden Fall sagen, dass eine Erhöhung der Verbrennungstemperatur z.B. einer Gasturbine den Wirkungsgrad verbessern wird. In Abbildung 20.1 ist die Abhängigkeit des Wirkungsgrades einer Gasturbine dargestellt. 1950 betrieb man Gasturbinen bei nur 700 ^{0}C. In diesem Temperaturbereich ist der Verlauf des Wirkungsgrades noch sehr steil, so dass man alles daransetzte, die Gaseintrittstemperatur zu erhöhen. 25 Jahre später konnte man mit der Gasturbine RB 211 bei 1350°C etwa 50% Brennstoff pro Schubkrafteinheit einsparen. In diesem Bereich wird die Brennstoffverbrauchskurve allerdings flach, so dass etwa eine weitere Temperaturerhöhung auf 1400°C keine nennenswerte Brennstoffeinsparung bringen würde. Warum also besteht nach wie vor Interesse an Werkstoffverbesserungen im Hinblick auf noch höhere Betriebstemperaturen?

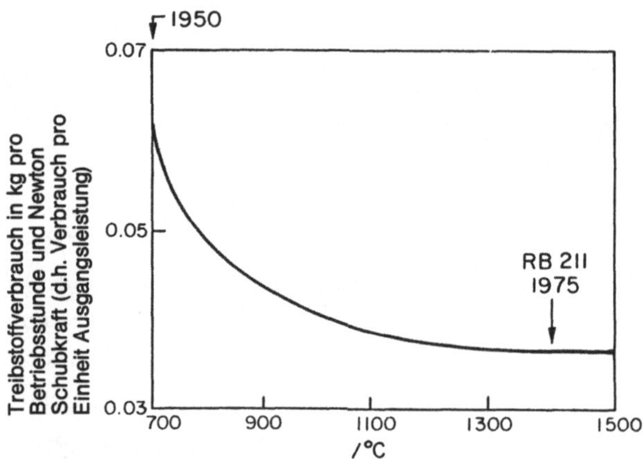

Abb. 20.1. Wirkungsgrad der Turbine bei verschiedenen Gaseintrittstemperaturen.

Nun, unsere Antwort war einfach noch nicht vollständig: Es gibt noch ein zweites Auslegungskriterium für Gasturbinen, die Abhängigkeit der Leistung von der absoluten Grösse der Turbine. Aus Abbildung 20.2 ist zu ersehen, dass die Schubkraft einer Turbine in allen Temperaturbe-

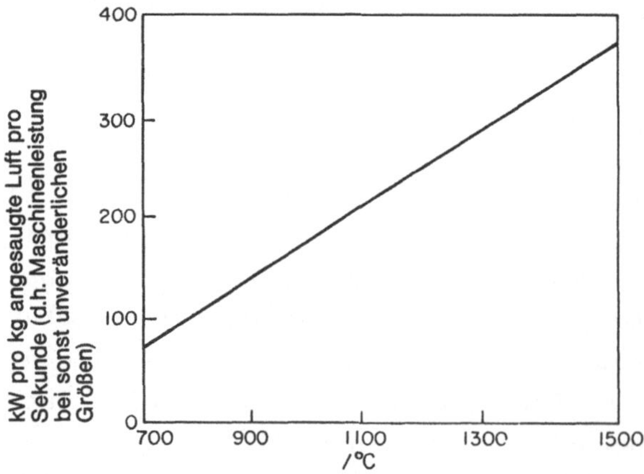

Abb. 20.2. Gebläseleistung bei verschiedenen Gaseintrittstemperaturen.

reichen proportional zur Gaseinlasstemperatur ist. Offensichtlich bringt eine Erhöhung der Gaseintrittstemperatur auch eine Verbesserung des Leistungs-Gewichts-Verhältnisses und damit einen Gewinn in Form von erhöhter Frachtkapazität.

Anforderungen an die Gasturbine

Das wachsende Interesse an immer höheren Betriebstemperaturen im Verlauf der letzten 30 Jahre lässt sich an der Entwicklung der Schaufelwerkstoffe gut verfolgen. Bisher haben wir zwar schon die Kriechfestigkeit als wichtiges Auslegungskriterium angesprochen. Weitere Kriterien finden sich in Tabelle 20.1.

Tabelle 20.1

Anforderungen an Turbinenschaufel-Legierungen

a) Kriechfestigkeit
b) Oxidationsbeständigkeit
c) Zähigkeit
d) Thermische Wechselfestigkeit
e) Thermische Stabilität
f) Geringe Dichte

Auf die Oxidationseigenschaften werden wir noch in Kapitel 21 zurückkommen. Zähigkeit und Ermüdungseigenschaften haben wir bereits besprochen. Es ist klar, dass die Schaufeln hinreichend zäh sein müssen, um z.B. Zusammenstösse mit Vögeln oder das Auftreffen von abgebrochenen Stücken anderer Schaufeln auszuhalten. Ausserdem können Unterschiede im Ausdehnungsverhalten verschiedener Schaufelteile nicht unbedeutende Spannungen im Verlauf von Temperaturänderungen hervorrufen und damit zur Rissbildung führen. Wenn diese Wärmespannungen zudem in häufiger Folge auftreten, spricht man von thermischer Ermüdung. Sie ist ebenfalls ein Auswahlkriterium bei der Auslegung. Ferner muss die Legierung gefügestabil sein - z.B. können sich Ausscheidungspartikel bei Überhitzung der Komponente auflösen und zu katastrophaler Verschlechterung der Kriecheigenschaften führen. Nicht zuletzt muss man auch zusehen, dass die Materialdichte so gering wie möglich ist, nicht so sehr aus Gründen der Gewichtsersparnis bei der Schaufel selbst, als vielmehr zur Reduzierung der Radialkräfte an den Scheiben, die die Schaufeln aufnehmen.

Mit diesen Kriterien sind wir bei der Materialauswahl schon reichlich eingeengt. Zum Beispiel kommen keramische Werkstoffe, obwohl sie noch bei sehr hohen Temperaturen kriechfest sind und auch eine geringe Dichte aufweisen, als Kandidatwerkstoffe für die Flugzeugturbine nicht in Frage, da sie entschieden zu spröde sind. (Sie werden neuerdings versuchsweise bei landgebundenen Turbinen eingesetzt, wo die Folgen eines plötzlichen Versagens naturgemäss untergordnete Bedeutung haben (siehe unten).)

Cermets bieten auch keine Vorteile, da ihre Metallmatrix schon bei relativ niedrigen Temperaturen weich wird. Werkstoffe, die derzeit die aufgezeigten Anforderungen am besten erfüllen, sind Nickelbasis-Legierungen.

Legierungsentwicklung und Verfahrensmassnahmen: Nickelbasis-Legierungen

Ein klassisches Beispiel für einen Werkstoff mit hoher Kriechfestigkeit im Bereich des Versetzungskriechens (Potenzansatz) sind die Legierungen für Schaufeln aus der Hochdruckreihe einer Flugzeugturbine. Beim Abheben des Flugzeugs wird die Schaufel mit einer Spannung von 250 MN/m^2 belastet. Die Auslegungsspezifikationen sehen zudem vor, dass die Schaufel diese Spannung bei 850^0C 30 Stunden lang aushalten muss, ohne sich mehr als 0.1% bleibend zu verformen. Tabelle 20.2 gibt die Zusammensetzung einer Legierung auf Nickelbasis an, die diese strenge Anforderung erfüllt.

Tabelle 20.2

Zusammensetzung einer typischen Schaufellegierung

Gew. %		Gew. %	
Ni	59	Mo	0.25
Co	10	C	0.15
W	10	Si	0.1
Cr	9	Mn	0.1
Al	5.5	Cu	0.05
Ta	2.5	Zr	0.05
Ti	1.5	B	0.015
Hf	1.5	S	<0.008
Fe	0.25	Pb	<0.0005

Wir können hier diese oder ähnliche Legierungen nicht bis ins kleinste Detail besprechen. Nur soviel sei über die teilweise konkurrierenden Gesichtspunkte bei der Legierungsentwicklung angemerkt: a) Möglichst viele Fremdatome, die als Mischkristallhärter wirksam sind, sollen in der Matrix gelöst sein (z.B. Kobalt, Wolfram, Chrom). b) Die Legierungselemente sollen stabile Ausscheidungen der Form Ni_3Al, Ni_3Ti, MoC, TaC mit Nickel oder untereinander bilden, deren Grösse und Verteilung im Sinne der Teilchenhärtung optimiert sein müssen. c) Eine durchgehende Oberflächenoxydschicht aus Cr_2O_3 soll vor weiterer Oxydation schützen (Diesen Punkt besprechen wir in Kapitel 22). Die Abbildungen 20.3 a) und b) vermitteln einen Eindruck von der komplizierten Gefügestruktur einer Nickelbasis-Legierung.

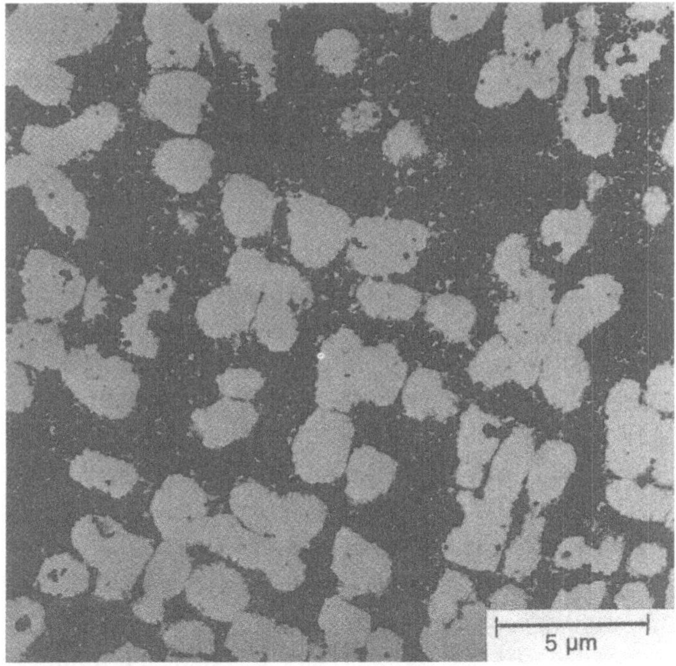

Abb. 20.3(a). Dieses Mikrogefüge einer Nickelbasis-Superlegierung enthält zwei Teilchenpopulationen: grosse weisse Teilchen sowie dazwischen viele kleine, schwarze Ausscheidungen.

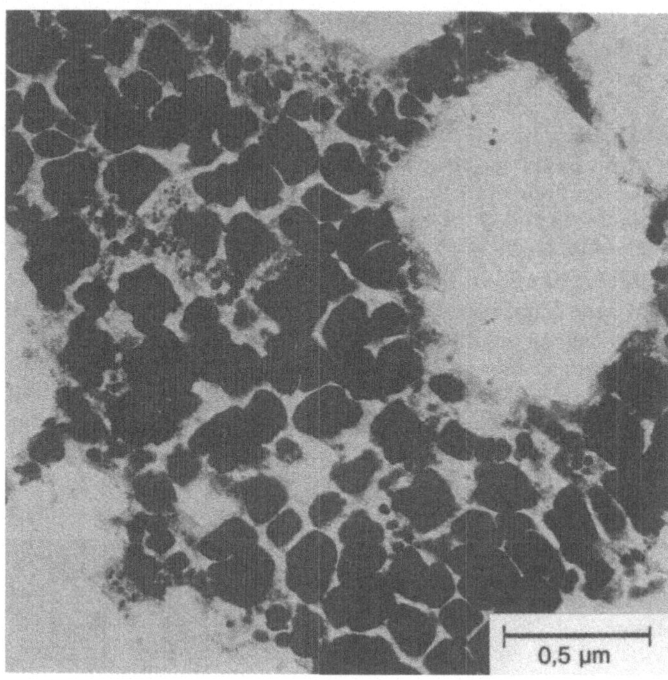

Abb. 20.3(b). Wie Abbildung 20.3(a), jedoch stärker vergrössert, so dass die kleinen Ausscheidungen besser aufgelöst sind.

Die Superlegierungen sind bemerkenswerte Werkstoffe. Obwohl ihr Schmelzpunkt bei etwa 1280^{0}C liegt, sind sie bei 850^{0}C, also bei 0.72 T_m (absolut) noch äusserst kriechfest. Einige sind so hart, dass sie mit üblichen Formgebungstechniken nicht bearbeitet werden können, sondern in besonderen Feingussverfahren bereits weitgehend ihre Endform erhalten müssen. Bei diesn Verfahren wird ein hochgenaues Wachsmodell z.B. einer Turbinenschaufel in eine weiche Masse aus Aluminiumoxidpulver und Wasser gedrückt, die anschliessend ausgebrannt wird. Das Wachs verbrennt dabei; was zurückbleibt, ist eine exakte Negativform der Schaufel, in die dann die Schmelze der Superlegierung vergossen werden kann (Abb. 20.4). Das Verfahren ist sehr kostspielig. Eine solche Schaufel kostet etwa £ 150 ($ 330), wovon lediglich £ 10 ($ 22) reine Materialkosten sind. Die Gesamtkosten für einen Rotor aus 100 Schaufeln betragen mithin mindestens £ 15000 ($ 33000).

Durch diese Art Giessverfahren bleibt die Korngrösse des Werkstücks klein (Abb. 20.4). Zwar bewirken die oben besprochenen Härtungsmass-

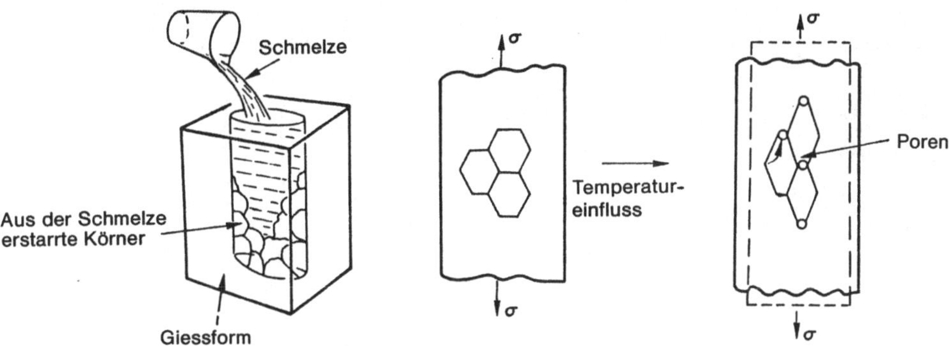

Abb. 20.4. Feingussverfahren zur Herstellung von Turbinenschaufeln. Dabei entsteht ein sehr feinkörniges Gefüge, welches Diffusionskriechen begünstigt und die Kriechschädigung durch Porenbildung beschleunigt.

nahmen hinreichende Kriechfestigkeit im Bereich des Versetzungskriechens. Jedoch muss man bei 0.72 T_m schon mit merklichen Verformungsbeiträgen durch Diffusionskriechen rechnen (siehe Verformungskarte in Kapitel 19). Bei diesem Mechanismus ist ein kleines Korn bekanntlich sehr ungünstig. Darüberhinaus wächst mit zunehmender Korngrenzenfläche quer zur Belastungsrichtung, also mit abnehmender Korngrösse, per Definition auch die Wahrscheinlichkeit für Kriechschädigung (Kapitel 17). Man kann Kriechschädigung folglich durch Vermeidung von Korngrenzen oder durch Ausrichtung der Körner parallel zur Belastungsrichtung gering halten (Abb. 20.5). Solche Gefüge erhält man, indem man die Legierung gerichtet erstarren lässt. Zum einen vergrössert man damit die Diffusionswege für das Diffusionskriechen und vermindert dessen Verformungsbeitrag. Zum anderen ist die treibende Kraft für Korngrenzengleiten und die damit einhergehende Hohlraumbildung an den Korngrenzen sehr klein. Gerichtet erstarrte Legierungen werden derzeit verstärkt auf ihre Kriecheigenschaften hin untersucht. Ihr Einsatz in Zivilflugzeugturbinen in allernächster Zeit steht kaum mehr in Frage. Die verbesserte Kriechfestigkeit dieser sogenannten DS-Legierungen (Directionally Solidified) lässt erwarten, dass man die Turbine verglichen mit den derzeit üblichen Betriebstemperaturen bei etwa 50 ^{0}C höherer Temperatur betreiben kann. Freilich verdoppelt das besondere Herstellungsverfahren den Preis einer Schaufel - ein Rotor mit 100 Schaufeln kostet dann etwa £ 30000 ($ 66000).

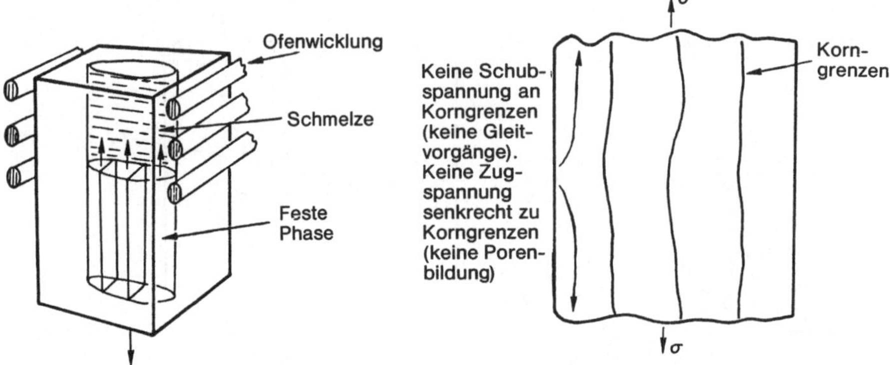

Abb. 20.5. Gerichtete Erstarrung (DS) von Turbinenschaufeln. Dabei entstehen Schaufeln mit längsausgerichteten Körnern oder sogar Einkristallschaufeln ohne jegliche Korngrenze.

Wie ist man ursprünglich auf die Superlegierungen und die damit verbundenen besonderen Herstellungsverfahren gekommen? Offensichtlich ist es in erster Näherung nicht so schwierig, erfolgversprechende Legierungesrezepte herauszufinden, wenn man die grundlegenden Kriechmechanismen kennt. Der theoretischen Voraussage sind jedoch Grenzen gesetzt; der nächste Schritt ist daher weitgehend empirisch: man untersucht im Labor eine Vielzahl von Legierungskompositionen im Hinblick auf ihre Kriech-, Oxidations- und Gefügestabilitätseigenschaften. Die Kandidatenliste wird dadurch meist schon sehr viel kleiner. Die verbleibenden Legierungen werden nun strengeren Prüfverfahren unterworfen, wobei immer auch eine starke Rückkopplung zur Legierungsentwicklung besteht. Diese Massnahmen gehen in vielen Fällen auf reines Erfahrungswissen zurück. Natürlich ist auch ein Stück Glück dabei! Verbesserungsschritte bei der Legierungsentwicklung und den Fertigungsverfahren sind zwar i.a. klein, aber sie erfolgen kontinuierlich. Man könnte fast von einem Darwinismus der kriechfesten Werkstoffe sprechen, bei dem der jeweils kompromissfähigste (im Sinne von Tab. 20.1) überlebt.

Wie die Entwicklung der Legierungen auf Nickelbasis in den letzten 30 Jahren zu stetigen Verbesserungen der Kriecheigenschaften geführt hat, geht aus Abbildung 20.6 hervor. Das untere Diagramm zeigt, wie und in welchem Masse einzelne Legierungselemente variiert worden sind, um diese Verbesserungen einzustellen. Die teuren Elemente Cr bzw. Co wurden mehr und mehr eingespart, wobei aber trotzdem die Gesamtheit der geforderten Eigenschaften gewährleistet sein musste. Im oberen Teil wird ferner ersichtlich, dass nicht nur Fortschritte in der Legierungstechnik, sondern auch die Anwendung von neuen Herstellungsverfahren wie z.B. die gerichtete Erstarrung (DS) die Einsatztemperatur der Superlegierungen im Laufe der Zeit beträchtlich angehoben haben. Das Diagramm lässt aber auch andererseits ahnen, dass Fortschritte bei der Legierungsverbesserung von Nickelbasis-Legierungen in Zukunft in weit geringerem Masse zu erwarten sein dürften.

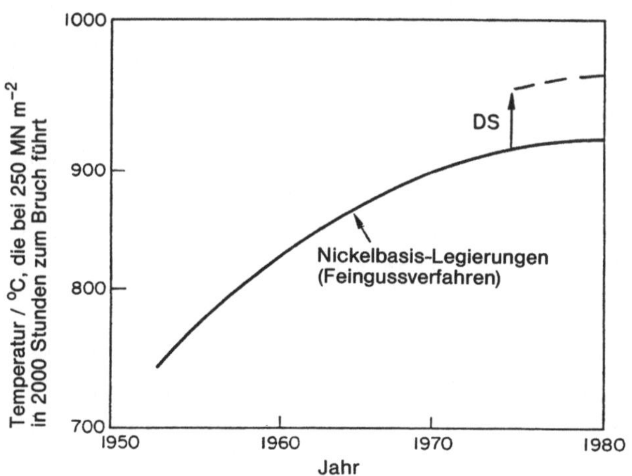

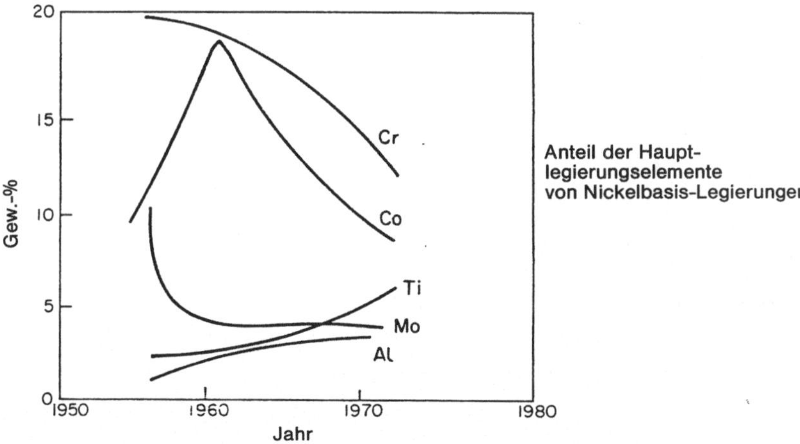

Abb. 20.6. Legierungsentwicklung von Superlegierungen.

Konstruktionsmassnahmen: gekühlte Schaufeln

Bis 1960 stimmten Gaseintrittstemperatur und Schaufeltemperatur im wesentlichen überein. Zu dieser Zeit setzte jedoch eine Entwicklung ein, bei der, wie aus Abbildung 20.7 hervorgeht, die Gaseintrittstemperaturen wesentlich stärker stiegen als die Schaufeltemperatur. Diese Entwicklung war möglich geworden durch die Einführung von gekühlten Schaufeln. Bei den ersten Vertretern gekühlter Schaufeln wurde Luft aus dem Kompressorbereich der Turbine durch Längsbohrungen der Schaufel geleitet und an deren äusseren Ende einfach in den Gasstrom abgeführt (Abb. 20.8). Durch die Innenkühlung konnte, ohne dass irgendeine Verbesserung der Legierungseigenschaften erfolgte, die Gaseintrittstemperatur um 100^{0}C angehoben werden. Die später eingeführte Oberflächenkühlung brachte nochmals einige Fortschritte: dabei wird die Luft in einem dünnen Film über die Schaufeloberfläche geblasen und bildet dadurch eine kühlwirksame Grenzschicht zwischen Gas und Schaufelmaterial. Weitere Verfeinerungen dieser Kühlmethode ermöglichten schliesslich Betriebstemperaturen, die sich überhaupt nicht mehr an den Materialeigenschaften orientieren mussten.

Der Schaufelkühlung sind jedoch vom thermischen Wirkungsgrad her Grenzen gesetzt. Je mehr kalte Luft durch die Schaufeln geleitet

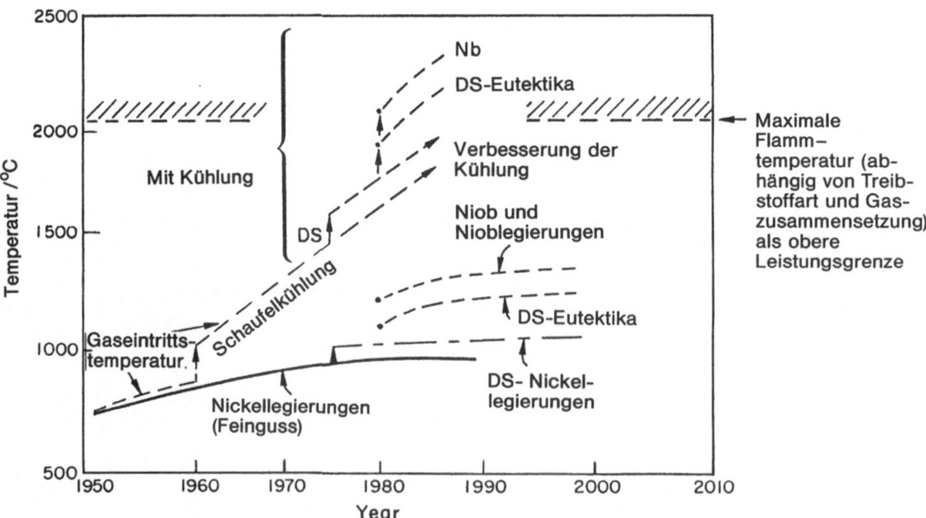

Abb. 20.7. Bisherige und zukünftige Entwicklung der maximalen Einsatztemperatur von Turbinenschaufeln sowie einige aussichtsreiche Kandidatwerkstoffe.

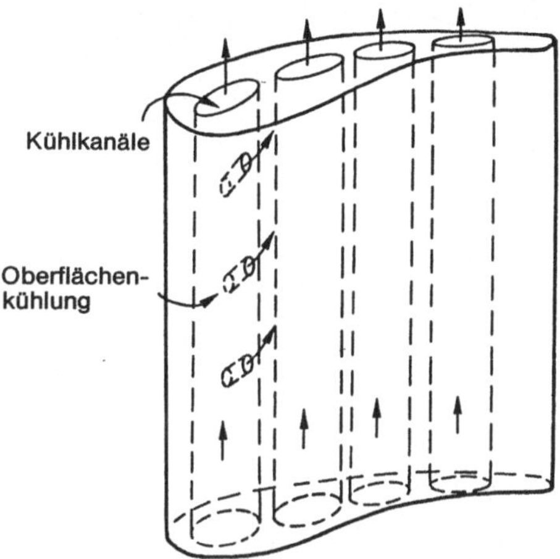

Abb. 20.8. Luftgekühlte Schaufeln.

wird, desto mehr Wärme muss die Brennkammer produzieren. Welche Verbesserungsmöglichkeiten haben wir noch?

Entwicklungen der Zukunft: Metalle und Verbundwerkstoffe

Nachdem das Prinzip der Schaufelkühlung nach dem heutigen Stand der Technik weitgehend ausgeschöpft ist, wendet man sich wieder verstärkt der Werkstoffentwicklung zu. Aber auch die Ausbaufähigkeit der Nickelbasis-Legierungen scheint ja an ihrer Sättigungsgrenze angelangt zu sein, so dass man heute dabei ist, ganz andere Wege zu gehen.

Ein Grossteil der Bemühungen sind derzeit darauf gerichtet, einige eutektische Legierungssysteme so erstarren zu lassen, dass die zweite Phase die Matrix in Form von definiert ausgerichteten Fasern verstärkt (Abb. 20.9). In Tabelle 20.3 sind einige Vertreter dieser Legierungen aufgelistet, die derzeit auf ihre Eignung zur Verwendung als Turbinenschaufelmaterial hin untersucht werden. Die Fasern bestehen gewöhnlich aus einer Verbindung mit hohem Schmelzpunkt. Für sich genommen wäre die Verbindung entschieden zu spröde, aber die Metallmatrix verleiht dem Verbund hinreichende Zähigkeit. Hauptgesichtspunkt bei der Verbesserung der Kriecheigenschaften dieser Legierungen ist, wie man sich leicht vorstellen kann, der hohe Schmelzpunkt der Fasern. Ausserdem ist die Haftung zwischen Fasern und umgebender Matrix hervorragend: sie beruht schliesslich auf Atombindungen. Die Faserstruktur ist sehr fein (die Fasern sind nur mikrometerdick). Wenn einige Fasern im Einsatz brechen, so hat das wenig Auswirkungen auf den Verbundwerkstoff als Ganzes.

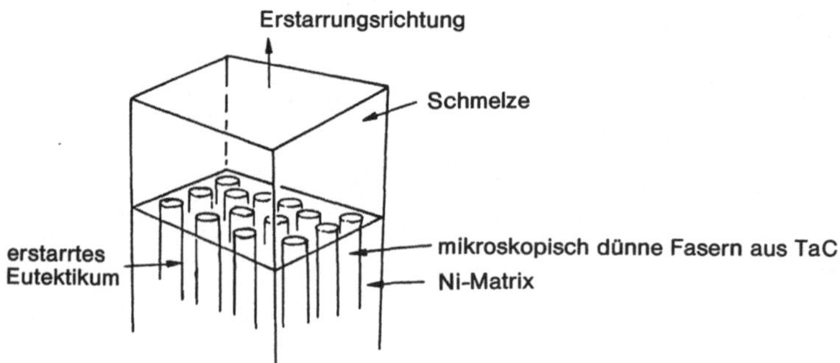

Abb. 20.9. Turbinenschaufeln aus gerichtet erstarrten Eutektika.

Tabelle 20.3

Verbundwerkstoffe für hohe Temperatur

Matrix	Verstärkende Phase	Geometrie der verstärkenden Phase
Ni	TaC	Fasern
Co	TaC	Fasern
Ni,Al	Ni_3Nb	Platten
Co	Cr_7C_3	Fasern
Nb	Nb_2C	Fasern

Wenn sich diese Art gerichtet erstarrter Legierungen als erfolgreich erweisen sollten, so darf man damit rechnen, dass ihre Einsatztemperatur noch etwa 100^0C über den konventionellen gerichtet erstarrten Nickellegierungen liegt. Durch zusätzliche Schaufelkühlung könnten die Gaseintrittstemperaturen sogar um 200^0C erhöht werden. Weitere Anstrengungen in der Legierungsentwicklung zielen nun darauf, übliche Nickelbasis-Legierungen mit den gerichtet erstarrten Eutektika zu vermischen, um faserverstärkte Gefüge mit ausscheidungsgehärteter Matrix zu erhalten.

Entwicklungen der Zukunft: Hochtemperaturkeramik

In Tabelle 20.4 sind die für die Hochtemperaturanwendung ($> 1000^0$C) am besten geeigneten keramischen Werkstoffe aufgeführt und mit Superlegierungen auf Nickelbasis verglichen. Der Vergleich zeigt, dass die keramischen Werkstoffe einige sehr attraktive Eigenschaften im Hinblick auf ihren Einsatz als Turbinenwerkstoffe aufweisen: sie haben eine geringe Dichte, einen hohen Elastizitätsmodul und einen sehr hohen Schmelzpunkt. Andererseits sind sie allesamt sehr spröde, einige haben eine sehr geringe Wärmeleitfähigkeit, was zu bedeutenden Wärmespannungen führen kann.

Tabelle 20.4

Keramische Werkstoffe für Hochtemperatur-Bauteile

Werkstoff	Dichte $Mg\ m^{-3}$	Schmelz- oder Zerfalls-(D) temperatur K	E-Modul $GN\ m^{-2}$	Ausdehnungskoeffizient $x10^{+6}/K^{-1}$	Thermische Leitfähigkeit bei 1000 K $W\ m^{-1}\ K^{-1}$
Aluminiumoxid, Al_2O_3	4.0	2320	360	6.9	7
Glaskeramik	2.7	> 1700	≈120	≈3	≈3
Heissgepresstes Siliziumnitrid, Si_3N_4	3.1	2173(D)	310	3.1	16
Heissgepresstes Siliziumkarbid, SiC	3.2	3000(D)	≈420	4.3	60
Nickellegierungen (Nimonic)	8.0	1600	200	12.5	12

Aluminiumoxid (Al_2O_3) konnte schon sehr früh als reines Oxid zu komplizierten Bauteilformen verarbeitet werden. Jedoch ist seine Temperaturwechselbeständigkeit infolge der Kombination von hohem Ausdehnungskoeffizient und geringer Wärmeleitfähigkeit und niedriger Zähigkeit sehr schlecht.

Glaskeramik entsteht, wenn man komplexe Silikatgläser nach der endgültigen Formgebung teilweise kristallisieren lässt. Man findet sie heute schon relativ weit verbreitet als Heizplatten oder auch als Wärmetauscher in kleineren Maschinen. Ihre Temperaturwechselbeständigkeit verdanken sie dem niedrigen Wärmeausdehnungskoeffizienten, aber ihre maximale Betriebstemperatur liegt bei etwa 900^0C (wo die Restglasphase weich wird); ihre Anwendung im Hochtemperaturbereich ist daher beschränkt.

Die kovalent gebundenen Werkstoffe Siliziumkarbid, Siliziumnitrid und Sialon-Keramik (Legierungen aus Si_3N_4 und Al_2O_3) haben offensichtlich die günstigsten Hochtemperatureigenschaften unter den Keramiken. Ihre Kriechfestigkeit ist hervorragend bis 1300^0C, und ihre niedrige Wärmeausdehnung und hohe Leitfähigkeit (besser als Nickel!) verleihen ihnen trotz ihrer geringen Zähigkeit ausreichende Temperaturwechselbeständigkeit. Die Formgebung der Bauteile erfolgt durch Heisspressen des fein pulverisierten Materials; oder im Fall von Si_3N_4 werden fertige Bauteile aus Silizium nitriert. In beiden Fällen können also sehr genaue Formen (wie z.B. Turbinenschaufeln) gefertigt werden, die keiner nachträglichen Bearbeitung mehr bedürfen (als Zwischenprodukte wären sie für eine spanabhebende Bearbeitung auch viel zu hart). Momentan sind diese Werkstoffe Gegenstand ausgedehnter Untersuchungen.

Kosten-Nutzen-Betrachtung

Jedes grössere Werkstoffentwicklungsprogramm, wie z.B. das der eutektischen Superlegierungen, kann nur durchgeführt werden, wenn es mit hoher Wahrscheinlichkeit rentabel ist. Entwicklungskosten können sehr hoch sein (Abb. 20.10). Bis allein ein neuer Werkstoff das Labor verlässt, sind oft schon 2 - 4 Millionen £ (4 - 8 Millionen $) ausgegeben. Die anschliessenden Tests in der Turbine können ebenfalls sehr teuer werden. Da man über die Leistungsfähigkeit einer neuen Legierung erst mit Sicherheit entscheiden kann, wenn sie im Einsatz erprobt ist, müssen in jeder Entwicklungsstufe die Erfolgschancen neu überdacht werden: Soll die Entwicklung weitergetrieben oder das Programm mit Verlust aufgegeben werden? Gegenwärtig steht eine solche Entscheidung hinsichtlich der eutektischen Superlegierungen an. Mit grosser Wahrscheinlichkeit sind aber noch beträchtliche Anstrengungen in den Entwicklungslabors erforderlich, bevor diese zum Einsatztest zugelassen werden können. Auch die reinen Materialkosten darf man nicht übersehen. Manche Metalle, die als Zuschläge zu den konventionellen Nickellegierungen gebraucht werden, z.B. Hafnium, sind unglaublich teuer (£ 100000, $ 220000 pro Tonne) und sehr selten. Und die Verwendung von exotischen Elementen zur Verbesserung der Hochtemperatureigenschaften nimmt ständig zu und treibt damit den Schaufelpreis hoch. So teuer diese aber sein mögen, die Kosten der Hochdruckstufe einer Turbine von etwa £ 30000 ($ 66000) stellen immer nur einen kleinen Teil der Gesamtturbinen- und Brennstoffkosten dar. Die Kosten für Schaufeln sind hoch, jedoch wenn neue Werkstoffe eine längere Lebensdauer oder höhere Gaseinlasstemperaturen versprechen, so ist es meist keine Frage, dass ihre Entwicklung weiter verfolgt wird.

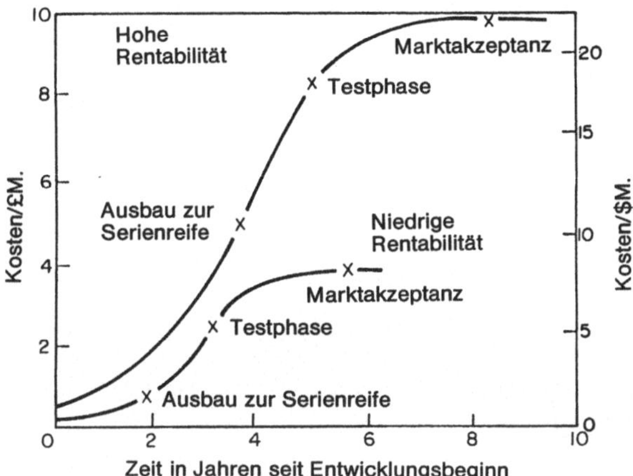

Abb. 20.10. Entwicklungskosten für einen neuen Schaufelwerkstoff.

F Oxidation und Korrosion

21 Die Oxidation

Einführung

Im letzten Kapitel haben wir von einem typischen Hochtemperaturwerkstoff - z.B. von einem Werkstoff für Turbinenschaufeln oder Überhitzerrohre - verlangt, dass er gegen den Korrosionsangriff durch Gase bei hoher Temperatur, insbesondere gegen Oxidation, geschützt sein soll. Zwar oxidieren Turbinenschaufeln unter Betriebsbedingungen, und sie reagieren ausserdem mit den Verbrennungsprodukten H_2S und SO_2. Ein übermässiger Oxidationsangriff ist aber offensichtlich unerwünscht. Welche Werkstoffe sind aber nun besonders oxidationsbeständig, bzw. wie kann die Oxidationsbeständigkeit von Bauteilen verbessert werden?

Die Erdatmosphäre wirkt oxidierend. Sehen wir uns an, welche Stoffe wirklich oxidationsbeständig sind, Stoffe also, die in der Erdatmosphäre überleben können. Fast überall treffen wir auf keramische Stoffe: die Erdkruste (Kapitel 2) besteht fast vollständig aus Oxiden, Silikaten, Aluminaten und anderen Sauerstoffverbindungen. Da sie bereits Oxide sind, widerstehen sie weiterer Oxidation; sie sind stabil. Auch die Alkalihalogenide NaCl, KCl, NaBr sind stabil, sie sind in der Natur weitverbreitet. Dagegen sind Metalle nicht stabil: lediglich Gold liegt normalerweise in gediegener Form vor; Gold ist bei allen Temperaturen oxidationsbeständig. Alle anderen Metalle, über die wir hier reden, oxidieren an Luft. Auch Polymere sind nicht stabil: die meisten verbrennen, wenn sie einer Flamme ausgesetzt werden, was nichts anderes heisst, als dass sie sofort oxidieren. Zwar finden sich Kohle und Öl, die Rohstoffe für Polymere, ohne weiteres in der in der Natur; dies jedoch nur, weil sie durch geologische Gegebenheiten vom Kontakt mit Luft abgeschlossen sind. Einige wenige Polymere, darunter PTFE (ein Polymer auf CF_2-Basis) können lange Zeit bei hoher Temperatur überleben, aber sie sind eher die Ausnahme. Für Verbundwerkstoffe auf Polymerbasis gilt das gleiche: Holz ist nicht gerade für seine hohe Oxidationsbeständigkeit bekannt.

Wie können wir die verschiedenen Stoffe nach ihrer Oxidationsbeständigkeit sinnvoll klassifizieren? Können wir danach für Sulfidierung und Aufstickung eine ähnliche Einteilung vornehmen?

Die Oxidationsenergie

Man kann die Tendenz vieler Stoffe zur Oxidation in Labortests quantifizieren, indem man die Energie misst, die für die Reaktion benötigt wird

$$\text{Metall} + \text{Sauerstoff} + \text{Energie} \rightarrow \text{Oxid.}$$

Ist die Energie positiv, so ist das Material stabil, ist sie negativ, so oxidiert es. Abbildung 21.1 gibt uns einen Überblick über die Oxidbildungsenergie für unsere Werkstoffgruppen. Genaue Werte sind in Tabelle 21.1 angegeben.

Die Oxidationsgeschwindigkeit

Bei der Verwendung von oxidierbaren Werkstoffen interessiert naturgemäss, wie schnell der Oxidationsprozess abläuft. Vorderhand möchte man annehmen, dass die Oxidationsgeschwindigkeit um so grösser ist, je mehr Energie beim Oxidationsprozess frei wird. Nach Tabelle 21.1 würde demnach Aluminium 2.5 mal schneller oxidieren als Eisen. In Wirklichkeit oxidiert Aluminium aber wesentlich langsamer als Eisen. Wie kommt das?

Wenn man ein Stück blankes Eisen in eine Gasflamme hält, reagiert der Luftsauerstoff mit der Eisenoberfläche unter Bildung einer dünnen Eisenoxidschicht, so dass das Eisen hinterher dunkel aussieht. Die Dicke dieser Schicht nimmt zu, zunächst schnell, dann immer langsamer da die Eisenatome, bevor sie mit dem Sauerstoff reagieren können,

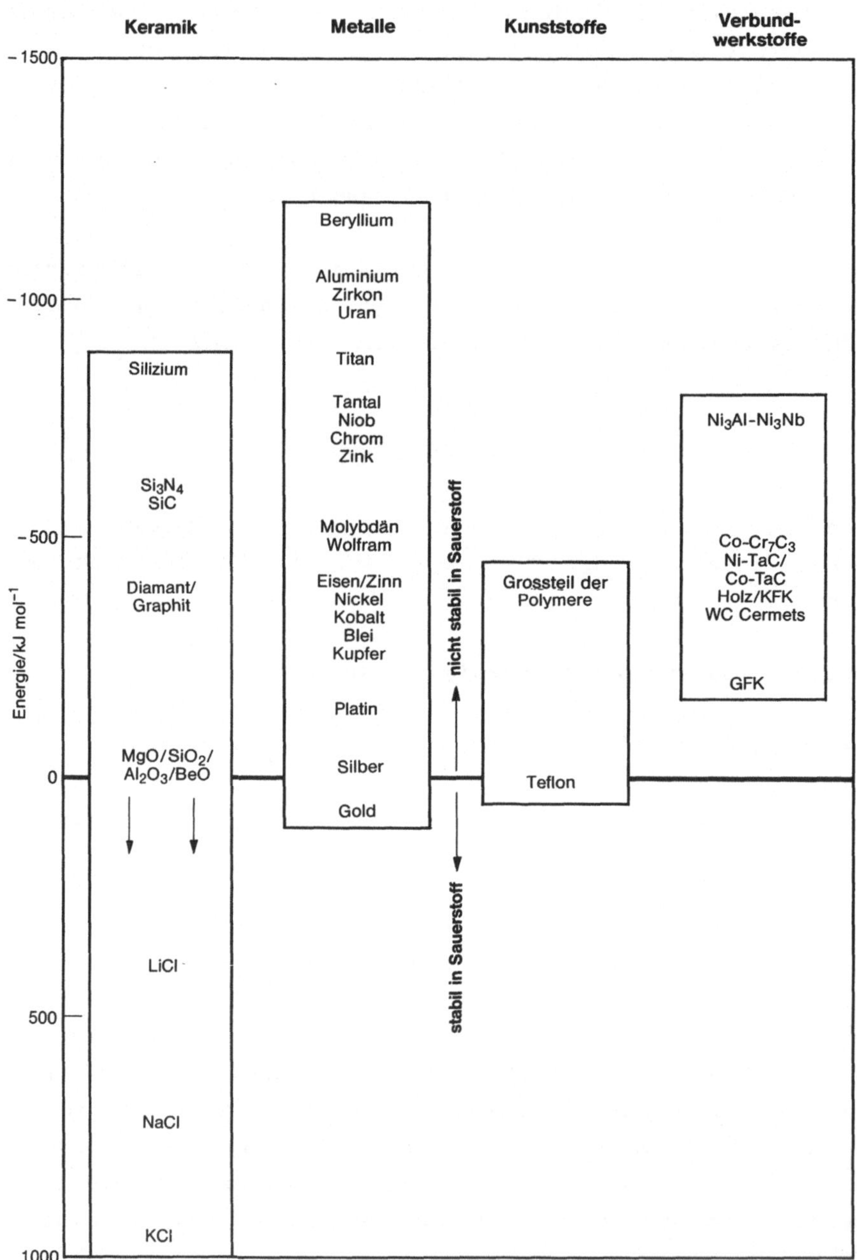

Abb. 21.1. Bildungsenergien von Oxiden bei 273 K in kJ/mol.

Tabelle 21.1

Bildungsenergie für Oxide bei 273 K

Werkstoff (Oxid)		Energie kJ mol^{-1} von O_2	Werkstoff (Oxid)		Energie kJ mol^{-1} von O_2
Beryllium	(BeO)	-1182	Kobalt	(CoO)	-422
Magnesium	(MgO)	-1162	Holz, Kunststoffe, KFK		≈-400
Aluminium	(Al_2O_3)	-1045			
Zirkon	(ZrO_2)	-1028			
Uran	(U_3O_8)	≈-1000	Diamant, Graphit	(CO_2)	-389
Titan	(TiO)	-848	Wolframkarbid	(WO_3 + CO_2)	-349
Silizium	(SiO_2)	-836	Cermets (haupts. WC)		
Tantal	(Ta_2O_5)	-764	Blei	(Pb_3O_4)	-309
Niob	(Nb_2O_5)	-757	Kupfer	(CuO)	-254
Chrom	(CR_2O_3)	-701	GFK		≈-200
Zink	(ZnO)	-636	Platin	(PtO_2)	≈-160
Siliziumnitrid Si_3N_4	($3SiO_2$ + $2N_2$)	≈-629	Silber	(Ag_2O)	-5
			PTFE		≈zero
Siliziumkarbid SiC	(SiO_2 + CO_2)	≈-580	Gold	(Au_2O_3)	+80
			Alkalihalogenide		≈+400 bis ≈+1400
Molybdän	(MoO_2)	-543			
Wolfram	(WO_3)	-510	Magnesium, MgO	Höhere Oxide	gross und positiv
Eisen	(Fe_3O_4)	-508	Quarz, SiO_2		
Zinn	(SnO)	-500	Aluminiumoxid, Al_2O_3		
Nickel	(NiO)	-439	Berylliumoxid, BeO		

über immer grössere Strecken durch die schon vorhandene Oxidschicht hindurchdiffundieren müssen. Taucht man nun das Stück Eisen in Wasser so bricht die Oxidschicht infolge des Abschreckvorganges auf und blättert unter Umständen sogar ab. Darunter kommt wieder die blanke Eisenoberfläche zum Vorschein. Erhitzt man das Eisen erneut, so wird es mit der gleichen Geschwindigkeit wieder oxidieren.

Das wichtige an der Oxidschicht ist, dass sie als Barriere zwischen Sauerstoffatmosphäre und Eisenoberfläche wirkt und damit mit wachsender Dicke die Oxidationsgeschwindigkeit herabsetzt. Bei Aluminium (und anderen Metallen) ist der Vorgang im Grunde der gleiche wie beim beim Eisen, mit dem Unterschied, dass die Wirksamkeit der Oxidschicht als Sperre noch viel ausgeprägter als bei Eisen ist.

Wie werden Oxidationsgeschwindigkeiten gemessen? Da die Oxidation in dem Masse voranschreitet, wie Sauerstoffatome in die Oberfläche eines Festkörpers eingebaut werden, nimmt i.a. das Gewicht des Prüfkörpers proportional zum Gewicht des erzeugten Oxides zu. Diese Gewichtszunahme Δm wird gemäss Abbildung 21.2 in Abhängigkeit von der Zeit aufgezeichnet. Gewöhnlich kann man bei höherer Temperatur zwei Zeitgesetze der Oxidation beobachten, die lineare und die parabolische Oxidation. Die lineare beschreibt man mit

$$\Delta m = k_L t, \quad (21.1)$$

wobei k_L eine kinetische Konstante darstellt und im allgemeinen positiv ist. (Bei einigen Stoffen bilden sich flüchtige Oxide; dadurch kommt es insgesamt zu einem Gewichtsverlust, und k_L wird negativ.)

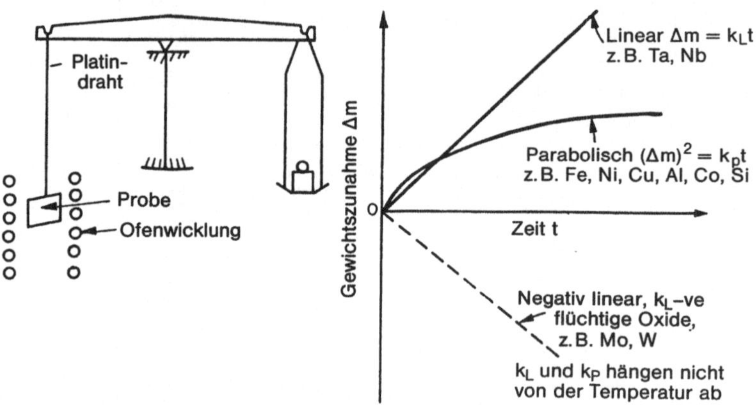

Abb. 21.2. Messung von Oxidationsraten.

Das parabolische Zeitgesetz lautet entsprechend

$$(\Delta m)^2 = k_p t. \qquad (21.2)$$

k_p ist ebenfalls eine kinetische Konstante, die immer positiv ist.

Die Temperaturabhängigkeit der Oxidationsgeschwindigkeit folgt dem Arrheniusansatz (Kapitel 18), d.h. k_L und k_p nehmen exponentiell mit der Temperatur zu (Abb. 21.3):

$$k_L = A_L \exp(-Q_L/RT) \qquad (21.3a)$$

$$k_p = A_p \exp(-Q_p/RT). \qquad (21.3b)$$

A_L, A_p, Q_L, Q_p sind Konstanten.

Schliesslich sollte noch erwähnt werden, dass die Oxidationsgeschwindigkeit mit dem Sauerstoffpartialdruck zunimmt. Dieser kann in der Gasturbine durchaus von dem in Luft verschieden sein. Die Oxidationsprüfung an Hochtemperturkomponenten berücksichtigt diese Tatsache.

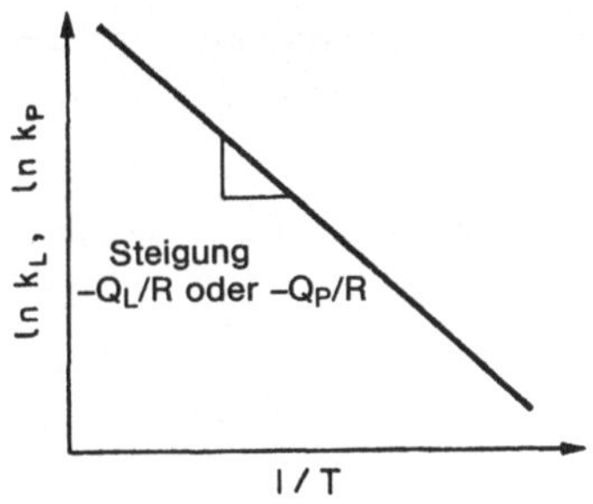

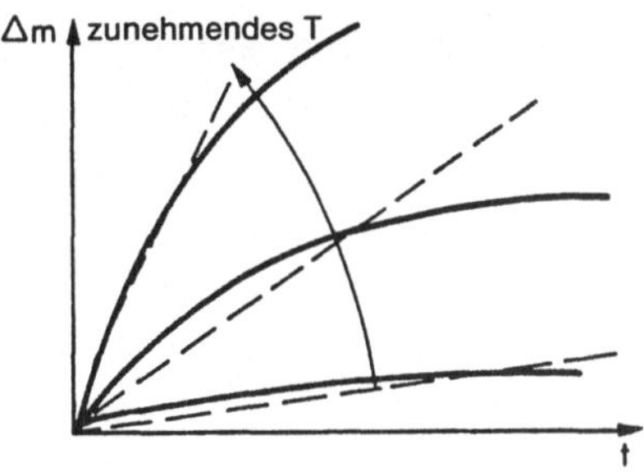

Abb. 21.3. Oxidationsraten nehmen entsprechend dem Arrhenius-Gesetz mit der Temperatur zu.

Oxidationsdaten

Bei der Auslegung von Bauteilen möchte man vor allem wissen, wieviel Metall durch Oxid ersetzt wird. Die mechanischen Eigenschaften des Oxids sind im allgemeinen denen des Metalls deutlich unterlegen (so sind z.B. Oxide vergleichsweise sehr spröde). Auch wenn die Oxidschicht fest auf dem Metall haftet - was sicher nicht immer der Fall ist - wird daher der effektive tragende Querschnitt des Bauteils entschieden geschwächt. Diese Querschnittsabnahme lässt sich allerdings leicht über die Gewichtszunahme bestimmen.

Tabelle 21.2

Zeit in Stunden für die Durchoxidierung von Stoffen bis zu einer Tiefe von 0.1 mm an Luft bei einer Temperatur von 0.7 T_M (starke Schwankungen sind zurückzuführen auf unterschiedliche Materialreinheit, vorausgegangene Oberflächenbehandlung und Verunreinigungen der Atmosphäre z.B. durch Schwefel)

Werkstoff	Zeit h	Schmelzpunkt K	Werkstoff	Zeit h	Schmelzpunkt K
Au	unendlich	1336	Ni	600	1726
Ag	sehr lang	1234	Cu	25	1356
Al	sehr lang	933	Fe	24	1809
Si_3N_4	sehr lang	2173	Co	7	1765
SiC	sehr lang	3110	Ti	<6	1943
Sn	sehr lang	505	WC Cermet	<5	1700
Si	2×10^6	1683	Ba	≪0.5	983
Be	10^6	1557	Zr	0.2	2125
Pt	1.8×10^5	2042	Ta	sehr kurz	3250
Mg	$>10^5$	923	Nb	sehr kurz	2740
Zn	$>10^4$	692	U	sehr kurz	1405
Cr	1600	2148	Mo	sehr kurz	2880
Na	>1000	371	W	sehr kurz	3680
K	>1000	337			

In Tabelle 21.2 sind für eine Reihe von Stoffen die Zeiten zur vollkommenen Oxidierung einer Oberflächenschicht von 0.1 mm Dicke angegeben. Dabei werden die Stoffe bei 0.7 T_m Luftatmosphäre ausgestzt (einem für Turbinenschaufeln üblichen Temperaturniveau). Die Zeiten variieren um mehrere Grössenordnungen; die Daten machen ferner deutlich, dass Oxidationsgeschwindigkeit und Reaktionsenergie in keiner Weise miteinander korrelieren. (Extremfälle sind z.B. Al und W: Al oxidiert sehr langsam mit einer Reaktionsenergie von -1045 kJ/mol; W oxidiert sehr schnell; die Energie beträgt -510 kJ/mol.

Mechanismen der Oxidation

In Abbildung 21.4 ist der Mechanismus des parabolischen Zeitgesetzes illustriert. Die Reaktion

$$M + O \rightarrow MO$$

(M bedeutet Metall, O Sauerstoff) erfolgt in zwei Schritten. Zuerst bildet sich ein M-Ion, wobei zwei Elektronen freiwerden:

$$M \rightarrow M^{++} + 2e.$$

Diese Elektronen werden vom Sauerstoff unter Bildung eines Sauerstoffions aufgenommen:

$$O + 2e \rightarrow O^{--}.$$

Sowohl die M^{++} als auch die 2e diffundieren durch das bereits gebildete Oxid, um mit dem O^{--} an der äusseren Oberfläche zusammenzutreffen. Eine andere Möglichkeit wäre, dass der Sauerstoff durch die Oxidschicht nach innen diffundiert (dabei müssen 2 "Elektronenlöcher" mitdiffundieren), um mit dem M^{++} an der Oxidinnenseite die Schicht weiter wachsen zu lassen. Als Mass für den Gradienten der Sauerstoffkonzentration nimmt man einfach die Konzentration des O_2 im Gas und dividiert diesen Wert durch die Dicke x. Die Oxiddickenzunahme dx/dt ergibt sich offensichtlich aus dem Diffusionsfluss der Atome durch das Oxid. Mit dem Fickschen Gesetz erhalten wir

$$dx/dt \sim Dc/x.$$

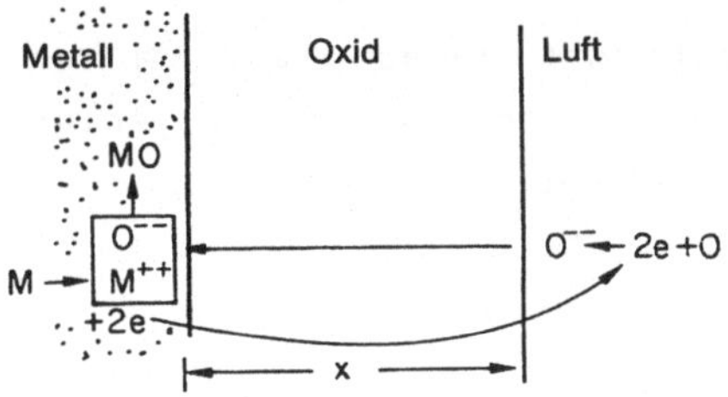

Fall 1. M^{++}diffundiert sehr langsam im Oxid; das Oxid wächst an der Metall-Oxid-Grenzfläche. Beispiele: Ti, Zr, U.

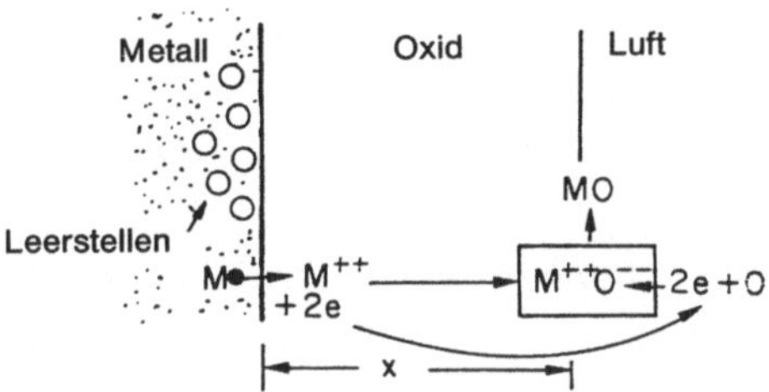

Fall 2. O^{--} diffundiert sehr langsam im Oxid; das Oxid wächst an der Oxidoberfläche; zwischen Metall und Oxid bilden sich Leerstellen. Beispiele: Cu, Fe, Cr, Co.

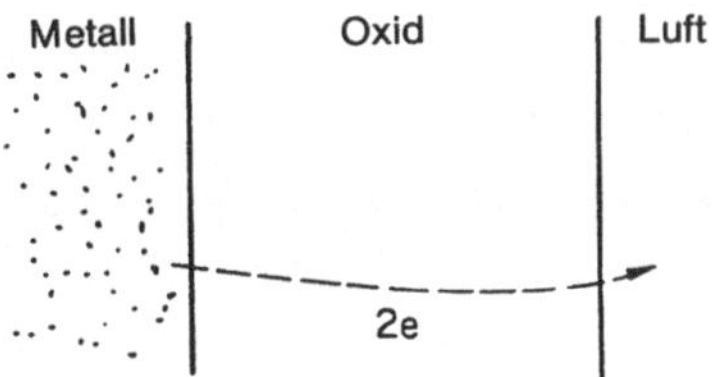

Fall 3. Sehr langsame Elektronenbewegung; das Oxid kann an der Metall-Oxid-Grenzfläche oder an der Oxidoberfläche wachsen, je nachdem, ob M^{++} schneller als O^{--}diffundiert oder umgekehrt.

Abb. 21.4. Beispiele für Oxidwachstum im Falle parabolischen Wachstumsverhaltens.

D ist der Diffusionskoeffizient. Integration nach der Zeit ergibt

$$x^2 = K_P t \tag{21.4}$$

mit

$$K_P = cD_0 \exp(-Q/RT). \tag{21.5}$$

Dieses Wachstumsgesetz hat genau die Form von Gleichung (21.2), und die kinetische Konstante entspricht derjenigen in Gleichung (21.3). Mit diesem Ergebnis können wir uns leicht klarmachen, warum manche Oxidschichten wirksamer schützen als andere: sie haben einen kleinen Diffusionkoeffizienten und damit auch einen hohen Schmelzpunkt. Das ist einer der Gründe, warum Al_2O_3, Cr_2O_3 oder SiO_2 wie Schutzüberzüge wirken, während Cu_2O und sogar FeO (mit deutlich geringeren Schmelzpunkten) weniger schützend sind. Es gibt aber noch einen Grund: da auch Elektronen durch die Oxidschicht wandern müssen, kommt es ausserdem auch auf die elektrische Leitfähigkeit der Oxide an. Jene Oxide sind aber elektrisch nur schwach leitend (der elektrische Widerstand von Al_2O_3 ist 10^9-mal höher als der von FeO).

Mit dem einfachen Modell können wir also die experimentellen Befunde, die wir bisher besprochen haben, zufriedenstellend erklären, mit einer Ausnahme: dem linearen Zeitverhalten. Wie kann ein Stoff nach unserer gerade angestellten Betrachtung zeitproportional Gewicht verlieren, wie uns das in Abbildung 21.2 begegnet ist? Wir haben oben schon einmal erwähnt, dass einige Oxide flüchtig sind (MoO_3, WO_3). Während der Oxidation von Mo und W bei hoher Temperatur verdampfen deren Oxide im selben Augenblick, in dem sie sich gebildet haben; das Oxid kann daher nicht als Oxidationsbarriere wirken, und die Oxidation verläuft zeitunabhängig; der Gewichtsverlust rührt schlicht von dem verdampften Oxid her. Angesichts dieses Oxidationsverhaltens nimmt die aussergewöhnlich rasche Querschnittsabnahme von Mo und W (Tabelle 21.2) nicht Wunder.

Schwieriger ist die Erklärung der zeitproportionalen Gewichtszunahme. Grundsätzlich lässt sich sagen, dass eine Oxidschicht mit wachsender Dicke aufreissen oder sich teilweise lösen kann, so dass an diesen Stellen die Oxidschicht nicht mehr hinreichend vor weiterer Oxidation schützt. Abbildung 21.5 veranschaulicht diese Vorstellung. Ist das Oxidvolumen sehr viel kleiner als dasjenige des Stoffes, auf dem sich das Oxid bildet, so wird es, um Spannungen abzubauen, da es spröde ist, brechen. Wenn dagegen das Oxidvolumen grösser ist, wird das Oxid bestrebt sein, die gespeicherte Energie freizusetzen, indem es sich vom Trägermaterial ablöst.

Zur Bildung einer wirksamen Schutzschicht benötigen wir also ein Oxid, das weder zu dünn ist und aufbricht (wie die Rinde einer Tanne), noch zu dick und sich in Falten legt (wie die Haut eines Nas-

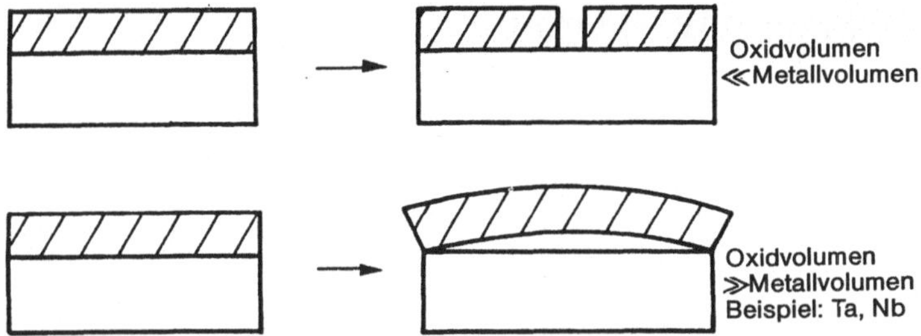

Abb. 21.5. Abplatzen der Oxidschicht; die Folge ist lineares Oxidationsverhalten.

horns). Sie muss gerade richtig sein! Dann und nur dann haben wir es mit parabolischem Oxidwachstum zu tun.

Mit diesen Kenntnissen wollen wir nun im nächsten Kapitel einige typische Problempunkte analysieren, die beim Konstruieren mit oxidationsbeständigen Werkstoffen auftreten können.

22 Fallstudien: Hochtemperaturoxidation

Einführung

In diesem Kapitel beschäftigen wir uns zunächst mit einem wichtigen korrosionsfesten Legierungstyp, den rostfreien Stählen. Im Anschluss daran behandeln wir eine sehr viel kompliziertere Problematik, den Schutz von modernen Turbinenschaufeln gegen Heissgaskorrosion. In beiden Fällen wird als Schutzmassnahme das gleiche Prinzip angewendet: der Überzug eines Bauteils mit einer stabilen Keramikschicht, gewöhnlich Cr_2O_3 oder Al_2O_3. Die Realisierung ist jedoch in beiden Fällen sehr verschieden. Die wirksamsten Schutzschichten sind dabei diejenigen, die von selbst ausheilen.

Fallstudie 1: Rostfreier Stahl

Niedriglegierter Stahl ist ein ausgezeichneter Konstruktionswerkstoff - billig, leicht formbar und dennoch hinreichend verformungsbeständig. Jedoch rostet er bei niedrigen Temperaturen, und bei hohen Temperaturen oxidiert er ziemlich rasch. Die Nachfrage nach oxidationsbeständigen Stählen ist daher in vielen Anwendungsfällen gross, angefangen bei der Küchenspüle, über chemische Anlagen bis hin zu Überhitzerrohren in Kraftwerken. Es existiert eine ganze Reihe von Stählen, die für diese Zwecke entwickelt worden sind. Wenn niedriglegierter Stahl heisser Luft ausgesetzt wird, oxidiert er rasch unter Bildung von FeO (oder höheren Oxiden Fe_2O_3 usw.). Wenn aber eines der Elemente aus Tabelle 21.1 mit grosser Oxidationsenergie im Stahl gelöst ist, so wird es vorzugsweise oxidiert (weil sein Oxid stabiler als FeO ist). Dabei bildet sich an der Bauteiloberfläche eine Schicht aus dem Oxid dieses Elementes. Wenn das Oxid z.B. aus Cr_2O_3, Al_2O_3, SiO_2 oder BeO besteht, also i.a. eine Schutzschicht ausbildet (Tab. 21.1), so schützt es auch den Stahl, auf dem es aufwächst.

Um eine hinreichend wirksame Schutzschicht zu bilden, bedarf es allerdings mitunter beträchtlicher Zuschläge der betreffenden Elemente zum Stahl. Sehr günstig ist Chrom, von dem 18% genügen, um die Oxidationsrate bei 900^0C um den Faktor 100 zu verkleinern.

Auch andere zulegierte Elemente reduzieren die Oxidationsgeschwindigkeit. Al_2O_3 oder SiO_2 bilden sich beide, bevor sich FeO bildet (Tabelle 21.1). So verringern 5% Al in Stahl die Oxidationsrate 30-fach, 5% Si 20-fach. Das gleiche Prinzip lässt sich auch bei anderen Grundwerkstoffen, z.B. Ni und Co, anwenden, worauf wir in der nächsten Fallstudie noch zurückkommen. Auch Kupfer verhält sich so. Wenn es auch nicht in der Lage ist, ausreichend Chrom zu lösen, so löst es doch genug Al, um die bekannten rostfreien Aluminiumbronzen zu bilden. Sogar Silber lässt sich durch Zulegieren von Al oder Si vor dem Anlaufen (Reaktion mit Schwefel) schützen, wobei Al_2O_3- bzw. SiO_2-Schutzschichten entstehen. Archäologen vermuten übrigens, dass die Delhi-Säule, ein Denkmal aus Gusseisen, das nun schon Jahrhunderte ohne merkliche Korrosion überdauert, deshalb so haltbar ist, weil das Eisen 6% Silizium enthält.

Selbst keramische Werkstoffe werden in dieser Weise geschützt. Die Oxidationsenergien von Siliziumkarbid, SiC, und Siliziumnitrid, Si_3N_4, sind stark negativ (was bedeutet, dass sie leicht oxidieren). Die Bildung von SiO_2 an der Oberfläche führt zu einer durchgehenden Schutzschicht.

Dieses Schutzverfahren durch Legieren hat einen grossen Vorteil gegenüber einer "künstlichen" Oberflächenbeschichtung (wie Chrom- oder Goldüberzüge): die Schicht heilt von selber aus, wenn sie beschädigt ist. Sobald die Schicht nämlich zerkratzt oder abgerieben wird, kommt wieder frisches Metall zum Vorschein; das zulegierte Chrom (oder Aluminium oder Silizium) oxidiert augenblicklich und heilt den Kratzer in der Schicht wieder aus.

Fallstudie 2: Schutzschichten für Turbinenschaufeln

Aus Kapitel 20 wissen wir, dass die derzeit üblichen Schaufelwerkstoffe vorwiegend auf Nickel aufbauen, wobei zahlreiche andere Elemente zur Erhöhung der Kriechfestigkeit zulegiert sind. Mit Einführung der DS-Technik, können Schaufeln heute bei 950^0C betrieben werden, also bei etwa 0.7 T_m. Aus Tabelle 21.2 geht hervor, dass bei dieser Temperatur Reinnickel nach 600 h bis zu einer Tiefe von 0.1 mm oxidiert ist. Wenn man nun bedenkt, dass der Materialquerschnitt zwischen Oberfläche und Kühlbohrungen oft nur 1 mm beträgt, so würde das bedeuten, dass so eine Schaufel bereits nach 600 h 10% ihres Querschnitts verloren hätte. Im Hinblick auf die mechanische Belastbarkeit stellt dieser Verlust also eine ernsthafte Beeinträchtigung dar. Dabei ist noch nicht berücksichtigt, dass die Oxidationsrate zeitlich und örtlich (z.B. an Korngrenzen) grossen Schwankungen unterliegen kann. Abgesehen davon, sollen die Schaufeln aus Rentabilitätsgründen mindestens 5000 h halten. Nickel oxidiert nach dem parabolischen Zeitgesetz (Glg. (21.4)), so dass sich über

$$x_2/x_1 = (t_2/t_1)^{1/2}$$

bei einer Zeit t_2 = 5000 h der Querschnittsverlust x_2 zu

$$x_2 = 0.1(5000/600)^{1/2} = 0.29 \text{ mm}$$

ergibt. Dieser Materialverlust ist offensichtlich nicht akzeptabel. Wie könnte man ihn reduzieren?

Wir haben weiter oben bereits festgestellt, dass Legierungen für Turbinenschaufeln grosse Anteile an Chrom enthalten, welches weitgehend in der Matrix gelöst ist. Aus Tabelle 21.1 können wir ferner ersehen, dass die Bildung von Cr_2O_3-Oxid wesentlich mehr Energie freisetzt (701 kJ/mol) als die Bildung von NiO (439 kJ/mol). Das bedeutet, dass Cr_2O_3 auch vorzugsweise an der Oberfläche gebildet wird. Diese Tendenz nimmt mit wachsendem Chromgehalt zu. Bei 20% Chromanteil benimmt sich die Oberfläche der Turbinenschaufel schon fast so wie bei reinem Chrom.

Nehmen wir also einmal für einen Augenblick an, die Schaufel bestünde wirklich aus reinem Cr. Tabelle 21.1 gibt an, dass Cr bei 0.7 T_m 1600 h benötigt, um 0.1 mm tief zu oxidieren. Allerdings bedeutet 0.7 T_m bei Cr 1504 K (1231^{0}C), liegt also deutlich höher als bei Ni mit 1208 K (935^{0}C). Wenn wir diese Tatsache ausserdem berücksichtigen, dann wird bei einer Aktivierungsenergie für Chrom von 330 kJ/mol die Zeit für die Oxidation bis 0.1 mm Tiefe nochmal um den Faktor

$$t_2/t_1 = \exp(-Q/RT_1)/\exp(-Q/RT_2) = 0.65 \cdot 10^3$$

länger; sie beträgt demnach

$$t_2 = 0.65 \cdot 10^3 \cdot 1600 \text{ h} = 1.04 \cdot 10^6 \text{ h}.$$

Nun dürfen wir aber nicht aus den Augen verlieren, dass ja eigentlich nur 20% Chrom in der Schaufellegierung enthalten sind und daher die Oxidschicht sich nur teilweise wie eine reine Cr_2O_3-Schicht verhält. Experimentell findet man, dass 20% Chromzuschlag zum Nickel die Oxidationsrate etwa um den Faktor 10 herabsetzt, d.h. die Oxidationszeit für 0.1 mm beträgt etwa 6000 h.

Woher kommt dieser grosse Unterschied? Bei einer Legierung enthält die Oxidschicht, anders als beim Reinmetall - ganz gleich, um welchen Typ (NiO, Cr_2O_3. usw.) es sich handelt - immer auch Fremdatome neben dem Hauptoxidbildner. Darunter sind sicher auch solche, die entweder den Diffusionskoeffizienten oder aber die elektrische Leitfähigkeit der Oxidschicht erhöhen. In beiden Fällen nimmt die Oxidationsrate zu. Man muss also bei der Abschätzung der Wirksamkeit von Schutzschichten auf der Basis von reinen Stoffen sehr sorgfältig zu Werke gehen. Immerhin hat uns die Näherung zu einer qualitativ richtigen Aussage geführt. Die Erarbeitung von quantitativen Daten kommt jedoch ohne die experimentelle Analyse nicht aus.

Gleichwohl, 0.1 mm Oxidationstiefe in 6000 h bei 935^0C für einen Cr-Legierungsanteil von 20% ist aber noch nicht gut genug. Dazu kommt, dass man ja eigentlich zur Verbesserung der Kriecheigenschaften, wie wir in Kapitel 20 gesehen haben, den Cr-Gehalt reduzieren möchte. Bei manchen Legierungen liegt er bereits bei nur 10%; die Schutzschicht wird damit natürlich immer unwirksamer. Man hilft sich hier, indem man die Schaufeln "künstlich" mit einer Schutzschicht versieht (Abb. 22.2). Üblicherweise erfolgt diese Beschichtung durch Aufsprühen von geschmolzenen Aluminiumtröpfchen auf die Schaufeloberfläche; die entstehende Schicht ist nur einige Mikrometer dick. Während einer nachfolgenden Wärmebehandlung kann dann das Aluminium ins Nickel eindiffundieren. Dabei bildet es einerseits Verbindungen mit dem Ni wie z.B., das AlNi, wodurch das Ni besser vor Oxidation geschützt wird. Andererseits wird ein Teil des Al zu Al_2O_3 oxidiert, ein Oxid, das noch bei sehr hohen Temperaturen ($0.7\ T_m = 653$ k $= 380^0$C) ausgezeichnete Schutzwirkung gegen Oxidation aufweist (Tab. 21.2). Ein zusätzlicher Vorteil ergibt sich aus der schlechten Wärmeleitfähigkeit der relativ dicken AlNi-Schicht; dadurch wird der Schaufelwerkstoff von der Heissgasatmosphäre isoliert, so dass man den gleichen Werkstoff bei insgesamt höheren Gaseintrittstemperaturen verwenden kann.

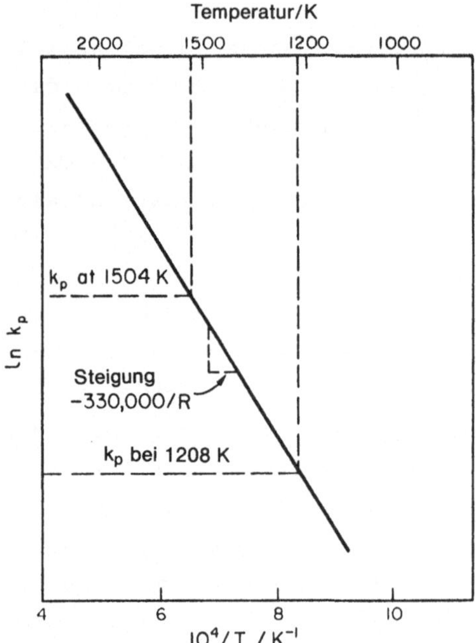

Abb. 22.1. Temperaturabhängigkeit von k_p.

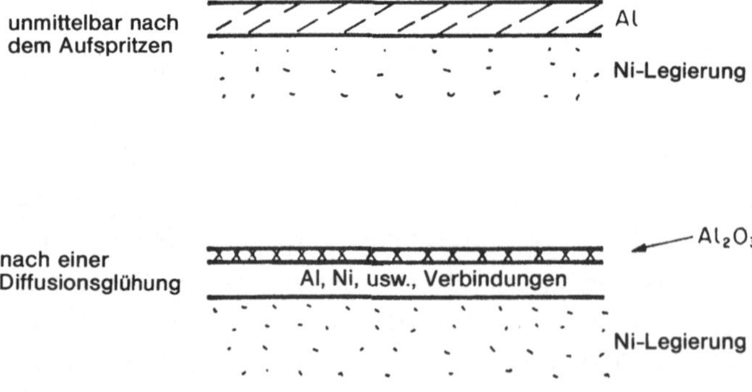

Abb. 22.2. Schutz einer Turbinenschaufel durch aufgespritztes Aluminium.

Andere Schutzschichten sind, obwohl sie schwieriger aufzubringen sind, noch attraktiver. Da AlNi ausgesprochen spröde ist, besteht die Gefahr, dass es von der Schaufeloberfläche abplatzt. Dagegen ist es möglich, eine Schicht aus Ni-Cr-Al in einem Diffusionsverfahren mit der Trägeroberfläche zu verhaften, indem man das entsprechende Metallpulver oder auch ein dünnes Blech auf die Oberfläche aufpresst und dann aufheizt. Die Schicht ist relativ duktil bei gleichzeitig guter Oxidationsbeständigkeit.

Einfluss von Beschichtungen auf die mechanischen Eigenschaften

Bislang haben wir immer nur von den Vorteilen gesprochen, die Schutzschichten dadurch haben, dass sie die Oxidationsrate des Trägermetalls herabsetzen. Oxidschichten bringen aber auch Nachteile mit sich.

Da Oxide gewöhnlich auch bei Einsatztemperaturen von Turbinenschaufeln spröde sind, neigen sie bei Temperaturänderungen infolge unterschiedlicher thermischer Ausdehnung von Oxid und Trägermetall dazu aufzubrechen. Die so entstehenden Risse können in idealer Weise Keimstellen für thermische Ermüdung werden. Da bei Nickellegierungen Oxidschichten sehr gut haften (andernfalls würden sie ja keinen Schutz abgeben), kann der Riss ohne weiteres auf das Trägermaterial übertragen werden (Abb. 22.3). Die Eigenschaften des Oxids sind daher für das Ermüdungsverhalten eines Bauteils ganz besonders wichtig.

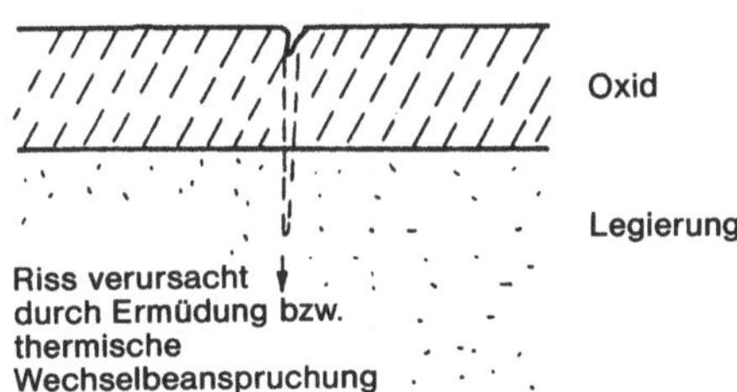

Abb. 22.3. Ermüdungsrisse können von Schutzüberzügen auf das Grundmetall übergehen.

Oxidation und Schutzschichten für die Schaufelwerkstoffe der Zukunft

Wie sieht es mit der Korrosionsbeständigkeit von gerichtet erstarrten Schaufeln aus? Eine Legierung aus Ni_3Al-Ni_3Nb verliert bei einer Einsatztemperatur von 1155^{0}C durch Oxidation in 48 Stunden 0.05 mm an Dicke. Das ist nicht besonders günstig. Daher müssen für diese Schaufeln unbedingt wirkungsvolle Beschichtungsverfahren gefunden werden. Bei kleineren Oxidationsgeschwindigkeiten überlagert sich zudem ein heimtückischer Effekt: der bevorzugte Oxidationsangriff einer der

Phasen entlang der Phasengrenzen. Diese Art Korrosion kann leicht zur Ermüdungsschädigung führen, wenn sie durch die aufgebrochenen Oxidschicht hindurch in das Trägermaterial hineinreicht.

Es mag verwundern, dass im Rahmen der Diskussion der verschiedenen Werkstoffe für Turbinenschaufeln noch nicht die Rede von den Refraktärmetallen Nb, Ta, Mo, W war (in Abb. 20.7 haben wir eine Legierung auf Nb-Basis miteingetragen). Diese Metalle haben einen sehr hohen Schmelzpunkt und stehen daher für hohe Kriechfestigkeit.

Nb (2740 K), Ta (3250 K), Mo (2880 K), W (3680 K).

Sie oxidieren jedoch alle sehr rasch (Tab. 21.2) und sind ohne Beschichtung praktisch nicht einsetzbar. Das Hauptproblem bei beschichteten Refraktärmetallen besteht dann aber darin, dass bei einer Beschädigung der Schicht durch Ermüdung oder Erosion das Trägermaterial in katastrophaler Weise versagt. Dieser Sicherheitsaspekt lässt vorläufig den Einsatz der ansonsten ausgezeichneten Schaufelwerkstoffe nicht zu.

Bei SiC und Si_3N_4 gibt es dieses Problem nicht. Sie oxidieren zwar schnell (Tab. 21.1); jedoch stellt der dabei entstehende SiO_2-Film bis zu 1300^0C einen wirksamen Schutz gegen weitere Oxidation dar. Ausserdem ist die Oxidschicht selbstheilend, da sie sich immer wieder an aufgebrochenen Stellen nachbildet.

Zum Abschluss: Fügeverfahren und Oxidation

Offensichtlich muss man Bauteile für den Hochtemperatureinsatz, die mit einer guten Oxidschutzschicht versehen sind, vorwiegend positiv beurteilen. Nur, wie soll man sie fügen? Wenn man sie schweissen oder löten will, können ernste Probleme auftreten. Die Erfahrung lehrt ja auch, dass man rostfreien Stahl nur sehr schwer schweissen und so gut wie überhaupt nicht löten kann. Auch Punktschweiss- oder Sinterverfahren sind schwierig anwendbar. Oxidschichten verhindern zudem den elektrischen Kontakt. Die Verwendung von Aluminium als elektronischer Leiter ist daher gar nicht so sehr verbreitet. Pulvermetallurgische Verfahren zur Herstellung von Bauteilen (dabei wird das Metallpulver in die Endform gepresst und gesintert) werden durch sich bildende Oxidschichten zumindest erschwert.

23 Nasskorrosion

Einführung

In den beiden letzten Kapiteln haben wir gesehen, dass die meisten Stoffe, die in Sauerstoffatmosphäre instabil sind, zur Oxidation neigen. Die Oxidation bei hoher Temperatur in trockener Atmosphäre wird gewöhnlich durch die Diffusion von Ionen oder durch Elektronenleitung in der Oxidschicht kontrolliert (Abb. 23.1). Da Diffusion und Oxidbildung thermisch aktivierbare Prozesse sind, ist die Oxidationsgeschwindigkeit bei höheren Temperaturen grösser als bei niedrigen Temperaturen. Gleichwohl bilden sich auch bei Raumtemperatur dünne Oxidfilme auf allen instabilen Metallen. Diese schwache Oxidbildung spielt jedoch eine wichtige Rolle: Der Oxidfilm wirkt als Schutz vor weiterem Oxidationsangriff; dabei läuft das Material an. Der Oxidfilm erschwert Verbindungstechniken und (wie wir noch in den Kapiteln 25 und 26 sehen werden) verbessert die Gleiteigenschaften von Bauteilen, indem er den Reibungskoeffizienten verändert. Der Stoffumsatz, d.h. der Verlust an Metall, bleibt jedoch bei Raumtemperatur unter trockenen Bedingungen äusserst gering.

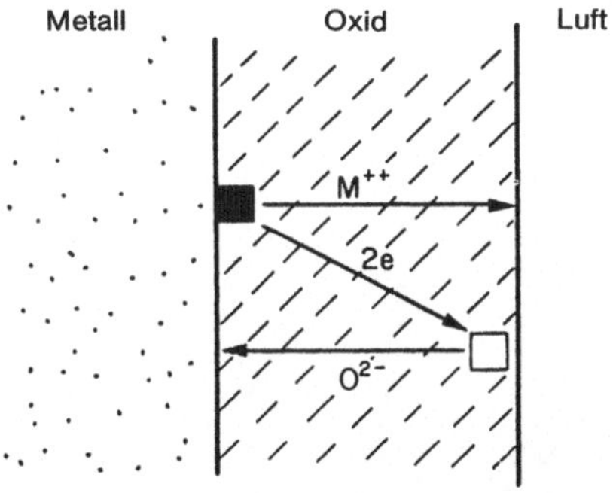

Abb. 23.1. Oxidation in trockener Atmosphäre.

In feuchter Atmosphäre ändert sich das Bild drastisch. Wird einfacher Stahl bei Raumtemperatur einer feuchten Sauerstoffatmosphäre ausgesetzt, so rostet er ziemlich schnell. Der Stoffumsatz ist dabei beträchtlich; ohne besondere Schutzmassnahmen würde die Lebensdauer von Fahrrädern und Brücken, von Eimern und Schiffen entscheidend durch die Nasskorrosion bestimmt. Korrosionsbedingte Massnahmen, sei es der Ersatz korrodierter Bauteile, sei es die Vorsorge gegen Korrosionsangriff, können erhebliche Kosten verursachen. Zum Beispiel werden in Grossbritannien jährlich etwa 2 Milliarden £ (4,4 Milliarden $) dafür ausgegeben.

Mechanismus der Nasskorrosion

Worin besteht der beschleunigende Einfluss von Wasser auf die Oxidationsrate? Betrachten wir dazu ein Stück Eisen, das von belüftetem Wasser bedeckt ist (Abb. 23.2). Eisenatome gehen als Fe^{++} im Wasser in Lösung, wobei sie je zwei Elektronen freisetzen (anodische Teilreaktion). Die Elektronen werden über das Metall an Stellen geleitet, an denen sie zur Reduzierung von Sauerstoff verbraucht werden können (kathodische Teilreaktion). Aus der Reaktion gehen OH^--Ionen hervor, die sich mit den Fe^{++} zu hydratisiertem Eisenoxid $Fe(OH)_2$ (tatsächlich: FeO, H_2O) verbinden. Anstatt aber auf der Metalloberfläche aufzuwachsen, wo es unter Umständen einen guten Schutz gegen weitere Oxidation geben könnte, bildet sich das Oxid als Niederschlag im Wasser. Die Reaktion verläuft also folgendermassen:

$$\text{Material} + \text{Sauerstoff} \rightarrow \text{(hydratisiertes) Oxid.}$$

Sie unterscheidet sich bis dahin nicht von der Hochtemperaturoxidation. Die Bildung und Lösung von Fe^{++} in Wasser kann man mit der Bil-

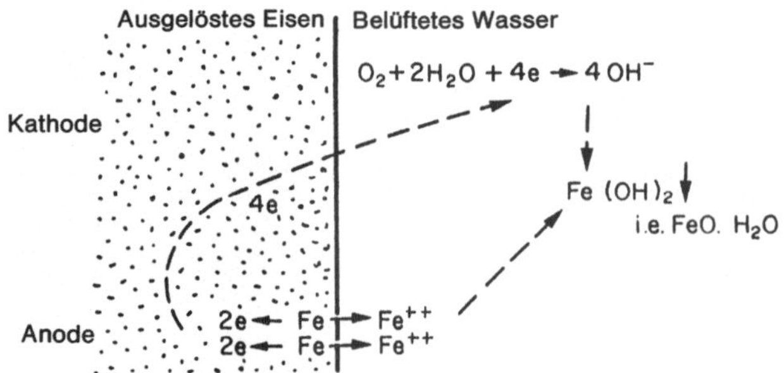

Abb. 23.2. Nasskorrosion.

dung und Diffusion von M^{++} in der Oxidschicht vergleichen; die Bildung der OH^-(-Ionen) ist andererseits der Sauerstoffreduktion auf der Oxidoberfläche sehr ähnlich. Was jedoch die Nasskorrosion so viel schneller macht, hat folgende Gründe:

a) Das $Fe(OH)_2$ fällt in einiger Entfernung von der Metalloberfläche aus, bzw., wenn es sich auf der Oberfläche niederschlägt, bildet es keine dichte Schicht; eine Schutzwirkung ist daher nicht zu erwarten.

b) Fe^{++} und OH^- diffundieren in wässriger Lösung, sind also sehr viel schneller.

c) Ist das Material ein elektrischer Leiter, so erfolgt auch der Elektronentransport ausgesprochen schnell.

Als Ergebnis läuft die Oxidation von Eisen in belüfteten Wässern (Rosten) millionenfach schneller ab als die Trockenoxidation. Gerade wegen Punkt c) ist die Nasskorrosion insbesondere für Metalle von grosser Bedeutung.

Spannungsunterschiede als treibende Kraft für die Nasskorrosion

Im Falle der Hochtemperaturoxidation haben wir die Oxidationsneigung eines Materials durch die Energie quantifiziert (in kJ/mol), die zur Bildung des Oxids aus dem Material und Sauerstoff aufgewendet werden muss. Da wir es bei der Nasskorrosion mit dem Elektronenfluss in einem Leiter zu tun haben, der leicht gemessen werden kann, lässt sich die Oxidationstendenz vorteilhafter in Form einer Spannung ausdrücken.

In Abbildung 23.3 sind die Spannungsdifferenzen aufgeführt, bei denen die Oxidation von zahlreichen Metallen in belüftetem Wasser gerade nicht mehr abläuft. Wie zu erwarten, sind diese Daten den Energiedaten in Abbildung 21.1 sehr ähnlich. Allerdings gibt es bei einigen Elementen eine andere Reihenfolge, die auf Unterschiede in den Reaktionen von Nass- bzw. Hochtemperaturoxidation zurückzuführen ist.

Was bedeuten diese Spannungen? Betrachten wir einmal die Orte der kathodischen und anodischen Teilreaktion einer Eisenprobe unabhängig

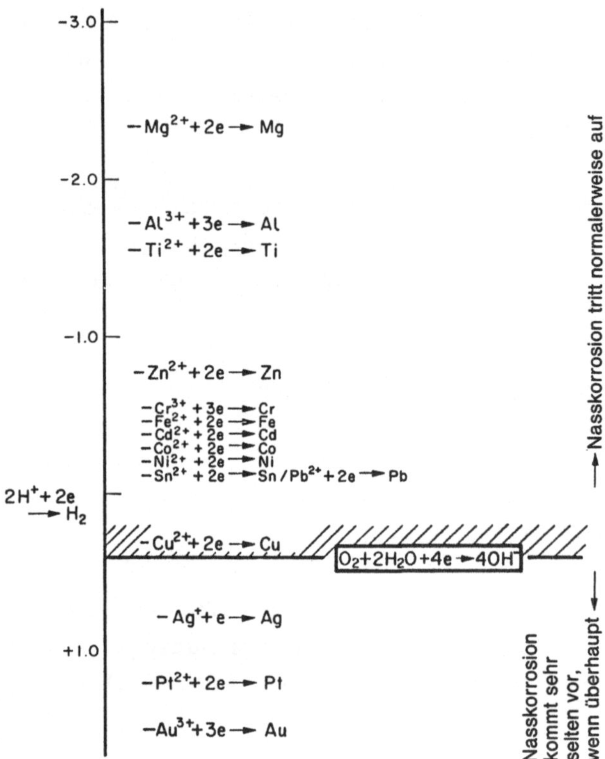

Abb. 23.3. Korrosionsspannungen (bei 300 K) im Falle von Nasskorrosion.

voneinander (Abb. 23.4). An der Kathode wird Sauerstoff zu OH^- reduziert; dabei werden Elektronen verbraucht, so dass sich das Metall positiv auflädt. Die Reaktion läuft so lange ab, bis das Potential auf 0.401 V angestiegen ist. Dann wird die Coulomb-Anziehung zwischen dem positiv geladenen Metall und dem negativ geladenen OH^--Ion so stark, dass das OH^- zur Metalloberfläche zurückgetrieben und dort wieder in H_2O und O_2 zurückverwandelt wird; mit anderen Worten, die Reaktion bleibt stehen. An der Anode werden Fe^{++}-Ionen gebildet; die überschüssigen Elektronen laden das Metall an dieser Stelle negativ auf. Auch diese Reaktion bleibt (aus dem gleichen Grund) stehen, wenn das Potential einen bestimmten Wert, - 0.440 V, erreicht hat. Bringt man nun Anode und Kathode miteinander elektrisch leitend in Verbindung, so fliessen Elektronen von der Anode zur Kathode, das Potential fällt ab, und die Reaktion kommt wieder in Gang. Der Potentialunterschied von 0.841 V ist die treibende Kraft für die Oxidation. Je grösser dieser Betrag für einen Stoff ist, desto grösser die Tendenz zur Oxidation.

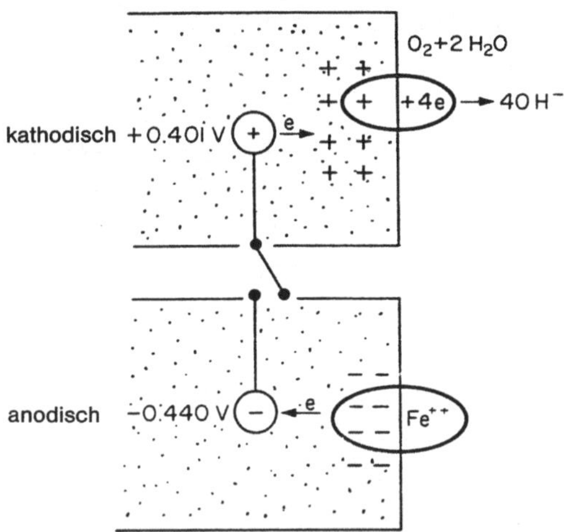

Abb. 23.4. Elektrische Spannungen als treibende Kraft für die Nasskorrosion.

Die Interpretation der Spannungstabelle sollte aber mit Vorsicht erfolgen. Üblicherweise beziehen sich die Spannungen in der Literatur auf eine Ionenkonzentration mit Aktivität 1. Das heisst, es liegen sehr hohe Konzentrationen vor, bei denen die Metalle nicht so leicht in Lösung gehen (Abb. 23.5). In verdünnten Lösungen können die Metalle dagegen viel leichter korrodieren, d.h. gegenüber der Spannungstabelle können die Spannungen um bis zu 0.1 V grösser sein. Die Spannungstabelle (Abb. 23.3) sollte deshalb eher als Anhaltspunkt für die treibende Kraft bei der Nasskorrosion betrachtet werden.

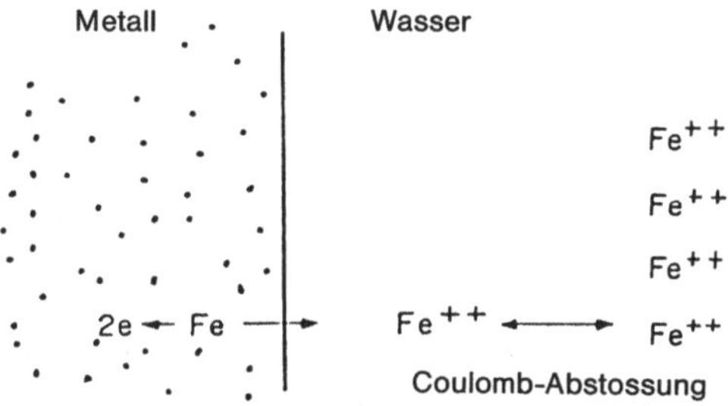

Abb. 23.5. In konzentrierten Lösungen ist die Korrosion oft gehemmt.

Spannungspotentialunterschiede lassen sich innerhalb eines Stückes Metall nicht so einfach messen. Man kann aber die Sauerstoffreduktion ausserhalb des Metalls verlegen, indem man ein Metall, das normalerweise gegenüber Nasskorrosion inert ist (z.B. Platin), als Kathode verwendet.

Aus Abbildung 23.3 lässt sich abschätzen, was passiert, wenn zwei unterschiedliche Metalle miteinander in Kontakt gebracht und mit Wasser bedeckt werden. Kommt z.B. Kupfer mit Zink in Berührung, so hat Zink die grössere Oxidationsspannung. Das Zink spielt daher die Rolle der Anode und wird oxidiert; das Kupfer stellt die Kathode dar, an der die Sauerstoffreduktion abläuft; es wird nicht angegriffen. Solche Elementpaare können zu sehr rascher Auflösung der Anode führen und können daher in der Praxis oft sehr gefährlich sein, wie wir bei den Fallstudien im nächsten Kapitel noch sehen werden.

Die Oxidationsgeschwindigkeit bei der Nasskorrosion

Nach den Ausführungen im Kapitel über Hochtemperaturoxidation wird man nicht unbedingt erwarten, dass die in praxi anzutreffenden Oxidationsraten bei der Nasskorrosion den Spannungen in unserer Tabelle (Abb. 23.3) entsprechen, es sei denn, der Oxidationsvorgang selbst wäre der geschwindigkeitsbestimmende Schritt. In der Tat zeigen die in Abbildung 23.6 aufgeführten Beispiele für einige Elemente, dass die Reihenfolge beim Gewichtsverlust durch Oxidation in reinem Wasser gerade umgekehrt verläuft wie die Stellung der Elemente in der Spannungstabelle. Die langsame Oxidationsrate von Al z.B., rührt daher, dass es praktisch nicht möglich ist, die dünne Oxidschutzschicht aus

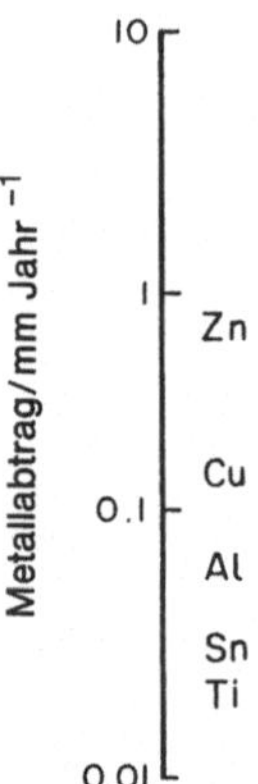

Abb. 23.6. Korrosionsgeschwindigkeiten einiger Metalle in reinem Wasser.

Al_2O_3, die über Trockenoxidation aufwächst, zu unterdrücken. Andererseits korrodiert Al in Meerwasser sehr rasch, da Chlorionen die schützende Al_2O_3-Schicht aufbrechen können. "Fremdionen" sind fast in allen Korrosionsmedien anzutreffen, so dass die Oxidationsraten für die meisten Metalle in weitem Rahmen variiern können. In den einschlägigen Handbüchern werden die verschiedensten "Korrosionswässer" aufgeführt (auch Bier und Jauche fehlen nicht).

Rissbildung infolge örtlichen Korrosionsangriffs

Metalle werden oft durch Nasskorrosion selektiv angegriffen. Das führt dann meist zu einem rascheren Versagen von Bauteilen, als man von Durchschnittskorrosionsdaten her annimmt (Abb. 23.7). Insbesondere die Überlagerung von mechanischer Beanspruchung und Korrosion kann verheerende Folgen haben, da unter diesen Bedingungen Risse entstehen können, die sich sehr viel früher und schneller als erwartet ausbreiten. Dabei unterscheidet man:

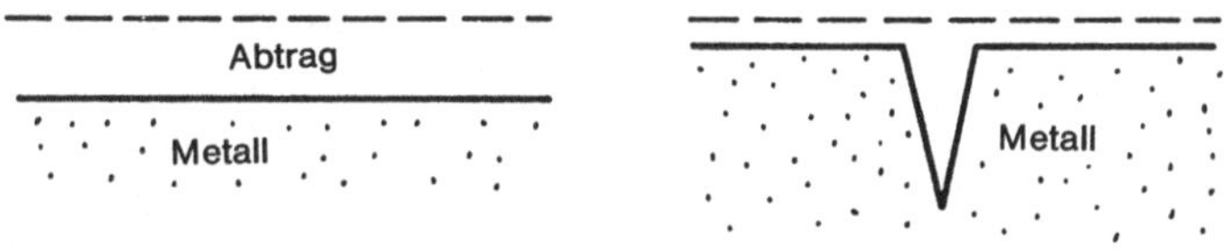

Abtrag
Metall
Metall

Abb. 23.7. Örtlich konzentrierte Korrosion.

a) Spannungsrisskorrosion

Bei einigen Werkstoffen wachsen in bestimmter Umgebung Risse bei einem konstanten Spannungsintensitätsfaktor K, der sehr viel kleiner als K_c ist (Abb. 23.8). Die Gefahr, die damit verbunden ist, ist offensichtlich: ein als sicher ausgelegtes Bauteil kann im Laufe der Zeit seine Festigkeit einbüssen. Beispiele sind Messing in Ammoniak, einfacher Stahl in Laugen und einige Al- und Ti-Legierungen in Salzwasser.

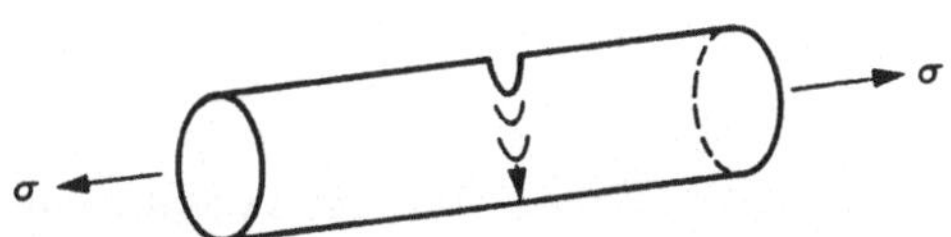

Abb. 23.8. Spannungsrisskorrosion.

b) Schwingungsrisskorrosion

In den meisten Metallen und Legierungen erhöht Korrosion die Wachstumsrate von Ermüdungsrissen. Zum Beispiel fällt für viele Stähle die Spannung zum Erreichen von $N_f = 5 \cdot 10^7$ Zyklen in Salzwasser auf ein Viertel ihres normalen Wertes ab (Abb. 23.9). Die Risswachstumsrate ist dabei oft sehr viel grösser als die Summe aus Korrosionsgeschwindigkeit und Ermüdung.

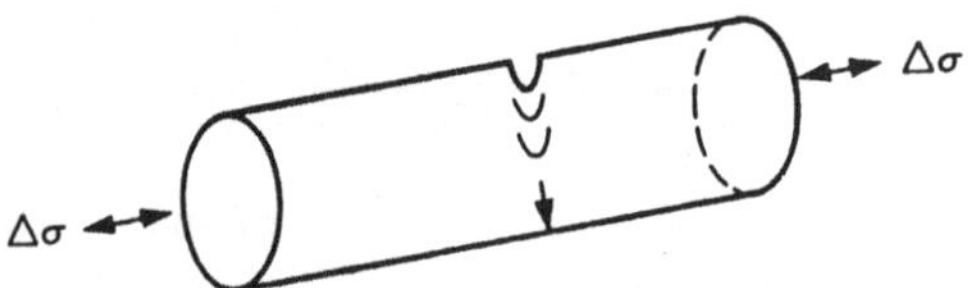

Abb. 23.9. Schwingungsrisskorrosion.

c) Interkristalline Korrosion

Korngrenzen haben andere Korrosionseigenschaften als das Korninnere. Sie korrodieren meist vorzugsweise, wobei sich dann Risse bilden, die durch Spannungsrisskorrosion oder Ermüdung weiterwachsen (Abb. 23.10).

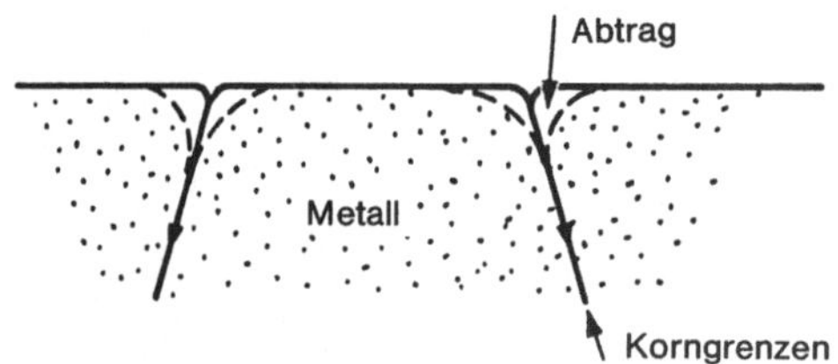

Abb. 23.10. Interkristalline Korrosion.

d) Lochfrass

Örtlich begrenzte Korrosion kann auch an nicht intakten Oxidschichtstellen (verursacht durch Abnützung oder Beschädigung) oder an Ausscheidungen erfolgen (Abb. 23.11).

Zusammenfassend lässt sich sagen, dass unerwartetes Bauteilversagen viel häufiger durch örtlich begrenzte Korrosion auftritt, als durch einheitlichen Korrosionsangriff (der meist auf einfache Weise kon-

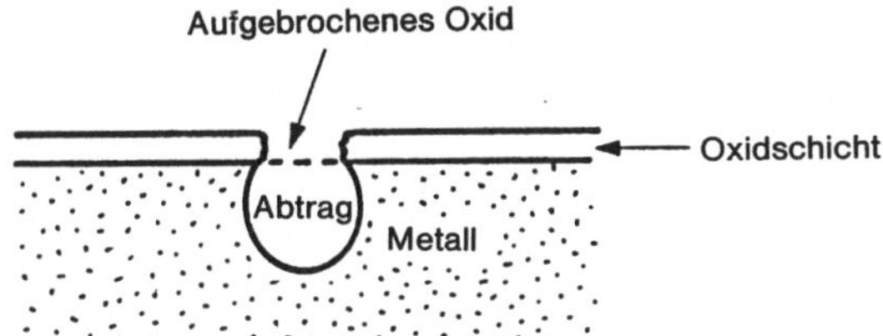

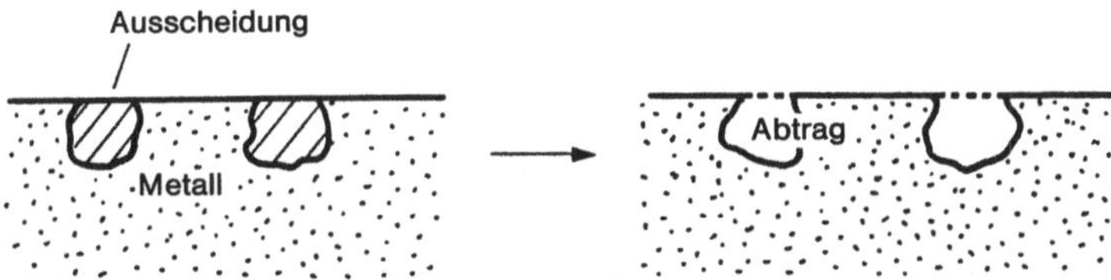

Abb. 23.11. Lochfrasskorrosion.

trolliert werden kann). Wenn auch Korrosionshandbücher ganz nützlich sind, um einen Werkstoff für eine bestimmte Anwendung auszusuchen, so kommt man nicht umhin, kritische Bauteile individuell in sehr praxisnahen Experimenten auf ihre Lebenserwartung hin zu prüfen.

24 Fallstudien: Nasskorrosion

Einführung

Wir besprechen hier drei praktische Korrosionsprobleme: Schutzmassnahmen für Rohrleitungen und die Werkstoffauswahl für ein Fabrikdach sowie für Auspuffanlagen. In allen drei Fällen haben wir es mit dem Rosten von Eisen zu tun; jedoch sind die Massnahmen zur Vermeidung von Rostvorgängen sehr unterschiedlich. In vielen Fällen besteht die einfachste Lösung darin, einen korrosionsbeständigeren Werkstoff zu verwenden; dagegen sprechen dann oft ökonomische Gründe; trotzdem muss ein Weg gefunden werden, die Korrosionsgeschwindigkeit auf ein vertretbares Mass zu verringern.

Fallstudie 1: Der Schutz von erdverlegten Rohren

Viele Tausende von Kilometern Stahlrohrleitung zum Transport von Öl, Erdgas usw. kommen mit der Erde unmittelbar in Berührung. Wenn die Erde, wie in den meisten Fällen, feucht ist und die Rohre nicht allzu tief verlegt sind, so dass Sauerstoff noch reichlich Zutritt hat, so können ernsthafte Korrosionsprobleme an den Rohrleitungen auftauchen. Denn unter diesen Voraussetzungen können Sauerstoffreduktion

$$O_2 + 2H_2O + 4e \rightarrow 4OH^-$$

und Metallauflösung

$$Fe \rightarrow Fe^{++} + 2e$$

zur fortgesetzten Korrosion führen. Solche Rohrleitungen stellen enorme Kapitalinvestitionen dar; wenn sie einmal verlegt sind, sind sie ausserdem oft für Reparaturen sehr schwer zugänglich. Die damit verbundenen Versorgungsunterbrechungen, vor allem aber die Folgen in unvorhersehbaren Versagensfällen zwingen den Hersteller und Betreiber zu vorbeugenden Schutzmassnahmen. Worin können diese bestehen?

Eine naheliegende Massnahme wäre die Anwendung von nichtrostenden Schutzüberzügen, die Feuchtigkeit und Sauerstoff von der Rohrleitung fernhalten; z.B. aus Polyäthylen, das mit einem organischen Klebstoff auf die Rohre aufgebracht werden könnte. An den Enden müssten die Rohre allerdings zum Schweissen blank bleiben. Die Schweissstellen könnten dann vor Ort mit der Überzugsmasse nachbehandelt werden. Leider ergibt diese Methode keinen vollständigen Schutz, da die schweren Rohre bei der Verlegung unvermeidlich gestossen werden und der Überzug dabei aufreissen kann. Was kann man tun, um der Korrosion an diesen Fehlstellen vorzubeugen?

Opferelektroden

Wenn man das Rohr mit einem Stück Metall verbindet, das ein negativeres Korrosionspotential aufweist (Abb. 24.1), dann bilden die beiden eine elektrolytische Zelle. Aus Kapitel 23 wissen wir, dass das elektronegativere Material zur Anode wird (und sich auflöst) und dass, wie in diesem Fall, die Rohrleitung als Kathode geschützt bleibt.

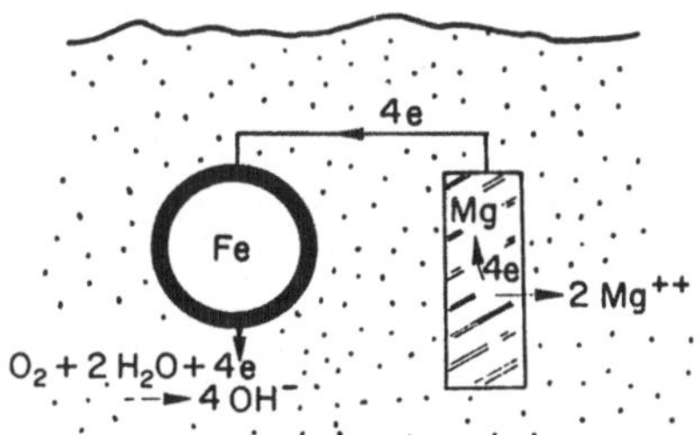

Abb. 24.1. Opferanode an einer Rohrleitung. Opferanoden bestehen typischerweise aus Mg (mit 6% Al, 3% Zn, 0.2% Mn), aus Al (mit 5% Zn) oder aus Zn.

Oft wird Magnesium als Anode verwendet, da sein Korrosionspotential sehr niedrig ist (sehr viel niedriger als dasjenige von Zink; dadurch werden die Fe^{++} sehr stark an das Stahlrohr gebunden; aber auch Aluminiumlegierungen und Zink sind als Anode weit verbreitet. Durch Legierungszuschläge z.B. im Al wird die Ausbildung einer geschlossenen schützenden Oberflächenoxidschicht weitgehend vermieden (durch die sonst das Al zur Kathode werden könnte).

Manche Metalle bilden in bestimmter Umgebung (z.B. Titan in Meerwasser) einen für die Metallionen undurchdringlichen Oxidfilm aus. In diesem Fall taugt das Titan, obwohl sein Korrosionspotential sehr negativ ist (vgl. Abb. 23.3), nicht als Anode zum Schutze des Eisens (Abb. 24.2). Auch bei den Metallen Al, Cd, Zn tritt dieser Effekt auf, wenngleich in geringerem Ausmass. An dieser Stelle betonen wir deshalb noch einmal, dass Korrosionspotentiale, so wie sie in den Tabellen aufgeführt sind, alleine noch keine verlässlichen Angaben für die Abschätzung der Korosionsanfälligkeit eines Materials darstellen; experimentelle Absicherung ist im einzelnen Fall unerlässlich.

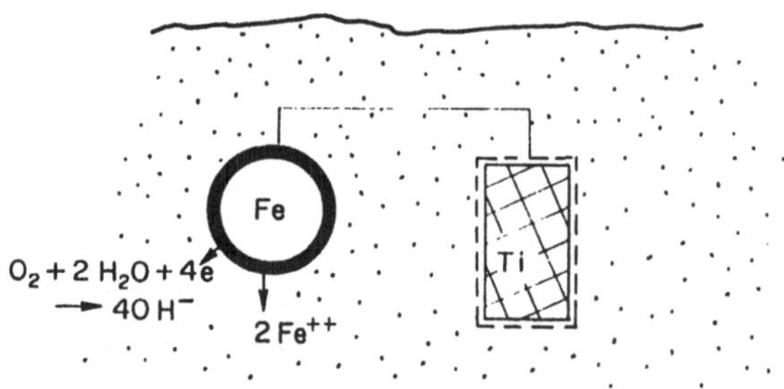

Abb. 24.2. Einige Metalle wirken nicht als Opferanode, da ihr eigenes Oxid "passiv" ist.

Da die Schutzwirkung auf der Auflösung der Anode beruht, ist es klar, dass diese von Zeit zu Zeit ersetzt werden muss (daher die Bezeichnung Opferanode). Um den Anodenverbrauch in Grenzen zu halten, sollte die Rohrleitung ausserdem durch einen durchgehenden Schutzüberzug isoliert sein.

Korrosionsschutz durch anodische Polarisierung

Eine weitere Schutzmassnahme ist in Abbildung 24.3 veranschaulicht. Man vergräbt in der Nähe der Rohrleitung eine gewisse Menge Eisenschrott und verbindet Schrott und Rohrleitung über eine Batterie. Die Gleichspannungsquelle muss permanent in der Lage sein, ein bestimmtes Potential aufrechtzuerhalten, so dass die Rohrleitung immer Anode, und das Schrotteisen immer Kathode bleiben kann (das Potential muss knapp unter 1 V liegen).

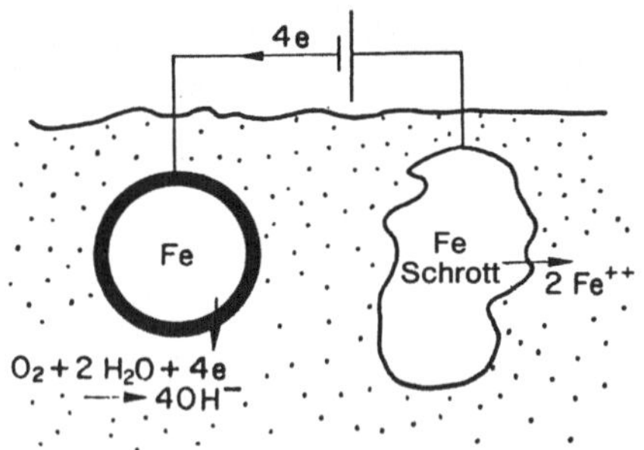

Abb. 24.3. Kathodischer Schutz durch Polarisierung.

Ersatzwerkstoffe

Für erdverlegte Überlandrohrleitungen scheiden Alternativwerkstoffe aus Kostengründen i.a. aus. Es ist noch entschieden billiger, eine Rohrleitung aus einfachem Stahl zu schützen, als etwa rostfreien Stahl zu verwenden. Das einzige konkurrenzfähige Material sind Kunststoffe, die gegen Nasskorrosion dieser Art vollständig inert sind. Stadtgasleitungen werden heute bereits mehr und mehr aus Kunststoff verlegt. Jedoch erhält bei sehr grossen Rohrdurchmessern Stahl wegen seiner höheren Festigkeit meistens noch den Vorzug.

Fallstudie 2: Werkstoffe für ein Leichtbaudach

Vor die Aufgabe gestellt, einen Werkstoff für ein Fabrikdach auszusuchen, würden neun von zehn Leuten sicherlich zunächst an eine verzinkte Wellblechausführung denken. Wellblech weist ausreichende Festigkeit auf, es ist leicht, billig und einfach zu montieren. Was will man mehr? Nun, in der Tat, frisch galvanisierter Stahl ist rostfrei, aber nach 20 bis 30 Jahren kommt vielleicht doch Rost auf, und das Dach muss schliesslich doch ersetzt werden.

Wie funktioniert der galvanische Schutz? Aus Abbildung 24.4 ist zu ersehen, wie die aufgalvanisierte dünne Zinkschicht als eine Barriere zwischen Stahl und Atmosphäre wirkt. Obwohl das Korrosionspotential von Zink grösser ist als dasjenige von Stahl (vgl. Abb. 23.3), korrodiert Zink in üblicher Stadtatmosphäre ziemlich langsam, da der Oxidfilm nahezu undurchlässig ist. In 20 Jahren beträgt die Dickenabnahme der Zinkschicht nicht mehr als 0.1 mm.

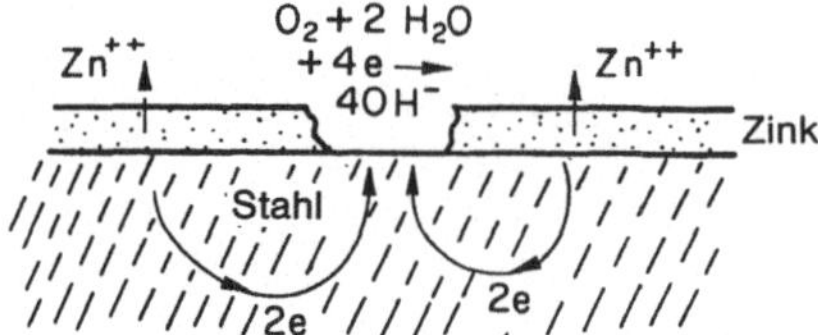

Abb. 24.4. Galvanisierter Stahl wird von einer Zinkschicht geschützt, die als Opferanode wirkt.

Treten Kratzer und Risse in der Zinkschicht auf, was bei der Montage der Wellblechplatten leicht passieren kann, dann schützt das Zink den Stahl kathodisch auf dieselbe Weise, wie Opferanoden aus Zink Rohrleitungen schützen. Daraus erklärt sich das lange Ausbleiben des Rostes. Da aber die Zinkbeschichtung im allgemeinen nur etwa 0.15 mm dick ist, ist sie nach 30 Jahren allmählich aufgebraucht. Dann setzt der Rost ziemlich schlagartig ein.

Auf den ersten Blick scheint die Lösung des Problems in einer Erhöhung der Schichtdicke zu liegen. Das ist aber nicht so leicht zu bewerkstelligen. Gewöhnlich werden Bleche feuerverzinkt, ein Prozess, bei dem die Schichtdicke nicht ohne weiteres steuerbar ist. Elektrolytisches Verzinken würde jedoch die Produktionskosten zu sehr in die Höhe treiben. Ein Anstrich (z.B. aus Bitumen) würde den Zinkabtrag durch Korrosion mit Sicherheit beträchtlich reduzieren. Dadurch würde aber der kathodische Schutz weitgehend verloren gehen. Wenn dann Kratzer durch Bitumen und Zinkschicht hindurchgehen, kann der Stahl an dieser Stelle um so schneller korrodieren.

Alternative Werkstoffe

Seit relativ kurzer Zeit verfügt man in der Architektur über Bauelemente aus eloxiertem Aluminium. Obwohl das Korrosionspotential von Aluminium ziemlich niedrig ist, korrodiert es bekanntlich in wässriger Umgebung sehr langsam, da sich sehr schnell ein gut haftender, durchgehender Oxidfilm aus elektrisch nur schwach leitendem Al_2O_3 bildet. In eloxiertem Aluminium ist diese Oxidschicht noch künstlich verdickt. Dazu wird das Aluminium-Bauteil in eine wässrige Lösung mit zahlreichen oxidwachstumsfördernden Zusätzen getaucht (z.B. Borsäure). Durch anodische Polarisation wird Sauerstoff aus dem Wasser absorbiert und an der Bauteiloberfläche nach Reaktion mit dem Metall zu

Al_2O_3 kontinuierlich in die Oxidschicht eingebaut, die dadurch zunehmend dicker wird (Abb. 24.5). Gegen Ende des Anodisierungsprozesses kann man für ästhetische Zwecke dem Bad Farbzusätze zugeben, die in der Oberfläche des Bauteils eine dauerhafte Einfärbung hervorrufen.

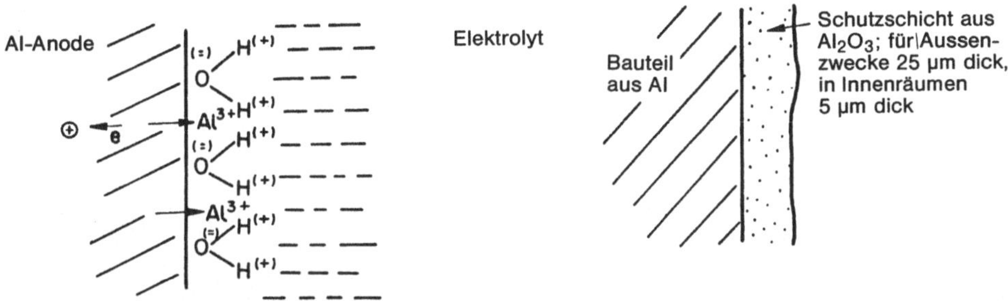

Abb. 24.5. Eloxieren von Aluminium.

Was ist von Kunststoffen zu halten? Wellplastikplatten zum Abdecken von kleinen Schuppen, Wagenunterständen usw. sind sehr verbreitet. Auch in chemischen Anlagen werden Kunststoffplatten oft unter härtesten Bedingungen eingesetzt. Aber obwohl Polymere im allgemeinen nicht korrodieren, sind sie empfindlich gegen Einwirkung des ultravioletten Anteils des Sonnenlichtes. Diese hochenergetischen Photonen brechen mit der Zeit die Molekülketten des Kunststoffs auf, wodurch dessen mechanische Eigenschaften erheblich beeinträchtigt werden können.

Noch eine Bemerkung zu den Beschlägen. Oft wird der Fehler gemacht, galvanisierte Bleche oder Aluminiumbleche mit Nägeln oder Schrauben aus einem anderen Metall zu befestigen, z.B. Kupfer oder Messing. Kupfer wirkt als Kathode, so dass um die Schraube herum das Zink oder Aluminium um so schneller korrodiert. Auch ist schon vorgekommen, dass Kupferbleche mit Stahlnägeln befestigt worden sind. Dieser Fall ist besonders dramatisch, da einerseits das Eisen als Anode wirkt, andererseits die dabei freiwerdenden Elektronen auch noch leicht zur grossflächigen Kupferkathode hingeleitet werden können.

Fallstudie 3: Autoauspuffanlagen

Die Lebensdauer einer konventionellen Auspuffanlage an einer normal genutzten Limousine beträgt etwa zwei Jahre. Die kurze Lebensdauer ist nicht verwunderlich: Auspuffteile werden aus unlegiertem Stahl

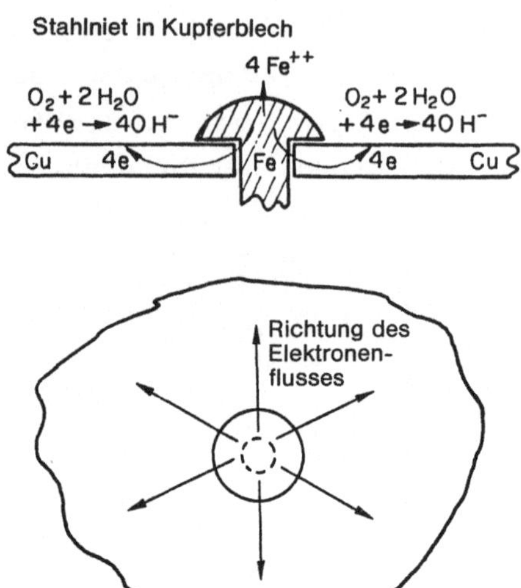

Abb. 24.6. Grossflächige Kathoden können sehr rasche Korrosion bewirken.

gefertigt, der ja nicht gerade für seine gute Korrosionsbeständigkeit bekannt ist. Vor allem die innen liegenden Teile sind in keiner Weise geschützt und beginnen mit dem Rosten bereits, wenn die feuchten Motorabgase zum ersten Mal darübergeleitet werden. Auch die Aussenseite beginnt bald zu rosten, nachdem der eher kosmetische Neuanstrich abgeblättert ist. Kommen noch die Chlorionen des Streusalzes hinzu, die jeden Ansatz einer geschlossenen Oxiddeckschicht gleich zunichte machen. Wie kann man Auspuffanlagen besser machen?

Der Gedanke liegt zunächst nahe, die Auspuffteile zu galvanisieren. Beim Zusammenschweissen würden dann jedoch an den Schweisspunkten Probleme auftreten. Zink, das schon bei 420^{0}C schmilzt, würde durch das Schweissen weggebrannt werden. Auch bei höher schmelzenden galvanischen Schichten (z.B. Ni mit einem Schmelzpunkt von 1455^{0}C) würde die Schicht an den Schweissstellen zumindest aufbrechen. Gelegentlich trifft man verchromte Auspuffanlagen an; die Chromschicht ist aber im Sinne der Korrosion reine Makulatur. Entweder ist die Beschichtung vor dem Schweissen erfolgt; dann sind die Schweissstellen ungeschützt. Oder aber die Chromschicht ist nach dem Schweissen aufgebracht worden; dann erreicht sie mit aller Wahrscheinlichkeit das Auspuffinnere nicht.

Alternative Werkstoffe

Die aussichtsreichste Methode, den Rost bei Auspuffanlagen zu bekämpfen, ist sicherlich die Verwendung von rostfreiem Stahl. Die Methode zeigt überdies beispielhaft, wie durch Hinzufügen von Fremdatomen zu einem Metall die Oxidationsbeständigkeit - genau wie im Fall der trockenen Korrosion - heraufgesetzt werden kann. Und zwar geschieht das dadurch, dass das Fremdatom, z.B. Cr in Stahl, wenn es in hinreichender Menge im Metall gelöst ist, auf der Bauteiloberfläche eine durchgehende, weitgehend undurchlässige Oxidschicht (Cr_2O_3) bildet. Bei der Verwendung von rostfreiem Stahl gibt es jedoch einen Schwachpunkt, der mit dem Schweissen zusammenhängt. In bestimmten Fällen verhält sich die Wärmeeinflusszone entlang der Schweissnaht, die zwar nicht geschmolzen, aber sehr stark erhitzt worden ist, absolut nicht wie ein rostfreier Stahl, sondern korrodiert stark.

Die Ursache ist folgende (Abb. 24.7): Alle Stähle enthalten aus Festigkeitsgründen mehr oder weniger Kohlenstoff. Der Kohlenstoff verbindet sich unter Wärmeeinwirkung vornehmlich an den Korngrenzen mit dem Chrom und bildet Ausscheidungen - Chromkarbide. Auf diese Weise verlieren diese Bereiche soviel an gelöstem Chrom, dass die Ausbildung einer schützenbden Cr_2O_3-Schicht nicht mehr zustande kommt. Man kann allerdings den rostfreien Stahl bei der Herstellung stabilisieren, indem man Ti oder Nb hinzugibt, die ihrerseits wegen ihrer grösseren Kohlenstoffaffinität den grössten Teil des Kohlenstoffs in der Nähe der Korngrenzen in Form von Karbiden abbinden.

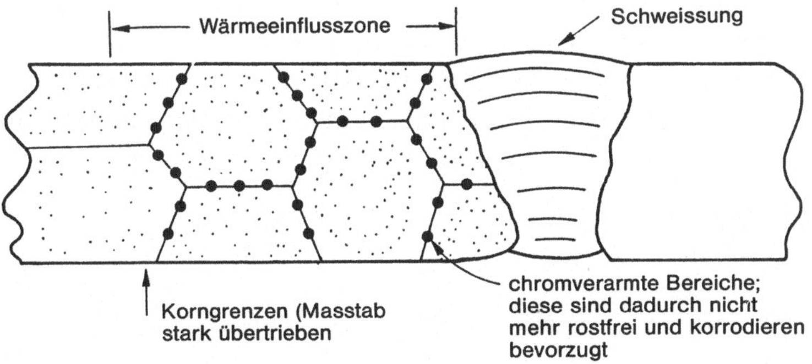

Abb. 24.7. Korrosionsangriff einer Schweissnaht in rostfreiem Stahl.

G Reibung, Abrieb und Verschleiss

25 Reibung und Verschleiss

Einführung

Kommen wir zur letzten Kategorie von Werkstoffeigenschaften in diesem Buch: zum Reibungsverhalten der Werkstoffe. Daneben wollen wir in diesem Kapitel den Verschleiss behandeln, der sich aus der Reibungsbeanspruchung ergibt. In den meisten maschinentechnischen Anwendungen sind Reibung und Verschleiss von erheblicher Bedeutung. Zum Beispiel ist man bemüht, in Lageroberflächen Reibungskräfte möglichst zu vermeiden, da dadurch unnötig Energie verbraucht wird. Durch Verschleiss wird ausserdem die eingestellte Massgenauigkeit beeinträchtigt. Andererseits ist Reibung geradezu erwünscht bei Kupplungs- oder Bremsbelägen, oder auch bei Schuhsohlen. Jedoch soll auch in diesen Fällen aus naheliegenden Gründen der Verschleiss so gering wie möglich sein. Schliesslich wünschen wir in vielen Metallbearbeitungsverfahren zwar einen höchstmöglichen "Verschleiss", möchten dazu aber so wenig wie möglich Reibungsenergie aufwenden. In diesem Kapitel werden wir die Ursache für Reibung und Verschleiss untersuchen, und anschliessend in Kapitel 26 einige praktische Anwendungsfälle in Form von Fallstudien besprechen.

Reibung zwischen einzelnen Werkstoffen

Wie jeder aus Erfahrung weiss, müssen zur Relativbewegung zweier Festkörper, die sich berühren, Reibungskräfte überwunden werden (Abb. 25.1). Die Kraft, um einen ruhenden Körper gegen die Reibungskraft in Bewegung zu setzen, ist mit der Normalkraft P über den statischen oder auch Haftreibungskoeffizienten μ_s in der Form

$$F_s = \mu_s P \tag{25.1}$$

verknüpft.

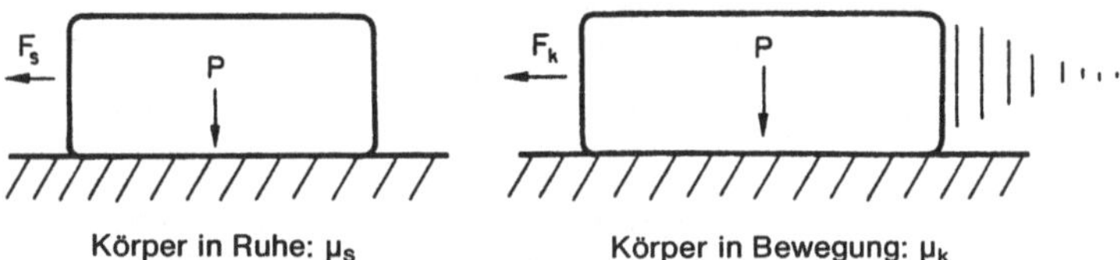

Abb. 25.1. Reibungskoeffizient für Haft- und Gleitreibung.

Ist der Gleitvorgang einmal in Gang, so verringern sich die Reibungskräfte; die erforderliche Kraft zur Aufrechterhaltung der Gleitbewegung beträgt

$$F_k = \mu_k P, \tag{25.2}$$

wobei μ_k der kinetische oder Gleitreibungskoeffizient heisst (Abb. 25.1).

Dieser Sachverhalt scheint auf den ersten Blick unserer Anschauung zu widersprechen. Wieso hängt die Reibung zwischen zwei Körpern nur von der Kraft ab, mit der sie gegeneinander gedrückt werden, und nicht von der Grösse der Berührungsfläche? Zum besseren Verständnis wollen wir die Geometrie einer Metalloberfläche genauer betrachten. Dazu legen wir einen Schnitt quer zur Bearbeitungsrichtung einer feinbearbeiteten Kupferstange, so dass man bei geeigneter Vergrösserung alle Unebenheiten der Oberfläche sehen kann. Oder wir verwenden ein Rauhigkeitsmessgerät, bei dem eine Art Grammophonnadel über die Metalloberfläche gezogen wird und dabei alle Berge und Täler entlang ihrer Fortbewegungsrichtung aufzeichnet. In beiden Fällen erhalten wir ein Bild ähnlich der Abbildung 25.2. In dem Schnitt senkrecht zur Oberfläche sind die in regelmässigen Abständen auftretenden Unebenheiten klar zu erkennen. Wird die Metalloberfläche zusätzlich mit feinem Schleifpapier bearbeitet, so verringert sich die Höhe der Unebenheiten zwar etwa um den Faktor zehn; sie sind aber nach wie vor vorhanden. Selbst die aufwendigste Bearbeitungsmethode lässt letztlich noch Unebenheiten zurück.

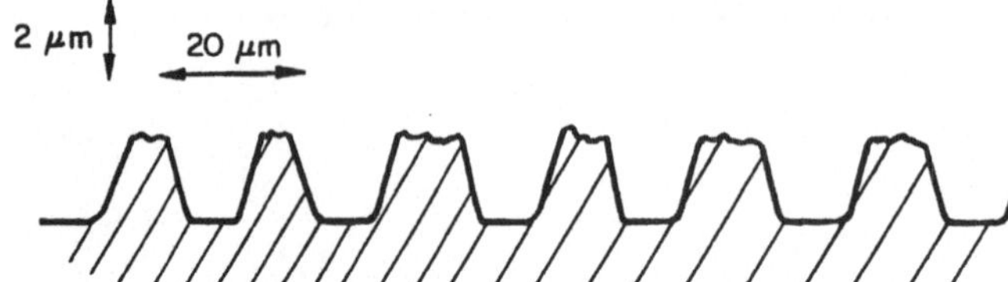

Abb. 25.2. Längsschnitt durch eine feinbearbeitete metallische Oberfläche bei hoher Vergrösserung. (Die Höhe der Unebenheiten ist im Vergleich zu ihrem Abstand überproportional gross dargestellt.)

Bringt man zwei solche sorgfältig bearbeitete Metalloberflächen miteinander in Kontakt, so können sich offensichtlich nur jeweils die herausstehenden Unebenheiten berühren. Kräfte normal zur Oberfläche werden nur durch diese Berührungsstellen übertragen, d.h. eigentlich nur ein bestimmter Anteil der "nominellen" Oberfläche kann Lasten aufnehmen.

Bei nur geringen Lasten verformen sich die Unebenheiten vorwiegend elastisch. Sobald jedoch die Kräfte ein bestimmtes Mass übersteigen, erleiden sie auch plastische Verformung, und zwar offensichtlich zunächst an den Spitzen. Wenn sich die Spitzen plastisch verformen, so kann man die durch die Grenzfläche hindurchgreifende Kraft (Abb. 25.3) angeben mit

$$P \approx aR_p \qquad (25.3)$$

wobei a die effektive Berührungsfläche darstellt. Oder anders ausgedrückt, die effektive Berührungsfläche ist

$$a \approx P/R_p. \qquad (25.4)$$

Sie ist also bei doppelter Last doppelt so gross.

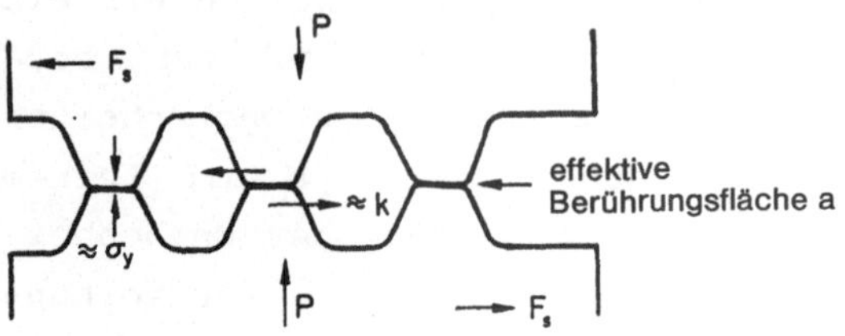

P
F_s
$\approx \sigma_y$
$\approx k$
effektive Berührungsfläche a
P
F_s

Abb. 25.3.

Wie wirkt sich diese Berührungsgeometrie auf die Reibungsverhältnisse zwischen zwei Metallkörpern aus? Wie man sich leicht vorstellen kann, setzen die Unebenheiten zweier aufeinander gleitender Körper der Gleitkraft eine Schubspannung τ entgegen, die um so grösser ist, je mehr effektive Berührungsfläche vorhanden ist. Die Reibungskraft ist deshalb

$$F = a\tau.$$

Durch die plastische Verformung der Unebenheiten entsteht an der Berührungsfläche der beiden Körper ein sehr guter Kontakt, sozusagen von Atom zu Atom. Diese "Verbindung" kann einer Schubspannung k standhalten, die mit der kritischen Schubspannung für plastische Verformung gleichzusetzen ist. Die erforderliche Gleitkraft ist daher

$$F_S \approx ak \approx aR_p/2, \qquad (25.5)$$

bzw. unter Berücksichtigung von (25.3)

$$F_S \approx P/2. \qquad (25.6)$$

Damit haben wir auch schon das Reibungsgesetz

$$F_S = \mu_S P.$$

abgeleitet. Durch unser einfaches Modell der sich berührenden Unebenheiten haben wir $\mu_S \approx 1/2$ gefunden. In dieser Grössenordnung bewegen sich auch alle Haftreibungskoeffizienten für Metalloberflächen.

Warum ist μ_K, der Gleitreibungskoeffizient, kleiner? Wenn der Gleitvorgang einmal in Gang ist, bleibt nicht so viel Zeit für die Ausbildung einer Atom-zu-Atom-Verbindung wie im Haftreibungsfall. Die schubspannungsbeanspruchte Fläche wird daher verringert. Sobald aber das Gleiten wieder zum Stillstand kommt, führen Kriechvorgänge zu einer erneuten Zunahme der Kontaktfläche. Auch werden die Bindungen zwischen den Kontaktflächen infolge Diffusion stärker, so dass μ auf μ_S ansteigt.

Werte für Reibungskoeffizienten

Metalloberflächen, die im Vakuum gründlich gereinigt worden sind, kann man fast nicht aufeinander gleiten lassen. Durch die geringste Schubbewegung wird die Berührungsfläche infolge plastischer Verformung der Unebenheiten rasch vergrössert, was schliesslich zur vollständigen Haftung ($\mu > 5$, Tabelle 25.1) führt. Das kann insbesondere im Weltraum oder in reduzierender Atmosphäre (z.B. H_2) zum Problem werden, wo sich Oxidfilme nicht ausbilden können. Die kleinste Spur von Sauerstoff oder Wasserdampf kann nämlich μ beträchtlich verringern, indem durch die Bildung von Oxidfilmen extrem starke Oberflächenverbindungen vermieden werden.

Tabelle 25.1

Reibungskoeffizienten

Werkstoff	μ
Vollkommen saubere Metalle im Vakuum	in gutem Kontakt μ>5
Saubere Metalle in Luft	0.8-2
Saubere Metalle in feuchter Luft	0.5-1.5
Stahl auf trockenen Lagermetallen (z.B. Blei, Bronze)	0.1-0.5
Stahl auf Keramik (z.B. Saphir, Diamant, Eis)	0.1-0.5
Keramik auf Keramik (z.B. Karbide auf Karbiden)	0.05-0.5
Polymere auf Polymeren	0.05-1.0
Metalle und Keramik auf Polymeren (PE, PTFE, PVC)	0.04-0.5
Grenzschichtschmierung bei Metallen	0.05-0.2
Hochtemperatur-Schmiermittel (MoS_2, Graphit)	0.05-0.2
Hydrodynamische Schmierung	0.001-0.005

Aus Kapitel 21 wissen wir, das alle Metalle ausser Gold eine (wenn auch noch so dünne) Oxidschicht ausbilden. Nun zeigen Experimente, dass bei einigen Metallen die Verbindung zwischen den Oxidschichten an den Spitzen der Unebenheiten wesentlich schwächer ist als sie es zwischen den darunterliegenden Metallen wäre (Abb. 25.4). Der Gleitvorgang läuft deshalb schon bei wesentlich geringeren Schubpannungen ab. μ kann dadurch auf Werte von 0.5 bis 1.5 absinken.

Wenn weiche Metalle aufeinander gleiten (z.B. Blei auf Blei), so geben die sich berührenden Unebenheiten leicht nach. Ihr Flächenanteil

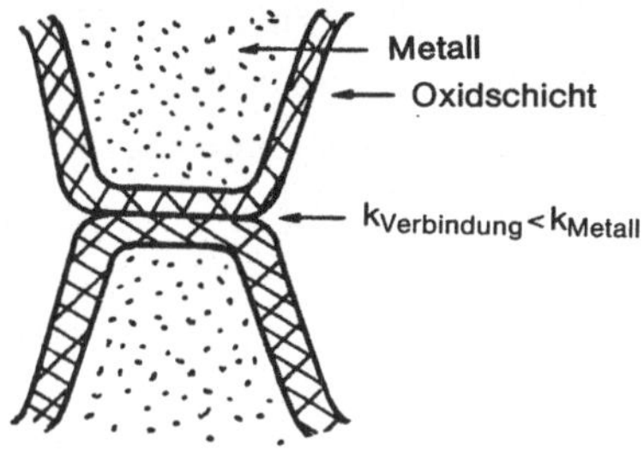

Abb. 25.4.

ist jedoch hoch (Glg. (25.4)), so dass μ relativ grosse Werte annimmt (0.5 bis 1.5). Gleiten harte Metalle aufeinander (z.B. Stahl auf Stahl), so sind die Berührungsflächen klein; ihre Scherfestigkeit ist jedoch gross, so dass als Ergebnis der Reibungskoeffizient ebenfalls gross ist. Viele Gleitlager bestehen aus einer dünnen Schicht eines weichen Metalles, die die beiden eigentlichen Gleitpartner, z.B. zwei harte Metalle voneinander trennt. Bei diesem Zusammenspiel ist die Berührungsfläche klein bei gleichzeitig geringer Scherfestigkeit der Verbindungsstege (siehe auch Kapitel 26). Typische Weissmetallager bestehen aus Blei- oder Zinklegierungen, die jedoch zur Verstärkung auch härtere Phasen enthalten können. Bei Lagerbronzen bilden weiche Bleikügelchen in der relativ harten Matrix beim Gleiten einen hinreichenden "Schmierfilm". Darüberhinaus gibt es Gleitlager aus porösen Kunststoffen (meist Teflon), in deren Poren über Sinterprozesse Kupfer eingelagert wird.

Man kann solche Gleitlager nicht ohne zusätzliche Schmierung verwenden. Jedoch ist der Reibungskoeffizient i.a., wenn aus irgendeinem Grund der künstliche Schmierfilm abreisst, immer noch klein genug (0.1 bis 0.5), um katastrophale Schäden infolge Überhitzung zu vermeiden.

Gleiten Metalle auf Kunststoff, so stellt sich zunächst normale Reibung ein. Durch die Beanspruchung werden jedoch die Polymerketten an der Oberfläche parallel zur Gleitfläche ausgerichtet. In dieser Anordnung lassen sie sich leicht abscheren, und der Reibungskoeffizient sinkt auf Werte von 0.05 bis 0.2. Kunststoffe sind daher beliebte Lagermetalle, wenn sie auch einige Nachteile aufweisen : da die Moleküle leicht aus der Gleitfläche heraustreten, ist der Abrieb meist nicht unerheblich; und wenn die Gleitpartner vorübergehend stillstehen, so backen sie infolge von Kriechprozessen an den Berührungsflächen zusammen. Diese werden immer grösser mit der Folge, dass der Haftreibungskoeffizient μ_H im Vergleich zum Gleitreibungskoeffizienten μ_g dann oft unverhältnismässig stark ansteigt.

Schmierung

Ein grosser Teil der zum Betreiben von Maschinen aufgewendeten Energie geht in Form von Reibung verloren. Diese Energie besteht hauptsächlich aus Wärmeenergie, die an den Gleitflächen entsteht; die Wärmeentwicklung kann sogar so stark sein, dass das Lagermetall schmilzt. Das Bestreben geht daher i.a. dahin, die Reibungskräfte so klein wie möglich zu halten. Um das zu erreichen, ist es naheliegend, die unebenen Oberflächen der Gleitpartner mit einem Mittel auszugleichen, das einerseits dem Druck auf die Lagerflächen standhält und dadurch einen Kontakt zwischen gegenüberliegenden Unebenheiten vermeidet, das aber andererseits leicht abgeschert werden kann.

Weiche Zwischenschichten und Kunststoffe reichen nicht in allen Anwendungsfällen aus, um μ hinreichend zu verkleinern. In diesen Fällen benutzt man Schmiermittel. Üblicherweise sind das Öle, Fette oder fetthaltige Stoffe wie Seife oder Tierfette. Diese Stoffe überdecken die Oberfläche eines Körpers, so dass Haftkontakt soweit wie möglich vermieden wird. Andererseits gibt eine Fettschicht unter Schubbelastung sehr leicht nach; die Folge ist ein sehr kleiner Reibungskoeffizient. Es bleibt noch zu klären, warum das Öl oder Fett durch die mitunter enormen Kräfte nicht weggedrückt wird. Moderne Öle enthalten heutzutage Zusätze (etwa 1%) aus aktiven organischen Molekülen. Das eine Ende dieser Molekülketten bleibt an der Metalloberfläche haften, während sich die freien Enden dieser Fäden ausrichten, um eine Art Bürste zu bilden (Abb. 25.5). Normalkräften gegenüber ist dieser Verbund sehr widerstandsfähig und bewirkt damit eine sehr effektive Trennung der sich gegenüberliegender Unebenheiten. Die zwei Molekülverbände können dagegen leicht aufeinander abgleiten.

Man nennt diese Art Schmierung Grenzschichtschmierung; μ wird dadurch auf etwa ein Zehntel reduziert (Tab. 25.1). Durch hydrodynamische Schmierung erhält man sogar noch bessere Resultate; darüber werden wir im nächsten Kapitel sprechen.

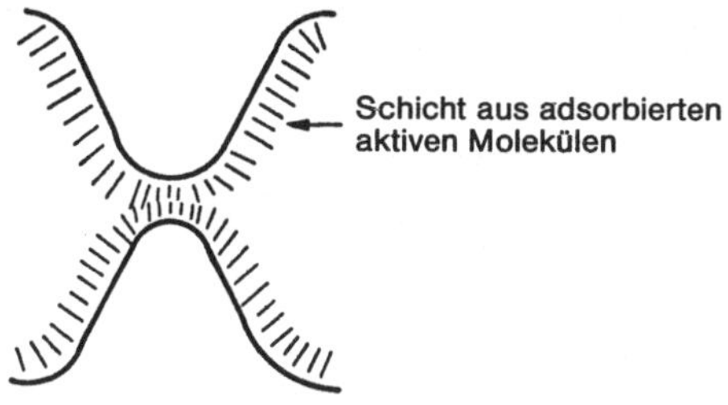

Abb. 25.5. Grenzschichtschmierung.

Oberhalb 200^{0}C versagen jedoch die besten Schmiermittel auf Fettbasis. Weichmetall-Gleitlager können dann zwar mit einigen lokalen Überhitzungen fertigwerden, insofern als das Weichmetall aufschmilzt und dadurch die Schmierwirkung noch verbessert. Läuft jedoch das ganze Lager heiss, so werden Spezialschmiermittel benötigt. Zum Beispiel finden Teflon-Öl-Mischungen bis 320^{0}C, Graphit bis 600^{0}C und MoS_2 bis 800^{0}C Verwendung.

Materialabrieb

Auch wenn Komponenten voneinander durch Oxidschichten oder Schmiermittel getrennt sind, so gibt es doch an einigen Stellen, an denen die Schmierschicht durch die angreifenden Kräfte zerstört wird, oder auch die organischen Schmiermittel nicht gut benetzen, Metall-zu-Metall-Kontakt. Die Folge dieses Kontaktes ist Verschleiss. Man führt im allgemeinen Abrieb entweder auf adhäsiven oder auf abrasiven Verschleiss zurück.

Adhäsiver Verschleiss

Abbildung 25.6 zeigt, dass, wenn die Haftung zwischen den Atomen A und B sehr gut ist, Teile des weicheren Metalls A "abgerieben" werden können. Sind die Stoffe A und B in der Härte vergleichbar, so erfolgt Abrieb auf beiden Oberflächen. Wie gross das abgescherte Stück ist, hängt davon ab, in welcher Tiefe unterhalb der Kontaktstelle die Scherung stattfindet. Einerseits ist es um so grösser, je mehr die Materialverfestigung beim Herstellungsprozess in die "Oberfläche" hineingreift. Andererseits nimmt diese Tendenz jedoch mit wachsendem Querschnitt der Unebenheit, also mit zunehmender Entfernung von der Kontaktfläche, ab.

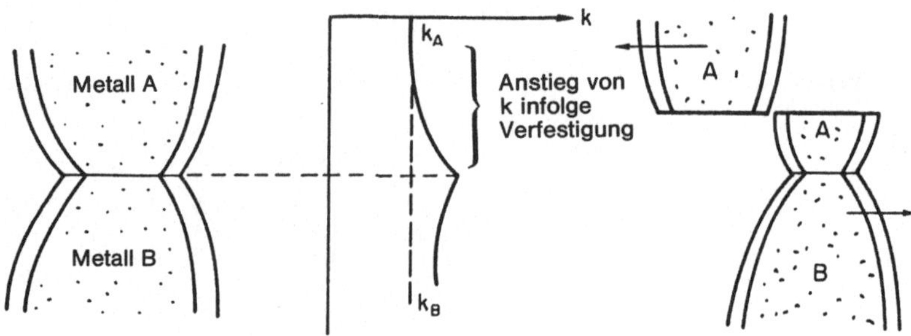

Abb. 25.6. Adhäsiver Verschleiss.

Um die Abriebgeschwindigkeit so klein wie möglich zu halten, muss offensichtlich die Grösse der abgescherten Stücke minimiert werden. Das geschieht durch Verkleinerung der Kontaktfläche a. Es liegt - in erster Näherung - auf der Hand, dass mit abnehmender Belastung der Gleitflächen (wegen $a \approx P/P_p$) auch der Abrieb abnimmt. Man kann das leicht mit einem Stück Kreide ausprobieren, indem man beim Schreiben an der Tafel den Druck variiert und damit unterschiedliche Mengen Abrieb an Kreide erzeugt. Der andere Weg zur Verminderung des Abriebs besteht in einer Erhöhung von R_p, also der Härte. Harte Bleistifte schreiben z.B. weniger deutlich (d.h. weniger dick) als weiche.

Abrasiver Verschleiss

Die infolge von adhäsivem Verschleiss abgescherten Stücke reissen bei fortgesetzter Beanspruchung vollends ab. Sie können durch das in Schmiermitteln oft reichlich vorhandene Angebot an Sauerstoff zu sehr harten Partikeln oxidiert werden, die dann auf der Gleitfläche wie Schmirgelpapier schleifen.

Harte Stoffe können sehr starke Schleifspuren in weicheren Unterflächen hinterlassen (Abb. 25.7). Verschleiss tritt nicht nur durch die Schleifwirkung abgescherter Teilchen auf, sondern kann auch durch Staub oder Verbrennungsprodukte verursacht werden. Deshalb ist die Filterung des Öls in Verbrennungskraftmaschinen unerlässlich.

Der abrasive Verschleiss wird mit abnehmender Last kleiner - ähnlich wie im Härteversuch. Ein Staub- oder Oxidteilchen wird sich dann weniger tief in die Oberflächen eingraben. Eine andere Möglichkeit besteht darin, die Härte der Reibpartner zu erhöhen. Gewöhnlich ist

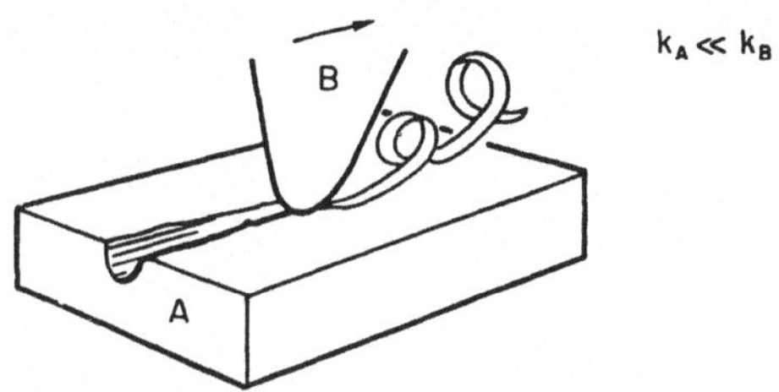

Abb. 25.7. Abrasiver Verschleiss.

Abrieb ein unerwünschter Effekt. Andererseits ist das Richten von Werkzeugen, das Ausarbeiten von Bronzeornamenten ohne Abrieb schlechterdings nicht vorstellbar.

26 Fallstudien: Reibung und Verschleiss

Einführung

In diesem Kapitel untersuchen wir drei sehr unterschiedliche Probleme, die mit Reibung und Verschleiss zu tun haben. Im ersten Fall kommen wir fast ausschliesslich auf die Faktoren zurück, die wir in Kapitel 25 behandelt haben: wir analysieren das Reibungsverhalten einer Welle, die sich in einem zylindrischen Gleitlager dreht. Diese Art Lager kommt im Maschinenbau bei allen möglichen Dreh- bzw. Hin- und Her-Bewegungen vor. Die Kurbelwellenlager des Automotors sind ein gutes Beispiel dafür. Die Problematik der zweiten Fallstudie ist davon ganz verschieden: sie behandelt die Reibung von Eis, die z.B. im Zusammenhang mit der Auslegung von Skiern und Rennschlitten von Interesse ist. In der dritten Fallstudie besprechen wir schliesslich einige Reibungseigenschaften von Kunststoffen. Es geht dabei um die Auswahl einer Gummisorte für die Herstellung von Haftreifen.

Fallstudie 1: Die Auslegung von Wellen-Gleitlagern

Wenn ein gut geschmiertes Wellen-Gleitlager ordnungsgemäss funktioniert, sind die Reibungseigenschaften und der Abrieb der beteiligten Werkstoffe, was vielleicht überraschen wird, unerheblich. Das kommt daher, dass die Gleitpartner durch einen dünnen Hochdruck-Ölfilm voneinander getrennt sind, der sich unter der Bedingung hydrodynamischer Schmierung einstellt (Abb. 26.1). Durch Belastung wird die Welle zunächst gegen die eine Wand des Lagers gedrückt, so dass das Spiel zwischen Welle und Lager praktisch vollkommen auf die gegenüberliegende Seite verlegt wird. Das Öl wird wegen seiner Viskosität von der sich drehenden Welle laufend mitgezogen. Durch die exzentrische Lage der Welle entsteht an der Seite, an der sich die Gleitpartner am nächsten sind, ein erhöhter Öldruck; der Druck steigt soweit an, bis er der Last standhält; dabei können sich Drucke von 10 bis 100 Atmosphären aufbauen. Vorausgesetzt, dass das Öl hinreichend viskos ist, so ist der Ölfilm auch an seiner dünnsten Stelle noch dick genug, um die Gleitpartner wirksam voneinander zu trennen. Unter idealen hydrodynamischen Bedingungen sollte daher keine Berührung von sich gegenüberliegenden Unebenheiten der Gleitpartner und folglich auch kein Abrieb möglich sein. Überdies gleiten die Oberflächen auf dem Öl besonders gut. Im Ergebnis lässt sich durch hydrodynamische Schmierung der Reibungskoeffizient auf 0.001 bis 0.005 verringern.

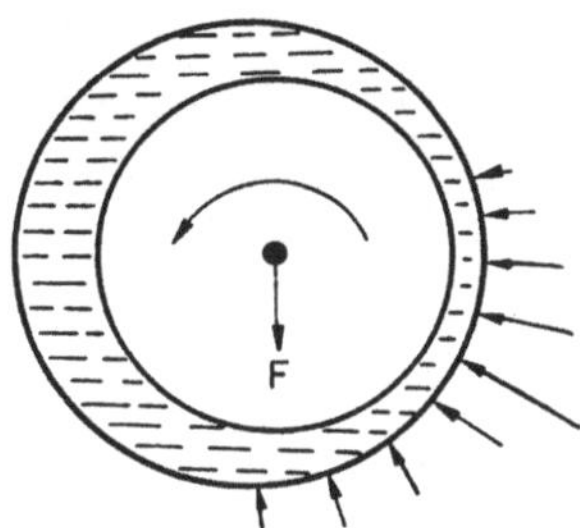

Abb. 26.1. Hydrodynamische Schmierung.

Wie schon gesagt, ist die Bedingung für diese günstigen Reibungseigenschaften eine ordnungsgemäss funktionierende hydrodynamische Schmierung. In Wirklichkeit enthalten die Lager aber immer eine gewisse Menge Schmutzpartikel - gewöhnlich aus Siliziumoxid. Auch finden sich in Automotoren oft winzige Späne aus Gusseisen, die von der Bearbeitung des Motorblocks zurückgeblieben sind. Es liegt auf der Hand, dass Abrieb einsetzen kann, sobald diese Partikel grösser sind als der Ölfilm an seiner dünnsten Stelle. Man kann dem Problem auf zweierlei Weise begegnen. Einmal kann man die Gleitoberflächen härten, so dass sie härter als die Schmutzteilchen werden. Zum Beispiel werden Kurbelwellen durch bestimmte chemische Verfahren bzw. Wärmebehandlungsmethoden "einsatzgehärtet". Die Welle ist nur an der Oberfläche härter; eine durchgehärtete Welle wäre nämlich viel zu spröde. Die Gleitlagerflächen hingegen sind nicht gehärtet. Wie wir gleich sehen werden, soll das Lagermaterial sogar besonders weich sein. Wenn nämlich das Lager weich ist, können sich die Schmutzpartikel darin eindrücken, so dass sie i.a. keinen Schaden mehr verursachen. Man nennt diese Eigenschaft des Lagermaterials Einbettfähigkeit.

Worin besteht der Vorteil eines weichen Lagers? Voraussetzung für das einwandfreie Funktionieren der hydrodynamischen Schmierung ist eine bestimmte minimale Umdrehungsgeschwindigkeit der Welle. Beim Anfahren einer Maschine oder bei langsamer Umdrehung unter hoher Last funktioniert die hydrodynamische Schmierung nicht. Dann haben wir es wieder mit der oben besprochenen Grenzschicht-Schmierung zu tun. Dabei ist eine Berührung der Gleitoberflächen und demzufolge Abrieb unvermeidlich (aus diesem Grund haben übrigens Automotoren, die vornehmlich im Kurzstreckenbetrieb beansprucht werden, eine besonders kurze Lebensdauer). Nun ist die Reparatur oder der Ersatz einer Kurbelwelle eine komplizierte und teure Angelegenheit. Hingegen können die in Abbildung 26.2 skizzierten Gleitlagerhalbschalen leicht ausgetauscht werden. Man verteilt also bei dieser Konzeption ganz einfach soviel wie möglich Abrieb auf die Lager. Aus dem vorigen Kapitel wissen wir noch, dass sich dazu ein weiches Material besonders eignet: Blei, Zinn, Zink oder Legierungen dieser Elemente.

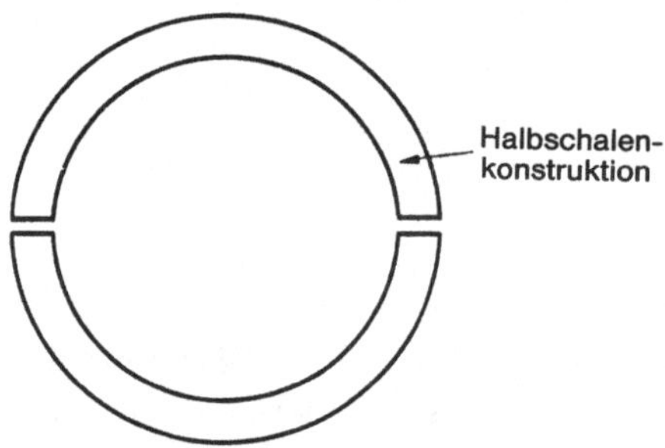

Abb. 26.2. Leicht ersetzbare Gleitlagerschalen.

Bahnen sich bei dieser Lösung nicht auch Schwierigkeiten an? Versagt nicht das weiche Lager angesichts der hohen Kräfte, die auf die Kurbelwelle wirken? Es würde in der Tat nachgeben wie ein Kuchenteig, wenn man nicht besondere Massnahmen ergreifen würde. In der Praxis umgeht man diese Schwierigkeit, indem man nur eine dünne weiche Schicht auf ein widerstandfähiges Trägermaterial aufbringt. Warum diese dünne Schicht dann trotzdem ausreicht, kann man sich an folgendem Beispiel verdeutlichen: Legt man ein Stück Knetmasse zwischen zwei Holzblöcke und drückt diese aufeinander, so verformt sich die Knetmasse zunächst ohne grossen Widerstand. In dem Masse wie sie immer dünner wird, muss aber auch immer mehr Masse in die Breite verteilt werden. Dazu bedarf es eines ständig steigenden Druckes. Da die

Knetmasse letztlich nicht ganz zwischen den Blöcken herausgequetscht werden kann, wird der Druck praktisch unendlich hoch. Dieses Prinzip wird auch bei der Auslegung der Gleitlager angewendet, indem man eine sehr dünne Schicht (etwa 0.03 mm) eines weichen Materials auf die Lagerhalbschalen aufbringt. Die Schicht ist damit einerseits dick genug zur Aufnahme von Schmutzpartikeln; sie ist andererseits dünn genug, um im obigen Sinne dem Druck der Welle standzuhalten.

Eine andere wichtige Aufgabe des weichen Lagermaterials tritt dann in Aktion, wenn die Lagerschmierung versagt, wenn also die Ölzufuhr zum Lager unvollkommen ist. Durch die dann zunehmende Reibung läuft das Lager heiss. Normalerweise würde das zu einem Kontakt der gegenüberliegenden Metallflächen, d.h. zu einer immer stärkeren Verbindung von Welle und Lager, und schliesslich zu deren Verschweissung führen. Bei dem weichen Lagermaterial, das einen tiefen Schmelzpunkt aufweist, tritt dieser Effekt nicht auf, da es mit zunehmender Temperatur weicher wird und um so leichter abschert; es kann örtlich sogar aufschmelzen. Die Welle wird dadurch vor grösserem Schaden bewahrt; auch Folgeschäden an der Umgebungskonstruktion können vermieden werden.

Der dritte Vorteil des weichen Lagermaterials ist seine Anpassungsfähigkeit. Geringfügige Massungenauigkeiten sowie Fluchtungsfehler in den Lagerschalen können durch plastische Verformung des Lagerwerkstoffs ausgeglichen werden (Abb. 26.3). Bei ihrer Herstellung muss daher der richtige Kompromiss zwischen Tragfestigkeit und Verformbarkeit gefunden werden.

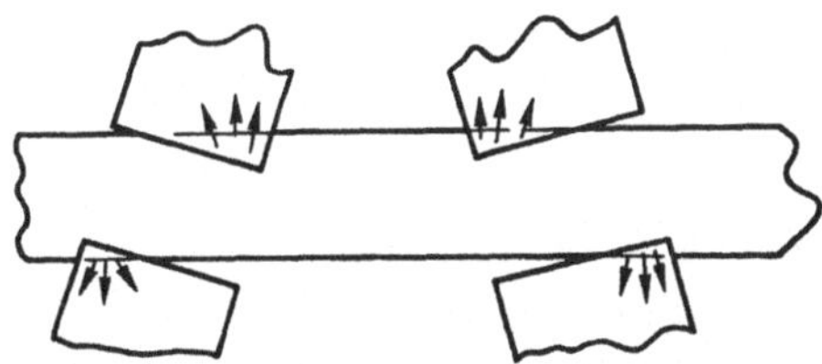

Abb. 26.3. Ausgleich von Bearbeitungstoleranzen durch plastische Verformung des weichen Lagermaterials.

Bei starker Beanspruchung besteht die Gefahr, dass die sehr dünne (meist aus Blei-Zinn aufgebaute) Schicht nach und nach ganz abgenutzt wird. Deshalb wird gewöhnlich eine zweite, dickere Schicht aus einem etwas härteren Material zwischen der eigentlichen Lagerschicht und dem Trägerwerkstoff aufgebracht. Dafür nimmt man meist Kupfer-Blei- oder Aluminium-Zinn-Legierungen. Wenn die Lagerschicht aufgerieben ist, ist die Zwischenschicht weich genug, um die Rolle des Lagers vorübergehend zu übernehmen und damit die Welle vor Schäden zu schützen.

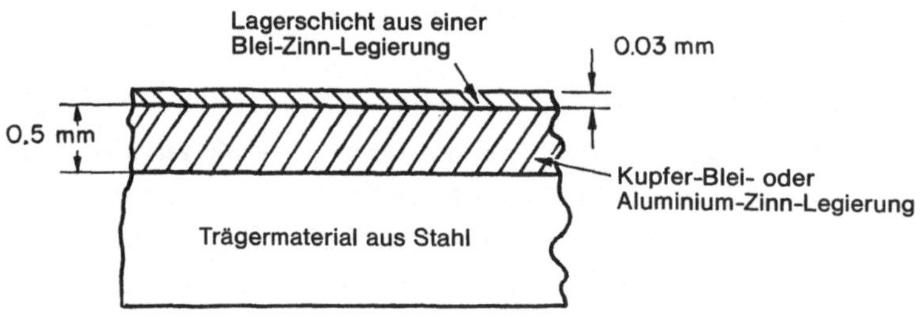

Abb. 26.4. Aufbau eines Mehrschicht-Gleitlagers.

Fallstudie 2: Werkstoffe für Skier und Rodelschlitten

Skier sowie auch Kufen für Flugzeuge wurden früher aus Holz hergestellt. Durch Einwachsen des Holzes kann man bis hinunter zu etwa -10^0C gute Ergebnisse im Reibungsverhalten erzielen; μ kann dabei sehr klein werden (0.2). Wenn dem nicht so wäre, könnten solche Flugzeuge auf festgefahrener Schneedecke kaum abheben. Unterhalb -10^0C steigt μ jedoch steil an bis zu Werten um 0.4. Bei Polarexpeditionen ist der Effekt wiederholt beobachtet worden. Ein Mitglied der berühmten Scott-Expedition von 1911-1913 schreibt z.B.: "Unterhalb $-18\,^0$C scheint die Reibung (an den Hundeschlitten) mit weiter fallender Temperatur zuzunehmen", was die Expedition erhebliche Kraft kostete. Wodurch wird die Reibung von Kufen auf Schnee bestimmt?

Eis unterscheidet sich von vielen anderen Stoffen dadurch, dass sein Schmelzpunkt sinkt, wenn man es zusammendrückt. Viele Leute glauben daher, dass der Schnee unter den Skiern durch den Druck, den der Skifahrer ausübt, zu schmelzen beginnt. Das ist jedoch nicht sehr wahrscheinlich, wenn man bedenkt, dass durch das Gewicht eines schweren Skifahrers der Schmelzpunkt unter den Skiern gerade um $0.0001\,^0$C abgesenkt wird. Selbst wenn man zulässt, dass infolge von Unebenheiten die wahre Bodenberührungsfläche nur den 1000-sten Teil der nominellen Skifläche ausmacht, kommt man immer noch auf nur $0.1\,^0$C. Schmelzvorgänge infolge Druckes können es also nicht sein, die die äusserst geringe Reibung zwischen Ski und Schnee bewirken (Abb. 26.5). Es ist vielmehr die zur Überwindung der Reibung aufgewendete Arbeit des Skifahrers, die an der Unterfläche der Skier Wärme entstehen lässt. Das hat zur Folge, dass das Eis in einer dünnen Schicht aufschmilzt und der Skifahrer nun auf einem Wasserfilm gleitet. Das Prinzip ist übrigens genau das gleiche, wenn ein Blei-Bronze-Lager, in dem das Blei örtlich schmelzen kann, einen flüssigen Schmierfilm erzeugt, durch den μ beträchtlich abgesenkt wird.

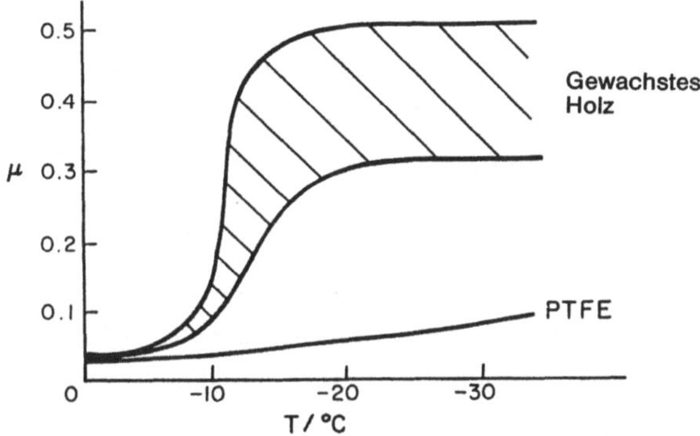

Abb. 26.5. Reibung von Werkstoffen, die für die Skiherstellung verwendet werden, auf Eis in Abhängigkeit von der Temperatur.

Unterhalb -10^0C wird die Reibungswärme zu schnell abgeführt, so dass es zum Aufschmelzen des Eises nicht kommt. Besonders Skier mit Aluminium- oder Stahlkanten sind aus Gründen der erhöhten Wärmeleitfähigkeit bei tiefen Temperaturen langsamer. Der Reibungsmechanismus ist dabei der gleiche, wie beim Gleiten von Metall auf Metall. Die am Ski haftenden Eisspitzen müssen beim Gleiten abgeschert werden. Der Reibungskoeffizient von 0.4 entspricht auch in etwa demjenigen aus unserem Schermodell in Kapitel 25. Dieser Wert ist so hoch, dass Flugzeuge Mühe haben abzuheben bzw. die Arbeit zum Ziehen eines Schlittens sich verzehnfacht. Wie kann man ihn kleiner machen?

Im Grunde ist dieses Reibungsproblem nicht aussergewöhnlich. Ein Blick auf Tabelle 25.1 zeigt, dass beim Gleiten von keramischen Werkstoffen auf Kunststoffen μ bis auf 0.04 abgesenkt werden kann. Unter den Kunststoffen haben Teflon und Polyäthylen den kleinsten Reibungskoeffizienten. Wenn man damit die Skier bzw. die Schlittenkufen überzieht, bleibt μ auch klein, wenn die Temperatur unterhalb der oben erwähnten kritischen Grenze von -10^0C abfällt. Selbst wenn die Temperatur so niedrig ist, dass sich überhaupt kein Wasserfilm bildet, sind die Reibungsverhältnisse immer noch günstig (Abb. 26.5). Sportskier und Flugzeugkufen sind heute schon in den meisten Fällen mit einer Unterseite aus Teflon oder Polyäthylen versehen. Bei olympischen Spielen werden anderseits Bobs mit solchermassen präparierten Kufen nicht zugelassen, weil sie dadurch zu schnell sind.

Fallstudie 3: Hochleistungs-Autoreifen

Bislang haben wir nur Möglichkeiten diskutiert, die Reibung zu verringern. In vielen Anwendungsfällen - Bremsbeläge, Kupplungsscheiben, Bergschuhen und vor allem Autoreifen - möchte man andererseits soviel wie möglich Reibung haben.

Das Reibungsverhalten von Gummi unterscheidet sich vollkommen von demjenigen der Metalle. Wenn metallische Flächen aufeinandergedrückt werden, ist der grösste Anteil der Verformung an den Berührungspunkten plastisch (Kapitel 25). Reibung entsteht dadurch, dass zur Abscherung von gut haftenden Berührungspunkten Kräfte aufgewendet werden müssen.

Gummi verformt sich bis zu sehr hohen Dehnungen elastisch. Bringt man daher Gummi in Kontakt mit einer anderen Fläche, so verformen sich die Unebenheiten der Gummioberfläche ausschliesslich elastisch. Dabei werden die Atome zwischen Gummi und Unterfläche von elastischen Kräften zusammengedrückt, so dass an diesen Stellen dennoch Haftung entsteht. Zum Gleiten muss also nach wie vor Scherung erfolgen. Aus diesem Grund haften Autoreifen unter trockenen Bedingungen auch hervorragend. Bei feuchtem Wetter bildet sich zwischen Rad und Strasse ein Schmierfilm aus Wasser und Schmutz, dessen Abscheren schon bei weitaus niedrigeren Scherspannungen erfolgen kann. Unter diesen Bedingungen greift man jedoch, um gefährliches Rutschen zu verhindern, auf einen anderen Reibungsmechanismus zurück.

Strassenoberflächen sind i.a. ziemlich rauh. Grobe Unebenheiten der Strasse drücken sich relativ tief in den Reifen ein, wobei dieser lokal elastisch sehr stark verformt wird (Abb. 26.6). Kommt der Reifen ins Rutschen, so schiebt er sich über kleine Erhebungen hinweg. Die zuvor elastisch stark gedehnte Stelle im Reifen kann nun relaxieren, während sich der anschliessende Bereich der Lauffläche des Reifens elastisch verformt. Wie wir aus Kapitel 8 wissen, verhält sich Gummi stark anelastisch; die Spannungs-Dehnungskurve ist in Abbildung 26.7 gezeigt. Beim Zusammendrücken von Gummi wird Arbeit verrichtet, die der Fläche unter der Verformungskurve entspricht. Beim Entspannen bekommt man jedoch nicht die gesamte investierte Arbeit zurück. Ein Teil davon geht in Form von Wärme verloren, nämlich gerade der Teil, der in Abbildung 26.7 zwischen den beiden Kurven liegt. Um einen Gummireifen zum Gleiten zu bringen, muss man also Arbeit verrichten, selbst wenn der Reifen gut geschmiert ist. Die Kunst bei der Reifenentwicklung besteht daher darin, eine Gummimischung zu finden, die eine hohe Verlustcharakteristik aufweist (sogenannte hochgedämpfte Gummis). Manche Reifen haben bereits ausgezeichnete Anti-Rutsch-Qualität bei feuchtem Wetter.

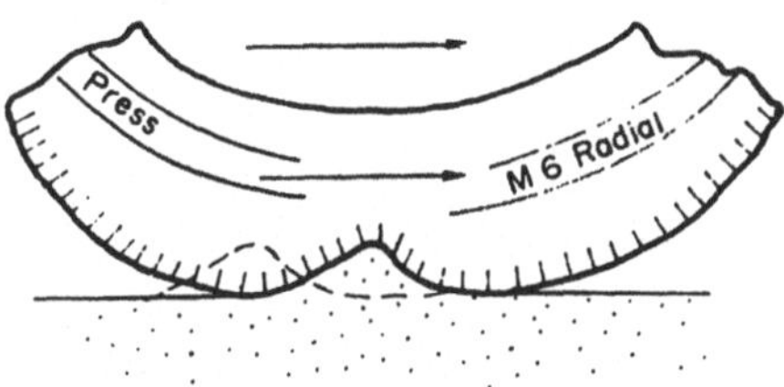

Abb. 26.6. Das Abrollen eines Reifens auf einer rauhen Unterfläche verformt den Reifen elastisch.

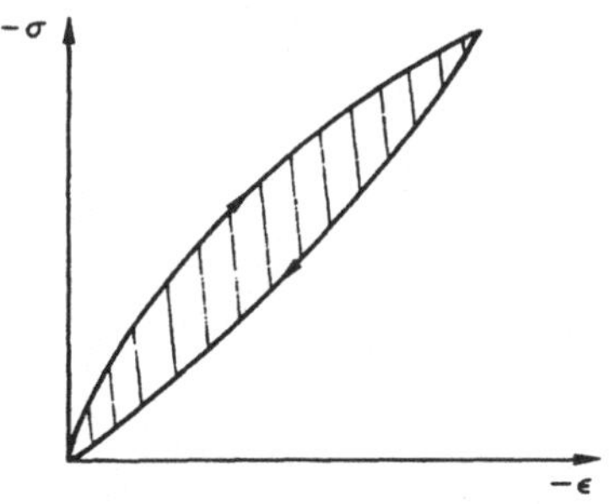

Abb. 26.7. Bei elastischer Wechselbeanspruchung von Gummi wird Energie verbraucht.

Ein Nachteil ist mit diesen hochgedämpften Gummisorten verbunden. Die elastische Verformung solcher Reifen und somit die Wärmeentwicklung sind bereits beträchtlich, wenn der Reifen nur eben so dahinrollt.

Man behilft sich daher, indem man den Reifenunterbau aus einer weniger gedämpften Gummisorte mit einer Lauffläche hoher Dämpfungsfähigkeit versieht - ein weiteres Beispiel übrigens für den erfolgreichen Einsatz von Verbundwerkstoffen (Abb. 26.8).

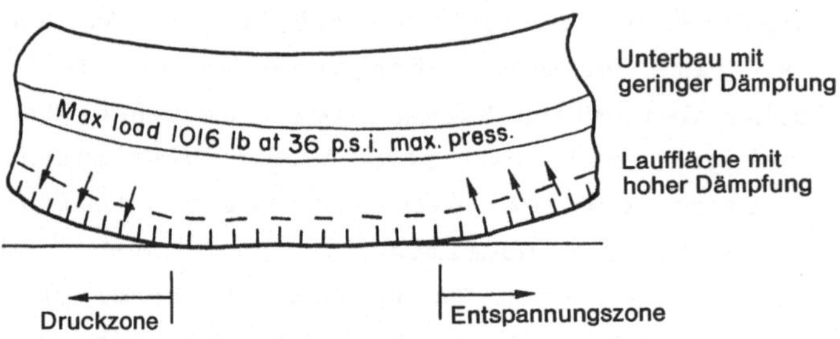

Abb. 26.8. Rutschfeste Reifen mit hochgedämpfter Lauffläche (für maximale Haftung) und geringgedämpften Flanken (gegen allzu starke Erwärmung).

27 Werkstoffe und Energie im Kraftfahrzeugbau

Einführung

Die gestiegenen Energiekosten sind heute bei der Auslegung von Kraftfahrzeugen zum beherrschenden Faktor geworden. Bei der Herstellung von Flugzeugen stehen wirtschaftliche Gesichtspunkte schon seit langem oben an mit der Folge, dass in den letzten 30 Jahren immer wieder gänzlich neue Werkstoffe entwickelt worden sind. Inzwischen sind wir mit den Energiekosten an einem Punkt angelangt, wo selbst die konservative Automobilindustrie an drastische Änderungen in der Konzeption und Materialauswahl denkt mit dem Ziel, nunmehr energiesparende Kraftfahrzeuge zu bauen.

Kraftfahrzeug und Energie

Energie wird sowohl für die Herstellung als auch für den Betrieb von Kraftfahrzeugen gebraucht. Die Ölpreise sind inzwischen soweit gestiegen, dass - auf der Preisbasis von 1980 - die Treibstoffkosten während der Lebensdauer eines Kraftfahrzeugs in etwa mit den Herstellungskosten vergleichbar sind. Die Nachfrage wendet sich daher immer mehr Wagen zu, die in erster Linie wirtschaftlich sind. Hinter dem höheren Energiebewusstsein des Verbrauchers steht allerdings in noch viel stärkerem Masse das gesamtvolkswirtschaftliche Interesse. Aus Tabelle 27.1 lässt sich ersehen, dass die Industrieländer mittlerweile im Durchschnitt 15% ihres Gesamtverbrauches an Energie für Privatwagen ausgeben.

Die Abhängigkeit der meisten Industrienationen von Ölimporten zwingt sie zur Suche nach Alternativen. Der private Transport ist dafür eine attraktive Warenzielgruppe, da Energieeinsparungen auf diesem Sektor

Tabelle 27.1

Energie zur Herstellung von Kraftfahrzeugen, pro Jahr	= 0.8% bis 1.5% des nationalen Gesamtenergieverbrauchs
Treibstoffenergie, pro Jahr	= 15% des nationalen Gesamtenergieverbrauchs
(Personen- und Gütertransporte, insgesamt)	= 24% des nationalen Gesamtenergieverbrauchs

nicht notwendigerweise Nachteile für die Auslastung der vorhandenen Industriekapazitäten mit sich bringen. In den USA ist 1980 eine Gesetzesvorlage verabschiedet worden, wonach bis 1985 jeder Automobilhersteller für seine Fahrzeuge im Durchschnitt eine Absenkung des Treibstoffverbrauches von 10 auf 7 Liter pro 100 km garantieren soll. Wie ist dieser Plan zu realisieren?

Strategien der Energieeinsparung

Aus Tabelle 27.1 geht hervor, dass die Energie, die - in Form von Stahl, Gummi, Glas und dem Herstellungsprozess selbst - im Wagen steckt, eigentlich nur einen kleinen Teil des Gesamtenergieaufwandes während der Lebensdauer eines Kraftfahrzeugs ausmacht: ein Zwanzigstel bis ein Zehntel der Energie, die zum Betreiben des Wagens erforderlich ist. Bei der Herstellung eines Fahrzeuges Energie einsparen zu wollen, ist also nicht besonders interessant. Im Gegenteil, es kann sogar sinnvoll sein - wie wir noch sehen werden -, den Energieaufwand bei der Herstellung zu erhöhen, indem man z.B. Aluminium statt Stahl einsetzt, um hinterher um so weniger Energie für den Betrieb des Fahrzeugs aufwenden zu müssen.

Konzentrieren wir uns also darauf, die Treibstoffkosten so klein wie möglich zu halten. Zwei Wege sind hier möglich:

a) Verbesserung des Wirkungsgrades des Motors
Motoren haben heute bereits einen hohen Wirkungsgrad. Weitere Verbesserungen sind äusserst beschränkt; sie könnten aber dennoch einen Beitrag leisten.

b) Verringerung des Wagengewichtes
In Abbildung 27.1 ist der Benzinverbrauch in Abhängigkeit vom Wagengewicht dargestellt. Die Abhängigkeit ist linear: halbes Gewicht bedeutet Halbierung des Verbrauchs. Kleine Wagen sind also wirtschaftlicher als grosse. Grösse und Leistung des Motors haben zwar einen gewissen Einfluss auf den Verbrauch, aber das Gewicht des Wagens ist doch entscheidend.

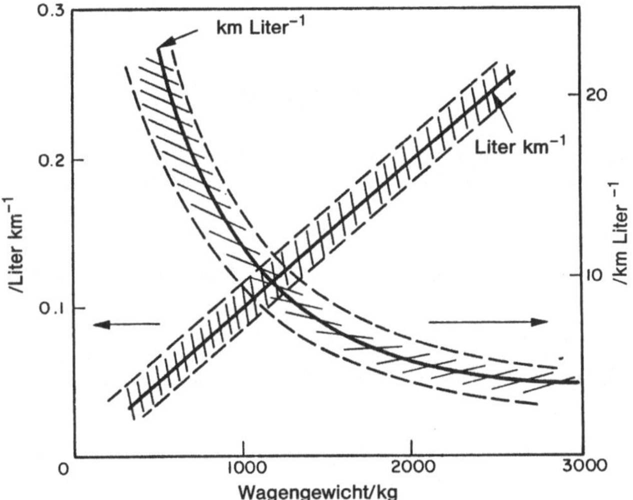

Abb. 27.1. Kraftstoffverbrauch von Serienwagen.

Verkleinern wir also die Wagenkarosserie? Der Verbraucher würde diesen Weg nur bis zu einem gewissen Grad mitgehen. Wir könnten aber auch das Gewicht verringern, indem wir schwere Werkstoffe durch leichte ersetzen. Genau diesen Plan verfolgen die Hersteller heute. Kraftfahrzeuggewichte variieren von etwa 400 bis 2500 kg (Abb. 27.1). Aus welchen Werkstoffen ein moderner Serienwagen (Abb. 27.2) zusammengesetzt ist, geht aus Tabelle 27.2 hervor.

Tabelle 27.2

71% Stahl:	Fahrgestelle , Karosseriebleche
15% Gusseisen:	Motorblock; Getriebe; Hinterachse
4% Gummi:	Reifen; Schläuche
Rest: Glas, Zink, Kupfer, Aluminium, Kunststoffe	

Tabelle 27.3

Werkstoff*	Dichte ρ/Mg m^{-3}	E-Modul E/GN m^{-2}	Fliessgrenze R_p/MN^{-2}	$(\rho/E^{1/2})$ /$N^{2/3}$ $m^{-10/3}$ s^2	$(\rho/R_p)^{1/2}$ $N^{1/2}$ m^{-3} s^2
Baustahl Hochfester Stahl }	7.8 }	207	172 bis 500 }	1.32	0.60 0.35
Aluminiumlegierungen	2.7	69	193	0.66	0.19
GFK (mit Faserstücken versetzt, pressfähig)	1.8	15	75	0.73	0.21

*Als Karosseriewerkstoff war in der Vergangenheit auch Holz sehr verbreitet (Abb. 27.3); hier ist es nicht berücksichtigt, weil die Auswahl von gleichmässig hochwertigem Bauholz, wie sie für die Massenproduktion erforderlich wäre, praktisch nicht durchführbar ist.

Alternative Werkstoffe für den Automobilbau

Grundsätzliche mechanische Gesichtspunkte

Ersatzwerkstoffe müssen leichter sein als Stahl, jedoch in der Festigkeit gleichwertig. Beim Motorblock liegt die Alternative auf der Hand : Aluminium (Dichte 2.7 Mg/m^3) oder auch Magnesium (Dichte 1.8 Mg/m^3) können bei gleichen Querschnitten Gusseisen (Dichte 7.7 Mg/m^3) mit 2.8- bzw. 4.3-facher Gewichtsersparnis ersetzen. Die Fertigungsverfahren können weitgehend beibehalten werden, so dass bereits viele Hersteller diesen Weg gegangen sind.

Tabelle 27.4

Arten der Betriebsbeanspruchung

Mechanische Belastung	Statisch	→ elastische oder plastische Durchbiegung	
	Stösse	→ elastische oder plastische Durchbiegung	
	Stösse	→ Bruch	
	Ermüdung	→ Ermüdungsbruch	
	Statisch über lange Zeit	→ Kriechen	
Physische Einflüsse		$-40\,^0C < T < 120\,^0C$ 55% < relative Feuchtigkeit < 100%	
Chemische Einflüsse		Wasser Öl Bremsflüssigkeit Getriebeöl	Benzin Frostschutz Salz

Die grösste Einsparung lässt sich jedoch bei der Karosserie machen, in der 60% des Wagengewichts stecken. Hier ist die Suche nach Alternativen jedoch nicht so einfach. Aussichtsreiche Ersatzwerkstoffe sind in Tabelle 27.5 aufgelistet.

Tabelle 27.5

Zähigkeit, Ermüdung, Kriechen

Werkstoff	Zähigkeit G_C/kJ m^{-2}	Zulässige Risslänge mm	Ermüdung	Kriechen
Baustahl	≈100	≈220		
Hochleistungsstahl	≈100	≈40		tritt
Aluminiumlegierungen	≈20	≈12	tritt	nicht auf
GFK (regellos verteilte kurze Faserstücke, formbar)	≈37	≈30	nicht auf	Kriechen oberhalb 60 °C

Was ist an Gewichtseinsparung bei der Karosserie möglich? Sollen wir einfach Karrosserieteile aus Stahl durch solche aus Aluminium- oder Fiberglas gleicher Abmessung ersetzen (wodurch die Gewichtsersparnis wieder dem Verhältnis der Dichten entsprechen würde)? Ein solches Vorgehen wäre sicher unrealistisch. Beide Ersatzwerkstoffe haben erheblich kleinere Elastizitätsmoduln als Stahl; bei gegebener Belastung würde sich die Komponente zu stark durchbiegen. Im Falle von Fiberglas ist auch die Fliessgrenze zu niedrig mit der Folge, dass plastische Verformung zu befürchten wäre. Sinnvoller wäre es daher, bei der Werkstoffauswahl wie in Kapitel 7 oder 12 vorzugehen.

Abb. 27.2. Der Volkswagen Passat - ein typisches Beispiel für die Konzeption einer selbsttragenden Stahlblechkarosserie aus den 70er Jahren. Für einen gegebenen Werkstoff ergibt diese "Ganzschalenkonstruktion" das günstigste Verhältnis von Gewicht und Festigkeit.

Abb. 27.3. Ein englischer Klassiker aus den 50er Jahren mit Holzelementen als Teil der selbsttragenden Karosserie.

Wenn die zulässige Durchbiegung (wie z.B. bei einem Karosserieblech) Auswahlkriterium ist, so muss der Vergleich logischerweise bei der Steifigkeit ansetzen; und ebenso ist hinsichtlich der Festigkeit gegen plastische Verformung (z.B. bei Stossstangen) zu verfahren.

Unter einer Kraft F biegt sich ein Blech der Dicke t, der Länge ℓ und der Breite b (Abb. 27.4) um

$$\delta = C\ell^3 F/Ebt^3 \quad (27.1)$$

elastisch durch. C wird durch die Art der Blechunterstützung bestimmt: an zwei Seiten oder an vier Seiten usw.. Das soll unsere Betrachtung nicht weiter berühren. Die Blechmasse ist

$$M = \rho bt\ell . \quad (27.2)$$

Die Abmessungen des Bleches (b bzw ℓ) werden durch das Wagendesign festgelegt (Türen, Kofferraumdeckel usw.). Die einzige variable Grösse, die einen Einfluss auf die Steifigkeit hat, ist letztlich die Blechdicke t. Gleichung (27.1) umgeschrieben ergibt

$$t = (C\ell^3 F/\delta Eb)^{1/3} . \quad (27.3)$$

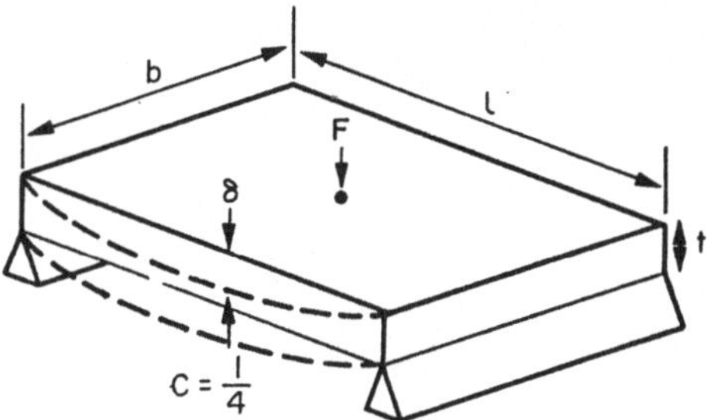

Abb. 27.4. Elastische Durchbiegung eines Autmobilbleches.

Durch Einsetzen von t in Gleichung (27.2) erhält man für die Masse

$$M = (C(F/\delta)\ell^6 b^2)^{1/3}(\rho/E^{1/3}). \qquad (27.4)$$

Liegen F/δ sowie ℓ, G, C fest, so ist das leichteste Blech dasjenige mit dem kleinsten Wert für $\rho/E^{1/3}$.

Für die Abschätzung der Festigkeit geht man ähnlich vor: Das Blech (Abb. 27.5) verformt sich plastisch bei einer Last von

$$F = Cbt^2 R_p/\ell. \qquad (27.5)$$

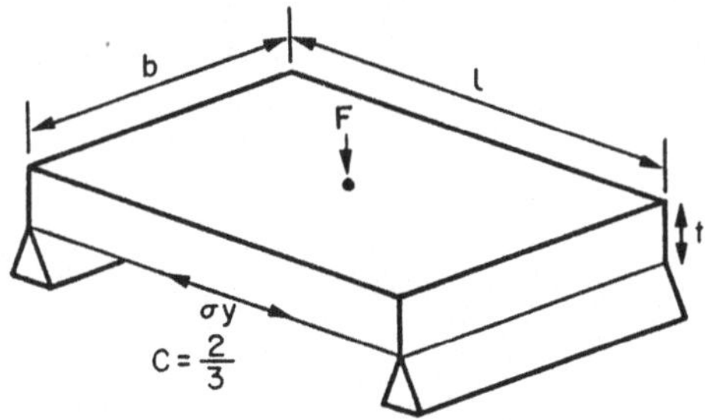

Abb. 27.5. Plastische Verformung eines Automobilbleches.

Über (27.2) berechnet sich die einzige freie Grösse t zu

$$t = (F\ell/CbR_p)^{1/2} \qquad (27.6)$$

bzw. die Masse M zu

$$M = (Fb\ell^3/C)^{1/2} \, (\rho/R_p^{1/2}). \qquad (27.7)$$

Für unser Vorhaben müssen wir demnach ein Material mit dem kleinsten Quotienten $\rho/R_p^{1/2}$ suchen.

Auf dieser Basis können wir nun die Werkstoffe in Tabelle 27.3 besser auf ihre Verwendbarkeit hin prüfen. Für die meisten Autokarosserieteile (für welche Steifigkeitskriterien in erster Linie massgebend sind) bietet hochfester Stahl gegenüber konventionellen Stahlsorten keine grossen Vorteile. Gleichwohl bringt seine Verwendung bei bestimmten Teilen wie Stossstangen, Front- bzw. Heckschürzen, für die Motoraufhängung oder für Versteifungsbleche eine Gewichtsersparnis (über $\rho/R_p^{1/2}$) um einen Faktor 1.8.

Bei Verwendung von Aluminium und Fiberglas ergeben sich nennenswerte Einsparungen bei Karosserieteilen (Faktor 2 über $\rho/E^{1/3}$) und wiederum bei Stossstangen, Frontschürzen, Versteifungsblechen usw. (Faktor 3 über $\rho/R_p^{1/2}$). Auf den ganzen Wagen bezogen kann das bis zu 30% Einsparung bedeuten. Wenn dann noch der Motorblock ausAluminium gefertigt ist, ist es sogar noch mehr. Das sind sehr wesentliche Einsparungen. Sie genügen durchaus, um die oben erwähnte Absenkung des Benzinverbrauches von 10 auf 7 l pro 100 km zu realisieren, ohne die äusseren Abmessungen oder die Motorstärke des Wagens zu verändern. Es ist keine Frage, dass man sie näher in Betracht ziehen muss. Allerdings sind diesbezüglich noch einige weitere Punkte zu beachten.

Weitere Anforderungen an Alternativwerkstoffe

Wenn auch die Festigkeit gegen elastische und plastische Verformung Hauptgesichtspunkt bei der Auswahl von Alternativwerkstoffen ist, so müssen doch noch weitere Anforderungen erfüllt werden. Tabelle 27.4 gibt Aufschluss über einige Einsatzbedingungen.

Gehen wir sie der Reihe nach durch. Elastische und plastische Nachgiebigkeit haben wir schon besprochen. Die Zähigkeit von Stahl ist meistens so hoch, dass das Versagen von Karosserieteilen durch Bruch selten ein Problem ist. Wie steht es damit bei den anderen Werkstoffen? Zähigkeitsangaben sind in Tabelle 27.5 aufgeführt. Was können wir damit anfangen? Am besten macht man auch hier wieder Grenzwertabschätzungen: angenommen, die Komponente wird bis zur Fliessgrenze belastet (oberhalb der Fliessgrenze versagt sie ja durch plastische Verformung ohnehin, so dass wir uns um andere Mechanismen in diesem Bereich nicht zu kümmern brauchen). Wie gross darf ein Riss werden, bevor er instabil wird und sich unkontrolliert ausbreitet? Ist diese kritische Risslänge grösser als sie unter Einsatzbedingungen auftritt, so sind wir zufrieden; andernfalls muss der Querschnitt der Komponente vergrössert werden. Die kritische Risslänge haben wir in Kapitel 13 behandelt. Aus dem Ansatz

$$R_p\sqrt{\pi a} = K_c = \sqrt{EG_c}$$

erhält man

$$a_{max} = EG_c/\pi R_p^2.$$

Werte für die kritische Risslänge sind ebenfalls in Tabelle 27.5 aufgeführt. Enthalten Bauteile längere Risse, so versagen sie durch unkontrolliertes Risswachstum; sind die auftretenden Risse unterkritisch, so verformen sich die Teile plastisch. Die Alternativwerkstoffe weisen deutlich kürzere kritische Risslängen als unlegierter Stahl auf; die Risslängen sind aber immer noch lang genug, um gegen die Verwendung dieser Werkstoffe zu sprechen.

Auch Ermüdung (Kapitel 15) muss wie bei allen Konstruktionen, die wechselnder Belastungen ausgesetzt sind, auch beim Kraftfahrzeug in Betracht gezogen werden. Im Grunde kann jede Art von Beanspruchung vom Öffnen und Schliessen der Türen angefangen bis hin zu Vibrationen des Motors dazu zählen. Eine genaue Prüfung ergibt jedoch, dass bei den vorgesehenen Ersatzwerkstoffen spezifische Ermüdungsprobleme nicht zu erwarten sind.

Von Kriechvorgängen (Kapitel 17) wird man bei der Auslegung der Karosserie weitgehend absehen können. Die höchsten auftretenden Temperaturen werden im ungünstigsten Fall (etwa bei Motorblechen) 120^{0}C nicht übersteigen. Weder Stahl noch Aluminium kriechen nennenswert bei dieser Temperatur. Bei GFK-Werkstoffen allerdings ist die Kriechgeschwindigkeit oberhalb 60^{0}C nicht mehr zu vernachlässigen. Die Kriechkurve von GFK ist in die drei klassischen Bereiche aufgeteilt mit Bruch am Ende des Tertiärbereiches. Für die stärker erwärmten Teile müssten daher zusätzliche Verstärkungen oder grössere Querschnitte vorgesehen werden.

Sehr viel wichtiger als Gesichtspunkte des Kriechens oder der Ermüdung sind im Autmobilbau Einflüsse der Umgebung auf die Lebensdauer (Kapitel 23). Ein beträchtlicher Kostenanteil im Herstellungsprozess entfällt daher auf den Rostschutz. Und dennoch scheinen diese Vorsorgemassnahmen nur zum Teil zu wirken - letztendlich ist es in der Regel der Rost, der die Lebensdauer eines Wagens begrenzt; mechanische Teile können jederzeit und so oft man will ausgetauscht werden.

Gerade Stahl verhält sich in dieser Hinsicht recht ungünstig. Unter Normalbedingungen wäre Aluminium, wie wir in den Kapiteln über Korrosion gesehen haben, der geeignete Werkstoff. Zwar ist die Wirkung von Salz auch auf Aluminiumteile sehr schädlich. Wenn man diese jedoch eloxiert, reduziert sich die Korrosionsgeschwindigkeit auf ein vertretbares Mass (z.B. werden die Masten von modernen Segelbooten bereits aus eloxiertem Aluminium hergestellt).

Aluminium wäre also geeignet; es ist praktisch gegenüber allen Wässern korrosionsbeständig, mit denen es bei einem Kraftfahrzeug in Berührung kommt. Wie steht es mit GFK? Die Festigkeit von GFK wird bei ständiger Benetzung durch die meisten Flüssigkeiten - auch Salzwasser - um bis zu 20% herabgesetzt; dieser Festigkeitsverlust ist jedoch (wie wir von Fiberglasbooten her wissen) nicht kritisch. Vor allem tritt er ja ohne sichtbaren Korrosionsangriff bzw. Schwächung des tragenden Querschnitts auf. Es ist daher keine Frage, dass GFK auch in dieser Hinsicht Stahl deutlich überlegen ist.

Produktionsverfahren

Bei der Auswahl von geeigneten Werkstoffen als Alternativen zu unlegiertem Stahl wird man als Preis für die Vorteile, die die Ersatzwerkstoffe bieten, wahrscheinlich im schlimmsten Fall mit höheren Produktionskosten rechnen müssen. Hochfester Stahl verursacht in dieser Hinsicht sicherlich wenig Probleme. Seine Fliessgrenze ist höher, die Querschnitte werden dadurch kleiner, so dass letztlich nur kleine Änderungen an Press- und Stanzwerkzeugen erforderlich sind. Sind diese einmal bezahlt, so bleiben lediglich etwaige Mehrkosten für das Material.

Auf den ersten Blick möchte man annehmen, dass das auch für Aluminiumlegierungen gilt. Da sie jedoch im allgemeinen zur Festigkeitssteigerung hochlegiert sind, weisen sie relativ geringe Duktilitätswerte auf. Wenn Kosten keine Rolle spielen, ist dieser Gesichtspunkt unerheblich. Es gab schon Rolls-Royce-Wagen (Abb. 27.6) mit Aluminiumkarosserie, die in mühevoller Handarbeit in vielen Einzelschritten geformt wurden und dabei zwischendurch immer wieder spannungsarm geglüht werden mussten. Für die Serienfertigung ist dieses Vorgehen vollkommen unrealistisch. Wir möchten ja die einzelnen Karosserieteile in einem einzigen Fertigungsschritt, z.B. im Tiefziehverfahren herstellen. Dafür muss aber ein Mindestmass an Duktiliät zur Verfügung stehen. Die zwangsläufige Folge dieser Grundforderung sind Restriktionen bei der Gestaltung der Karosserieteile und zwar für Aluminium mehr als für Stahl. Es sind daher nicht so sehr die Kosten, die die breite Verwendung von Aluminium im Automobilbau beschränken, als vielmehr solche Probleme grosstechnischer Verarbeitbarkeit.

Abb. 27.6. Ein Rolls-Royce aus dem Jahre 1932 mit einem Fahrgestell aus Stahl und separater handgearbeiteter Aluminiumkarosserie. Die Gewichtseinsparung durch Verwendung von Aluminium wird durch das ungünstige Gewichts-Festigkeits-Verhältnis dieser Konstruktionsart mehr als kompensiert.

Auch bei GFK wird man im Automobilbau in dieser Hinsicht mit Verarbeitungsproblemen rechnen müssen, wenn man sich die langwierigen Handarbeitsverfahren für die Herstellung von Fiberglasbooten ansieht. In der letzten Zeit sind aber einige Verfahren zur Serie gereift, so dass man bereits vereinzelt GFK-Autokarosserien antrifft (Abb. 27.7). Gleichwohl haben die meisten noch ein Fahrgestell aus Stahl, das die Hauptbelastung aufnimmt. Nennenswerte Gewichtseinsparungen gelingen aber nur, wenn die gesamte Karosserie aus GFK gefertigt werden kann. Zur Formgebung von GFK-Teilen wird ein Stück Polyester-Harz, das mit kurzen Glasfasern versetzt ist, in eine geheizte zweiteilige Form gelegt (Abb. 27.8). Da das verwendete Polyester ein Thermoplast ist, passt es sich der erwärmten Form bereits an, bevor der bewegliche Teil der Form sich schliesst. Mit einer solchen Presse können heute schon im Minutenrhythmus Teile gebrauchsfähig hergestellt werden. Es geht zwar nicht so schnell wie das Pressen von Stahlteilen, ist aber grössenordnungsmässig bereits vergleichbar. Dieses Verfahren des Warmpressens (Fliesspressens) ist i.a. sehr vorteilhaft. Es ist sehr flexibel, insbesondere was Gestaltungsmöglichkeiten angeht, gerade auch, wenn Querschnittsänderungen nötig werden. Ausserdem erlaubt das Warmpressen von Polymeren grössere Formkomplexität, als dies bei Stahl und vor allem bei Aluminium möglich wäre. Nicht zuletzt kann daher eine GFK-Karosserie aus weniger Teilen zusammengesetzt werden, wodurch auch die Montagekosten unter Umständen gesenkt werden.

Abb. 27.7. Ein Lotus aus dem Jahre 1979 mit einer Karosserie aus GFK, die allerdings auf ein Stahlfahrgestell montiert ist. Die Gewichtseinsparung reicht daher nicht annähernd an diejenige einer Ganzschalenkonstruktion aus GFK heran.

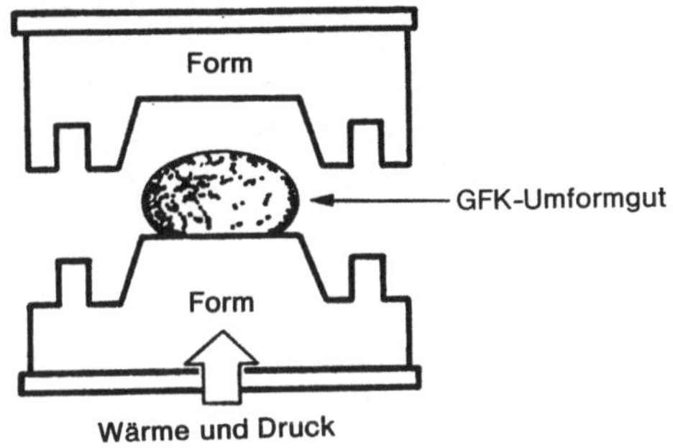

Abb. 27.8. Warmformgebung einer Automobilkomponente im Fliesspressverfahren.

Schlussfolgerungen

Wir fassen unsere Überlegungen in der folgenden Übersicht zusammen:

A. Hochfester Stahl

Vorteile	Nachteile
- Vorhandene Technologien können übernommen werden.	- Nennenswerte Gewichtseinsparungen nur bei verformungsorientiertem Konstruieren.

Folgerung:
Verwendung bei speziellen Teilen, z.B. Stossstangen

B. Aluminium-Legierungen

Vorteile	Nachteile
- Bedeutende Gewichtseinsparungen sowohl bei Karosserie als auch beim Motorblock - Vorhandene Technologien können grösstenteils übernommen werden - Ausgezeichnete Korrosionsbeständigkeit	- Hoher Preis pro Produktionseinheit - Tiefzieheigenschaften sind mässig; dadurch beschränkte Formgebungsmöglichkeiten

Folgerung:

Gewichtseinsparungen bis zu 40% des Wagengewichtes sind möglich, wenn man bereit ist, höhere Produktionskosten in Kauf zu nehmen. Vorübergehend akzeptable Lösung.

C. GFK

Vorteile	Nachteile
- Bedeutende Gewichtseinsparungen bei der Karosserie	- Hoher Preis pro Produktionseinheit
- Ausgezeichnete Korrosionsbeständigkeit	- Entwicklung vollkommen neuer Fertigungsverfahren erforderlich
- Hohe Gestaltungsflexibilität	- Bei manchen Teilen sind Kriechvorgänge nicht auszuschliessen.
- Weniger Einzelteile	

Folgerung:

Durch Verwendung von GFK können bis zu 30% des Wagengewichts eingespart werden bei gleichzeitiger Verteuerung der Produktionseinheit und beträchtlichen Investitionen für neue Maschinen. Auf lange Sicht die beste Lösung.

Anhang 1: Übungen

ÜBUNGSAUFGABEN

1. a) Die Verbrauchsrate von Ware A beläuft sich zum aktuellen Zeitpunkt auf C_A Tonnen pro Jahr, die von Ware B auf C_B Tonnen pro Jahr ($C_A > C_B$). Die beiden Verbrauchsraten steigen exponentiell an, wobei die jährliche Zunahme r_A% bzw. r_B% ($r_A < r_B$) beträgt. Berechnen Sie die Zeit, nach der der jährliche Verbrauch von B denjenigen von A übersteigt.

   b) In der anschliessenden Tabelle sind Werte für den Verbrauch bzw. die Wachstumsrate von Stahl, Aluminium und Kunststoff für das Jahr 1980 angegeben. In welcher Zeit verdoppelt sich der Verbrauch für diese Werkstoffe?

   c) Berechnen Sie ausgehend von 1980 die Zahl der Jahre bis zu dem Zeitpunkt, zu dem der Verbrauch von Aluminium und Kunststoff den von Stahl überholt hat, exponentielles Wachstum vorausgesetzt. Ist dieses andauernde Wachstum wahrscheinlich?

Lösungen:

a) $t = 100/(r_b - r_A) \cdot \ln(C_A/C_B)$

b) Stahl: 38.5 Jahre; Aluminium 10.8 Jahre; Kunststoffe 5.8 Jahre.

c) Aluminium überholt Stahl in 73, Kunststoffe in 16 Jahren.

2. a) Erörtern Sie Massnahmen zur Einsparung von Werkstoffen. Gehen Sie dabei auch auf die technischen und gesellschaftlichen Probleme ein, die durch diese Massnahmen hervorgerufen werden können.

   b) 12% der Weltbleiproduktion werden unwiederbringlich verbraucht als Antiklopfmittel in Benzin. Wenn Benzin per Gesetz bleifrei würde, wieviel Jahre würde es dauern, bis der Bleiverbrauch in anderen Anwendungsbereichen den gleichen Stand wieder erreicht hat? Deren Verbrauchsraten liegen zur Zeit bei 2% pro Jahr.

<u>Lösung:</u> 6.4 Jahre.

3. a) Was bedeutet exponentielles Wachstum im Zusammenhang mit dem Verbrauch von Rohstoffen?

   b) Die Verbrauchsrate eines Stoffes beläuft sich 1980 auf C_0 Tonnen pro Jahr. Die jährliche Zunahme der Verbrauchsrate beträgt 1980 r%. Bei einem Rohstoffvorrat von Q Tonnen und einer fortdauernden Zunahme der Verbrauchsrate von r% wird der Vorrat nach

$$t_{1/2} = 100/r \cdot \ln(rQ/200C_0+1)$$

   zur Hälfte verbraucht sein. Prüfen Sie diese Beziehung nach.

   c) Erörtern Sie anhand von Beispielen, durch welche Faktoren die Verbrauchsrate eines knapp werdenden Rohstoffes abgesenkt werden könnte.

4. Berechnen Sie ausgehend von den Angaben in Tabelle 2.1 (Werkstoffpreise) und Tabelle 2.5 (Energieinhalt von Werkstoffen) für das Jahr 1990 grob die Herstellungskosten für a) Aluminium, b) Polyäthylen niedriger Dichte, c) Baustahl, d) Zement unter der Annahme, dass zwischen 1980 und 1990 der Ölpreis um den Faktor 4, die Lohn- bzw. Bearbeitungskosten um den Faktor 2 ansteigen.

Welche Empfehlungen kann man aus den Ergebnissen ableiten? (Z.B. welche Kosten sind am stärksten gestiegen? Wie sind die einzelnen Werkstoffe relativ zueinander zu bewerten? Welche Empfehlungen kann man z.B. für die Verwendung von Kunststoffen machen?)

Lösungen:

a) Aluminium £ 3000 ($ 6600) pro Tonne
b) Polyäthylen £ 1500 ($ 3300) pro Tonne
c) Baustahl £ 600 ($ 1320) pro Tonne
d) Zement £ 80 ($ 176) pro Tonne

5. a) Definieren Sie die Querkontraktionszahl (Poissonzahl) ν und die Verdichtung p eines elastischen Festkörpers

b) Berechnen Sie die Verdichtung Δ einer Stange im Falle einachsiger elastischer Zugbeanspruchung. Die Dehnung, ausgedrückt durch ν und ε, soll dabei klein sein. Für welchen Wert von ν ist die Volumenänderung bei elastischer Verformung gleich Null?

c) Für die meisten Metalle ist ν ungefähr 0.3, für Kork nahezu Null, für Gummi nahezu 0.5. Welche Volumenänderung erfahren diese Werkstoffe bei elastischer Zugbeanspruchung?

Lösungen:

b) 0.5, c) die meisten Metalle: 0.4 ε: Kork: ε; Gummi: 0.

6. Die potentielle Energie U für zwei Atome im Abstand r beträgt

$$U = -A/r^m + B/r^n; \quad m=2, \quad n=10.$$

Berechnen Sie A und B unter der Annahme, dass die beiden Atome in einem Abstand 0.3 nm bei einer Energie von -4eV ein stabiles Molekül bilden. Bestimmen Sie ausserdem die Kraft zum Aufbrechen des Moleküls, sowie den dafür erforderlichen Mindestabstand der Atome. Der Verlauf der Energie-Abstands- bzw. Kraft-Abstandsfunktion ist in zwei übereinander angeordneten Diagrammen zu illustrieren.

Lösungen:

A: 7.2×10^{-20} J nm^2; B: 9.4×10^{-25} J nm^{10}; Kraft: 2.39×10^9 N bei einem Atomabstand von 0.352 nm.

7. Die potentielle Energie U eines Atompaares in einem Festkörper kann mit der Beziehung

$$U = -A/r^m + B/r^n$$

beschrieben werden. r ist der Atomabstand; A, B, m und n sind positive Konstanten. Erläutern Sie die physikalische Bedeutung der beiden Summanden der Gleichung.

Ein Material hat eine kubische Einheitszelle, die Atome sind an den Würfelecken angeordnet. Zeigen Sie, dass, wenn das Material parallel zu den Würfelkanten elastisch gedehnt wird, der Elastizitätsmodul als

$$E = mnkT_M/\Omega$$

angegeben werden kann. Dabei ist Ω das mittlere Atomvolumen, k der Boltzmannfaktor und T_M die absolute Schmelztemperatur des Festkörpers. Weiterhin gilt $U(r_0) = -kT_M$, wobei r_0 der Gleichgewichtsatomabstand ist.

8. In der untenstehenden Tabelle finden sich für eine Reihe von Metallen Angaben für den E-Modul, das Atomvolumen Ω und die Schmelztemperatur T_M. Für den E-Modul gilt in guter Näherung die Beziehung

$$E = \tilde{A}kT_M/\Omega,$$

wobei k der Boltzmannfaktor und $\tilde{A}$ eine Konstante ist. Berechnen Sie für jedes der aufgeführten Metalle die Konstante $\tilde{A}$ und tragen Sie sie in die Tabelle ein. Verwenden Sie dann das Mittel dieser $\tilde{A}$-Werte, um mit der Gleichung auch den E-Modul von a) Diamant und b) Eis, zu berechnen. Vergleichen Sie das Ergebnis mit experimentellen Werten (s.u.). Beachten Sie die Einheiten!

Werkstoff	$\Omega x10^{29}/m^3$	T_M/K	$E/GN\ m^{-2}$
Nickel	1.09	1726	214
Kupfer	1.18	1356	124
Silber	1.71	1234	76
Aluminium	1.66	933	69
Blei	3.03	600	14
Eisen	1.18	1753	196
Vanadium	1.40	2173	130
Chrom	1.20	2163	289
Niob	1.80	2741	100
Molybdän	1.53	2883	360
Tantal	1.80	3271	180
Wolfram	1.59	3683	406

Angaben zu Eis und Diamant:

	Eis:	Diamant:	
Ω	$3.27x10^{-29}$	$5.68x10^{-30}$	m^3
T_M	273	4200	K
E	$7.7x10^9$	$1x10^{12}$	N/m^2

Lösungen:
$\tilde{A}$ gemittelt: 88; E-Modul berechnet: Diamant $9.0x10^{11}$ N/m^2; Eis $1.0x10^{10}$ N/m^2.

9. a) Berechnen Sie die Dichte einer kfz-Packung von Kugeln der Dichte 1.

b) Wenn dieselben Kugeln in Form einer Glasstruktur gepackt sind, so ergibt ihre regellose Anordnung eine Dichte von 0.636. Berechnen Sie die Dichte von "Nickelglas", wenn kristallines Nickel mit kfz-Struktur eine Dichte von 8.90 Mg/m^3 hat.

Lösungen: a) 0.740; b) 7.65 Mg/m^3.

10. a) Skizzieren Sie dreidimensionale Ansichten der Einheitszelle eines krz-Kristalls, bei der jeweils eine (100)-, eine (110)-, eine (111)- bzw. eine (210)-Ebene zu sehen ist.

b) Die Gleitebenen für krz-Eisen sind die {110}-Ebenen; skizzieren Sie die Atomanordnung in diesen Ebenen und markieren Sie die <111>-Gleitrichtungen.

c) Skizzieren Sie dreidimensionale Ansichten der Einheitszelle eines kfz-Kristalls, bei der eine [100]-, eine [110]-, eine [111]-bzw. eine [211]-Richtung zu sehen ist.

d) Die Gleitebenen von Kupfer (kfz) sind die {111}-Ebenen. Skizzieren Sie die Atomanordnung in diesen Ebenen und markieren Sie die <110>-Gleitrichtungen.

11. a) Der Atomdurchmesser von Nickel ist 0.2492 nm. Wie gross ist die Gitterkonstante a von Nickel (kfz)?

b) Das Atomgewicht von Nickel ist 58.71 kg/kmol. Berechnen Sie die Dichte von Nickel. (Bestimmen Sie zunächst die Atommasse, sowie die Zahl der Atome pro Einheitszelle.

c) Der Atomdurchmesser von Eisen ist 0.2482 nm. Berechnen Sie den Gitterabstand a von krz-Eisen.

d) Das Atomgewicht von Eisen ist 55.85 kg/kmol. Berechnen Sie die Dichte von Eisen.

Lösungen:

a) 0.352 nm; b) 8.91 Mg/m^3; c) 0.287 nm; d) 7.88 Mg/m^3.

12. Kristallines Kupfer und Magnesium haben kfz- bzw. hdp-Struktur.

a) Berechnen Sie den Volumenanteil der Atome in den beiden Strukturen unter der Annahme, dass die Atome harte Kugeln sind.

b) Berechnen Sie ausgehend von den physikalischen Gegebenheiten die Abmessungen der Einheitszelle. (Die Dichten von Kupfer und Magnesium sind 8.96 Mg/m^3 bzw. 1.74 Mg/m^3).

Lösungen:

a) 74% für beide; b) Kupfer: a = 0.361 nm,
Magnesium: a = 0.320 nm, c = 0.523 nm.

13. In der untenstehenden Tabelle sind E-Modul-Werte E_{Vwst} für einen Verbundwerkstoff aus Epoxydharz (E-Modul E_m = 5 GN/m^2) mit

verschiedenen Volumenanteilen V_f einer teilchenartig in der Matrix verteilten Glasphase (E-Modul E_f = 80 GN/m^2) angegeben.

Berechnen Sie den E-Modul des Verbundwerkstoffes nach der Formel für die Abschätzung des oberen bzw. unteren Grenzwertes und tragen Sie diese Werte zusammen mit den experimentellen Werten aus der Tabelle als Funktion von V_f auf. Welche Abschätzung kommt den experimentellen Werten am nächsten? Warum? In welcher Weise unterscheidet sich der E-Modul eines Verbundwerkstoffes aus regellos verteilten Faserstücken vom E-Modul eines Faserverbundwerkstoffes?

Volumenanteil an Glas, V_f	E_{Vwst} /GN m^{-2}
0	5.0
0.05	5.5
0.10	6.4
0.15	7.8
0.20	9.5
0.25	11.5
0.30	14.0

14. Die Fasern (E-Modul E_f) eines Verbundwerkstoffes sind parallel in der Matrix (E-Modul E_m) ausgerichtet. Der Volumenanteil der Fasern ist V_f. Geben Sie eine Beziehung für den E-Modul E_{Vwst} des Verbundes längs der Faser an in Abhängigkeit von E_m, E_f und V_f. Desgleichen für die Dichte ρ_{Vwst} und E_{Vwst} bei den folgenden Verbundwerkstoffen: a) Kohlefaser-Epoxydharz (V_f = 0.5), b) Glasfaser-Polyesterharz (V_f = 0.5), c) Stahl-Beton (V_f = 0.02).

Ein gleichmässiger Vierkantbalken der Dicke W, der variablen Breite d und der Länge L ruht an seinen Enden waagerecht auf einfachen Stützen. In der Mitte des Balkens drückt eine Kraft F vertikal den Balken nach unten. Die Durchbiegung δ am Kraftangriffspunkt beträgt dann

$$\delta = FL^3/3E_{Vwst}wd^3,$$

wobei der Beitrag des Balkengewichtes vernachlässigt ist. Welcher der drei Verbundwerkstoffe ergibt, bei gegebener Kraft und Durchbiegung, den leichtesten Balken?

Werkstoff	Dichte /Mg m^{-3}	E-Modul /GN m^{-2}
Kohlefaser	1.90	390
Glasfaser	2.55	72
Epoxydharz } Polyesterharz	1.15	3
Stahl	7.90	200
Beton	2.40	45

Lösungen:

$E_{Vwst} = E_f V_f + (1-V_f) E_m$; $\rho_{Vwst} = \rho_f V_f (1-V_f) \rho_m$

a) ρ_{Vwst} = 1.53 Mg/m^3; E_{Vwst} = 197 GN/m^2
b) ρ_{Vwst} = 1.85 Mg/m^3; E_{Vwst} = 37.5 GN/m^2
c) ρ_{Vwst} = 2.51 Mg/m^3; E_{Vwst} = 48.1 GN/m^2

Der leichteste Balken ist ein Balken aus kohlefaserverstärktem Epoxydharz.

15. Erläutern Sie anhand von Beispielen, warum Verbundwerkstoffe in vielen Anwendungsfällen sehr attraktiv sind.

Ein Verbund besteht aus zwei gleichmässig dünnen Metallblechen, die durch eine ebenfalls gleichmässig dünne Schicht aus Epoxydharz nach Art eines Sandwichs aufeinander geklebt sind. Der E-Modul des Metalls beträgt E_1, der des Harzes E_2 (wobei $E_2 < E_1$); der Volumenanteil des Metalles ist V_1. Geben Sie das Verhältnis von maximalem zu minimalem E-Modul des Verbundes mit den Grössen E_1, E_2 und V_1 an. Bei welchem V_1 ist dieses Verhältnis maximal?

Lösung: Maximales Verhältnis bei $V_1 = 0.5$.

16. a) Definieren Sie, was ein Hochpolymer ist. Geben Sie drei polymere Werkstoffe an.

b) Definieren Sie, was ein Plastomer bzw. ein Duromer ist.

c) Unterscheiden Sie ein glasartiges Polymer von einem kristallinen Polymer und einem Gummi.

d) Unterscheiden Sie zwischen einem vernetzten und einem unvernetzten Polymer.

e) Was ist ein Ko-Polymer?

f) Zählen Sie die Monomere von Polyäthylen (PE), Polyvinylchlorid (PVC) und Polystyren (PS) auf.

g) Was bedeutet die Glasübergangstemperatur T_g?

h) Erklären Sie die Änderung des E-Moduls beim Überschreiten von T_g.

i) Wieviel Kohlenstoffatome enthält grössenordnungsmässig ein Hochpolymer-Molekül?

j) In welchem Temperaturbereich liegt T_g für die meisten Polymere?

k) Wie würden Sie den E-Modul eines Polymers vergrössern?

17. a) Suchen Sie einen Werkstoff für einen Fahrradrahmen aus mit der Massgabe, dass das Fahrrad bei gegebener Steifigkeit möglichst leicht sein soll. Dabei kann man davon ausgehen, dass sich die Rohre, aus denen der Rahmen gefertigt ist, wie einseitig eingespannte Balken der Länge ℓ verhalten, und dass ferner die elastische Durchbiegung δ am freien Ende des Balkens unter einer Kraft F den Betrag

$$\delta = F\ell^3/3E\pi r^3 t$$

annimmt, wobei 2r der Rohrdurchmesser (festgelegt) und t die Rohrwanddicke (mit $t \ll r$) ist. Geben Sie eine Gleichung aus geeigneten Werkstoffgrössen zur Bestimmung der Masse M eines Rohres gegebener Steifigkeit an und wählen Sie auf der Basis der in Kapitel 3 und 5 angegebenen Daten einen Werkstoff aus. Versuchen Sie es insbesondere mit Stahl, Aluminiumlegierungen, Holz, GFK und KFK.

b) Welcher Werkstoff ergibt andererseits den billigsten Fahrradrahmen?

Lösungen: a) KFK, b) Stahl

18. Was ist mit dem Begriff "theoretische Festigkeit" gemeint? Zeigen Sie, in welcher Weise insbesondere Metalle und Legierungen durch die Bewegung von Versetzungen bei wesentlich kleineren Spannungen als der theoretischen Festigkeit verformt werden können. Erläutern Sie anhand von Beispielen Härtungsmassnahmen für Metalle und Legierungen.

19. Die Energie pro Längeneinheit der Versetzungslinie beträgt 1/2 Gb^2. Versetzungen weiten dichtgepackte Kristalle in ihrem Kern auf; dort sind die Atome nicht mehr dichtgepackt: die Aufweitung beträgt 1/4 b^2 pro Längeneinheit. Zum Beispiel findet man, dass sich die Dichte einer Kupferstange durch starke Verformung von 8.9323 Mg/m^3 auf 8.9321 Mg/m^3 verkleinert. Welches ist a) die Versetzungsdichte, die durch diese Verformung hervorgerufen wird und b) die Energie, die mit dieser Dichte verbunden ist?

Vergleichen Sie das Ergebnis mit der Schmelzwärme von Kupfer (1833 MJ/m^3) (b = 0.256 nm, G = 3/8 E).

Lösungen: a) 1.4×10^{15} m^{-2}; b) 2.1 MJ/m^3.

20. Erläutern Sie kurz, was eine Versetzung ist. Zeigen Sie anhand von Skizzen, wie die Bewegung a) einer Stufenversetzung, b) einer Schraubenversetzung zur plastischen Verformung eines Kristalls führt, wenn an diesem eine Schubspannung angreift. Inwiefern sind Versetzungen für die folgenden Phänomene verantwortlich:

a) Durch Kaltverformung wird Aluminium härter.
b) Eine Legierung aus 20% Zn, 80% Cu ist härter als Reinkupfer.
c) Die Härte von Nickel wird durch Hinzufügen von Thoriumoxidpartikeln erhöht.

21. a) Geben Sie eine Beziehung für diejenige Schubspannung τ an, die erforderlich ist, um eine Versetzungslinie zwischen zwei Teilchen im Abstand L hindurchzudrücken.

b) Eine polykristalline Aluminiumlegierung enthält eine Dispersion von harten Teilchen mit einem mittleren Durchmesser von 10^{-8} m und einem mittleren planaren Zentrenabstand von 6 x 10^{-8} m. Welches ist ihr Beitrag zur Fliessgrenze R_p der Legierung?

c) Die Legierung wird zur Herstellung von Verdichterschaufeln in einer kleineren Turbine verwendet. Beim adiabatischen Aufheizen steigt die Schaufeltemperatur auf 150^0C, wobei die Teilchen langsam vergröbern. Nach 1000 h ist ihr Durchmesser auf 3 x 10^{-8} m angewachsen; ihr mittlerer Abstand beträgt dann 18 x 10^{-10} m. Auf welchen Wert fällt dadurch die Fliessgrenze ab? (Der Schubmodul von Aluminium ist 26 GN/m^2; b = 0.286 nm).

<u>Lösungen:</u> b) 450 MN/m^2; c) 300 MN/m^2.

22. Neun Streifen aus geglühtem Reinkupfer werden zwischen zwei Rollen einer Walze plastisch verformt, wobei sie dünner und länger werden. Die Längenzunahme beträgt 1, 10, 20, 30, 40, 50, 60, 70, bzw. 100%. Die Messungen der Vickers-Härte der gewalzten Streifen ergibt

Technische Dehnung	0.01	0.1	0.2	0.3	0.4	0.5	0.6	0.7	1.
Härte MN/m^2	423	606	756	870	957	1029	1080	1116	1170

Tragen Sie unter Berücksichtigung der Tatsache, dass der Prüfkörper des Härtetesters seinerseits die Proben um im Mittel 0.08 plastisch verformt und dass der Härtewert etwa dem dreifachen Wert der wahren Spannung entspricht, die technische Spannung gegen die technische Dehnung auf und bestimmen Sie folgende Grössen

a) die Zugfestigkeit
b) die Dehnung, bei der das Material unter Zugbeanspruchung zu versagen beginnt
c) die Querschnittsabnahme, die dieser Dehnung entspricht
d) die Arbeit zur Brucheinleitung bezogen auf 1 m^3 geglühtes Kupfer.

Warum kann man Kupfer durch Walzen stärker verformen als durch Zugbeanspruchung?

Lösungen:

a) 217 MN/m^2; b) 0.6 (ungefähr);
c) 38%; d) 1.09 MJ.

23. a) Die wahre Spannungs-Dehnungskurve für ein Material ist definiert als

$$\sigma = A \cdot \varepsilon^n,$$

wobei A und n Konstanten sind. Bestimmen Sie die Zugfestigkeit R_m. (Hilfestellung: Gehen Sie aus von der Gleichung für die technische Spannungs-Dehnungskurve. Bestimmen Sie das Maximum dieser Kurve durch Differentiation; finden Sie dann die Dehnung an der Stelle des Maximums und berechnen Sie schliesslich die Zugfestigkeit).

b) Im Falle einer Nickellegierung ist n = 0.2, A = 800 MN/m^2. Bestimmen Sie die Zugfestigkeit der Legierung. Welcher wahren Spannung entspricht das?

Lösungen:

a) $R_m = An^n/\exp(n)$; b) R_m = 475 MN/m^2; σ = 580 MN/m^2.

24. a) Kommentieren Sie die Aussage, dass das Volumen eines Metallstückes, das bei konstanter Temperatur verformt wird, unverändert bleibt.

b) Ein duktiler Metalldraht mit einheitlichem Querschnitt wird durch Zug beansprucht, bis er gerade beginnt, sich an einer

Stelle einzuschnüren. Geben Sie unter der Annahme von Volumenkonstanz eine Beziehung zwischen wahrer Spannung und wahrer Dehnung für diesen Verformungszustand an.

c) Der Verlauf der wahren Spannungs-Dehnungskurve für den Metalldraht lässt sich ungefähr mit

$$\sigma = 350\ \varepsilon^{0.4}\ \mathrm{MN/m^2}$$

beschreiben. Schätzen Sie die Zugfestigkeit des Drahtes ab und berechnen Sie die Arbeit, die erforderlich ist, um 1 m^3 des Drahtes in den Verformungszustand kurz vor der Einschnürung zu bringen.

Lösungen: c) 163 MN/m^2, 69.3 MJ.

25. a) Bei einer der verschiedenen Härtemessmethoden wird eine harte Kugel (mit Radius r) mit einer konstanten Kraft F in das Prüfmaterial gedrückt und die Tiefe h gemessen, bis zu der die Kugel das Material plastisch verformt. Geben Sie eine Beziehung für die Härte H des Materials in Abhängigkeit von h, F und r an. Dabei soll $h \ll r$ sein.

b) Sehr oft entspricht die Härte der dreifachen Fliessgrenze $H \approx 3R_p$, wobei R_p die wahre Spannung bei einer technischen Dehnung von 8% darstellt. Berechnen Sie mit Hilfe der Beziehung in Beispiel 23 ($n = 0.2$) die Zugfestigkeit eines Materials, für das eine Härte von 600 MN/m^2 gemessen worden ist.

Lösungen: $H = F/2\pi rh$, b) $R_m = 198\ MN/m^2$.

26. Eine Metallprobe der Dicke w wird zwischen zwei steifen Einspannungen zusammengedrückt und dabei plastisch verformt (Abb. A1.1). Die Länge L ist gross im Verhältnis zu w. Die plastische Verformung erfolgt unter der Wirkung einer Schubspannung k entlang der in Abbildung A1.1 gestrichelt eingezeichneten Ebene. Schätzen Sie eine Obergrenze für die Kraft F ab für den Fall, dass a) keine Reibung zwischen den Einspannungen und den Stirnseiten der Probe auftritt und b) hinreichend Reibung zum Ver-

schweissen der Probe mit den Einspannungen vorliegt. Zeigen Sie, dass die Lösung im Fall b) der Beziehung

$$F \leq 2wLk(1+w/4d)$$

genügt, die für alle Verhältniswerte w/2d gültig ist.

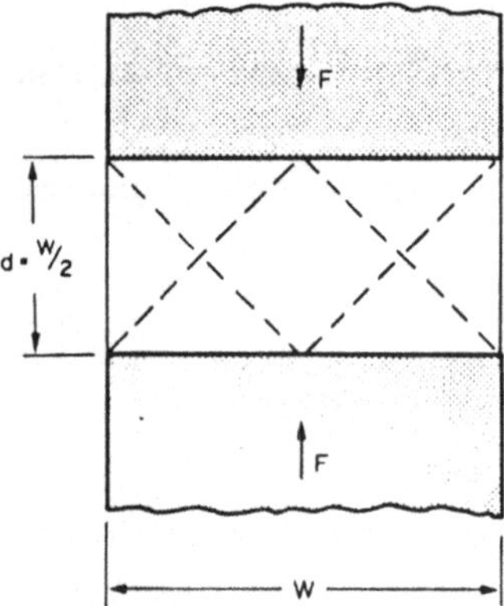

Abb. A1.1.

Die Spitze eines Gesteinsbohrers besteht aus einem Verbundwerkstoff, der aus kleinen Wolframkarbidwürfeln (Kantenlänge 2 µm) und einer verbindenden Kobaltphase zusammengesetzt ist. Dieses Material soll im Einsatz Druckspannungen von 4000 MN/m^2 aushalten. Wenden Sie die obige Gleichung an, um eine obere Grenze für die Dicke der Kobaltschicht abzuschätzen. Dabei können Sie davon ausgehen, dass die Fliessgrenze von Wolframkarbid unter Druckbeanspruchung deutlich oberhalb 4000 MN/m^2 liegt und dass Kobalt bei einer Schubspannung von 175 MN/m^2 abgeschert werden kann. Durch welche Annahmen wird das Ergebnis wahrscheinlich ungenau?

Lösungen: 2wLk; b) 3wLk; 0.048 µm.

27. Ein Schraubenbolzen, der in der in Abbildung A 1.2 skizzierten Weise in einer Platte steckt, steht unter Zugbeanspruchung. Berechnen Sie die plastische Arbeit, die erforderlich ist, um entweder den Schraubenkopf abzuscheren, oder den Schaft plastisch

bis zum Bruch zu verformen, und vergleichen Sie die Ergebnisse. Durch welchen Mechanismus wird der Schraubenbolzen eher versagen? (Verfestigungsprozesse sollen hierbei nicht berücksichtigt werden).

Lösung: Der Bolzen versagt durch Abscheren des Kopfes.

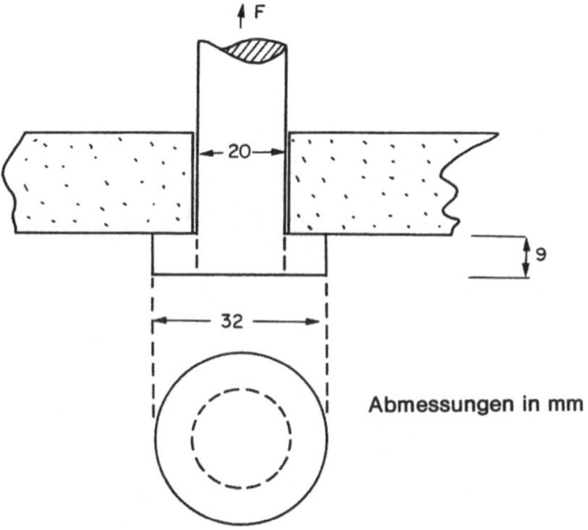

Abb. A1.2.

28. Skizzieren Sie technische Spannungs-Dehnungskurve aus Zugversuchen an a) einem typischen duktilen Werkstoff, b) einem typischen nichtduktilen Werkstoff. Die folgenden Daten wurden im Zugversuch an einer Probe mit 50 mm Messlänge und 160 mm^2 Querschnittsfläche aufgenommen:

Verlängerung/mm	0.050	0.100	0.150	0.200	0.250	0.300	1.25	2.50	3.75	5.00	6.25	7.50
Kraft/kN	12	25	32	36	40	42	63	80	93	100	101	90

Die Bruchdehnung betrug 16% und die Querschnittsabnahme beim Bruch 64%.

Welches ist die höchste zulässige Einsatzspannung, wenn diese

a) 25% der Zugfestigkeit
b) 60% der 0.1%-Dehngrenze

sein darf.

c) Welche Bruchdehnung und welche maximale Querschnittsverminderung hätte man bei 150 mm Messlänge erwartet?

Lösungen: 160 MN/m^2; b) 131 MN/m^2; c) 12.85%, 64%.

29. Die Röntgengrobstrukturanalyse einer grossen dicken Stahlplatte lässt keine Fehler erkennen. Die Auflösung der Analyseeinrichtung liegt bei einer Rissgrösse von a = 1 mm. Der Stahl weist eine Bruchzähigkeit von K_C = 53 $MN/m^{3/2}$ sowie eine Fliessgrenze von 950 MN/m^2 auf. Angenommen, die Platte enthält Risse, die gerade unterhalb der Auflösungsgrenze der Analyseeinrichtung liegen. Wird die Platte dann durch Sprödbruch versagen oder plastisch nachgeben? Bei welcher Spannung würde Sprödbruch einsetzen?

Lösung: Sprödbruch bei 946 MN/m^2.

30. Zwei Holzbalken sind mit einem Kleber auf Epoxydbasis stumpf aufeinandergeklebt (Abb. A 1.3). Bei der Vorbereitung des Klebers waren zuvor durch den Rührprozess Luftblasen ins Innere des Klebers gelangt, die durch den Pressdruck während des Fügens zu kleinen linsenförmigen Scheiben vom Durchmesser 2a = 2 mm zusammengedrückt worden sind. Berechnen Sie die maximale Last F, die der Balken tragen kann, wenn er die in der obenstehenden Abbildung angegebenen Abmasse hat und das Epoxydharz eine Bruchzähigkeit von 0.5 $MN/m^{3/2}$ aufweist (Ansatz $K = \sigma\sqrt{\pi a}$).

Lösung: 2.97 kN.

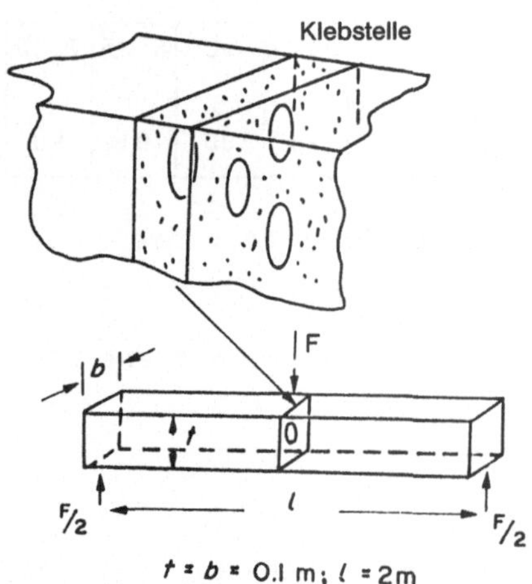

Abb. A1.3.

31. Ein Bauteil besteht aus einem Stahl mit einer Bruchzähigkeit von K_c = 54 $MN/m^{3/2}$. Mit zerstörungsfreien Prüfverfahren (Ultraschall) wird festgestellt, dass das Bauteil Risse von einer Länge bis zu 2a = 0.2 mm enthält. Bei zyklischer Belastung einer Probe im Labor ergibt sich, dass die Rissausbreitungsrate der Beziehung

$$da/dN = A(\Delta K)^4$$

folgt, wobei $A = 4 \times 10^{-13}$ $(MN/m^2)^{-4}$ m^{-1} ist. Im Einsatz wird das Bauteil durch eine zyklische Spannungsamplitude von

$$\Delta\sigma = 180 \ MN/m^2$$

belastet; die Mittelspannung ist $\Delta\sigma/2$. Berechnen Sie, ausgehend von der Beziehung $\Delta K = \Delta\sigma\sqrt{\pi a}$, die Bruchlastspielzahl.

Lösung: 2.4×10^6 Lastspiele.

32. Beim Abschalten eines schnellen Brüters fällt die Temperatur an der Oberfläche einiger Komponenten in weniger als einer Sekunde von 600^0C auf 400^0C. Diese Komponenten sind aus rostfreiem Stahl; sie weisen stellenweise sehr dicke Querschnitte auf, so dass im Inneren der Komponente einige Sekunden lang eine deutlich höhere Temperatur herrscht als an der Oberfläche. Das LCF-Verhalten des Stahls wird angegeben mit

$$N_B^{1/2}\Delta\varepsilon^{pl} = 0.2,$$

wobei N_B die Bruchlastspielzahl und $\Delta\varepsilon^{pl}$ die plastische Dehnungsamplitude bedeuten. Bestimmen Sie, wieviel Abschaltvorgänge erfolgen können, bevor sich gefährliche Risse oder gar Rissausbreitung einstellen. (Der thermische Ausdehnungskoeffizient von rostfreiem Stahl ist 1.2×10^{-5} K^{-1}; die zugehörige plastische Dehnung bei 400^0C beträgt 0.4×10^{-3}).

Lösung: 10^4 Abschaltvorgänge.

33. a) Eine Aluminiumlegierung, die für ein Bauteil im Flugzeugbau vorgesehen ist, wurde im Laborversuch zyklisch bei einer Mittelspannung von Null belastet. Bei einer Spannungsamplitude von $\Delta\sigma = 280$ MN/m^2 brach die Probe nach 10^5 Lastspielen; bei $\Delta\sigma = 200$ MN/m^2 erst nach 10^7 Lastspielen. Nach wieviel Lastspielen würde die Probe bei einer Spannungsamplitude von $\Delta\sigma =$ 150 MN/m^2 versagen, wenn man davon ausgeht, dass das Ermüdungsverhalten des Werkstoffs durch die Beziehung

$$\Delta\sigma(N_B)^a = C$$

beschrieben werden kann, wobei a und C Materialkonstanten darstellen.

b) Beim Betrieb eines Flugzeuges, in dem diese Komponente mit einer Spannungsamplitude von 150 MN/m^2 belastet wird, ist man bei der geschätzten kritischen Lastspielzahl von 4×10^8 Lastspielen angelangt. Man möchte nun die Komponente bei geringerer Leistung weitere 4×10^8 Lastspiele weitereinsetzen. Um welchen Betrag muss die Spannungsamplitude abgesenkt werden? Bei der Berechnung ist von einem einfachen Ansatz der Schadensakkumulation

$$\sum_i N_i/N_{B_i} = 1$$

auszugehen.

Geben Sie kurz an, wie die nachfolgenden Gegebenheiten die Lebensdauer des Bauteils beeinflussen würden:

c) eine feinbearbeitete Oberfläche
d) die Existenz von Nietenlöchern
e) eine bedeutende Mittelspannung
f) eine korrosive Atmosphäre.

Lösungen: 5.2×10^8 Lastspiele; b) 13 MN/m^2.

34. Ein zylindrischer Stahldruckbehälter von 7.5 m Durchmesser und einer Wandstärke von 40 mm soll bei einem Arbeitsdruck von 5.1

MN/m^2 eingesetzt werden. Die Auslegung orientiert sich an einem Versagenskriterium durch Sprödbruch, wobei sich ein Ermüdungsriss allmählich entlang der Längsachse des Kessels ausbreiten soll. Als kritischer Wert wird als maximale Lastspielzahl zwischen Arbeitsdruck und Druck Null ein Wert von 3000 Zyklen errechnet.

Die Bruchzähigkeit des Stahls beträgt 200 $MN/m^{3/2}$. Die Rissausbreitungsrate kann durch die Beziehung

$$da/dN = A(\Delta K)^4$$

angegeben werden, wobei $A = 2.44 \times 10^{-14}\ (MN/m^2)^{-4}\ m^{-1}$, da/dN das Risswachstum pro Lastspiel und K den Spannungsintenistätsfaktor bezeichnen.

Bis zu welchem Druck muss der Kessel probeweise belastet werden, um ein Versagen bei einer Lastspielzahl < 3000 ausschliessen zu können.

Lösung: 8.97 MN/m^2.

35. Kommentieren und erläutern Sie folgende Aussagen:

a) Kohlenstoff diffundiert bei 100^0C ziemlich schnell in Eisen sen, Chrom dagegen nicht.

b) Die Diffusion in polykristallinem Silber mit kleiner Korngrösse erfolgt schneller als in Silber mit grosser Korngrösse.

Geben Sie eine Beziehung an für die Zeit t, die erforderlich ist, um Diffusion entlang einer Strecke x erfolgen zu lassen. Ein Bauteil ist aus einer Kupfer-Zink-Legierung hergestellt, die 18 Gew.-% Zink enthält. Die Zinkverteilung ist allerdings inhomogen, d.h. die örtliche Zinkkonzentration variiert beträchtlich im Massstab von etwa 10 µm. Nach welcher Zeit hat sich bei 750^0C die inhomogene Zinkverteilung mittels Diffusion ausgegelichen. Der Diffusionskoeffizient von Zink ist wie üblich

$$D = D_0 \exp(-Q/RT),$$

wobei R die universelle Gaskonstante und T die absolute Temperatur bedeuten. Die Konstanten D_0 und Q haben den Wert 9.5 mm^2/s bzw. 159 kJ/mol.

Lösung: $t = x^2/D$; 23 min.

36. Unter Anwendung einer Kraft F lässt sich eine komplizierte Spritzgussmatrize mit einer Kunststoffmasse bei 177^0C in 30 s bzw. bei 157^0C in 81.5 s füllen. Wie lange dauert der Vorgang bei 227^0C, wenn man davon ausgeht, dass die Temperaturabhängigkeit der Viskosität einem Arrhenius-Ansatz folgt, d.h. dass die Geschwindigkeit des Prozesses proportional $\exp(-Q/\bar{R}T)$ ist.

Lösung: 3.5 s.

37. Was bedeutet Kriechen? Wodurch sind kriechfeste Werkstoffe gekennzeichnet?

Ein zylindrisches Rohr in einer Chemianlage steht unter einem Innendruck von 6 MN/m^2; dadurch entsteht in der Rohrwand eine bestimmte Tangentialspannung, die bei einer Einsatztemperatur von 510^0C in 9 Jahren nicht zum Versagen führen soll. Konstruktionsbedingt haben die Rohre einen Innendurchmesser von 40 mm und eine Wanddicke von 2 mm. Sie bestehen aus rostfreiem Stahl, der 15% Chrom enthält. Die Spezifikation des Rohrherstellers enthält folgende Angaben:

Temperatur ^0C	618	640	660	683	707
Stationäre Kriechrate $\dot{\varepsilon}/s^{-1}$ bei einer Zugspannung von 200 MN/m^2	1.0×10^{-7}	1.7×10^{-7}	4.3×10^{-7}	7.7×10^{-7}	2.0×10^{-6}

In diesem Spannungs- und Temperaturbereich lässt sich die Kriechrate des Stahles durch den Ansatz

$$\dot{\varepsilon} = A\sigma^5 \exp(-Q/RT)$$

beschreiben, wobei A und Q Konstanten, R die universelle Gaskonstante und T die absolute Temperatur bedeuten. Ist die Anlage sicher ausgelegt, wenn man von einer zulässigen Dehnung von 0.01 ausgeht?

Lösung: Dehnung in 9 Jahren = 0.00057; die Auslegung ist sicher.

38. Was bedeutet Diffusion in Werkstoffen? Geben Sie an, wie die Diffusionsgeschwindigkeit von a) der Temperatur, b) dem Konzentrationsgradienten und c) der Korngrösse abhängt.

Ein Verbindungsstück in einer Chemieanlage, das aus einer bestimmten Legierung gefertigt ist, ist so ausgelegt, dass es bei 620^0C eine Spannung σ von 25 MN/m^2 aushalten soll. In Kriechversuchen ergab sich unter diesen Bedingungen eine stationäre Kriechrate $\dot{\varepsilon}=3.1 \times 10^{-12}\ s^{-1}$. Im Einsatz war das Bauteil jedoch zeitweise - 30% der Laufzeit - verschärften Begingungen ausgesetzt: Spannung und Temperatur waren auf 30 MN/m^2 bzw. 650^0C erhöht. Mit welcher mittleren Kriechrate verformte sich das Bauteil unter den geschilderten Einsatzbedingungen, wenn man von einem Ansatz

$$\dot{\varepsilon} = A\sigma^5 \exp(-Q/RT)$$

ausgeht; A und Q sind Konstanten, R die universelle Gaskonstante und T die absolute Temperatur. Q hat den Wert 160 kJ/mol.

Lösung: $6.82 \times 10^{-12}\ s^{-1}$.

39. Die Oxidation eines Metalls an Luft wird durch die Diffusion von Metallionen durch die intakte Oxidschicht hindurch nach aussen kontrolliert. Dabei ist die Konzentration der Metallionen in der Oxidschicht nahe der Metalloberfläche gleich C_1, diejenige nahe der Oxid-Luftgrenze gleich C_2; C_1 und C_2 sind als konstant anzusehen. Zeigen Sie anhand des Ersten Fickschen Gesetzes, dass die Oxidation des Metalls einem parabolischen Zeitgesetz folgt, d.h. dass die Gewichtszunahme Δm des Metalls durch den Ansatz

$$(\Delta m)^2 = k_p t$$

beschrieben werden kann.

Die Oxidation eines anderen Metalls wird dagegen durch den Elektronenfluss durch die ebenfalls intakte Oxidschicht nach aussen kontrolliert. Das elektrische Potential in der Oxidschicht nahe der Metalloberfläche ist V_1, dasjenige zur Oxid-Luftgrenze hin V_2; V_1 und V_2 sind konstant. Zeigen Sie mit Hilfe des Ohmschen Gesetzes, dass auch in diesem Fall parabolisches Oxidwachstum vorliegt.

41. Erklären Sie folgende Beobachtungen, wobei Sie möglichst Skizzen verwenden sollten:

a) Ein Reaktionsbehälter in einer Chemianlage besteht aus aneinandergeschweissten Platten aus rostfreiem Stahl (mit 18% Chrom, 8% Nickel und 0.1% Kohlenstoff). Im Einsatz erlitt der Behälter starke Korrosionsschäden im Bereich der Schweissnähte vornehmlich an den Korngrenzen.

b) Die Heizkörper einer Zentralheizung aus Baustahl wiesen selbst nach jahrelangem Einsatz nur geringfügige Korrosionsschäden auf.

c) Zum Schutz eines Baustahlgerüstes vor Korrosion in Meerwasser wurden Titanplatten als Opferanoden an dem Gerüst befestigt. Das Gerüst korrodierte dennoch.

42. Erklären Sie folgende Beobachtungen, wobei Sie möglichst Skizzen verwenden sollten:

a) Das Einbringen von Aluminiumatomen in die Oberfläche von Turbinenschaufeln aus einer Nickel-Legierung verbessert deren Oxidationsbeständigkeit gegenüber Heissgaskorrosion.

b) Stahlnägel zur Befestigung von Kupferblech auf einem Hausdach korrodieren sehr rasch.

c) Die Korrosion einer erdverlegten Stahlrohrleitung wird durch elektrisch leitende Verbindung zu einer ebenfalls in die Erde verlegten Magnesiumstange erheblich reduziert.

43. a) Die Messung des Rissfortschrittes in einem Messingbauteil, das in einer Ammoniumsulfatlösung von einer konstanten Zugspannung belastet wurde, ergab folgende Werte:

Technische Spannung σ/MN m^{-2}	Risstiefe a/mm	Risswachstumsrate da/dt / mm $Jahr^{-1}$
4	0.25	0.3
4	0.50	0.6
8	0.25	1.2

Zeigen Sie, dass diese Werte der Beziehung

$$da/dt = AK^n$$

genügen, wobei $K = \sigma\sqrt{\pi a}$ den Spannungsintensitätsfaktor bezeichnet. Bestimmen Sie den Exponenten n und die Konstante A.

b) Die kritische Energiefreisetzungsrate G_c von Messing in dieser Umgebung beträgt 55 kJ/m^2; der E-Modul ist 110 GN/m^2. In einer Ammoniumsulfat-Anlage erfährt eine Rohrleitung aus Messing in der Rohrwand einer Tangentialspannung von 85 MN/m^2. Beim Einsatz können in der Rohrwand Längsrisse bis zu einer Tiefe von 0.02 mm auftreten. Wie lange wird das Rohr unter Einsatzbedingungen halten?

c) Wie könnte man die Rohrinnenseite gegen Korrosionsangriff schützen?

Lösung: a) n = 2, A = 0.0239 m^4MN^{-2} $Jahr^{-1}$; b) 6.4 Tage.

44. Unter aggressiven Korrosionsbedingungen kann die Korrosionsstromdichte in galvanisiertem Stahl Werte von 6×10^{-3} A/m^2 erreichen. Bestimmen Sie die Dicke einer Galvanisierungsschicht, wenn diese für einen Zeitraum von 5 Jahren Rostschutz gewähren soll. Die Dichte von Zink beträgt 7.13 Mg/m^3.

Lösung: 0.045 mm.

45. Ein beidseitig mit Zinn beschichtetes 0.5 mm dickes Stahlblech wird einer korrosiven Umgebung ausgesetzt. Während des Einsatzes wird die Zinnschicht beschädigt, so dass etwa 0.5% der Blechfläche freiliegen. Als Folge der nun einsetzenden Sauerstoffreduktion fliesst an der Zinnoberfläche ein Korrosionsstrom von 2 x 10^{-3} A/m^2. Wird das Blech an den beschädigten Stellen innerhalb von 5 Jahren durchrosten. Die Dichte von Stahl beträgt 7.87 Mg/m^3.

Lösung: Ja.

46. a) Erläutern Sie die Ursache von Reibung zwischen Festkörpern.

b) Das Reibungsverhalten von weichem Gummi lässt sich nicht durch das Reibungsgesetz $F_S = \mu_S P$ beschreiben (wobei F die Gleitkraft, P die Normalkraft auf die Reibflächen und μ_S den Koeffizienten der Haftreibung angeben). Vielmehr nimmt F_S mit der Grösse der Berührungsfläche A zu (aus diesem Grund verwendet man für Rennwagen breite Reifen). Erklären Sie diesen Sachverhalt.

c) Auf welche Weise wird Reibung durch Schmierung verringert? Wie wird Reibung zwischen Autoreifen und Strasse trotz Schmierung aufrechterhalten?

47. Bis zu einer Dachneigung von 24^0 bleibt Schnee auf Dächern liegen, während er von steileren Dächern herunterrutscht. Andererseits gleiten Skier auf Schneehängen von nur 2^0 Neigung. Wie ist das zu erklären?

Ein Mann mit einem Gewicht von 100 kg, der auf Skieren von 2 m Länge und 0.10 m Breite steht, gleitet bei einer Temperatur von 0^0C einen Hang von 2^0 Neigung herab. Berechnen Sie die Reibarbeit, wenn der Ski um seine eigene Länge weitergeglitten ist. Wie dick ist dabei der Wasserfilm unter dem Ski im Mittel? (Die Schmelzwärme von Eis beträgt 330 MJ/m^3).

Lösung:
Verrichtete Arbeit 69 J; mittlere Dicke des Wasserfilms = 0.5 μm.

Anhang 2: Symbole und Formeln

LISTE DER WICHTIGSTEN SYMBOLE

Symbol	Bedeutung (Einheiten)	Erstmals definiert in
	(Als Einheiten sind die bei Werkstoffdaten gebräuchlichen Vielfachen der Grundeinheiten verwendet worden.)	
a	Gitterkonstante (nm)	Kap. 5
a	Risslänge (mm)	Kap. 13
a	Konstante im Gesetz von Basquin (dimensionslos)	Kap. 15
A	Konstante im Gesetz für die Rissausbreitung bei Ermüdung	Kap. 15
A	Konstante im Kriechgesetz	Kap. 17
A	(Technische) Bruchdehnung; Duktilität im Zugversuch (dimensionslos)	Kap. 8
b	Burgersvektor (nm)	Kap. 9
b	Konstante im Gesetz von Coffin-Manson (dimensionslos)	Kap. 15
c	Konzentration (m^{-3})	Kap. 18
C_1	Konstante im Gesetz von Basquin (MN/m^2)	Kap. 15
C_2	Konstante im Gesetz von Coffin-Manson (dimensionslos)	Kap. 15
D	Diffusionskoeffizient (m^2/s)	Kap. 18
D_0	Vorexponentieller Faktor beim Diffusionskoeffizienten (m^2/s)	Kap. 18
E	Elastizitätsmodul (GN/m^2)	Kap. 3
f	Kraft pro Einheitslänge der Versetzungslinie (N/m)	Kap. 9

F	Kraft (N)	Kap. 3
g	Erdbeschleunigung m^2/s	Kap. 7
G	Schubmodul (GN/m^2)	Kap. 3
G_c	Zähigkeit (oder kritische Energiefreisetzung) (kJ/m^2)	Kap. 13
H	Härte (kg/mm^2)	Kap. 8
J	Diffusionsfluss (m^2/s)	Kap. 18
k	Schergrenze (MN/m^2)	Kap. 11
k	Boltzmannfaktor R/N_A (J/K)	Kap. 18
K	Kompressionsmodul	Kap. 3
K	Spannungsintensitätsfaktor ($MN/m^{3/2}$)	Kap. 13
K_c	Bruchzähigkeit (kritische Spannungsintensitätsfaktor ($MN/m^{3/2}$)	Kap. 13
ΔK	K-Amplitude bei zyklischer Beanspruchung	Kap. 15
m	Konstante im Gesetz für die Rissausbreitung bei Ermüdung	Kap. 15
n	Spannungsexponent im Kriechgesetz	Kap. 17
N	Lastspielzahl bei Ermüdung	Kap. 15
N_A	Avogadrozahl (mol^{-1})	Kap. 18
N_B	Bruchlastspielzahl	Kap. 15
$\bar{p}$	Werkstoffpreis (£ oder $ pro Tonne)	Kap. 2
Q	Aktivierungsenergie pro Mol (kJ mol)	Kap. 17
r_0	Gleichgewichtsatomabstand (nm)	Kap. 4
R	Universelle Gaskonstante (J/K mol)	Kap. 17
R_m	Zugfestigkeit (MN/m^2)	Kap. 8
R_p	Fliessgrenze (MN/m^2)	Kap. 8
S	Querschnittsfläche im Zugversuch (mm^2)	Kap. 3
S_0	Anfangsquerschnittsfläche im Zugversuch (mm^2)	Kap. 8
S_0	Bindungssteifigkeit (N/m)	Kap. 4
γ	Wahre oder technische Scherung (dimensionslos)	Kap. 3
Δ	Kompression	Kap. 3
ε	Wahre Dehnung (dimensionslos)	Kap. 8
t_B	Bruchzeit (s)	Kap. 17
T	Linienspannung der Versetzung (N)	Kap. 9
T	Absolute Temperatur (K)	Kap. 17
T_M	Absolute Schmelztemperatur (K)	Kap. 17
U^{el}	Elastische Energie (J)	Kap. 8
ε_n	Technische Dehnung (dimensionslos)	Kap. 3
ε_0	Permeabilität von Vakuum (F/m)	Kap. 4
$\dot{\varepsilon}_s$	Stationäre Kriechrate (s^{-1})	Kap. 17

$\Delta\varepsilon^{pl}$	Dehnungsamplitude bei Ermüdung (dimensionslos)	Kap. 15
μ_k	Gleitreibungskoeffizient (dimensionslos)	Kap. 25
μ_s	Haftreibungskoeffizient (dimensionslos)	Kap. 25
ν	Poissonzahl (dimensionslos)	Kap. 3
ρ	Dichte (Mg/m^3)	Kap. 5
σ	Wahre Spannung (MN/m^2)	Kap. 3
σ_n	Technische Spannung (MN/m^2)	Kap. 8
$\tilde{\sigma}$	Theoretische Festigkeit (GN/m^2)	Kap. 9
σ_m	Mittelspannung bei zyklischer Belastung	Kap. 15
$\Delta\sigma$	Spannungsamplitude bei Ermüdung	Kap. 15
τ	Schubspannung (MN/m^2)	Kap. 3
τ_0	Kritische Schubspannung für Versetzungen	Kap. 10

ZUSAMMENFASSUNG DER WICHTIGSTEN FORMELN UND GRÖSSEN

Kapitel 2: Exponentielles Wachstum

$$dC/dt = rC/100$$

C = Verbrauchsrate (Tonnen/Jahr); r = prozentuale Wachstumsrate (%/Jahr); t = Zeit.

Kapitel 3: Definition von Spannung, Dehnung, Poissonzahl, Elastizitätsmodul

$\sigma = F/S$; $\tau = -F_s/S$; $p = F/S$; $\nu = -$ Querdehnung/Längsdehnung;
$\varepsilon_n = u/\ell$; $\gamma = w/\ell$; $\Delta = \Delta V/V$;
$\sigma = E\varepsilon_n$; $\tau = G\gamma$; $p = -K\Delta$.

$F(F_s)$ = Normal-(Scher-)komponente der Kraft; S = Fläche; u(w) = Normal-(Scher-)komponente der Verlängerung; $\sigma(\varepsilon_n)$ = wahre Zugspannung (wahre Dehnung im Zugversuch); $\tau(\gamma)$ = wahre Scherspannung (wahre Scherung); $p(\Delta)$ = Druck (Kompression); ν = Poissonzahl = Querkontraktionszahl; E = Elastizitätsmodul; G = Schubmodul; K = Kompressionsmodul.

Kapitel 4: Technische und wahre Spannung bzw. Dehnung, Verformungsenergie

$\sigma_n = F/S_0$; $\sigma = F/S$; $\varepsilon_n = u/\ell_0 = \ell-\ell_0/\ell_0$; $\varepsilon = \int_{\ell_0}^{\ell} 1/\ell = \ln(\ell/\ell_0)$.

$S_0\ell_0 = S\ell$ im Falle plastischer Verformung; oder im Falle elastisch-plastischer Verformung, wenn $\nu = 0.5$. Dann ist

$$\sigma = \sigma_n(1+\varepsilon_n).$$

Ebenso ist

$$\varepsilon = \ln(1+\varepsilon_n).$$

Verformungsarbeit pro Volumeneinheit

$$U = \int_{\varepsilon_{n_1}}^{\varepsilon_{n_2}} \sigma_n d\varepsilon_n = \int_{\varepsilon_1}^{\varepsilon_2} \sigma d\varepsilon.$$

Im Fall linear-elastischer Verformung, und nur dann, ist

$$U = \sigma_n^2/2E.$$

Härte,

$$H = F/S.$$

σ_n = technische Spannung, $S_0(\ell_0)$ = Anfangsquerschnitt (Länge), $S(\ell)$ Verformungsquerschnitt (Länge), ε = wahre Dehnung.

Kapitel 9 und 10: Versetzungen

Die kritische Schubspannung für Versetzungen

$$\tau_0 = \bar{c}T/bL$$

$$R_p = 3\tau_0$$

T = Linienspannung (ungefähr $Gb^2/2$); b = Burgersvektor; L = Hindernisabstand; $\bar{c}$ = Konstante ($\bar{c}$ = 2 für starke Hindernisse, $\bar{c} < 2$ für schwache Hindernisse); R_p = Fliessgrenze.

Kapitel 11: Plastizität

Schergrenze

$$k = R_p/2.$$

Härte

$$H \approx 3R_p.$$

Einschnürung beginnt, wenn

$$d\sigma/d\varepsilon = \sigma.$$

<u>Kapitel 13 und 14:</u> Sprödbruch

Spannungsintensitätsfaktor

$$K = Y\sigma\sqrt{\pi a}; \quad Y \approx 1.$$

Sprödbruch erfolgt, wenn

$$K = K_C = \sqrt{EG_C},$$

a = Risslänge; Y = dimensionslose Konstante; K_C kritischer Spannungsintensitätsfaktor oder Bruchzähigkeit; G = kritische Energiefreisetzungsrate oder Zähigkeit.

<u>Kapitel 15:</u> Ermüdung

Rissfreie Bauteile:
Gesetz von Basquin (Dauerschwingverhalten (HCF))

$$\Delta\sigma N_B{}^a = C_1.$$

Gesetz von Coffin-Manson (Niedrig-Lastspielzahlverhalten (LCF))

$$\Delta\varepsilon^{pl} N_B{}^b = C_2.$$

Regel von Goodman

$$\Delta\sigma(\text{für } \sigma_m \neq 0) = \Delta\sigma\ (\text{für } \sigma_m = 0) \cdot \{1 - |\sigma_m|/R_m\}.$$

Schadensakkumulationsregel nach Miner

$$\sum_i N_i/N_{Bi} = 1.$$

Für Bauteile mit Rissen:
Risswachstumsgesetz

$$da/dN = A\Delta K^m.$$

Versagen durch Risswachstum

$$N_B = \int_{a_0}^{a_B} da/A\Delta K^m,$$

$\Delta\sigma$ = Spannungsamplitude, $\Delta\varepsilon^{pl}$ = plastische Dehnungsamplitude; ΔK = Amplitude des Spannungsintensitätsfaktors; N = Lastspielzahl; N_B = Bruchlastspielzahl; C_1, C_2, a, b, A, m = Konstanten; σ_m = Mittelspannung; R_m = Zugfestigkeit; a = Risslänge.

Kapitel 17: Kriechen und Kriechbruch

$$\dot{\varepsilon}_s = A\sigma^n \exp(-Q/RT),$$

$\dot{\varepsilon}_s$ = stationäre Kriechrate im Zugversuch; Q = Aktivierungsenergie, R = universelle Gaskonstante; T = absolute Temperatur; A, n = Konstanten.

Kapitel 18: Kinetik der Diffusion

Ficksches Gesetz

$$J = -D\,dc/dx.$$

Arrheniusgesetz

$$\text{Rate} \propto \exp(-Q/RT).$$

Diffusionskoeffizient

$$D = D_0 \exp(-Q/RT),$$

J = Diffusionsstrom; D = Diffusionskoeffizient; c = Konzentration; x = Abstand; D_0 = exponentieller Vorfaktor.

Kapitel 21: Oxidation

Lineares Wachstumsgesetz

$$\Delta m = k_L t; \quad k_L = A_L \exp(-Q/RT).$$

Parabolisches Wachstumsgesetz

$$\Delta m^2 = k_p t; \quad k_p = A_p \exp(-Q/RT).$$

Δm = Gewichtszunahme pro Flächeneinheit; k_L, k_p, A_L, A_p = Konstanten.

Kapitel 25: Reibung und Verschleiss

Effektive Berührungsfläche

$$a \approx P/R_p.$$

P = Berührungskraft.

GRÖSSENORDNUNGEN VON WERKSTOFFEIGENSCHAFTEN

Die aufgeführten Eigenschaften liegen für die meisten Konstruktionswerkstoffe in diesem Bereich

Elastitzitätsmodul, E	2 bis 200 GN m^{-2}
Dichte, ρ	1 bis 10 Mg m^{-3}
Fliessgrenze, R_p	20 bis 200 MN m^{-2}
Zähigkeit, G_c	0.2 bis 200 kJ m^{-2}
Bruchzähigkeit, K_c	0.2 bis 200 MN $m^{-3/2}$

Anhang 3: Weiterführende Literatur

Die den einzelnen Kapiteln zugeordneten Nummern beziehen sich auf die nachfolgende Literaturliste.

Kapitel 1
23, 35, 31

Kapitel 2
12, 14, 2, 46, 51, 52

Kapitel 3
16, 59, 43

Kapitel 4
54, 35, 31, 24, 39

Kapitel 5
54, 24, 40, 61

Kapitel 6
31, 39, 61, 32

Kapitel 7
59, 60, 19, 7

Kapitel 8
16, 35, 13, 42, 43

Kapitel 9
5, 33, 25

Kapitel 10
5, 31, 25, 38, 13

Kapitel 11
16, 24, 4, 37

Kapitel 12
4, 19, 7

Kapitel 13
30, 49, 41, 3, 37, 9, 56

Kapitel 14
54, 41, 49, 37, 32

Kapitel 15
30, 49, 18, 58, 42

Kapitel 16
49, 18, 30, 42, 58, 57, 50

Kapitel 17
34, 15

Kapitel 18
28, 55, 40, 43

Kapitel 19
34, 44, 20, 1, 63, 17, 40

Kapitel 20
45, 17, 8, 27, 15, 57, 63, 1

Kapitel 21
36, 48, 62, 22, 43

Kapitel 22
48, 29, 21

Kapitel 23
36, 48, 62, 43

Kapitel 24
48, 21, 29, 6, 43

Kapitel 25
26, 11, 53, 43

Kapitel 26
11, 10, 53, 7

Literaturverzeichnis

1. D. Altenpohl, "Aluminium und Aluminiumlegierungen", Springer, 1965
2. D. Altenpohl, "Materials in the World Perspective", Springer, 1980
3. D. Aurich, "Bruchvorgänge in metallischen Werkstoffen", Werkstofftechnische Verlagsgesellschaft, 1978
4. W. A. Backofen, "Deformation Processing", Addison-Wesley, 1972
5. C. R. Barrett, W. D. Nix, A. S. Tetelman, "The Principles of Engineering Materials", Prentice Hall, 1973
6. R. D. Barer, B. F. Peters, "Why Metals Fail", Gordon & Breach, 1970
7. W. Beitz, K.-H. Küttner, "DUBBEL, Taschenbuch für den Maschinenbau", Springer, 1981
8. W. Betteridge, J. Heslop, "The Nimonic Alloys", Arnold, 1974
9. H. Blumenauer, G. Pusch, "Technische Bruchmechanik", Springer, 1982
10. F. P. Bowden, D. Tabor, "The Friction and Lubrication of Solids", Oxford University Press, Bd. I, 1950, Bd. II, 1965
11. W. Bunk, J. Hansen, H. Haag, "Tribologie", Bd. 1,3,4, Springer, 1981/82
12. A. H. Cottrell, "Environmental Economics", Arnold, 1977
13. W. Dahl, "Grundlagen des Festigkeits- und Bruchverhaltens", Stahleisen, 1974
14. T. Darwent, "World Resources - Engineering Solutions", Inst. Civil Engineers, London, 1976
15. W. Dienst, "Hochtemperaturwerkstoffe", Werkstofftechnische Verlagsgesellschaft, 1978
16. G. E. Dieter, "Mechanical Metallurgy", McGraw Hill, 1976
17. M. J. Donachi, "The Superalloys Source Book", American Society of Metals, 1984
18. T. V. Duggan, J. Byrne, "Fatigue as a Design Criterion", Macmillan, 1977
19. G. W. Ehrenstein, G. Erhard, "Konstruieren mit Verbundwerkstoffen", Hanser, 1983

20. H. J. Frost, M. F. Ashby, "Deformation Mechanism Maps", Pergamon, 1982

21. D. R. Gabe, "Principles of Metal Surface Treatment and Protection", Pergamon Press, 1978

22. P. J. Gellings, "Korrosion und Korrosionsschutz von Metallen", Hanser, 1976

23. J. E. Gordon, "The New Science of Strong Materials, or Why You don't Fall Through the Floor", Penguin, 1976

24. A. G. Guy, "Metallkunde für Ingenieure", Akad. Verlagsgesellschaft, 1978

25. P. Haasen, "Physikalische Metallkunde", Springer, 1974

26. K.-H. Habig, "Verschleiss und Härte von Werkstoffen", Hanser, 1980

27. W. Hansen, P. Esslinger, "Werkstofftechnische Probleme bei Gasturbinenwerkstoffen", Werkstofftechnische Verlagsgesellschaft, 1978

28. K. Hauffe, "Reaktionen in und an festen Stoffen", Springer,1966

29. E. Heitz, R. Henkhaus, A. Rahmel, "Korrosionskunde im Experiment", Verlag Chemie, 1983

30. R. W. Hertzberg, "Deformation and Fracture Mechanics of Engineering Materials", Wiley, 1983

31. E. Hornbogen, "Werkstoffe", Springer, 1983

32. D. Hull, "An Introduction to Composite Materials", Cambridge University Press, 1981

33. D. Hull, "Introduction to Dislocations", Pergamon 1975

34. B. Ilschner, "Hochtemperaturplastizität", Springer, 1973

35. B. Ilschner, "Werkstoffwissenschaften", Springer, 1982

36. H. Kaesche, "Die Korrosion der Metalle", Springer, 1979

37. H. H. Kausch, "Polymer Fracture", Springer, 1978

38. A. Kelly, "Werkstoffe hoher Festigkeit", Vieweg, 1973

39. C. Kittel, "Festkörperphysik", Oldenbourg/Wiley, 1973

40. W. D. Kingery, "Introduction to Ceramics", Wiley, 1960

41. B. R. Lawn, T. R. Wilshaw, "Fracture of Brittle Solids", Cambridge University Press, 1975

42. E. Macherauch, "Praktikum in Werkstoffkunde", Vieweg, 1983

43. "Metals Handbook", American Society of Metals", 1978

44. D. McLean, "Resistance to Hot Deformation", Trans. Met. Soc. AIME, Vol. 242, S. 1193, 1968

45. G. W. Meetham, "The development of Gas Turbine Materials", Applied Science Pub., 1981

46. L. Müller-Ohlsen, "Die Weltmetallwirtschaft im industriellen Entwicklungsprozess", Mohr, 1980

47. H. Pfeiffer, H. Thomas, "Zunderfeste Legierungen", Springer, 1963

48. A. Rahmel, W. Schwenk, "Korrosion und Korrosionsschutz von Stählen", Verlag Chemie, 1977

49. H.-P. Rossmanith, "Grundlagen der Bruchmechanik", Springer, 1982
50. K. Rühl, "Die Sprödbruchsicherheit von Stahlkonstruktionen", Werner, 1959
51. R. Saager, "Metallische Rohstoffe", Bank Vontobel, Zürich 1984
52. C. W. Sames, "Die Zukunft der Metalle", Suhrkamp 1974
53. A. D. Sarkar, "Wear of Metals", Pergamon Press, 1976
54. W. Schatt, "Einführung in die Werkstoffwissenschaft", VEB Grundstoffindustrie, 1981
55. H. Schmalzried, "Festkörperreaktionen", Verlag Chemie, 1971
56. K. H. Schwalbe, "Bruchmechanik", Hanser, 1980
57. R. P. Skelton, "Fatigue at High Temperature", Applied Science, 1983
58. S. R. Swanson, "Handbook of Fatigue Testing", ASTM, 1974
59. I. Szabo, "Einführung in die Technische Mechanik", Springer, 1975
60. L. H. Van Vlack, "Materials for Engineering", Addison-Wesley, 1982
61. I. M. Ward, "Mechanical Properties of Solid Polymers", Wiley, 1971
62. G. Wranglén, "Korrosion und Korrosionsschutz", Springer, 1985
63. U. Zwicker, "Titan und Titanlegierungen", Springer, 1974

Sachverzeichnis

B. Ilschner

Werkstoff-wissenschaften

Eigenschaften, Vorgänge, Technologien

1982. 181 Abbildungen, 25 Tabellen.
XI, 214 Seiten
Broschiert DM 68,–. ISBN 3-540-10752-5

Inhaltsübersicht: Einordnung in allgemeine Zusammenhänge. – Werkstoffgruppen und Werkstoffeigenschaften. – Das Mikrogefüge und seine Merkmale. – Gleichgewichte. – Atomare Bindung und Struktur der Materie. – Diffusion. Atomare Platzwechsel. – Zustandsänderungen und Phasenumwandlungen. – Vorgänge an Grenzflächen. – Korrosion und Korrosionsschutz. – Festigkeit, Verformung, Bruch. – Elektrische Eigenschaften. – Magnetismus und Magnetwerkstoffe. – Herstellungs- und verarbeitungstechnische Verfahren. – Zerstörungsfreie Werkstoffprüfung. – Anhang: Kurzbezeichnung für Stähle und Nichteisenlegierungen. – Sachverzeichnis.

Dieses Lehrbuch ist aus der Erfahrung mit einer Einführungsvorlesung entstanden, welche der Verfasser seit 1967 für Studienanfänger der Fachrichtungen Werkstoffwissenschaften, Chemie-Ingenieurwesen und Elektrotechnik aufgebaut hat. Schätzungsweise 3000 Ingenieurstudenten (60% davon Elektrotechniker) haben diese Vorlesung gehört und sind auf ihrer Basis geprüft worden.

Springer-Verlag
Berlin
Heidelberg
New York
Tokyo

E. Hornbogen

Werkstoffe

Aufbau und Eigenschaften von Keramik, Metallen, Kunststoffen und Verbundwerkstoffen

3., überarbeitete Auflage. 1983. 263 Abbildungen. XI, 355 Seiten
Gebunden DM 98,–. ISBN 3-540-11702-4

Inhaltsübersicht: Einführender Überblick. – Aufbau der Werkstoffe: Aufbau einphasiger fester Stoffe. Aufbau mehrphasiger Stoffe. Grundlagen der Wärmebehandlung. – Eigenschaften der Werkstoffe: Mechanische Eigenschaften. Physikalische Eigenschaften. Chemische Eigenschaften. – Die vier Werkstoffgruppen: Keramische Werkstoffe. Metallische Werkstoffe. Kunststoffe. Verbundwerkstoffe. – Werkstofftechnik: Werkstoff, Fertigung und Konstruktion. Anhang. – Literatur. – Sachverzeichnis.

„... Das Buch kann nicht nur jedem Studierenden der Werkstoffwissenschaften bestens empfohlen werden, sondern es wird auch bei den Praktikern in der Industrie, die sich mit den ihrer Spezialdisziplin angrenzenden Randgebieten z. B. den Keramikwerkstoffen, Kunststoffen und Verbundwerkstoffen beschäftigen wollen, eine wertvolle Hilfe sein.

Berg- u. Hüttenmann. Monatshefte

Springer-Verlag
Berlin
Heidelberg
New York
Tokyo